纺织材料学

主　编 · 林海涛　蒋　芳
副主编 · 岳新霞　黄继伟

四川大学出版社

责任编辑:梁　平
责任校对:王圆圆
封面设计:璞信文化
责任印制:王　炜

图书在版编目(CIP)数据

纺织材料学 / 林海涛，蒋芳主编. —成都：四川大学出版社，2017.3
ISBN 978－7－5690－0458－8

Ⅰ.①纺…　Ⅱ.①林…　②蒋…　Ⅲ.①纺织纤维－材料科学　Ⅳ.①TS102

中国版本图书馆 CIP 数据核字（2017）第 068472 号

书名　**纺织材料学**

主　　编　林海涛　蒋　芳
出　　版　四川大学出版社
地　　址　成都市一环路南一段 24 号 (610065)
发　　行　四川大学出版社
书　　号　ISBN 978－7－5690－0458－8
印　　刷　郫县犀浦印刷厂
成品尺寸　185 mm×260 mm
印　　张　20.75
字　　数　505 千字
版　　次　2017 年 9 月第 1 版
印　　次　2017 年 9 月第 1 次印刷
定　　价　56.00 元

◆读者邮购本书,请与本社发行科联系。
电话:(028)85408408/(028)85401670/
(028)85408023　邮政编码:610065
◆本社图书如有印装质量问题,请
寄回出版社调换。
◆网址:http://www.scupress.net

前　言

“纺织材料学”是纺织科学与工程专业的专业基础课程，将向学生提供有关纺织纤维、纱线、织物的结构、性能和测试与评价方面的基本理论、基本知识和基本技能。其中，纺织纤维的结构、性能等内容是纺织工艺分析、纺织工艺设计和纺织设备设计的理论依据；纱线和织物的结构、性能、品质评定的测试技术等内容是有关专业的学生毕业后在实际工作中需要的专业知识和专业技能。尤其在从事新原料、新产品、新技术、新设备的开发研究中，将更多地用到“纺织材料学”的基本理论、知识和技能。在进一步探索纺织材料和纺织加工工艺的新课题时，必须具备更深入的纺织材料学理论知识和更娴熟精湛的测试分析技能。

由于作者水平有限，书中可能存在不足或不妥之处，诚挚欢迎读者批评指正。

编　者

目　　录

第1章　绪论

1.1　纺织材料的概念及分类

1.1.1　概念

纺织材料是指纤维及纤维制品，这里的纤维制品包括完全由纤维构成的制品（如普通纱线、织物、家用纺织品等）及纤维与其他材料共同构成的复合物（如人造革、纤维增强传动带、防弹服等）。纺织材料的这一定义不仅完全覆盖了纺织领域，而且还涉及含纤维制品的其他领域。

1.1.2　纺织材料分类

依据纺织材料的定义，纺织材料涵盖的范围非常广，因为随着纺织纤维的应用逐步扩展到服装、家用纺织品以外的领域，纺织材料的种类被极大地丰富了。

站在不同的角度，纺织材料的分类不同。常见的分类方法是依据纺织材料的加工过程，将其分为纤维、纱线、织物。这是一种传统分类方法，与最终产品为服装或家用纺织品的纺织产业链基本一致。有关纤维（fiber）、纱线（yarns）和织物（fabrics）更进一步的分类在后续章节做详细介绍，这里不再重复。另一种常见的分类方法是根据用途分类，即纺织品常用的分类方法：服装、装饰用和产业用纺织品。服装、装饰用类纺织品与普通消费者关系密切，而了解产业用纺织品的人较少。表1－1是产业用纺织品的分类，借此可对纺织材料有更全面的认识。

表1－1　产业用纺织品分类

应用领域	主要用途
农用纺织品	庭院设计用纺织品，纺织材料增强塑料和混凝土构件、管道以及容器，袋类制品，昆虫和鸟网、农作物苫布，传动带，绳具，软管类制品，运输和搬运用品，防水布类制品，柔性和刚性容器，饲料存储系统，柔性料仓，种床保护用纺织品，临时农用建筑物，稳固土壤用纺织品，地膜，排灌用纺织结构制品，土壤水分保持制品，遮阳纺织品，防冰雹和土蚁霜冻网状织物，土壤密封系统，液体肥料池密封系统，畜牧业用纺织品，园艺用纺织品，防侵蚀用纺织品，温室用纺织品

续表 1－1

应用领域	主要用途
建筑结构用纺织品	混凝土和塑料制品用增强纤维，体育场增强圆顶和篷盖，增强用长丝、纱、线和带类，增强用纺织片状制品，纺织材料增强构件、型材以及管道，纺织材料增强模塑制品，增强建筑材料、水泥以及混凝土所用纺织品，桥梁用纺织品，纺织材料增强容器，纺织材料增强轻型建筑材料，加固地基用纺织品，纺织材料结构排泄系统，美化、加固以及防护用的雕花织物，办公室吸音、公共建筑和会议室用纺织品，纺织材料百叶窗，纺织品屋顶防水材料以及防水片材，纺织外观包装材料，建筑物电气系统用纺织材料产品，隔冷、隔热和隔音帐篷以及帐篷支架，临时建筑物、用于仓储的充气建筑物，轻型飞机载荷构件用薄膜、气动构件，防寒建筑系统，拉索系列制品，纺织结构隔音系统，遮阳纺织品，加热、降温以及空气调节系统用纺织品，用于梯田、屋顶花园、庭院的纺织结构种植和灌溉系统，室内装饰用纺织材料增强塑料，防火和援救系统
纺织结构复合材料	纺织材料增强轻质建筑材料，纺织材料增强构件、模压制品以及型材，耐腐蚀纺织品，纺织材料增强汽车和机器部件
过滤用纺织品	气体以及液体清洁和分离用纺织品，产品回收用纺织品，工业热气（或气体）过滤用纺织品，香烟过滤嘴用纺织品，食品工业过滤用纺织品，污水过滤用纺织品
土工织物	土木工程以及修路用纺织品，堤岸和海岸加固用纺织品，水利土建用纺织品，防止冲蚀用织物，废池塘和湿地的加围与内衬用纺织品，稳固土壤用增强材料，垃圾掩埋和废物处理工业用材料，排水系统用纺织品，土工膜类制品，环保制品，塑料用增强纺织品，混凝土用增强纺织品
医疗纺织品	杀菌纤维纺织品，卫生用非织造织物，绷带，手术缝合线，手术室和急救室用纺织品，外科手术用纺织制品，纺织增强修补材料，手术床单，医用衬垫，牙缝清洗用丝线，人造皮肤，社会医疗机构及医院用其他纺织品，医生和护士工作服，救护器材、医疗设备用纺织品
军事国防用纺织品	纺织材料盔甲，太空船用降落伞，个人防护用品，空间和电子产品材料，防化服装，苫布，头盔，空气调节服装，防弹服，军用帐篷，充气建筑物，防弹背心织物，医疗设备，飞机和坦克驾驶员服装，海军用织物，陆、海、空救助系统
造纸机用织物	排水、托持和输送用的造纸成形用单丝织物，压榨用毡和织物，干燥机用织物
安全防护用纺织品	透气防水防护织物以及屏障用层合织物，抗护工作服，抗冲击和压力用纺织品，防离子和非离子辐射用织物，防风雨和防寒服装，耐高温和防火用纺织品，防化装备，救援装备，宇航服，防火装备，救生装备，财产保护用纺织品，纺织材料包装制品，防护覆盖系统，室内外纺织材料防噪音系统，乙烯基涂层救生衣，安全信号旗
运动以及娱乐用纺织品	体育场篷盖和圆顶，体育场毡毯，运动充气建筑物，网球拍，高尔夫球杆，足球、网球用毡，轮式溜冰鞋，滑水滑雪屐、滑雪绳，头盔，透气防水运动休闲服，网球网，网球场护网，猎装织物，赛车手服装，热气球织物，运动鞋用织物，捕鱼网线，游泳池盖布和衬布，睡袋

续表 1－1

应用领域	主要用途
交通运输用纺织品	汽车用纺织品，航天工业用材料，航海业用材料，铁路车辆用材料，自行车用材料，安全带，充气安全袋，轮胎帘子线，帆布，纺织材料增强内部装饰制品，纺织材料密封和墙面装饰制品、隔音制品，窗帘材料，车船篷盖，椅套材料，阻燃纺织品，产业用地毯，车篷织物、车顶内衬，软管以及驱动带，密封圈以及刹车衬带，消音器用纺织品，过滤器，密封、绝缘材料，绳、索、绳网，行李箱系统，塑料制品用增强纤维，塑料增强用纺织制品，橡胶增强用纺织制品，纺织材料增强模塑和结构制品，纺织材料增强管，纺织材料增强容器，飞机、船舶、汽车以及农业机械的防护篷盖制品
其他产业用纺织品	固化包裹物用增强纤维，防热防冷用纺织品，导电纺织品，抗静电纺织品，金属喷涂制品，表面处理制品，电子和信息技术用纺织品，光导纤维，驱动系统，软管以及纺织材料增强管，同步齿轮用织物，刚性以及柔性容器，中空气体传输制品，吸油毯毡，纺织材料增强橡胶制品，砂纸基布，电影银幕用布，打字机色带，吸湿类制品，密封材料以及纤维增强型密封制品，纺织品增强胶黏制品，包裹用织物，洗涤用纺织品

1.2 纺织材料发展中的问题

既然定义的纺织材料是纤维、纱线、织物及其复合物，根据其对应的成形过程，纺织材料就不是天生造就之物。纺织材料从采摘、绑扎、悬挂、编结等装点美观或遮寒蔽体的远古天然纤维物质到如今有目的地通过种植、饲养、采矿、再生、合成等方法获取初级纤维，再由复杂、智慧的人工机械，甚至物理、化学方法加工成的可用于产业用、家用、服装用的纤维及其纤维制品，满足或基本满足人类生存与发展的需求，足以显示出人类的才智和能力。

1.2.1 纤维发展及引出的问题

可能对纺织材料而言，最为激动人心的发展是近一个世纪中纤维材料的发展，其不仅表现在数量上的巨大进展，而且反映在纤维品种、性能和功能上的突飞猛进，这种变化使材料学家和生产厂商应接不暇，而使消费者兴奋并受益。在 50 年前，人类生产及使用的天然纤维（不包括麻类、木棉和椰壳纤维）约为 1000 万吨，化学纤维 330 万吨，为天然纤维的 1/3。50 年后的今天，天然纤维的产量和消费量约为 2500 万吨，化学纤维却达到了近 4000 万吨，是天然纤维的 1.6 倍。50 年前的世界人口只有 27 亿左右，今天的人口达 65 亿多，增加了约 2.4 倍。天然纤维的增加量为 2.5 倍，如果只是满足人类的穿衣需求，此增长倍数足以与人口膨胀持平。而化纤增加近 12 倍，纤维材料得以在其他领域中广泛应用。但反过来的问题不能不引起人们的思考，今天的消费相对 50 年前变得“奢侈”多了。难道 50 年前的人均纤维消费量 4kg，真的有必要用极其宝贵的石油资源去发展到今天的人均消费 10kg 吗？

数量的增加令人高兴也使人烦恼，因为绝大多数的化纤来源于有限的石油和天然气资源。但纤维品种和性能的发展却实实在在的是人类文明与进步的象征。从远古人类开始使用树叶、枝条和动物毛皮，到发现和利用纤维有相当久远的历史。如 8000 年前古埃及的麻纤维，6000 年前古巴比伦的羊毛，5000 年前古印度的棉花，以及 4700 年前中国的蚕丝。这也只是有记载的记录，可能人类在更久远的时刻就开始利用纤维了。这四大类纤维不仅在生长与获得上对人类极为友好，是天然的纤维素和蛋白质，能耗小、可持续，甚至可再生；而且在结构和性能上各有特点，成为人类效仿并发展化纤的范例。从化纤的发展便可清晰地看出这一模仿的痕迹，如图 1－1 所示。

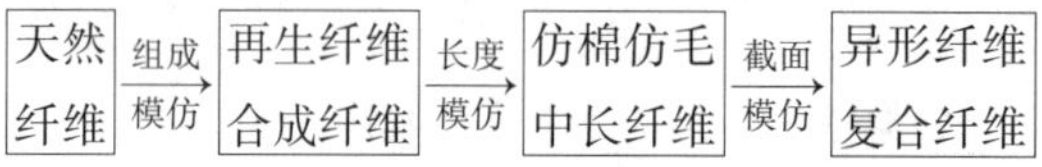

天然纤维 —组成模仿→ 再生纤维
合成纤维 —长度模仿→ 仿棉仿毛
中长纤维 —截面模仿→ 异形纤维
复合纤维

图 1－1　人类模仿天然纤维的发展过程

为了模仿天然纤维的线型高分子，人类从简单地直接溶解、过滤获得粘胶液，制得“人造纤维”，更多地应该称“再生（regenerated）纤维”，到使用合成技术将低分子变为线型高分子进而加工出合成的人造纤维及其他金属和玻璃纤维，因“人造（man－made）纤维”一词已被再生纤维占用，故称合成纤维（svnthetic fiber）。再生纤维已不仅是纤维素和蛋白质类，又出现了再生淀粉、再生甲壳素纤维，甚至再生合成纤维。这最后一项，化学纤维的再生将是 21 世纪初最重要的内容，因为有年产 4000 万吨的化学纤维在不断地变成自然界中的高分子原料。

对初级化学纤维进行长短、粗细和消光处理，是化纤变化的第一步，如仿棉、仿毛、中长纤维和加二氧化钛粉末（200～300nm）消光的纤维。其发现从 19 世纪末叶到 20 世纪三四十年代，花了近半个世纪，这些统称为普通化学纤维。而后又开始模仿天然纤维的形态和部分性质（如图 1－2）来改善纤维原来统一呆板的圆形截面和吸湿性差、难以染色的缺陷，这一类纤维如今统称为差别化纤维，即与原来合成纤维的形态、组分和可及性存在差别的纤维。如从羊毛皮质的双边分布和蚕丝三角形的截面，导出了复合纤维（或卷曲纤维）和异形纤维，以增加纤维的弹性、可纺性和纤维的光泽。又如可以仿制皮革的超细纤维；能够产生收缩或弹性的高收缩纤维和弹性纤维；可以较好吸湿，甚至吸水的高吸湿纤维；能够保暖的中空纤维和可提高染色性的阳离子可染涤纶纤维，等等。

事实上，初级化学纤维本身因纺丝凝固先后的原因，会产生非圆形化的截面，但那不是人为所致，故人们不将其放在差别化纤维内，因为人们认为差别化是人工控制纤维形态、组分和可及性（可吸湿、可染色）的成功。虽然这些都是源于自然界的启示，但人类从无到有、从不能控制到能够控制的生产，并在一些性能和形态上的改进已经超过人们赖以生存和学习的对象——天然纤维，如超细、弹性、强度等。

在纤维改性和高性能上，在功能化甚至智能化上形成了新的分支，并且以应用为主线，在改性、高性能、功能化上取得了许多进展，见图 1－2。通过共混、共聚、接枝、表面改性以及纤维聚集态结构和高次结构的精细调整，出现了聚丙烯氰类，大豆蛋白改性类、牛奶酪素类、角蛋白改性类、等离子体或高能辐射表面改性类、液晶纺丝控制分子排列与结晶、高次结构（原纤）的螺旋化等纤维。通过选择高性能材料或纤维的高性能化，获得高性能纤维，如高性能碳纤维，强度从1~3GPa提高到9GPa，虽与其晶体强度差2个数量级，但却是最强的纤维；超高分子量聚乙烯强度达4.5~5GPa，只与其分子强度差不到1个数量级。人们在努力实现纤维强度向分子强度逼近，到今天为止，还没有一根长丝，在考虑重力作用下，能够将地球与月球相连，但均匀连续的碳纳米管却提供了这种可能，如图1-3。

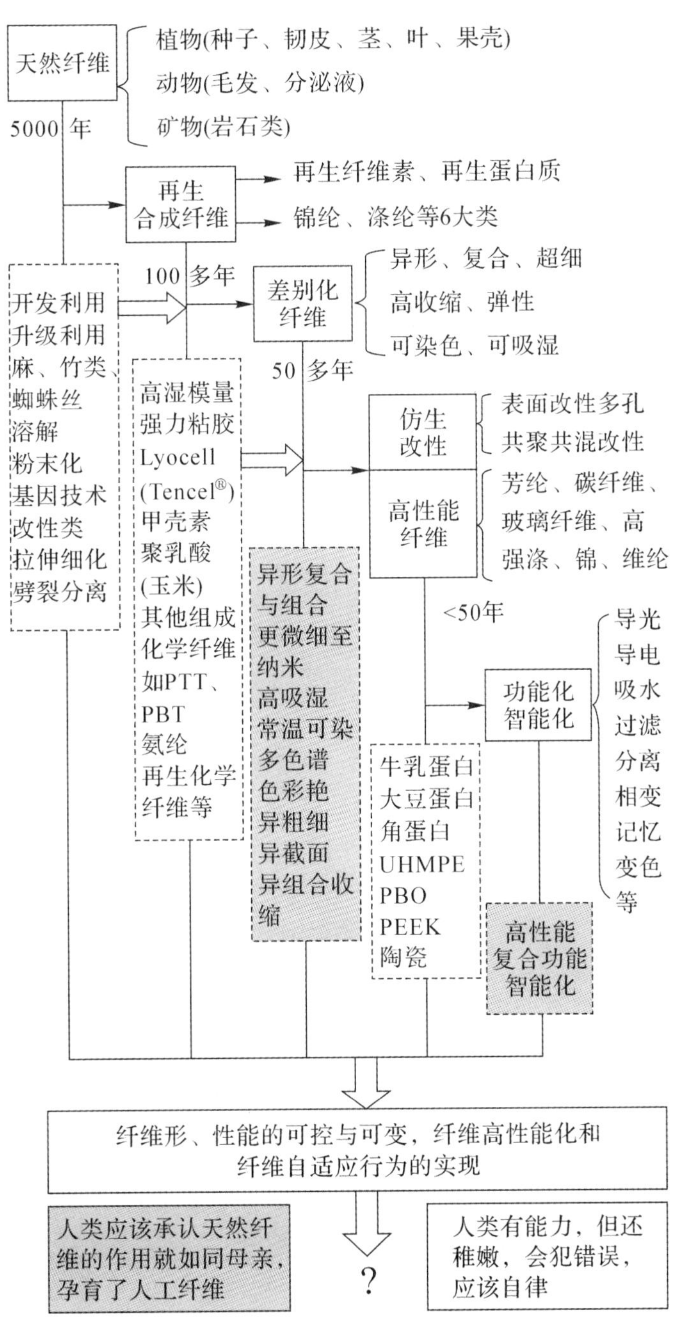

图1-2 纤维的发展及天然纤维的作用

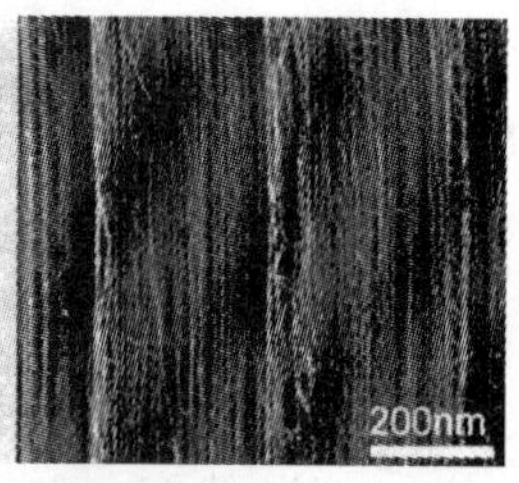

图 1－3　碳纳米管

通过纤维结构、组分和形态的调整与微细纳米化，以及排列的多维、多层次，可使纤维获得不同的力学、热学、光学、电学、磁学、吸湿、表面等特性，甚至可以利用纤维组分或结构对这些物理作用，甚至生物、化学作用产生的激发反应和可循环性（或称可复位性），制成自适应（self－adapted）的智能纤维，如形状记忆、相变、变色等。人类不仅可以控制纤维的形态（形）、性质（性）、功能（能），而且可赋予纤维进行形、性变化的功能。这与当今人类科技的生物基因技术（克隆技术）一样，具有突破性的意义。

尽管人类可以或正在进行纤维的改变与创造，甚至在改造天然纤维，但人类制造的纤维至今还在许多性状上不及天然纤维，如纤维的强度和弹性伸长始终不能达到蜘蛛丝那样的性能，即实际强度无法进入与其分子强度同一的数量级。如纤维的原纤结构无法像棉、毛那样可以发生多级螺旋；也无法实现像棉或毛纤维那样外层具有自约束的网状结构层或鳞片层。如纤维的中空度只能达到 60%，而无法像木棉纤维那样达到近 90% 的连续中腔和均匀的薄壁，更无法想象在这仅 1～2μm 的胞壁厚度中存在 5＋2 层不同取向和排列密度的原纤结构层，如图 1－4。如纤维的表观形态无法产生像毛发类纤维的鳞片状条纹或层叠起伏；无法像羽绒纤维形成小的枝杈和奇妙的分形现象，如图 1－5（a）；无法像兔毛那样形成中腔的“竹节”结构，如图 1－5（b）。

人工纤维成形技术，除了速度和均匀性外，都不及生物界形式多样、一次完成的成纤行为。尤其是羊、蚕和蜘蛛，在其柔弱的毛囊或分泌腺中，会生长或吐出如此结构复杂、性能优异的纤维。柔弱、微小的棉纤维能携带沉重的种子，广布于他乡；同样的麻纤维能构造起坚实的复合体，保护自身的茎秆。这些可爱的动物和植物们，竟然能比人类更富有天分地进行着纤维的生成和结构形态的调整，特别是对分子的排列。这可能就是纤维更深层次发展与表征中的主要问题了。

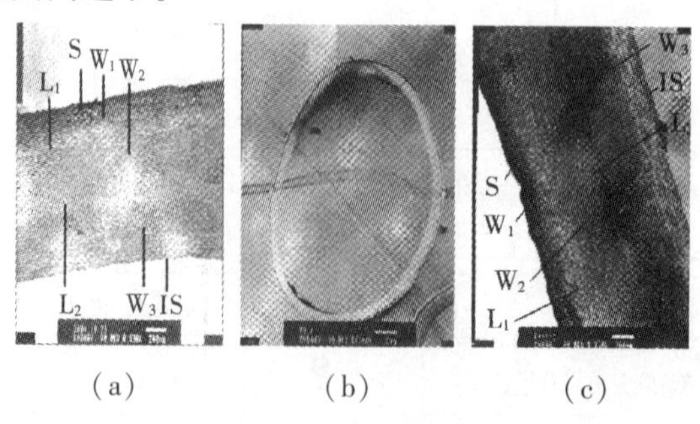

图 1－4　木棉纤维的微细结构与层次

图1-5 分叉羽绒和有竹节多髓腔兔毛的形态

纤维在不断地发展，新纤维层出不穷，对纤维的认识与了解也在不断地深化，我们应该积极主动地关注这些进展。

1.2.2 纱线发展及引出的问题

纱线的成形，即通过加捻将短纤维连续起来，具有强度和弹性伸长；将长丝抱合起来，具有稳定的形态；将多根细长的纱、丝集合起来，使之符合使用要求，这是人类的强项。人们不仅可以通过加捻方法使纱线成形和变形，而且可以通过喂入方式和张力变化获得花式纱线。其基本的发展进程如图1-6所示，是一个从简单加捻组合或直接合并到复杂多轴系的组合；从只有加捻（短纤）和黏合（生丝）方式到引入编织和纠缠机制（空气变形或气流混乱化纠缠）；从纺纱、纺丝、合股成线的独立进行到纱、丝成“线”一步完成，都体现了纤维→线状纤维集合体过程中的组合复合、相互作用和一次成形的思想。这完全跳出了传统概念中的纱→线→绳的短纤体系及组合变粗的定势，使纺织材料在纱线这一领域中变得成熟、丰富和完整。

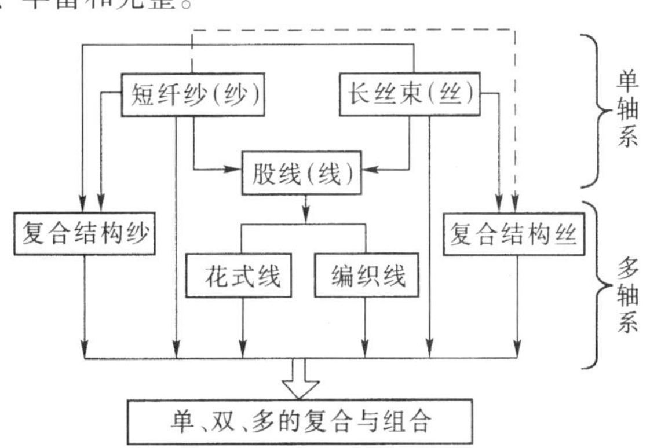

图1-6 纱线的发展流程及可能的提示

纱线不仅仅是一个由短变长（短→长）的过程，而且是长→匀、单→复、均一→复杂的过程，涉及纱、丝、线及其组合复合体。

尤其是短纤纺纱系统中的短纤复合纱和短纤结构纱的出现与发展，是这一过程最典型的例子。人们从富有成效的刚性握持（非自由端）加捻成纱中，质疑了这类纺纱体系（环锭纺）的速度和成纱质量，进而转向柔性握持（自由端）的纺纱，如转杯纺、涡流纺、静电纺、摩擦纺等。而正是这种转移，促进了对传统环锭纺纱的改造和对非自由端纺纱的深入思考、艰苦抉择和努力发展。人们的思维定式是短纤维的纺纱就是要“合”，哪有“分”之理，即使要“分”，也是为了清杂或使纤维伸直，“合”是成纱的天经地义。因此人们能想到成纱的“分”，已是一个相当创意的想法。人们开始尝试将两根须条分得很开，进行纺纱，如图1－7（a），创造了“自捻纺”；又尝试将两根须条靠得很近，在一个皮辊宽度上纺纱，如图1－7（b），创造了S/S（短/短）纺，俗称“Sirospun（赛络纺）”；进而干脆对一根须条实施切分，如图1－7（c），创造了单须条分束纺（Solospun）；还有引入长丝束F，形成了S/F（短/长）纺纱，如图1－7（d），国人大多称之为“Sirofil”（赛络菲尔纺）。前三个创造都是纺纱领域中20世纪60—80年代，对环锭纺纱系统的突破性贡献，解决了双边分布的结构纺纱和人工控制纤维转移的纺纱，为细支单纱织造提供了可能。而S/F复合纺纱是英国人在20世纪60年代初就有专利申请的技术，不能称其为创造，但也是此科学实践的产物。所有这些都是发生在同一个实验室（CSIRO的羊毛研究所）。

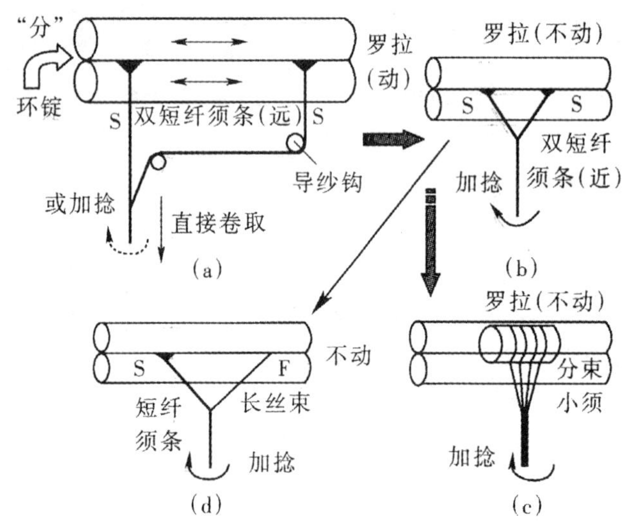

图1－7　纺纱中的分合之道引出的技术进展

从图1－7中可以看出这个过程是多么的漫长和艰辛，符合传统科学实验与摸索的思维定式和进展线路，一步一个脚印但又显得有些笨拙。因为在这之前、之中有太多的提示与暗示，如纺织本身的纱线合股与花式纱体系整经过程的合并，如天然和人工长丝的复合纺丝等。

可喜的是，我们在这些技术的分析与了解中，出现了思考，已有采用分层、分组、假捻的结构纺纱技术及相关的自主知识产权，知道短/长（S/F）复合纺纱外露组分易于不匀及其解决方法，短/长复合纱易于分离（剥皮）及其消除方法，以及相关的专利技术。

纺纱中的复合、分束的出现，使人们产生了更多的想法，能否引入编织复合？能否增加其他系统的喂入？能否变连续均匀为断续不均匀？能否在均匀的条件下变化各组分的比例？能否更稳定和有效地控制纤维的集束和分离？能否将纺丝体系、后处理体系直接引入到纺纱体系中？这些已成为很多人考虑的问题，我们是否也能对其进行思考与研究？

与短纤成纱体系一样，长丝束的成纱同样显得活跃，而且发展更快。从简单的变形加工，延伸到多组分、异粗细、异长度、异截面、异收缩、异卷曲的一步成形纺丝，称为异组合加工。尽管制造的丝不如想象中那样完美，且不时地要借助后道的混合与处理，但至少该工业领域和工程学科中已在继复合纤维、异形纤维、超细纤维和变形纱技术之后，将这些技术组合实施到高聚物纤维体上，使其直接模仿甚至超越天然短纤维纱线。而且，更快、更简洁、更干净地将高聚物熔体或溶液一步变成织造可用的纱线，甚至织物本身的加工都将原来看似复杂、庞大、漫长而又无法缺少的纺织工程缩短为简单、轻巧、快捷而又干净的加工。

不过，短纤维纺纱已经开始将长丝引入自己体系，以增强或变化，长丝纺丝体系是否也能引入短纤进行丝的“节外生枝”（图1－6虚线）？这是长丝纱加工中可以考虑的问题。已有例子证明这种引入的可行性，雪尼尔花线就是长满侧向毛羽的纱线。长丝可以充分利用短纤、短绒，甚至准零维的粉末，成为自身加工体系的辅料。

长丝、短纤都在各自体系中进行繁衍与复合，短纤维纱力图做得如丝一般连续均匀，长丝纱力图做得像纱一样蓬松多毛绒。显然，长短间的交汇越来越大，共性问题变得明确，即如何能人为地控制纤维的形状，加工中的状态，成形后的形态，使其能扬长避短、优势互补。做到希望均匀时，粗细能够稳定不变；希望变化时，能产生各种结、节、点、段的粗细变化或能有内部组分的变化，等等。当然这一工程体系不仅仅是让纱线的结构变得更加合理，纤维的控制变得更加自如，产品的品种变得更为繁多，还使纺纱加工变得更为简洁、低耗和快速。

如今的纱线已不仅仅是一个加捻的问题，编结、复合、包缠将使纱线本身从一维、一轴体变得多维、多轴，成为导管、输送线、人工肌腱、光导纤维等的直接原料。人们也无法再守着加捻的纺纱体系，而转向组合、多维的轴向成形加工系统。

1.2.3 织物发展及引出的问题

机织物的构造由起源于坚韧、硬挺的藤类和竹类材料的手工编织变为硬挺有张力线、绳的手工编织，现在逐渐转向手工织机的织造和机械化的机织。织物基本上是平面、二轴系的，即通常说的经、纬交织物。常用的机织物发展至今天，基本上还是原来的两个特征：一是交叉，仍是以平面为主的交叉覆盖性结构，只是从单根手工控制到多根机械控制，又回到单根机械控制的反复循环发展；另一是硬挺，以织物中的“刚硬和稳定”特征为本，为使其刚硬，选择较多的交织点、黏结点（涂层），甚至采用加厚、加强交叉达到；为其稳定，采用增加紧密度，采用三相织造和加强系间交叉来完成。由此出现了多维、多轴系的织机和机织物。机织物的主要变化是交织点，即经纬纱的起伏，偶尔也加入一些扭结，如纱罗组织。

针织物的构造源于柔软的草茎或线状物的绑扎、打结，依赖于线状材料的柔性，后面采用柔软的纱、线、绳进行无张力或低张力的手工圈套、编结，逐渐转向简单的手工器具——弯曲的钩针或直挺的细棒的圈套与编织，随后出现手摇机械及自动针织机。针织物基本上是单轴系、平面的，但其结构是典型三维的。单轴系单根逐个圈套成形，来回逐行递增构成常说的纬编织物；单轴系多根平行相互串套编织构成常说的经编织物。针织物的变化源要比机织物多，它线圈的三维空间造型，绑扎、打结、交叉的多元成形方式以及弯钩、直棒的逐个控制成圈的方法是人类使用工具走向文明的象征。针织物也有两大特征：一是柔软易变形；二是三维圈套，以织物中的“柔性和可变”特征为本。但由于其原本绑扎、打结，故绑扎结点的刚硬，或直接将刚硬材料绑定于一起，便又构成刚性部位或刚性材料，是纺织材料刚、柔性互换的最好例子，也是最能应变的成形方式。针织物以“单”对复杂，以“线”对三维，甚至三维结构体的一次成形都极富艺术性，以至于现今还有人们拿着一支小小的钩针，或手持数根棒针进行着日用品或艺术品的制作，这早已成为一种兴趣爱好和艺术陶冶。进化的机械化设备是大宗类针织物加工的工具。针织物可以通过垫纱、铺纱、相互错位引入多轴系，但其本身构造单元就非多轴系所能表达，反而以单轴系空间线圈的表达更为简洁准确。

机织物和针织物作为纺织材料中的一刚一柔，满足了人类外装需挺、小变形，内衣要柔、大变形的需求，实现了柔性绑结、控制、相互联系，刚性承力、支撑、基体增强的功能。

作为两种方法起源的“编结”，孕育了机织、针织一对出色的儿女，却一直未找到自己的出路，只是一直做着打结连线的工作，起着多孔遮挡、网渔罩物的作用。直到近50年，其没有多大发展的单轴系的编织融入于纱线制造技术；而多轴系的编织焕发出了青春活力，成为当今机械自动化三维、多轴向、连续一次复合成形的最杰出的方法，是高层次结构、复合材料的基本要素和象征。本书因篇幅所限，无法展开这类织物的结构、性能特征及其加工的研究。非织造布是人类进步中循环往复、螺旋上升规律的写照，是人本能的产物，即最好是将原料到使用的加工过程变为最简，拿来就用。人类文明起初使用皮革、草垫、纤维絮垫、造纸，是最典型的非织造材料，甚至是不加工材料。非织造加工在近50年中得到了快速的发展，成为人们简化工艺、节省时间、降低能耗的典范。这种省去纺纱、织造的“懒汉”做法是明智之举，它提出两个概念：一是“度”，二是“省”。人类没有必要仅仅为证明自己的智慧，令许多过程变得复杂，而实际使用的东西，只要性能、功效所至，越简洁则越明智，这就是度。有了这个度，就能轻松地做到省，即减少能耗、浪费与污染。这是纺织材料各种初加工、整理加工、功能加工，纤维选择与利用、纤维混合与复合，乃至纤维及纤维制品的生产与发展中都应该遵循的准则。人类要学会约束自己，别犯或少犯“防卫过度”。

织物作为可直接应用的产品，广泛地被转向产业用纺织品；转向非织造、复合与组合、多轴与三维；转向机织、针织、编织、非织、黏结、涂层加工体系的组合与复合，使织物结构变得更加合理、轻巧和功能化。其中第一个转向是纺织工业产品调整的最重要的方面，第二转向是支撑第一个转向的基础。这将使纺织材料在军事、航空、生物医药、保健、信息、电子、汽车和运输、建材、农、林、水产、海洋业、体育用品、环保等诸多领域中得到更广泛的应用。例如万人体育场屋顶的轻结构复合膜材料，价格为2000多元/m^2；一套航天员的舱外宇航服高达一亿元人民币；一根10cm左右长度的人造血管价格为1万多元人民币。而美国高技术纤维占化纤总量的6%，而产值高达化纤总产值的1/2；欧、美、日等发达国家产业用纺织品占整个纺织品的比例已接近或超过40%，产业用纺织品所创造的价值已远远超过其纺织品总产值的50%。而我国产业用纺织品的比例，2004年约为13.3%。这与服装用、装饰用、产业用纺织品的三分天下均值相差甚远，其难点在于这类技术纺织品的材料与加工技术。应该说这是从纤维到最终成品的系统工程，不仅仅是科学与工程技术问题，还涉及综合国力、研究投入、标准体系、政策法规等问题，但重要的是纺织材料学科的突破。

1.2.4　表征方法的发展及引出的问题

纺织材料的发展，纺织材料的物尽其用，纺织材料的品质，纺织材料加工或处理的效果，纺织材料的功效和持久性，这些我们对纺织材料的认识与了解都依赖于对材料本身和其成形过程的表征。

纤维材料的结构、性能及其相互关系的表征，几乎都源于对天然纤维的表达。这主要因为国外检测技术和方法的发展，国内极少有相关研究，即便是对高分子物理和生物观察的近代物理分析方法也很难做到。美国大面积种植与改良棉，提出了系统的评价方法与手段，即HVI和相关的ASTM标准；澳洲人引进、培育、改良毛，成为当今世界最大、最优良细羊毛的生产国，称为“骑在羊背上的国家”，基本解决了羊毛的系统评价和实用表征方法（如ATIAS、Sim－Lan－LaserScan、OFDA等）以及IWTO采纳的标准及测量方法。丝作为中国人的自豪，曾启迪了人工纺丝的想法，促成了差别化纤维的诞生，我国目前却拿不出有效实用和自主知识产权的评价方法，仍依靠手感目测的基本原则。而麻纤维，品质极为优秀的“中国草”——苎麻和近年来被人们关注的罗布麻、亚麻等所有的麻，却如“麻”本身那样，杂乱无章，没能像棉、毛那样，有客观、有效、精准的评价体系和表征方法。因此工业界很难进行成功的加工与使用。

纱线的结构和功能的表征，除了显微观察和图像处理技术的应用外，Uster仪器几乎一统天下地包揽了纱线品质评价的所有方法与技术，虽有Lawson－hemphill公司的光学电子黑板条干仪与之抗衡，但也都是国外的仪器。

织物的表征在一般产业中的应用，全世界都采用着20世纪30—50年代就已确定的方法，或者用洗衣机洗涤一下织物，对照样卡就进行评价。较为客观和具有理论指导意义的是织物手感（hand）与热湿舒适性（comfort）的评价方法与仪器，如川端季雄的KES、澳大利亚联邦科学院（CSIRO）的FAST、国内外的动态悬垂表征和有限元算法模拟织物造型以及暖体假人模型测量装置等。国外在纺织品表征上多有建树。国人也有理论和实践的贡献，并已获得一些结果和提出相应的理论。

而由科学表征、抽象思维产生的理论，绝大多数是国外学者的贡献。至今纺织材料领域都在用着Hearle教授的缨状原纤理论、纤维转移理论和纱线力学分析，Peirce博士的吸湿、弱环、弯曲、织物结构的理论，Binns、Peirce、川端季雄、Postle等的织物手感风格的观点与理论，Woodcock的织物舒适性的透湿指数，以及借用高分子材料科学中的许多经典理论和方法。纺织材料的科学与理论虽然在发展、在突破，但相对较慢、较小，而且我国在其中的研究还很少。

产业用、特殊防护用纺织品，以及纺织材料的安全与可靠性的表征；纺织材料感觉与舒适的物理、生理和心理作用的分离或联系的表征，在我国仍是较为薄弱和欠缺的内容。

1.3 应关注的知识与理论

人们需要清洁生态的纤维，要求干净、低耗、简洁的纺纱织造，希望安全、有效、生态的后处理加工；追求产品的结构能被控制，材料的性能得以充分实现；期待整个加工变得合理、无冗余，又能柔性多变，以适应多种纤维制品的加工与开发。但根本要求有两条：第一，纤维及其纤维制品的性能优良和实用；第二，材料的加工和使用安全与清洁。这就要求我们要选好纤维原料和纤维；改进和提高纤维及其制品加工设备的原理和性能；选择恰当的后处理和复合加工方式；要了解从纤维到产品的多方面信息，尤其市场信息。做到理性地选择原料与进行加工，及时地评价与预报原料及成品的性能与品质，在线监测与控制材料生产与制备的各环节，这就需要有良好的专业基础知识，需要了解各相关学科的基本理论及其对本学科的作用。

1.3.1 关注工业体系及工程知识

纺织材料的生成和性能特征几乎都依赖于加工体系及方式。我们应该多关注纺织工程、化纤工程、服装工程、纺织品设计，以及计算机技术、测量与仪器、标准体系方面的知识、技术及其进展，特别是纤维工程（包括纤维初加工和化学纤维工程），纺织工程和标准体系的相关进展、技术与基础理论，为理解纺织材料的变化和特征，为发展纺织材料提供良好的参考。

1.3.2 关注材料科学的知识

纺织材料本身就是一个专门化的材料学科，前面已提及其本身的特点及立身之本，但材料学具有极大的相通性。

金属和无机材料在规整结构（晶体）和力学物理性质上有极为经典的理论与成果，并是材料学科中表征技术和材料发展最为超前的学科，有助于纺织材料学的引用、借鉴。

有机和高分子材料几乎是纺织材料中纤维之本，尽管没有纺织材料那样悠久，却因有机化学、高分子物理和高分子化学的基础研究及发展，比纺织材料的理论基础显得更坚实，比纺织材料的发展更快、更有活力。其在高分子材料的结构、性质及其相互关系，缠结、扩散、蠕变、松弛理论，纤维成形原理及分子设计与合成控制，高聚物力学、热学、光学、电学、表面性质方面的理论、实验结果、假说与问题，都是本学科应该了解、借鉴与效仿的。

生物材料和生物学是纺织材料学应该但较少关注的学科，生物结构体本身就是纺织材料模仿的对象。棉、毛、丝、麻四大类纤维本身就来源于生物体，带有极强的生物特征，已在人类的上万年使用中，给人类造福，并“指导”人类，使得纺织材料成为人体器官或组织置换的第一和首选材料。有关生物材料、高次结构材料的生物性（生物相容性、可降解性、耐久性、可传导性等），生物体、生物酶对纤维材料的作用等，都应该成为我们的学习和了解的对象。

1.3.3　关注表征技术与方法

麦哲伦（Magellan）靠罗盘（实际的测量）发现了美洲大陆，爱因斯坦（Einstein）用计算尺（抽象的表达）创造了相对论。纺织材料的突破与发展当然离不开当今的表征方法与手段。近代应用数学、统计学、测量仪器学、计算机技术和信息技术的发展，受惠于材料的进展，但更多地又反过来施惠于材料和材料学科。现有的技术和理论已成为纺织材料学分析、表征、预测、模拟、精准计算的基础。因此，应多关注材料形态与结构，物理、化学、生物性质，表面分析等测量理论与方法；应该知晓和运用统计学和现代应用数学、图形图像技术、计算机辅助算法与设计。上述知识与方法将成为纺织材料结构及性能表征，以及从材料学角度改善和提高纺织材料的性能的基础。

多看些与工程、材料学和表征技术的书，多关注这些领域的进展，将有助于对本书基本内容和理论的了解，对本书的不足和局限也将有所认识，进而迸发出探索的欲望。

第2章　纤维结构基础知识

从绪论中已知，可供纺织加工使用的纤维原料品种有许多种类，它们具有不同的物理和化学特性，进而在不同的使用环境中表现出各自的使用特性，这也决定其应用的价值和领域。纤维是由一种或多种大分子通过某种形式集聚堆砌而成的，其所表现出来的某种使用特性，取决于构成纤维的大分子组成、结构及其聚集结构状态和纤维中各种组成成分的含量比例、分布状态。这些大分子的组成元素或基团、排列方式以及它们之间的相互作用构成了纤维的各项内在性能，而它们又受到纤维加工工艺的影响，选择不同的加工工艺，可以使其性能得到最大限度地体现，因此学习纤维的结构是开发新型纤维产品、设计纤维生产加工方式和工艺以及了解纤维各种物理性能和使用特性的基础。

纤维是通过自然生物合成或人工制造的方法形成的，由成千上万个大分子组成。纤维内的大分子根据加工、形成条件的不同，按照一定的规律排列构成纤维的整体结构形态，且不同纤维的结构呈现复杂多样的特点。为了能够清晰地认识和表征纤维结构，一般将纤维的微细结构（fine structure）按照不同的结构层次进行分析，如图2－1所示。纤维结构的内容主要包括高分子链的结构和高分子的凝聚态结构（又称聚集态结构、超分子结构）及其形态结构。本章主要进行纤维大分子链结构和大分子凝聚态结构的相关基础知识的学习，纤维形态结构将在以后的章节中结合具体纤维品种和纤维形成的工艺特点进行介绍。

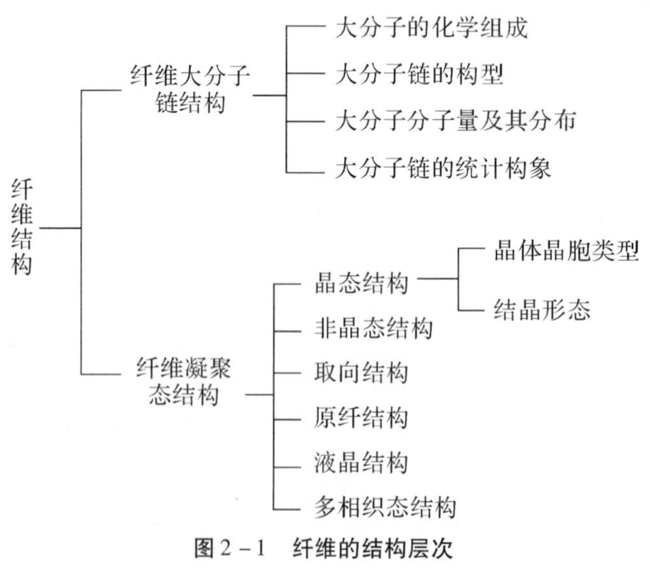

图2－1　纤维的结构层次

2.1 纤维大分子结构

纤维的性能首先是由其大分子结构决定的，纤维大分子结构包括其主链的化学组成及连接方式、侧基和端基的结构、大分子链的形态和相对分子质量及其分布等。

2.1.1 纤维大分子主链的化学组成及连接方式

纤维大分子主链是由某个结构单元（链节）以化学键的方式重复连接而成的线型长链分子。链结构主要是由碳和氢两元素构成，还有氧、氮、磷、氯、硫、铝、硅、硼等元素。这些元素是构成纤维的基础物质，它们之间通常是以共价键的形式连接。按主链构成的化学组成，纤维大分子可以分为以下三种。

1. 均链大分子（homochain polymer）

均链大分子是主链均由一种原子以共价键形式组式的大分子链，且其通常是以碳—碳键相连，这类大分子一般由加聚反应制得。该类纤维品种有聚丙烯纤维、聚氯乙烯纤维等。

2. 杂链高分子（heterochain polymer）

杂链高分子主链是由两种或两种以上的原子组成的大分子链，且其通常由碳—氧、碳—氮、碳—硫等以共价键相联结而成，主要通过缩聚反应或开环聚合而成。该类纤维品种有聚酰胺纤维、聚酯纤维等，其特点为大分子链刚性较大，力学性能和耐热性较好，但由于主链中含有极性基团，所以易产生水解、醇解和酸解。

3. 元素有机高分子（elementary organic polymer）

元素有机高分子的大分子主链上含有磷、硼、铝、硅、钛等元素，并在其侧链上含有有机基团。该类纤维品种有碳化硅纤维、氧化铝纤维、硼纤维等。此类纤维具有有机物的弹性和塑性，也具有无机物的高耐热性，属于高性能纤维。构成纤维大分子主链的结构单元称为“单基”。不同纤维大分子，其单基组成结构是不同的，如纤维素的单基为葡萄糖剩基；蛋白质单基是α-氨基酸剩基；聚酯单基是对苯二甲酸乙二酯，各种纤维的单基结构式如表2-1。单基的重复次数称为大分子的聚合度。

表2-1 部分纤维的单基结构式

纤维品种		英文缩写	结构式
纤维素纤维	棉纤维	—	（纤维素单基结构式：两个葡萄糖剩基经 —O— 连接，含 CH_2OH、OH、H、O 等，$[\ \ ]_n$）
	麻纤维		
	再生纤维素纤维		
蛋白质纤维	毛纤维	—	$\mathrm{-\!\!\![N(H)-CH(R)-C(=O)]_n}$
	丝纤维		

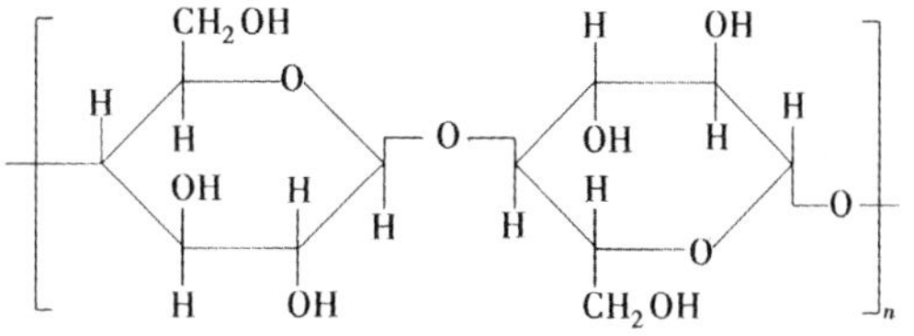

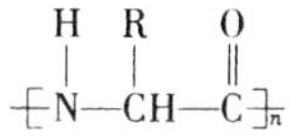

续表 2－1

纤维品种		英文缩写	结构式
聚酯纤维	聚对苯二甲酸乙二酯纤维	PET	$\left[OCH_2CH_2O-\overset{O}{\overset{\|}{C}}-C_6H_4-\overset{O}{\overset{\|}{C}}-O\right]_n$
	聚对苯二甲酸丙二酯纤维	PTT	$\left[OCH_2CH_2CH_2O-\overset{O}{\overset{\|}{C}}-C_6H_4-\overset{O}{\overset{\|}{C}}-O\right]_n$
	聚对苯二甲酸丁二酯纤维	PBT	$\left[OCH_2CH_2CH_2CH_2O-\overset{O}{\overset{\|}{C}}-C_6H_4-\overset{O}{\overset{\|}{C}}-O\right]_n$
聚酰胺纤维	聚酰胺 6	PA6	$\left[HN(CH_2)_5CO\right]_n$
	聚酰胺 66	PA66	$\left[HN(CH_2)_6NHCO(CH_2)_4CO\right]_n$
	聚间苯二甲酰间苯二胺纤维	PMIA	$\left[HN-C_6H_4-NH-CO-C_6H_4-CO\right]_n$
	聚对苯二甲酰对苯二胺纤维	PPTA	$\left[\overset{O}{\overset{\|}{C}}-C_6H_4-\overset{O}{\overset{\|}{C}}-\underset{}{\overset{H}{\overset{\vert}{N}}}-C_6H_4-\overset{H}{\overset{\vert}{N}}\right]_n$
聚乙烯纤维		PE	$\left[CH_2-CH_2\right]_n$
聚丙烯腈纤维		PAN	$\left[CH_2-\underset{CN}{\underset{\vert}{CH}}\right]_n$
聚丙烯纤维		PP	$\left[CH_2-\underset{CH_3}{\underset{\vert}{CH}}\right]_n$
聚乙烯醇纤维		PVA	$\left[CH_2-\underset{OH}{\underset{\vert}{CH}}\right]_n$
聚对亚苯基苯并二噻唑纤维		PBZT	（结构式：含 N、S 的苯并噻唑环与苯环相连的重复单元）$[\ \ ]_n$
聚苯硫醚纤维		PPS	$\left[C_6H_4-S\right]_n$
聚对亚苯基苯并二噁唑纤维		PBO	（结构式：含 N、O 的苯并二噁唑环与苯环相连的重复单元）$[\ \ ]_n$
聚间亚苯基苯并二咪唑纤维		PBI	（结构式：含 C、N、N—H 的苯并咪唑环与苯环相连的重复单元）$[\ \ ]_n$
聚（2，5 二羟基－1，4 苯撑吡啶并二咪唑）纤维		M5 纤维，PIPD	（结构式：含 NH、N 的吡啶并二咪唑环与带两个 OH 的苯环相连的重复单元）$[\ \ ]_n$

续表2－1

纤维品种	英文缩写	结构式
聚苯胺纤维	PANI	$\left[\!\!-\!\!\bigcirc\!\!-NH\!\!-\right]_n$
聚四氟乙烯纤维	PTFE	$\left[CF_2-CF_2\right]_n$
聚氨酯纤维	PU	$\left[O(CH_2)_2O-\underset{\underset{O}{\Vert}}{C}NH(CH_2)_6NH\underset{\underset{O}{\Vert}}{C}\right]_n$

大分子长链中，大分子链的键接方式可以由一种结构单元组成，称为均聚物纤维；也可以由两种或两种以上的结构单元组成，称为共聚物纤维。在均聚物纤维中，其单基可以是完全相同的（如纤维素、聚乙烯等），也可以是基本相同的（如蛋白质等）。此外，在均聚物纤维中，也会出现大分子链节内各原子和基团通过化学键所形成的空间排列及链节之间的排列顺序不同，即大分子产生不同的“构型”，其中若只是原子和基团在顺序上的改变称为构造同分异构体；空间位置上的改变称为立体同分异构体。不同构型所形成的大分子，虽然组成物质是相同的，但纤维的性能可能存在较大差异。大分子的聚合度反映大分子主链的长度，对纤维的许多性能有重要影响。

结合日常生活经验可知，构成单基的组成特征不同，将会形成不同种类的物质形式，也就是说纤维大分子的性能具有本质的差异，即单基的结构特征是决定大分子性能的基础，因此可以通过学习认识单基的组成基团的特征，对纤维的性能进行分析评价。

2.2.2　侧基与端基

1. 侧基（side groups）

它是指分布在大分子主链两侧并通过化学键与大分子主链连接的化学基团。侧基的性能、体积、极性等对大分子的柔顺性和凝聚态结构具有影响，进而影响到纤维的加工工艺，也影响到纤维的热学性质、力学性质和耐化学性质等。在生产实践中，可采用对大分子主链进行接枝或组装具有某种特性的侧基基团的方法，使纤维实现功能化。

2. 端基（end groups）

它是指大分子两端的结构单元，且与主链“单基”结构有很大差别。大分子端基的结构取决于聚合过程中链的引发和终止方式，其可以来自单体、引发剂、溶剂、分子质量调节剂等，并对纤维的光、热稳定性有较大影响。通常可利用端基上的活性官能团对纤维进行改性处理（如扩链、嵌段等），也可通过准确测定端基结构和数量，来研究大分子的相对分子质量。

2.2.3　大分子链的柔性

大分子链的柔性（flexibility）是指其能够改变分子构象的性质，也就是大分子链可以呈现出各种形态的性质。纤维的线性大分子，如果主链包含大量的旋转性较好的单键，并且其四周的侧基分布比较均衡，也比较小，即侧基之间的结合力也较弱，从而使链节较容易绕主链键旋转，大分子链伸直和弯曲比较容易，可呈现出多种构象形态，也就是大分子链比较“柔软”。反之，大分子链比较“僵硬”，不宜弯曲和伸直。大分子旋转如图2-2所示。

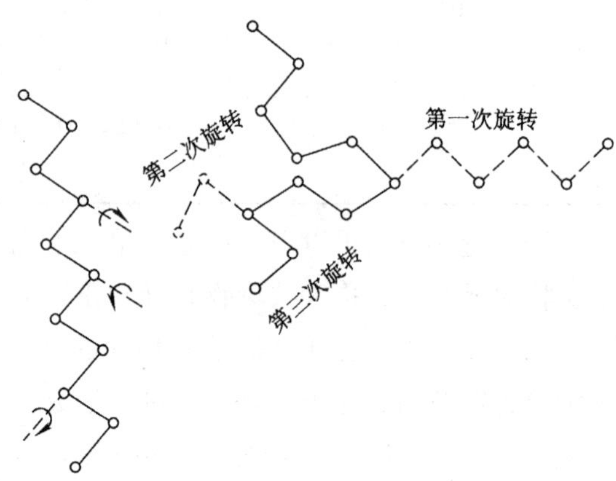

图2-2　大分子旋转示意图

大分子链的柔性可以用末端距表示，末端距是指大分子链两端之间的直线距离，末端距越小，大分子链的柔性越高。

大分子链柔性受多方面因素的影响，一般情况下，当大分子链的主链结构中含有C—C、Si—O、C—O键时，其具有较好的柔性，如聚乙烯纤维；当大分子链的主链结构中含有共轭双键时（—C═C—C═C—），其柔性会显著降低，如聚乙炔纤维；当大分子链中含有芳杂环时，其柔性较差，如聚苯硫醚纤维；当大分子链含有侧基时，侧基的极性和体积越大，则其越僵硬；当大分子之间形成氢键时，其刚性会增加，如纤维素纤维。此外，纤维所处的环境因素（温度、湿度、应力等）和制造加工或改性处理过程中的添加剂（如增塑剂）也会对大分子链的柔性产生影响。

2.2.4　相对分子质量及其分布

为了保证纤维的使用性能要求，纤维中的线性大分子链必须具有一定的长度，通常大分子链的大小（或长短）可用单基的重复次数表示，如纤维素大分子式可表示为$[C_6H_{10}O_5]n$，这样就需要由n个重复单元（单基）相互连接而成，从而达到一定的聚合度。所谓“聚合度”是指大分子链中单基的重复个数，即纤维分子式中的n值，其可由大分子相对分子质量和单基相对分子质量的比值求得，且单基相对分子质量可依据单基结构式的元素构成计算求得。

大分子相对分子质量可通过化学法（端基分析法）、热力学法（蒸气压法、渗透压法、沸点升高和冰点下降法）、光学法（光散射法）、动力学法（黏度法）、凝胶渗透色谱法测量得到。需要特别强调的是，纤维大分子的相对分子质量并不是一个定值，而是呈现为一个分布，因此其相对分子质量是一个统计平均值。统计平均相对分子质量有如下几种方法。

（1）数均摩尔质量法：按分子数加权平均的相对分子质量。

（2）重均相对分子质量法：按分子质量加权平均的相对分子质量。

（3）黏均相对分子质量法：用溶液黏度法测出的平均相对分子质量。

纤维大分子相对质量的大小，对纤维的拉伸、弯曲、冲击强度和模量、热学及热稳定性能、光学性能、透通性能、耐化学药品性能等具有较大影响，同时也对纤维的加工性能具有相当大的影响。如超高分子质量的聚乙烯纤维（PE）的拉伸强度要比普通聚乙烯纤维大2～3倍。

2.2 纤维的凝聚态结构

纤维从宏观上讲，是由大分子按一定方式和规律堆砌而成的。纤维的性能，除了受到纤维大分子结构的影响外，大分子链堆集形成的状态规律也是重要的影响因素。在分子间作用力下，纤维内大分子之间的排列和堆砌结构称为纤维的凝聚态结构也可称为超分子（supermolecule）结构。

纤维凝聚态结构的形成，取决于其组成大分子的结构、纤维形成过程的条件和纺织后加工的工艺。它们还影响着纤维的使用性能。因此学习和掌握纤维凝聚态结构的表征参数及其与大分子链结构和各种外部条件之间的关系，是进一步学习纤维成形加工过程的控制、纤维性能的利用和纺织设计加工及对纤维进行物理改性的必要理论基础。

2.2.1 纤维大分子间的作用力

1. 作用力的性质和种类

纤维大分子之间的堆砌方式和作用力对其凝聚态的结构形式起着关键作用，并且还影响着纤维的力学、热学等性能。大分子之间的作用力形式有范德华力、氢键、盐式键、化学键等，表2－2为各种作用力的键能和作用距离。

表2－2 各种作用力的键能和作用距离

项目	范德华力	氢键	盐式键	化学键	熵联
键能（kJ/mol）	2.1～23.0	5.4～42.7	125.6～209.3	209.3～837.4	31.0～48.6
作用距离（nm）	0.3～0.5	0.23～0.32	0.09～0.27	0.09～0.19	0.44～0.49

（1）范德华力（Van der Waals force）。范德华力分为取向力、诱导力和色散力三种作用形式，其特点是普遍存在于分子之间，没有方向性和饱和性。取向力存在于偶极分子之间，是由极性基团的永久偶极引起的，与相互作用的两种极性分子的偶极矩的平方积成正比，与分子间距离的六次方成反比，并与材料绝对温度（决定偶极的定向程度）成反比。取向力的作用能量为12～20kJ/mol，如聚乙烯醇纤维、聚酯纤维等分子间作用力主要为取向力。诱导力主要存在于极性分子与非极性分子之间，是由极性分子的永久偶极与其他分子的诱导偶极之间的相互作用引起的，其大小与分子偶极距的平方和极化率的乘积成正比，与分子间距离的六次方成反比。色散力是由分子间瞬间偶极的相互作用引起的，其作用能大小与两种分子的电离能和极化率，以及分子间的距离有关。

（2）氢键（hydrogen bond）。氢键是氢原子与其他电负性很强的原子之间形成的一种较强的相互作用静电引力，其具有方向性和饱和性。氢键的作用能强度与其他原子的电负性和半径有关，电负性越大，原子半径越小，则氢键的作用能强度越强。一些分子中含有极性基团（如羧基、羟基等）的纤维如聚酰胺、纤维素、蛋白质纤维中都可在分子间形成氢键。

（3）盐式键（coordinate bond）。部分纤维的侧基在成对的某些专门基团之间产生能级跃迁原子转移，形成络合物类型、配价键性质的化学键，称为盐式键。如在羧基（—COOH）与氨基（$—NH_2$）接近时，羧基上的氢原子转移到氨基上，形成一对羧基离子—COO—和氨基离子$—NH_3^+$，在它们之间结合成$—COO^- \cdots {}^+H_3N—$盐式键。

（4）化学键（chemical bond）。部分纤维的大分子之间，存在着化学键的形式连接，如蛋白质纤维大分子中的胱氨酸是用二硫键（化学键）将两个大分子主链联结起来的。

与分子内化学键相比，虽然分子间力的键能要小 1 ~ 3 个数量级，但是由于大分子的分子链很长，因此大分子间作用力的总和还是相当可观的。

（5）熵联（entropy union）。高聚物大分子之间吸附的（溶剂）分子撤离成为自由分子的过程中，高聚物分子熵的增加显示为大分子之间所显示的相互吸引能。它主要存在于无氢键、盐式键、化学键的分子之间，但其作用能显著高于范德华力。

2. 内聚能密度

为了从宏观上直观地表达分子间作用力的大小，常采用内聚能和内聚能密度指标来表征。内聚能是将 1mol 的固体气化所需要的能量（kJ），可表示为：

$$\Delta U = \Delta H - RT \quad (2-1)$$

式中：ΔU——内聚能，kJ；

ΔH——摩尔汽化热，kJ；

RT——汽化时的膨胀功，kJ。

内聚能密度为单位体积的内聚能（kJ/cm^3），可表示为：

$$CED = \frac{\Delta U}{V} \quad (2-2)$$

表 2 - 3 为部分纤维的内聚能密度。由于纤维大分子汽化之前，化学键已经断裂，纤维的内聚能密度可用纤维能全面溶解的溶剂的内聚能密度来估计得出。

表 2 - 3　部分纤维的内聚能密度

纤维品种	内聚能密度（kJ/cm^3）	纤维品种	内聚能密度（kJ/cm^3）
聚对苯二甲酸乙二醇酯	477	聚乙烯	260
聚酰胺 66	774	聚氯乙烯	381
聚丙烯腈	992		

2.2.2　纤维的凝聚态结构

纤维的形成方式和条件的不同，造成了不同纤维凝聚态结构的多样性，目前人们利用各种测试技术，得到了大量的实验数据和结构图片，从不同的观察角度分析，形成了对纤维结构多方面的认识。下面从纤维凝聚态细微结构对纤维物理和实用性影响角度出发，介绍纤维凝聚态结构的基本特征。

1. 纤维结构的一般特征

纤维结构是一个复杂问题，历史上曾经有许多科学家提出过几十种结构模型对其进行描述，如图2－3所示为Morton和Hearle提出的修正穗边微束结构模型的示意图。可以看出，纤维是由成千上万根线性长链大分子组成，这些大分子有些部分排列整齐，有些部分排列紊乱；整齐排列部分为结晶区，紊乱排列部分为非晶区；在结晶区中，数根大分子以某种形式进行较整齐且沿晶粒长度方向上平行排列。在两个结晶区之间，由缚结分子进行连接，并由缚结分子进行无规则的排列形成紊乱的非晶区（无定形区）。每个大分子可能间隔地穿越几个结晶区和非结晶区，大分子之间的结合力以及大分子之间的缠结把其相互联结在一起，靠穿越两个以上结晶区的缚结分子把各结晶区联系起来，并由组织结构比较疏松紊乱的非晶区把各结晶区间隔开来，使纤维形成一个疏密相间而又不散开的整体。纤维中大分子的排列方向与纤维长度方向（轴向）呈现一定的取向。从总体上讲，纺织纤维是由结晶区和非晶区构成的混合体。

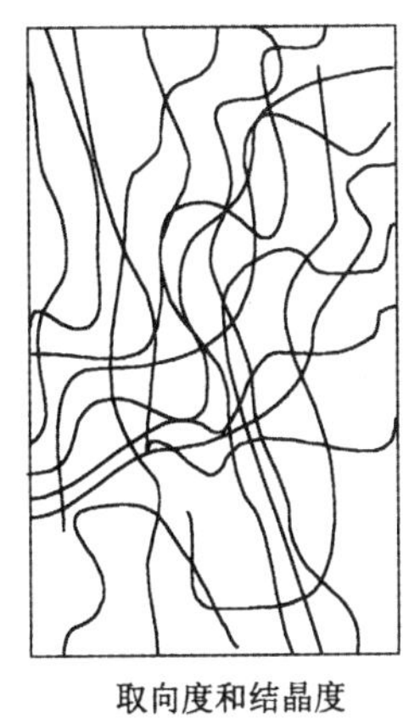

取向度和结晶度
较低的纤维结构

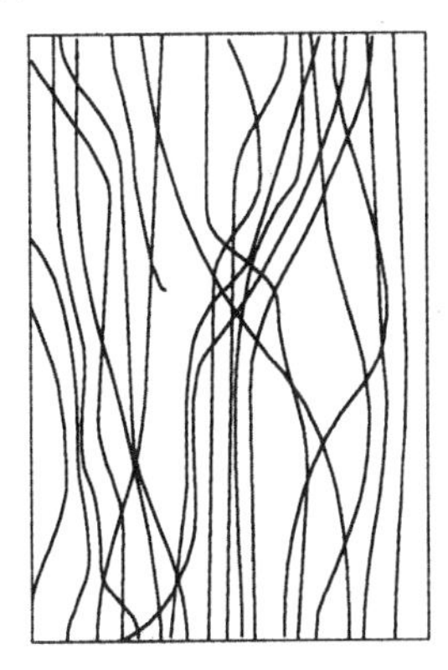

取向度和结晶度
较高的纤维结构

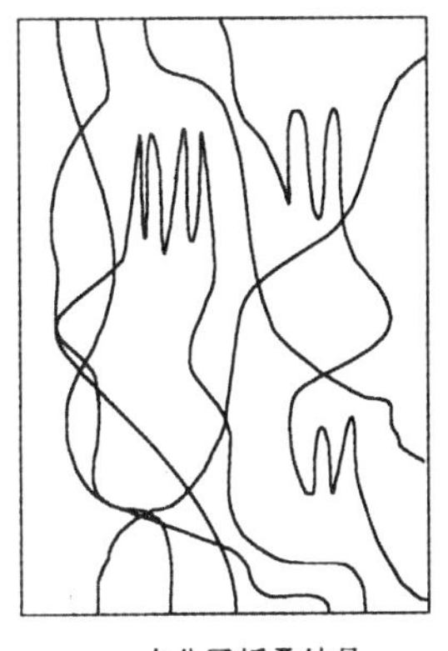

大分子折叠结晶
的纤维结构

图2－3　纤维修正穗边微束结构模型的示意图

宏观上，首要影响因素是大分子主链的长度（大分子的聚合度），其次是凝聚态结构。上述结构特征可以从两个方面表示：一方面纺织纤维中结晶区的大小占纤维的比例，通常用纤维的结晶度来表示；另一方面大分子的排列方向与纤维轴向符合程度，通常用纤维的取向度来表示。

2. 纤维的结晶态结构

（1）结晶结构形态。纤维中的结晶区是由晶体构成的。晶体是纤维大分子按照规则的三维空间点阵结构进行周期性有序排列所形成的结构体，其中构成晶体的最小单元为晶胞，也就是说晶体是由晶胞的周期性重复构成的。晶胞的形态和大小，可用三维立体结构中的三个边的长度 a、b、c 以及三个边之间的夹角 α、β、γ 六个参数来表征，这些参数通常称为晶格常数，如图2－4所示（边长 c 的方向一般是纤维长度轴方向）。目前已发现纤维高聚物中共有七个典型的晶胞结构，其结构参数列举在表 2 – 4 中。再加上某几个四方面中心有大分子链段（称面芯结构）和六方体中心有大分子链段（称体芯结构），共有 14 种典型晶体结构。

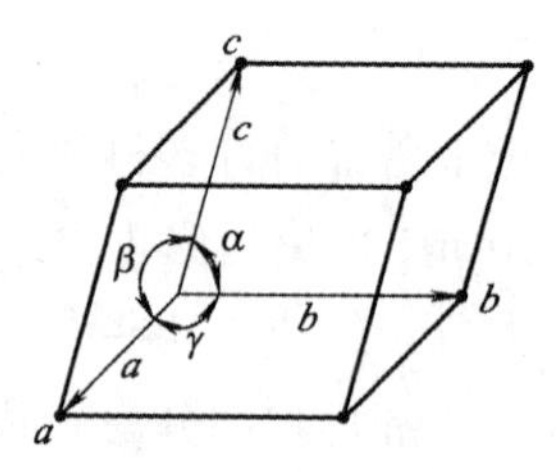

图 2 – 4 晶胞结构图

表 2 – 4 七种典型晶胞结构参数

晶系	图形	晶胞参数
立方		$a=b=c$，$\alpha=\beta=\gamma=90°$
六方		$a=b\neq c$，$\alpha=\beta=90°$，$\gamma=120°$
四方		$a=b\neq c$，$\alpha=\beta=\gamma=90°$
三方（菱形）		$a=b=c$，$\alpha=\beta=\gamma\neq 90°$
斜方（正交）		$a\neq b\neq c$，$\alpha=\beta=\gamma=90°$
单斜		$a\neq b\neq c$，$\alpha=\gamma=90°$，$\beta\neq 90°$
三斜		$a\neq b\neq c$，$\alpha\neq\beta\neq\gamma\neq 90°$

晶胞的结构参数不同，表示晶体中大分子的排列方式和结构不同。对于相同大分子纤维，若所形成的晶体中的晶胞具有不同的晶格参数.，其性能特征就会有较大差异。晶胞结构参数取决于大分子性质和纤维生长（天然纤维）、加工过程中的条件。另外纤维在经过纺织染整加工中某些条件处理后，其晶体中的晶胞结构参数是可以改变的。

（2）纤维中的结晶形态。对于纤维结晶结构人们采用了 X 射线衍射、中子散射、显微分析等手段，分别研究了各种高聚物在不同条件下所形成的结晶，发现高聚物中存在不同形式的结晶形态，包括单晶、树枝状晶、球晶、原纤状晶、串晶和柱晶等，而组成这些晶体的片晶主要有折叠链片晶和伸直链片晶。

单晶是一些具有规则几何形状的薄片状的晶体，厚度通常在 10nm 左右，大小可以从几个微米到几十个微米，一般在小于 0.01% 极稀的溶液中缓慢结晶生成，且它是由折叠链片晶组成。树枝状晶是由单晶在特定方向上择优生长，从而使结晶发展不均匀形成的。一般当高聚物相对分子质量很大，而所形成的溶液浓度较高时，并且在低温条件下，就会形成此类结晶。球晶是大分子在无应力状态下，从浓溶液或熔体中缓慢冷却形成的球状复杂晶体结构。球晶中的晶片为折叠链片晶，而在各片晶之间还存在伸直链片晶的联结。原纤状晶体是高聚物大分子在结晶过程中受到搅拌、拉伸或剪切作用时所形成，是由完全伸展的分子链所组成。串晶是由高分子溶液边搅拌边结晶形成的结晶形态，串晶的中心是伸直链结构的原纤状晶体，外延间隔地生长着折叠链晶片。柱晶是高聚物熔体在应力作用下冷却结晶形成的以折叠链片晶为主的柱状晶体。

化学纤维一般是在高压力挤出加工条件下形成的，在其结晶区中，常存在着串晶、柱晶和原纤状晶体等结晶形式，有时也会存在球晶形式。虽然在通常情况下球晶形式应该在生产中尽量避免，但当纤维被要求具有一些特殊的光学性质时，球晶形式就是一种希望得到的结晶形态。

（3）结晶度。从上述讨论知道，结晶区和非晶区的性能存在着较大差异，纤维中结晶区的大小和所占比例，直接影响纤维的性能和加工工艺的控制。因此通常采用结晶度对结晶部分的含量进行定量表述，结晶度是纤维中晶区部分的质量或体积占纤维总质量或总体积的百分数。

测试纤维结晶度的方法有密度法、X 射线衍射法、红外光谱法、量热分析法等。但要注意的是，在同一根纤维中晶区和非晶区相互交织、同时存在，且没有明确的界限，而不同的测定方法对晶区和非晶区的界定不同，因此采用上述各种方法测试结晶度时，所测得的结果存在较大差异。所以给出某纤维的结晶度时，必须说明相对应的测试方法；而比较不同纤维结晶度时，必须采用相同方法的测试结果。

3. 纤维的非晶态结构

非晶态结构是指大分子链不具备三维有序的排列结构。纤维中呈现非晶态结构的区域称为非晶区。目前对于非晶态结构的主导认识，主要是 1942 年 P. J. Flory 从统计热力学出发，提出的非晶态的“无规线团模型”，该模型认为非晶态的高聚物由大分子的无规线团组成，每条大分子链处于其他许多相同的大分子链的包围中，而且分子内和分子间的相互作用是相同的。根据无规线团理论建立的数学模型，能较好地计算和预测非晶态高聚物的行为。

当然对于非晶态结构的认识，也存在其他的观点，其中比较典型的是1972年Yel提出的“两相球粒模型”，认为非晶态的高聚物是由折叠链构象的“粒子相”和无规线团构象的“粒间相”构成。也就是说，在无规线团中存在着局部有序的大分子排列。根据此模型也能够解释部分实验现象。

纤维非晶态结构也是一种非常重要的凝聚态结构，它直接影响纤维的力学、热学以及吸附等性能，但其确切的理论尚需进一步研究。

4. 纤维的取向结构

由于纤维大分子链为细而长的结构形式，且其长度是宽度的几千甚至上万倍，因此纤维中大分子链、链段和晶体的长度方向沿着纤维的几何轴向呈现一定夹角排列，这种排列方式称为纤维大分子的取向排列。取向后纤维凝聚态结构称为取向态结构。大分子排列方向与纤维几何轴向符合的程度称为取向程度。取向程度可用取向度 f 表达，定义为：

$$f = (3\overline{\cos^2\theta} - 1)/2 \tag{2-3}$$

式中：θ——大分子链节排列方向与纤维几何轴线之间的夹角；

$\overline{\cos^2\theta}$——平均取向因子。

例如，当大分子排列与纤维轴平行时，$\theta=0°$，$f=1.000$，表示完全取向；当大分子排列与纤维轴垂直时，$\theta=90°$，$f=-0.500$；当 $f=0.000$ 时，$\theta=54.74°$。由于纤维中结晶区和非晶区的大分子排列状态的不同，故分别有结晶区取向度、非晶区取向度和纤维平均取向度等指标。采用广角X射线衍射法能够精确地获得结晶区取向度，非晶区取向度的测试常采用声波传播法、偏振荧光法、光学双折射法、红外二相色法等。

取向度是表示纤维材料各向异性结构特征的重要参数，纤维中大分子的取向排列造成纤维的力学性能、光学性能、热学性能所表现出的各向异性。

对于化学纤维，大分子取向排列的形成通常是由于加工过程中纤维受到拉伸（牵伸），大分子沿受力方向移动实现的。所以控制化纤生产工艺参数，可获得不同的取向结构，而天然纤维的取向度则取决于其种类和品种。

5. 纤维的原纤结构

根据显微分析方法对纤维结构的观察，可以知道从高聚物大分子排列堆砌组合到形成纤维，经历了多级微观结构层次，且该微观结构表现为具有不同尺寸的原纤结构特征。一般认为纤维中包含了大分子、基原纤、微原纤、原纤、巨原纤、细胞、纤维等结构层次，其各级原纤结构特征如下。

（1）基原纤（protoilbril 或 elementary fibril）。基原纤通常由几根或十几根直线链状大分子，按照一定的空间位置排列，相对稳定地形成结晶态的大分子束。其形态可以是伸直平行排列，也可以是螺旋状排列，取决于大分子的组成结构特征。基原纤的结构尺寸为1~3nm（10~30Å），是原纤结构中最基本的结构单元。

（2）微原纤（microftbril）。微原纤是由若干根基原纤平行排列结合在一起的大分子束。微原纤内一方面靠相邻基原纤之间的分子间力联结，另一方面靠穿越两个基原纤的大分子将两个基原纤连接起来。在微原纤内，基原纤之间存在一些缝隙和孔洞。微原纤的横向尺寸一般为4～8nm（40～80Å），也有大到10nm的。

（3）原纤（fibril）。原纤是由若干根基原纤或微原纤基本平行排列结合在一起形成更粗大些的大分子束。原纤内，两基原纤或微原纤靠“缚结分子”连接，这样就造成了比微原纤中更大的缝隙、孔洞，并还有非结晶区存在。在这些非晶区内，也可能存在一些其他分子的化合物。原纤中基原纤或微原纤之间也是依靠相邻分子之间的分子结合力和穿越“缚结分子”进行联结的。原纤的横向尺寸为10～30nm（100～300Å）。

（4）巨原纤（macrofibril）。巨原纤是由原纤基本平行堆砌得到的更粗大的大分子束。在原纤之间存在着比原纤内更大的缝隙、孔洞和非晶区。原纤之间的联结主要依靠穿越非晶区的大分子主链和一些其他物质。巨原纤的横向尺寸一般为0.1～1.5μm。

（5）细胞。细胞是构成生物体最基本的单元，它是由细胞壁和细胞内物质组成，并且每个细胞具有明显的细胞边界。细胞壁是由巨原纤或微原纤堆砌而成的，且其存在着从纳米级到亚微米级的缝隙和孔洞。目前我们使用的具有细胞结构的纤维主要包括棉纤维、麻纤维、毛纤维。其中棉纤维、麻纤维为单细胞纤维。毛纤维为多细胞纤维，细胞之间是通过细胞间物质黏结的。

并非所有纤维都具有上述每一个结构层次，大部分合成纤维仅具有从基原纤、微原纤到原纤的结构层次；凝胶纺丝纤维和液晶纺丝纤维具有原纤结构；天然纤维中也存在原纤结构，并且棉纤维、毛纤维几乎具有所有上述结构层次。

6. 纤维的液晶结构

物质具有气态、液态、固态三种形态。当大多数物质呈液态时，其分子结构排列与非晶态固体中的分子排列结构基本相同，但对于部分具有刚性结构的大分子材料，在满足一定条件（受热熔或被溶剂溶解）时，虽然其宏观形态处于液体状态，表现出良好的流动性，但其大分子的排列保留了晶态物质分子的有序性，而且在物理性能上呈各向异性。通常把这种兼有晶体和液态部分性质的过渡状态称为液晶态，处于液晶态的物质叫液晶。

能够形成液晶的分子的结构特点为：

①大分子应含有苯环、杂环、多重键刚性结构，同时还应含有一定数量的柔性结构，并且大分子总体表现为刚性链结构。

②分子具有不对称的几何结构。

③大分子应含有极性或可以极化的基团。

按液晶的形成条件可分为溶致型液晶和热致型液晶。溶致型液晶是把物质溶解于溶剂中，在一定浓度范围内形成的液晶；热致型液晶是将物质加热到熔点或玻璃化温度以上形成的液晶。

液晶高分子具有各向异性的流变性能使纤维可以在低序液晶态纺丝，而且纺丝黏度小，具有更好的加工性能。液晶高分子形成的纤维通常具有高结晶度、高取向度的原纤结构特征，其表现为优良的力学性能、热学性能和热氧稳定性能，因此常采用该方法纺制高性能纤维。

目前商业化使用量最大的液晶高分子纤维是芳族聚合物纤维，如聚对苯二甲酰对苯二胺纤维（芳纶1414，PPTA，Kevlar©）。

7. 纤维的织态结构

采用两种或两种以上不同的高分子材料以共混方式进行纺丝，形成共混高聚物纤维，也可称为“高聚物合金纤维”。通过共混方式可以达到提高纤维应用性能、改善加工性能和降低生产成本的目的。

在共混高聚物纤维中，由于不同的加工条件和多相的组分，会得到不同的形态结构，从而会显著地影响纤维性能。对于热力学上相溶的共混体系，会形成均相的形态结构；反之则会形成两个或两个以上的多相体系。纤维的织态结构就是研究共混高聚物纤维中所呈现相体系的形态结构、相体系中各单相材料的分布形式和状态以及各相之间的界面性质。

2.3 纤维结构测试分析方法

人们对纤维结构逐步深入的认识，建立在纤维结构测试方法和技术不断发展的基础之上，每种新型测试方法的研究成功，无疑都对纤维结构研究起到巨大推动作用，因此新型纤维结构测试技术的研究已成为纺织材料学研究的重要内容之一。目前我们在研究大分子链组成方面，已广泛采用色谱法、质谱法、紫外和红外吸收光谱法、拉曼光谱法、离子或电子探针能谱法等；在研究凝聚态结构、形态结构等方面，已广泛采用多种（光学、电子、原子力）显微分析、各种射线（X射线、中子射线、电子射线）衍射和散射分析、固体小角激光散射分析、核磁共振分析、热分析等各种测试方法（表2－5）。本节将对常用测试方法原理进行简单的论述，使读者能够对纤维结构测试的几种常用方法及其应用有一个初步了解，更加详细的内容需要参考有关文献和专业书籍。

表2－5 纤维结构的相关研究测试方法

研究内容		研究方法
纤维大分子结构	大分子结构和组成	紫外吸收光谱、红外吸收光谱、拉曼光谱、核磁共振谱、质谱、气相色谱、电子能谱、原子力显微镜、电子探针显微镜
	相对分子质量及分布	溶液光散射法、凝胶渗透色谱法、黏度法、溶液激光小角光散射法、渗透压法、气相渗透压法、沸点升高法、端基滴定法、紫外吸收光谱、激光质谱、电喷雾质谱
	大分子链的构象	X射线衍射法、光谱分析、核磁共振谱
纤维凝聚态结构	纤维结晶度	X射线衍射、电子衍射、核磁共振、红外光谱、密度法、热分析密度法/MID、热分析
	纤维取向度	X射线衍射、双折射、声速法、红外光谱、偏振荧光、拉曼光谱

2.3.1 显微分析技术法

显微分析技术采用透镜光学放大原理或探针等方式，直接观察纤维微观形态结构的方法。不同显微分析技术具有不同放大倍数和分辨距离，目前共有三种不同类型的显微分析方式。

（1）光学显微镜，其放大倍数可达1000倍左右，分辨距离约为0.2μm。

（2）电子显微镜，其放大倍数可达到100万倍以上，分辨距离可达0.1～0.2nm。

（3）原子力显微镜，其横向分辨距离为0.2nm，纵向分辨距离为0.1nm。

1. 光学显微镜

其由17世纪荷兰人Antonie Van Leeuwenhock发明，使人们第一次看到了细胞这种生命体。由于对操作环境条件要求较低，光学显微镜常被作为研究纤维形态结构的主要工具。光学显微镜由目镜、物镜、试样台、光源系统组成，起放大作用的主物镜要使置于试样台上的被观察物体的反射或透射光线，经过透镜组中焦距很短的物镜和焦距较长的目镜实现放大，如图2-5所示。

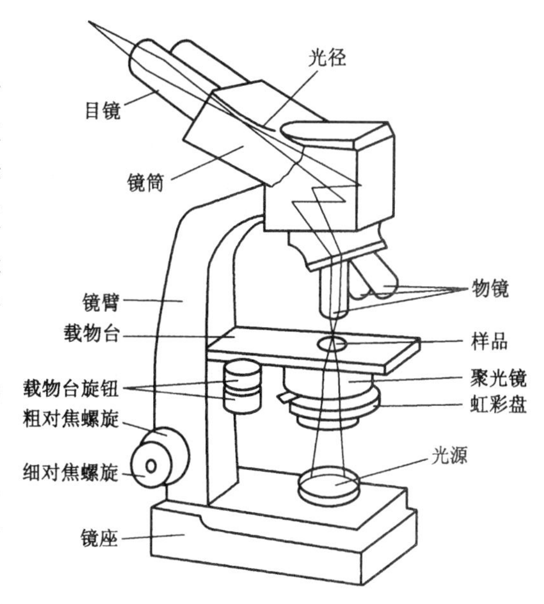

图2-5 光学显微镜原理示意图

在显微镜中增加各种相应的附件，可以使显微镜具有某些特殊功能，形成特种规格的显微镜，如偏振光显微镜、相差显微镜、干涉显微镜、荧光显微镜、红外显微镜、X射线显微镜等，在纤维结构测试中常用的为偏振光显微镜。偏振光显微镜在普通光学显微镜中的试样台上下分别增加一块起偏器和检偏器，利用偏振片只允许某一特定振动方向的光通过的特性，可以进行纤维（或高聚物）结晶形态（特别是球晶）、高聚物或复合材料的多相体系结构以及液晶相态结构观察研究，结合可加热的试样台，则可以进行高聚物结晶过程研究，也可以进行纤维双折射率的测定。

2. 电子显微镜

1932年德国人Helmut Ruska研制出第一台电子显微镜。电子显微镜利用具有波长更短的电子束替代可见光，从而实现了更大程度的放大倍数和分辨距离。电子显微镜分为透射电子显微镜和扫描电子显微镜两种。扫描电子显微镜结构示意图如图2-6所示，包括电子发射和聚焦系统、扫描系统、信号检测系统、显示系统、电源和真空系统等。电子枪发射能量最高可达到30keV的电子束，经过几级电磁透镜聚焦，电子束集中成为直径仅几埃到几十埃的细线，在经过水平和垂直偏转线圈的磁场作用下，可使电子细束在样品表面进行X-Y方向的逐行扫描，电子束与样品表面之间相互作用，产生二次激发电子、透射电子、背散射电子、吸收电子和X射线等，用各种接收转换器分别接收这些信号，经信号放大器后供给转换成像。同时扫描信号发生器给电子显微镜的扫描线圈和观察、摄影用示波管的扫描线圈供给行扫描与帧扫描信号，并将接收器接收的信号（如二次激发电子）放大后供给示波管的加速阳极。

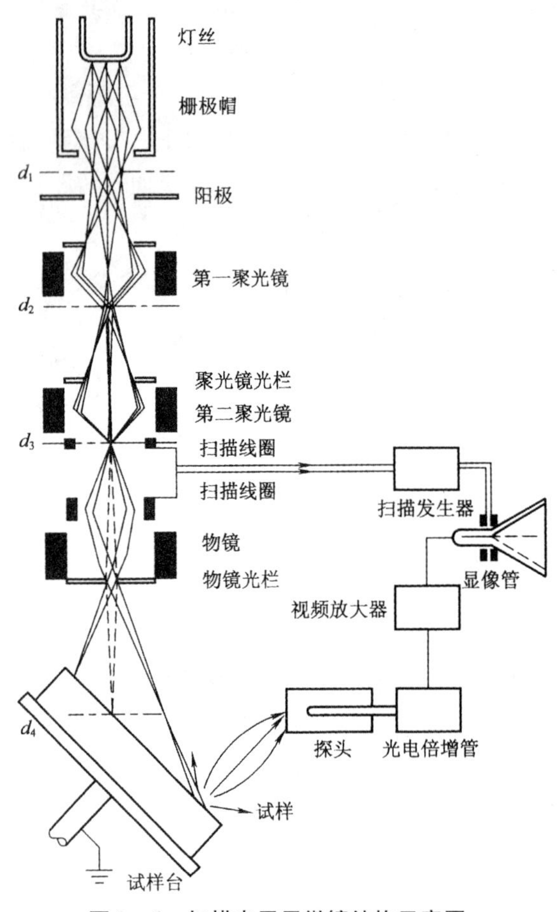

图 2－6　扫描电子显微镜结构示意图

3. 扫描隧道显微镜

该显微镜是 1981 年由德国人 G. Binnig 和瑞士人 H. Roher 根据量子力学原理中的隧道效应而设计发明的。用一个极细的尖针（针尖头部为单个原子）去接近样品表面，当针尖和样品表面靠得很近，即小于 1nm 时，针尖头部的原子和样品表面原子的电子云发生重叠。此时若在针尖和样品之间加上一个偏压，针尖与样品之间产生隧道效应，且有电子逸出，从而形成隧道电流。通过控制针尖与样品表面间距的恒定，并使针尖沿表面进行精确的三维移动，就可将表面形貌和表面电子态等有关表面信息记录下来。当针尖沿 X 和 Y 方向在样品表面扫描时，连续的扫描可以建立起原子级分辨率的表面结构，并可绘出立体三维结构图像。

扫描隧道显微镜可在真空、常压、空气甚至溶液中探测物质的结构，其空间分辨能力横向可达 0. 1nm，纵向可优于 0. 01nm。

4. 原子力显微镜

原子力显微镜是1986年由G Binnig、F. Quate和C. Gerber发明，利用一悬臂探针在接近被测试样表面并移动时，探针针尖会受到力的作用而使悬臂产生偏移，其偏移振幅变化量经检测系统检测后转变为电信号，并经成像系统合成试样表面的形态图片信息。原子力显微镜主要由带针尖的微悬臂、微悬臂运动检测装置、监控其运动的反馈回路、使样品进行扫描的压电陶瓷扫描器件、计算机控制的图像采集、显示及处理系统组成。

原子力显微镜可用于进行纤维的表面形态、原子尺寸和纳米级结构、多组分共混纤维的相分布等研究，可给出试样表面的三维立体形貌图形，也可进行纳米尺寸下的材料性质研究，以及进行材料中原子重新排列等材料改性研究。

2.3.2　X射线衍射法

图2-7为X射线衍射法的示意图，由X射线管中的灯丝发射高速电子流轰击铜靶产生特征X射线，经单色器（滤光器）和准直器分出一束计息的平行单色X射线（射线波长为0.1539nm），照射到纤维样品上，X射线会受到纤维中的各链节、原子团等的散射或反射，这些散射光或反射光会产生相互干涉，由物理光学可知，由于纤维结晶区中规则排列的原子间距离与X射线波长具有相同的数量级，这些相互干涉的射线，在光程差等于波长的整数倍的各方向上得到加强，而在光程差等于波长的各整半倍数（如$\frac{1}{2}$、$1\frac{1}{2}$、$2\frac{1}{2}$等）的各个方向上相互抵消，从而形成特定的X射线衍射斑点图样，根据衍射方向（斑点的位置、形状）和衍射强度（斑点黑度）确定纤维晶胞的晶系、晶粒的尺寸和完整性、结晶度以及晶粒的取向度。

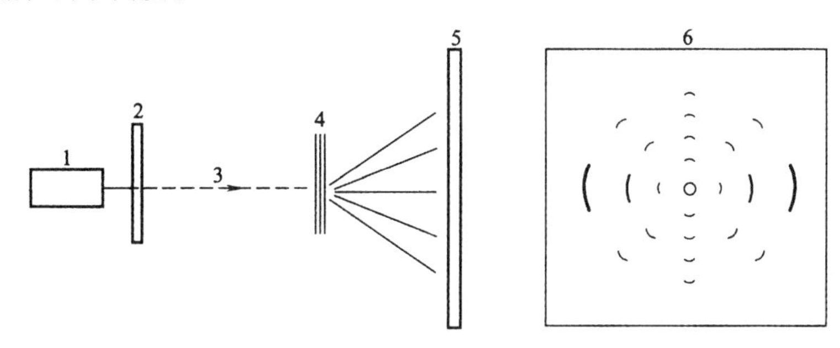

(a) X射线衍射照相示意图

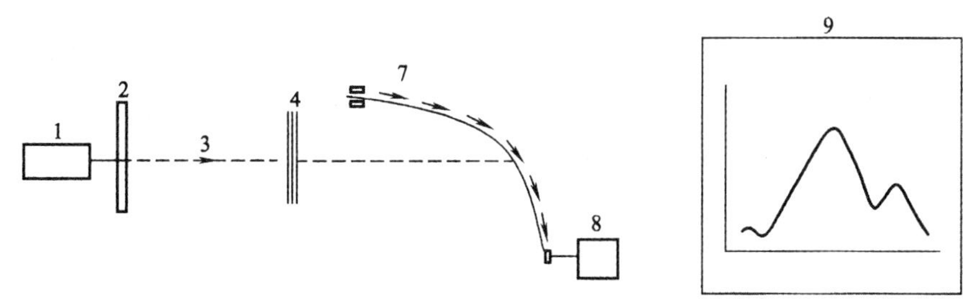

(b) X射线衍射扫描示意图

图2-7　X射线衍射照相及扫描示意图

1—X射线源　2—滤光片　3—X射线K_α　4—纤维束样品　5—照相底片　6—照相衍射图　7—扫描轨道　8—接收器　9—扫描曲线图

根据获取试验结果的方式不同，X 射线衍射可分为两种方法：一种为照相法，利用照相底片摄取试样衍射图像的方法；另一种为扫描法，利用衍射测角仪、核辐射探测器等装置获得 X 射线通过试样的衍射强度与衍射角度的关系曲线。

照相法常被用来确定晶胞的结构特征和参数，不同纤维的衍射图不同，可以根据衍射图中斑点的位置、形状、黑度等确定各组晶面间的距离，并由此推断出显微晶胞的晶系，各级重复周期和晶胞的结构参数。

扫描法可以较为方便地计算纤维中的结晶度以及晶粒的取向度等。结晶度的算法有衍射曲线拟合分峰法、作图法、结晶指数法、回归线法、Ruland 法等。图 2－8 为非取向棉纤维素沿赤道方向的衍射扫描曲线，纵坐标为衍射强度的相对值，横坐标为衍射角度，记录的角度范围 $2\theta=5°\sim60°$。曲线下的面积为结晶区和非晶区共同作用的结果。

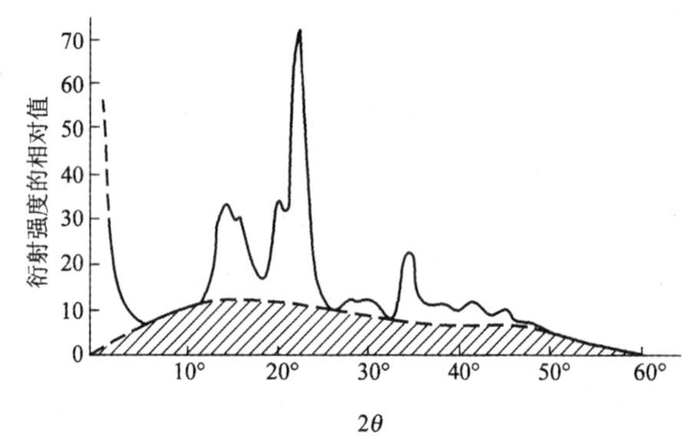

图 2－8　非取向棉纤维素的沿赤道方向的衍射扫描曲线

2.3.3　红外光谱分析法

高聚物纤维中大分子的原子或基团会在其平衡位置处产生周期性的振动，按照振动时键长和键角的改变，这种振动包括伸缩振动和变形振动（价键的弯曲振动和原子团绕主键轴扭摆振动），而每一种振动均有其各自特有的自振频率，也就是说大分子中的各种键有各自特有的自振频率。采用连续不同频率的红外线照射样品，当某一频率的红外线与分子中键的振动频率相同时，将会产生共振而被吸收的现象，从而获得红外吸收光谱，并且这种基团越多，这种波长的光被吸收得越多。根据对红外吸收光谱中各吸收峰对应频率的分析，可以对纤维的分子结构进行判定，进而鉴别纤维的品种类别；也可以对纤维超分子结构中的结晶度、取向度等进行测定。

组成分子的各种基团都有其自己的特定红外吸收区域，所产生的吸收峰称为特征吸收峰，其对应的频率称为特征频率。一般在波数 1300～4000 波/cm 区域的谱带有比较明确的基团与频率的对应关系，可根据这种对应关系，初步推测分子中可能存在的基团性质，进而确定纤维分子结构特征，鉴别纤维品种。由于大多数纤维品种的红外光谱吸收谱图都已通过实验手段测试获得，所以也可通过与这些已有的红外光谱图做对比，来鉴别纤维品种。

用红外吸收光谱还可以测定纤维的结晶度以及结晶形态等信息。对于同一纤维来讲，结晶区中分子或原子之间的相互作用与非晶区中的分子之间的相互作用不同，结晶态吸收特征频率与非晶态吸收频率也存在不同，测定并标定所测试纤维中大分子结晶态主吸收峰和非晶态主吸收峰，根据其吸收率的比值就可计算出纤维结晶度。

在红外光谱仪的入射光路中加入一个起偏器就可以形成偏振红外光谱，并且通过调整偏振器的方向，可获得平行或垂直于纤维轴向的吸收光谱。若纤维中基团的振动偶极矩变化方向与偏振光方向平行时，则吸收光谱可达到最大吸收强度，反之吸收强度为零，因此可以分析某些价键或基团在纤维中的方向，进而推断纤维中的分子取向程度。

此外，利用红外吸收光谱还可以研究纤维的降解和老化反应机理，纤维化学接枝改性反应，纤维对水分子的吸收等现象。

2.3.4　核磁共振法

核磁共振是指利用核磁共振现象获取分子结构、纤维内部结构信息的技术。原子核是带正电的粒子，能绕自身轴做自转运动，并形成一定的自转角动量。当原子核自转时，会由自转产生一个磁矩，这一磁矩的方向与原子核的自转方向相同，大小与原子核的自转角动量成正比。通常原子核的磁矩可以任意取向，但若将原子核置于外加磁场中，且当原子核磁矩与外加磁场方向不同时，则原子核除自转外还将沿外磁场方向发生一定的量子化取向，并按不同的方向取向，产生能级的分裂。

根据量子力学原理，原子核磁矩与外加磁场之间的夹角并不是连续分布的，而是由原子核的磁量子数决定的，原子核磁矩的方向只能在这些磁量子数之间跳跃，而不能平滑地变化，这样就形成了一系列的能级。当用具有特定频率并且方向垂直于静磁场的交变电磁场作用于样品时，原子核接受交变磁场能量输入后，就会发生能级跃迁。这种能级跃迁是获取核磁共振信号的基础。

根据物理学原理可以知道只有在外加射频场的频率与原子核自转运动的频率相同时，射频场的能量才能够有效地被原子核吸收，为能级跃迁提供助力。因此采用连续波频率扫描，或用经过调制的射频脉冲电磁波辐射，对于某种特定的原子核，在给定的外加磁场中，只吸收某一特定频率射频场提供的能量，这样就形成了一个核磁共振信号。

在核磁共振技术中常用的原子核为^{1}H 和^{13}C，但对于高分子材料，通常采用^{13}C 核磁共振谱进行分析。^{13}C 核磁共振是研究化合物中^{13}C 原子核的核磁共振，可提供分子中碳原子所处的不同化学环境和它们之间的相互关系的信息，依据这些信息可确定分子的组成、连接方式及其空间结构。

核磁共振可用于测定纤维大分子的相对分子质量、高聚物的空间结构及结构规整性、共聚物的结构以及高分子的运动研究等方面。

第3章　纤维形态的表征

纤维形态表征是指纤维长短、粗细、截面形态、卷曲和转曲的表达与测量，是纤维性状定量描述的基本内容，也是确定纺织加工工艺参数的先决条件。纤维形态是以纤维轮廓为主的特征，即几何外观形态，属纤维结构的范畴。并与狭义纤维结构（内部结构）形成对应，成为纱线、织物性质解释的基本依据，并影响着纱线、织物的质量、性能与风格。

3.1　纤维的长度及其分布

3.1.1　纤维长度指标的基本表达

纤维长度直接影响纤维的加工性能和使用价值，反映纤维本身的品质与性能，故为纤维最重要指标之一，是纺织加工过程中的必检参数。

1. 纤维长度

尽管实际中纤维长度因纤维种类不同和各自测量方法的不同，有许多不同的表达和指标，但纤维长度是一个共性指标，其基本表达是纤维长度平均值（数学期望值）和离散值（长度变异系数）。因纤维长度平均值计算中的加权对象不同，分为纤维根数加权、纤维质量加权和纤维截面加权。

（1）纤维根数加权长度。

以纤维根数加权平均的长度简称根数（加权）平均长度，是将对应某一纤维长度的根数 N_l 与该长度 l（mm）积的和的平均值 L_n。即：

$$L_n = \frac{\sum N_l l}{\sum N_l} = \frac{1}{N}\int_0^{l\max} N_l \cdot l \cdot \mathrm{d}l \tag{3-1}$$

式中：N——纤维的总根数；

N_l——纤维频数分布函数；

$l_{\max}$——最长纤维长度，如图3-1。

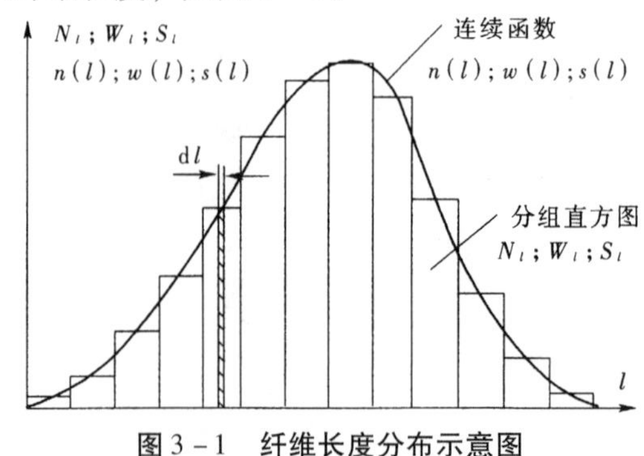

图3-1　纤维长度分布示意图

若以 $n(l)$ 表示纤维长度的频率密度函数，即 $n(l)=N_l/N$，则：

$$L_n = \sum n(l)\cdot l = \int_0^{l_{max}} n(l)\cdot l\cdot \mathrm{d}l \tag{3-2}$$

$$\sum n(l) = \int_0^{l_{max}} n(l)\mathrm{d}l = 1$$

根数加权长度的变异系数 CV_{Ln} 为：

$$CV_{Ln} = \frac{\sigma L_n}{L_n}\times 100\% \tag{3-3}$$

纤维的逐根点数和测量是相当困难和繁杂的，而且受纤维自然状态的长度（自然长度）和拽直状态下的长度（伸直长度）的影响。较为相近根数加权长度的有手排法、Wira 单纤维长度测量法和 AFIS 法等的测量结果。

（2）纤维质量加权长度。

纤维质量加权长度 L_m 一般是由分组称重方法得到，又称重量加权长度 L_w。最为经典的表达是巴布（Barbe）长度 B，即 $L_m=L_w=B$。其计算是将重量的频数函数形。与式(3-1)的 N_l，或将重量频率密度函数 $w(l)$ 与式（3-2）的 $n(l)$ 置换，即：

$$B = \frac{\sum W_l l}{\sum W_l} = \frac{1}{W}\int_0^{l_{max}} W_l\cdot l\cdot \mathrm{d}l \tag{3-4}$$

或

$$B = \sum w(l)l = \int_0^{l_{max}} w(l)\cdot l\cdot \mathrm{d}l \tag{3-5}$$

由于 $W_l=N_l\cdot S\cdot l\cdot\gamma$，其中 γ 为纤维密度；S 为单根纤维的平均截面积，所以：

$$B = \frac{\sum N_l l^2}{\sum N_l l} = \frac{1}{L_n}\int_0^{l_{max}} n(l)\cdot l^2\cdot \mathrm{d}l$$

巴布长度的离散指标 CVB（变异系数）与式（3-3）一样计算：$CVB=(\sigma_B/B)\times 100\%$。

理论上可以证明求得：

$$B = L_n\ (1+CV\,L_n^2\ ) \tag{3-6}$$

因为 $CV_{L_n}\geqslant 0$；所以 $B\geqslant L_n$。$CV_{L_n}=0$ 只有在纤维都是等长的情况下才可能，所以巴布长度（重量加权长度）恒大于根数加权长度。对应各长度组纤维的称重是较为容易的，相关方法有最常用的罗拉法和梳片法。

（3）纤维截面加权长度。

纤维的截面加权长度 L_s，理论上是由质量加权长度引出的。由于假设对应某一长度 l 的纤维密度 γ 不变，纤维长度的加权值只与截面的频数函数 S_l 或频率密度函数 $s(l)$ 相关。典型的表达为豪特（Hauteur）长度 H，即 $L_s=H$。其计算与巴布长度同理置换对应的 N_l 和 $n(l)$ 得到：

$$H = \frac{\sum S_l l}{\sum S_l} = \frac{1}{S}\int_0^{l_{max}} Sl\cdot l\cdot \mathrm{d}l \tag{3-7}$$

或 $$H = \sum s(l)l = \int_0^{l_{max}} s(l) \cdot l \cdot dl \tag{3-8}$$

若假设各单纤维的截面积 S_l 是一致的，$S_l = S$，$S(l) = N(l) \cdot s$，或 $s(l) = n(l) \cdot s$，则截面加权长度就直接等于根数加权长度。这也是豪特长度最接近根数加权长度的原因。豪特长度原定义是根数加权长度，但测量都是以截面加权为基础的测量，故又为截面加权长度。事实上，各纤维截面积 S_l 是不等的，不仅发生在纤维间，而且存在于纤维内。豪特长度的变异系数同理为 $CV_H = (\sigma_H/H) \times 100\%$。

截面加权长度参数可由 Almeter 纤维长度仪快速测得，早期也有用纤维束厚度的测量。

三种类型的加权长度中，根数加权长度是最能直接准确地表达纤维长度及其分布特征的长度。因此，应该着力研究快速、准确的根数加权长度的测量原理与方法。其他两类纤维长度参数会受到纤维形态、密度不匀的影响，这是客观存在又难以表征的，不过实用时，在假设其一致的条件下被广泛应用。

2. 纤维长度界限及含量值

(1) 长度界限：纤维长度界限或称界限长度（mm）是在某特定纤维含量值 C（%）条件下的纤维长度 L_C，即超出此长度 L_C 纤维的含量只有 C。如 $C = 2.5\%$，则长度界限为 $L_{2.5}$。

长度界限主要用于长纤维的表达，是控制牵伸隔距的重要甚至唯一的参数。前面三类长度指标均可有长度界限。

(2) 短纤维含量：纤维长度表达中纤维含量值一般是指短纤维的含量值 SFC。通过设定最大短纤维长度界限 L_{SF}，确定短纤维含量：

$$\left.\begin{aligned} SFC_n &= \sum_{l<L_{SF}} N_l/N = \int_0^{L_{SF}} n(l) \cdot dl \\ SFC_w &= \sum_{l<L_{SF}} W_l/W = \int_0^{L_{SF}} w(l) \cdot dl \\ SFC_s &= \sum_{l<L_{SF}} S_l/S = \int_0^{L_{SF}} s(l) \cdot dl \end{aligned}\right\} \tag{3-9}$$

基本表达形式是：

$$SFC(\%)\big|_{<L_{SF}(mm)} = x\% \tag{3-10}$$

即长度小于 L_{SF} 的纤维含量百分比。如纤维长度小于 20mm 的纤维含量为 14.8%，则写为 $SFC(\%)\big|_{<20mm} = 14.8\%$。

通常都以重量加权法测量，故传统的短纤维含量是短纤维质量的百分比，即：

$$R = \frac{W_{SF}}{W} \times 100\% = SFC_w \times 100\% \tag{3-11}$$

式中：W_{SF} 和 W 分别为短纤维和所有被测纤维的质量。

事实上，短纤维在同样质量下，根数越多，即：

$$SFC_n \geqslant SFC_s \geqslant SFC_w$$

影响纱线粗细不匀和纱线强度的是纱线中有效纤维根数，这取决于纤维根数的值，而质量加权值对此不敏感，甚至不如截面加权值。

3.1.2　纤维长度分布的基本测量

由上述纤维长度的基本表达可知，所有参数都来源于纤维的长度分布，故其测量至关重要。纤维长度分布的测量主要有纤维丛一端整齐制样法（一端整齐法）、逐根纤维长度测量法（逐根法）和纤维须丛测量法（须丛法）。

1. 一端整齐法

将纤维排列成一端整齐的方法有两种：一是按纤维长短顺序伸直均匀地排列，如拜氏图；二是纤维只一端对齐的伸直平行，长短混合排列，如人工手排（罗拉法）或梳片排（梳片法）和机械自动排（Almeter 法）。

（1）拜氏图。

先将纤维理成一端整齐的纤维丛，然后将纤维按图 3－2 排成一端整齐、长短挨序、密度均匀的纤维长度排列图。这是最基本的纤维长度分布图，图中纵坐标为纤维长度，横坐标可看成为纤维根数的累积数。采取作图法可求拜氏图的各长度指标。

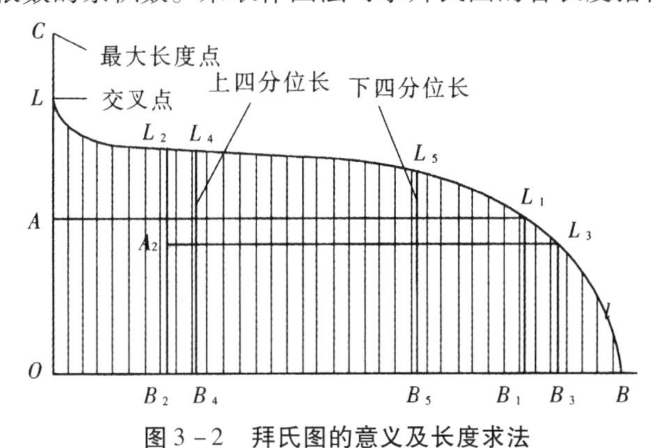

图 3－2　拜氏图的意义及长度求法

首先，直接量取特征长度值：最大长度 OC，这是切断超长、倍长纤维的典型值，如羊毛、切断化纤等；交叉长度 OL，是轮廓曲线 $\overset{\frown}{LB}$ 与纵轴的交点所对应的长度，是非切断法纤维的最大长度，如棉纤维。

再由作图与计算可以获得的长度特征值：有效长度、短纤维百分率、长度差异率等指标。

有效长度的作图求法是，取 OL 的中点 A 作水平线交轮廓线 $\overset{\frown}{LB}$ 于 L_1，由 L_1 作垂线交 OB 于 B_1；取 B_2（令 $OB_2 = OB_1/4$）作竖直线交轮廓 $\overset{\frown}{LB}$ 于 L_2，再取 L_2B_2 的中点 A_2 作水平线交轮廓线 $\overset{\frown}{LB}$ 于 L_3；由 L_3 的垂线交 OB 轴得 B_3。此时，取 OB_3 的上四分位 B_4，即 $OB_4 = OB_3/4$。由 B_4 作竖直线交 $\overset{\frown}{LB}$ 得 L_4B_4，称为有效长度，也称上四分位长度。对应的下四分位长度为 L_5B_5，即 $B_5B_3 = OB_3/4$。

短纤维含量 R_n 可由已知的几何长度求得：

$$R_n = \frac{B_3B}{OB} \times 100\% \tag{3-12}$$

纤维长度的整齐度 K 为：

$$K = 100(1 - \frac{L_5B_5}{L_4B_4}) = 100(1 - \Delta) \quad (3-13)$$

式中：Δ——纤维长度的差异率。

（2）Almeter 测量法。

Almeter 纤维长度测量仪利用电容传感器测量纤维段的质量，并借助微处理机给出被测纤维丛的豪特长度分布，进而计算求得巴布长度分布和须丛曲线图，以及各长度特征值。这种测量仪由比利时的 Centexbel - Verviers 实验室开发研制，Peyer 公司生产，现由 Uster 公司销售。

其测量原理（图 3-3）是将一端整齐的纤维束从头端进入电场，因纤维量的增加使极板间介电系数改变，引起电容信号的变化。由于电容值与极板间的纤维质量［$\Delta m = S(l) \cdot \Delta l \cdot \gamma(l)$］成正比，假设纤维密度 $\gamma(l)$ 不随纤维丛长度而变，而电容极板宽度 Δl 为常数，在长度 l 处的纤维含量只与纤维丛的截面积 $S(l)$ 有关，便导出纤维截面加权长度累积分布。其中：

$$S(l) = \sum S(l)_i = n(l)\bar{S}$$

式中：$S(l)_i$——l 长度处各纤维的平均截面积 $\bar{S}$ 的和，即 $n(l)\bar{S}$。

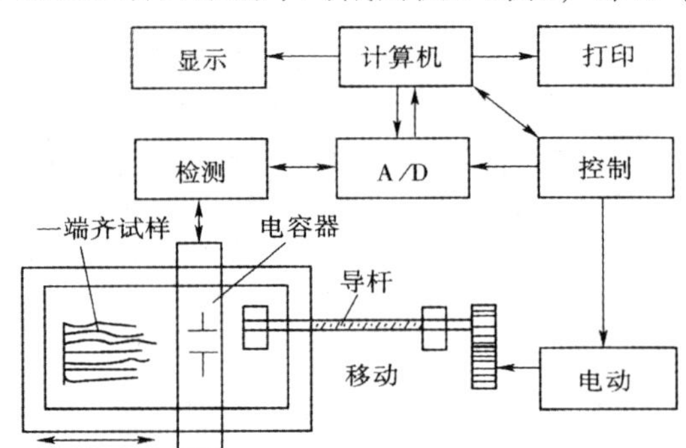

图 3-3 Almeter 长度测量仪工作原理示意图

累积分布图 $F(l)$ 如图 3-4，与长度分布函数 $f(l)$ 的关系为：

$$F(l) = \int_l^{l_{max}} f(l) \cdot dl \quad (3-14)$$

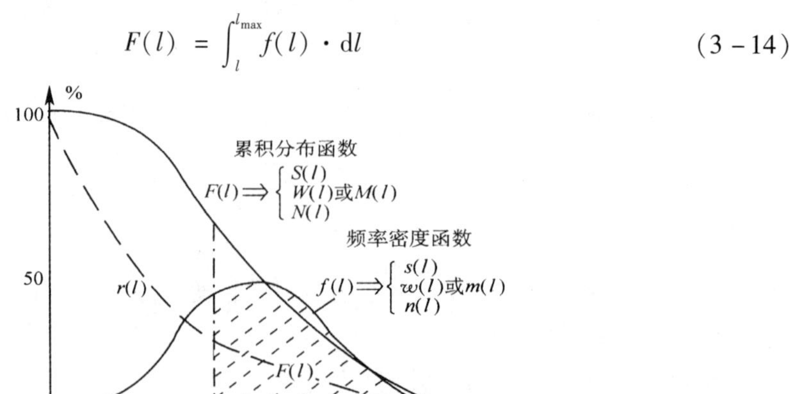

图 3-4 累计分布和频率密度函数

经微分处理得纤维截面加权或根数加权长度分布图，即：

$$f(l) = -F'(l) \tag{3-15}$$

仪器内置算法经重量换算或积分换算可分别得到重量加权长度分布 $w(l)$ 和须丛长度分布 $r(l)$，如图3－4所示。最终可由各长度分布提取纤维长度的各种特征值，如豪特长度（H）及其变异系数（CV_H）；巴布长度（B）及其变异系数（CV_B）；豪特长度短纤维率 H（%）<30mm，巴布长度短纤维率 B（%）<30mm；须丛曲线的跨距长度值 L_5（$L_{2.5}$）和 L_{50}，以及整齐度 $R_V = L_{50}/L_5$ 等。

（3）罗拉法。

罗拉法是我国棉纤维长度检验标准中使用的方法。采用一端平齐纤维束制样，并放入罗拉长度分析仪中，平齐端在前，由转动罗拉送出，平齐的一端在前，较短纤维先脱离罗拉钳口的控制，可用钳夹将脱离控制的纤维按2mm间距长度分组收集称重。这是典型的重量加权长度测量，如图3－5所示的测量原理。由于整理一端整齐纤维束时，会形成长纤维在下、短纤维在上的排列，有利于短纤维从罗拉对中取出，但会导致长纤维的反复作用而伸长或拔出。

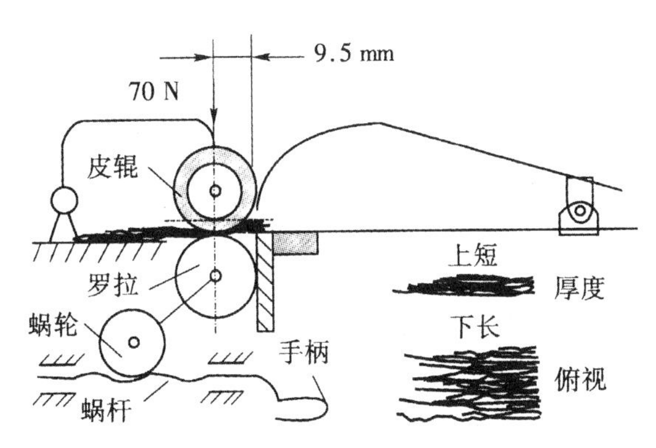

图3－5　罗拉法测量原理图

该测量可得到重量加权的长度分布数列或直方图，可计算前述所有指标。由于传统习惯和手工化操作，以及主要用于棉的人工分析，一般采用的长度指标有主体长度、品质长度、短纤维率、重量平均长度、长度均匀度和基数，见后详细叙述。虽然这种方法仍在应用，但制样时纤维易丢失，一端整齐纤维束的排列状态波动较大，故测量结果的一致性较差。而且各长度组纤维混杂，真正符合本组长度的纤维不足本组重量的一半，计算误差大，精度低，测量慢，已不能适应现代化生产和控制的需要，多被纤维须丛测量法（HVI系统）所替代。

（4）梳片法。

目前仍有国家采用梳片式长度测量作为标准测量仪器，用于毛、麻或仿毛类纤维长度的测量。其主要原理是将置于多排、等距（10mm）梳片内的纤维条，从头端以3mm的间距夹持取下，并转移至另一相同的梳片架上，排成一端整齐的纤维丛，然后将排齐的纤维从头端每10mm分组取下，称重，得纤维各长度组的重量数据和长度分布直方图。这也是最典型的重量加权长度。基本测量原理如图3－6所示。

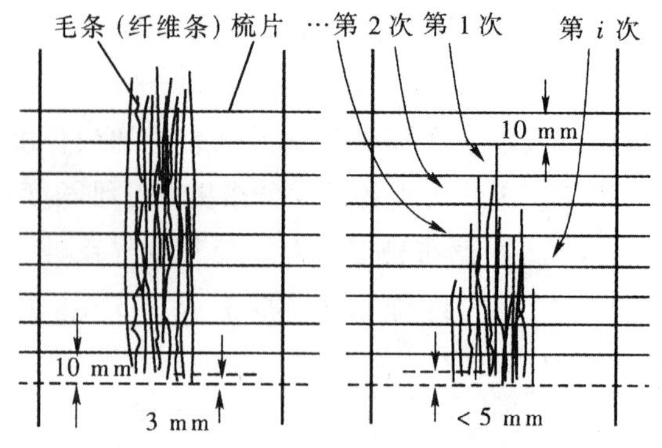

图 3-6 梳片式长度测量原理图

该测量可以给出前述重量加权的各指标，但因源于毛纤维的测量和手工化操作，一般给出重量加权平均长度、主体长度、基数、短毛率等指标，将在后面毛纤维测量中介绍。该方法基本上已被 Almeter 测量法替代。

2. 逐根法

（1）Wira 法。

Wira（英国羊毛工业研究协会）单纤维长度仪是一种早期用以加速测量精梳毛条中各根纤维长度的一种半自动仪器。它可以手工快速测量单纤维的伸直长度。方法是用镊子夹持纤维靠在沟槽辊上，转动该辊，推动镊子，纤维被拖出。纤维拖完时，张力杆发出声响，镊子停止移动，并以镊子按动所在位置的琴键（频数计数器），可记录纤维长度和根数。琴键的宽度为 5mm，统计每一琴键格长内纤维的数量 N_l。该仪器是最早的单纤维长度测量仪，可以测量毛纤维长度及其分布，具有测量精确、重现性高等优点。但相对来说费时、费力。图 3-7 是 Wira 单纤维长度仪的机构和测量原理示意图。

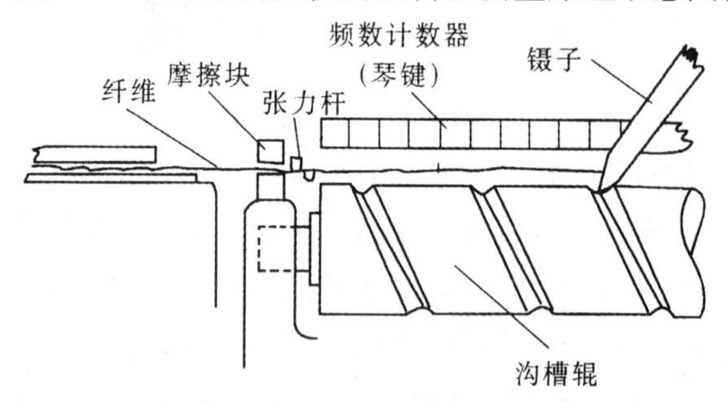

图 3-7 Wira 单纤维长度仪机构及原理示意图

（2）AFIS 法。

AFIS（AdVanced Fiber Information System）是 Uster 公司生产的快速直接测量棉纤维品质的单纤维测试仪。其测量原理如图 3-8 所示。

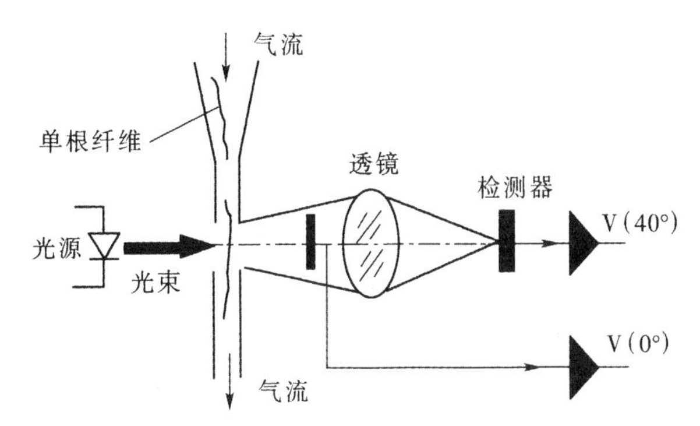

图3-8　AFIS纤维长度测量原理图

AFIS利用红外光束，快速检测单根棉纤维的长度，以及直径、棉结和杂质的尺寸及数目，并借助计算机得到纤维长度分布。测量中，先将纤维开松、梳理，用气流将微尘、杂质分离，并引导单纤维呈伸直状通过一狭槽，完成测量，得出根数加权的长度分布。这是目前唯一自动化、高速测量单纤维长度的仪器。

AFIS法所得到的长度指标有根数和质量加权平均长度、品质长度、上四分位长度、短纤维含量（重量和根数加权）。因为主要用于伸直性较好的棉纤维，故指标明显往棉测量靠。该方法刺辊分梳棉条时的高速旋转对纤维的作用力很大，会造成纤维的断裂，影响长度测量。

3. 纤维须丛法

（1）光照影法（HVI）。

HVI900（High Volume Instruments）仪是在20世纪80年代初研制出的一种大容量棉纤维测试仪，现已有HVI 1000、HVI CLASSING和HVI SPECTRUM仪，可以测量原棉品质的多个指标，如长度和长度均匀度、跨距长度、短纤维指数、强力和伸长率、细度和成熟度、色泽、杂质和棉结以及含水率等。

HVI仪中测量长度的部分是纤维照影机，其光路部分如图3-9所示。基本原理是将“纤维须丛”放入对比光路中，并由距钳口线3.81mm处起始通过纤维须丛的移动，狭光带扫描x方向上光通量的变化，得须丛曲线$r(x)$，如图3-9所示。

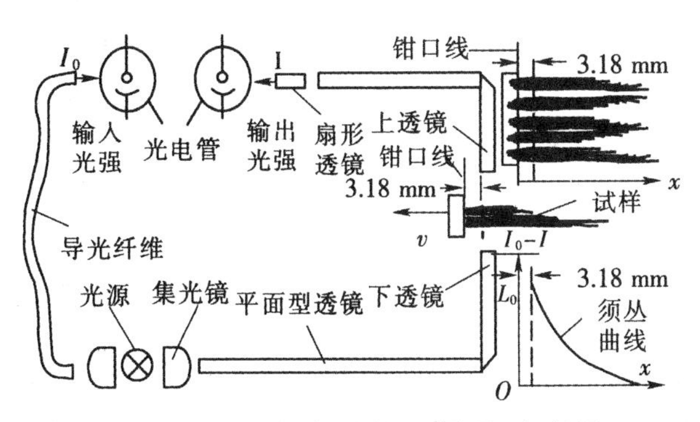

图3-9　纤维长度照影机测量原理解析图

根据 Lambert－Beer 定律：

$$\ln \frac{I_0}{I} = abc \tag{3-16}$$

可得：

$$r(x) = \frac{1}{k(x)}\ln \frac{I_0}{I(x)} \tag{3-17}$$

式中：I_0和 I——入射和透射光强；

a、b、c——纤维层的吸光系数、厚度和纤维含量；

$K(x)$——包含吸光系数和仪器固有性质的常数，一般不随 x 的变化而变化，故 $k(x)=k$；

$I(x)$——x 处的透光量。

因此，$r(x)$ 是一个与纤维层厚度和质量相关的量，接近质量含量比。

根据前图 3－4 所示的长度分布曲线，并令 $F(l)=M(l)$ 为质量加权累积分布函数；$f(l)=m(l)$ 为质量加权频率密度（长度分布）函数，如图 3－10（a），即：

$$M(l) = \int_{l}^{l_{\max}} m(l) \cdot \mathrm{d}l \tag{3-18}$$

当 $l=0$ 时，$M(0) = \int_{l}^{l_{\max}} m(l) \cdot \mathrm{d}l = 1$ 。

而 $M(l)$ 曲线下的面积为：

$$\int_{l}^{l_{\max}} m(l) \cdot \mathrm{d}l = 1 \times L_m \text{（矩形面积）} \tag{3-19}$$

式中：L_m——质量加权平均长度。

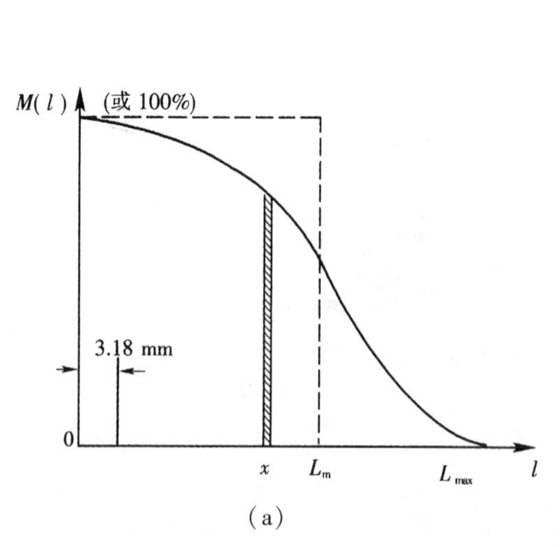

（a）

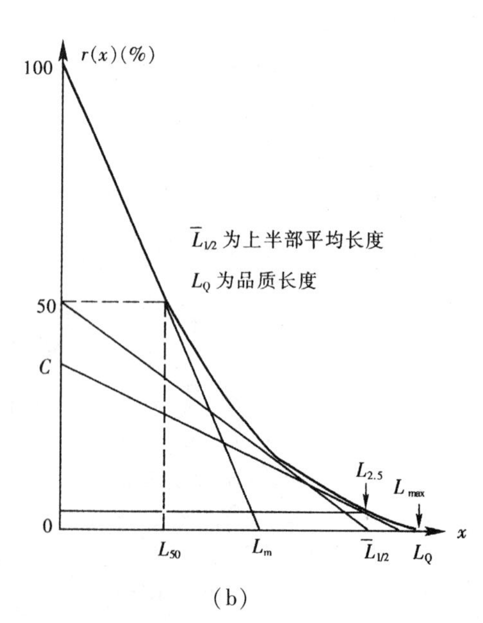

（b）

图 3－10 纤维长度累积分布与透光曲线 $r(l)$ 的关系图

随机以 x 长度夹取一纤维束，长度为 l 的纤维被夹持的几何概率为：$(l-x)/l$，也等于质量加权累计分布中大于 x 长度的面积与总面积之比，即：

$$\frac{\int_{x}^{l_{\max}} M(l)\,\mathrm{d}l}{\int_{0}^{l_{\max}} M(l)\,\mathrm{d}l} = \frac{\int_{x}^{l_{\max}} M(l)\,\mathrm{d}l}{L_{\mathrm{m}}} = r(x) \tag{3-20}$$

x 值就是纤维须从钳口线到狭缝光带的距离，也称跨距长度 L_s（space length）。跨距长度 L_s的意义在于，若以两对牵伸罗拉夹持纤维条（图3－11），可以得出双端被夹持纤维的含量和游离纤维的含量。显然，不同纤维含量的跨距长度（$L_{2.5}$或 L_5）意味着被拉断和游离纤维量，就是确定罗拉隔距的关键或唯一的依据。

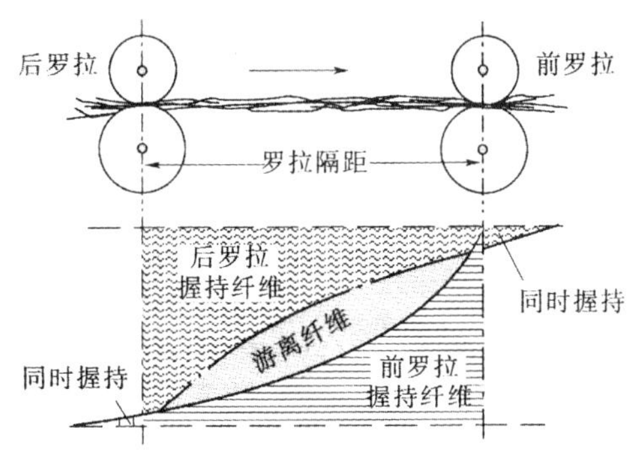

图3－11　跨距长度对罗拉距离的意义

令 $r(l) = \int_{l}^{l_{\max}} M(l)\cdot \mathrm{d}l = \int_{l}^{l_{\max}}\int_{l}^{l_{\max}} m(l)\cdot \mathrm{d}l\mathrm{d}l$，则 $r(x) = \frac{r(l)}{L_{\mathrm{m}}}$ 为长度累积分布 M（l）的一次积分；为频率密度函数 m（l）的二次积分。故已知须丛曲线 r（x），可以通过两次微分求得纤维长度的质量分布函数，更确切的是厚度质量加权分布。

由须丛曲线 r（x）可知 $\frac{\mathrm{d}r(x)}{\mathrm{d}x} = \frac{-M(x)}{L_{\mathrm{m}}}$，$x=0$ 时，$\frac{\mathrm{d}r(x)}{\mathrm{d}x}\Big|_{x=0} = \frac{-M(0)}{L_{\mathrm{m}}} = -1$。因此，零点即 r（0）处的切线交于横坐标轴，可得纤维的质量加权平均长度 L_{m}；若取 r（x）$=0.5$ 处与 r（x）曲线的切线，则可得上半部平均长度 $L_{1/2}$；若已知主体长度 L_{M}以上的纤维的含量比 C，则以 r（x）$=C$ 处作 r（x）曲线的切线交横坐标的长度即为品质长度 L_{Q}。同样可以根据跨距长度的概念取含量50%或2.5%或5%（毛纤维）分别得 L_{50}、$L_{2.5}$或 L_5。具体作图求法如图3－10（b）所示。

由上述长度可以求得整齐度指数（I_{U}）和整齐度（R_{U}）：

$$I_{\mathrm{U}} = (L_{\mathrm{m}}/L_{1/2}) \times 100\% \tag{3-21}$$

$$R_{\mathrm{U}} = (L_{50}/L_{2.5}) \times 100\% \tag{3-22}$$

（2）微夹取法。

由于须丛曲线的获得，第一步是随机从纤维团中夹取纤维，不考虑夹持点大小及夹持有效性，纤维被取到长度分布 f（l）$= \frac{l}{L_n}n(l)$，其中 n（l）为根数加权频率密度函数。显然，纤维越短，被取到概率越低。而且当夹头宽度为 Δ 时，$f(l) = \frac{l-\Delta}{L_n}n(l)$，小于 Δ 的将不被夹取。第二步是由狭长光带与钳口同时握持纤维的概率，在不考虑夹头宽度（即纤维在夹头处的弯曲长度）和钳口线前的3.18mm间距，以及光带的宽度时，为

$(l-x)/l$。因此，本身的宽度被夹住纤维突出于夹持端的长度分布 $R(x)$ 为：

$$R(x)=\int_{x}^{l_{\max}}\frac{l-x}{l}\cdot\frac{l}{L_n}n(l)\,\mathrm{d}l=\frac{l}{L_n}\int_{x}^{l_{\max}}(l-x)\cdot n(l)\,\mathrm{d}l \tag{3-23}$$

如果考虑夹头宽度、钳口线和光带宽度的影响，固有长度 l_0 可达 11 ~ 16mm，即被检概率降为 $[(l-l_0)-x]/l$。为此，必须采用高夹持效率的微夹持头（图 3－12），以使产生短纤维含量测不准的固有长度 l_0 降到 5 ~ 7mm。

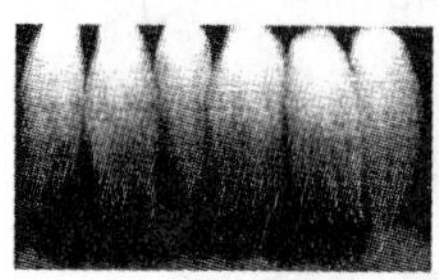

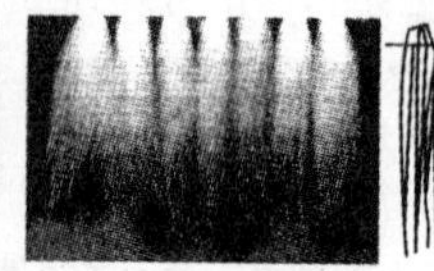

普通夹 HVI 的夹头　　微夹　　理想夹取

图 3－12　普通夹与微夹持的区别及理想夹取示意

3.1.3　纤维长度分布及其相互关系

1. 纤维的长度分布

纤维长度分布的概念已反复出现，由不同方法测量的有拜氏（长度分布）图（为累积）$X(l)$、纤维束厚度的长度分布图（为累积）$T(l)$、电容量测量的长度分布图（为累积）$S(l)$、光电法长度分布图（为须丛曲线）$r(l)$、Wira 法长度分布（为频率）$n(l)$、梳片法长度分布（为频率）$w(l)$ 等。按加权方式的有根数加权 n，质量（重量）加权 $m(w)$、截面加权 s、厚度加权 t、复合加权等。按分组或连续测量的有离散直方图分布（$\sum F_1$）和连续函数分布 $[\int f(l)\,\mathrm{d}l]$。按微积分关系分有长度频率分布 $f(l)$、长度累积分布 $F(l)$ 和长度二次累积须丛曲线 $r(l)$。

最常用的分布是纤维长度的频率（或称百分率）直方图，最多采用的测量计算是重量加权和根数加权长度分布，最为准确和实用的是根数加权长度分布。鉴于此原因，各种实测长度分布应该往这些长度分布上靠或转换，并以此分布计算各长度指标：

$$f(l)=F_l/\sum F_1 \tag{3-24}$$

其次，由于所测长度分布大多数为累积或须丛分布，故根据微分关系，直接差分（对直方图类）或求导（连续变量）进行转换：

$$f(l)=\begin{cases}\dfrac{F(l+\Delta l)-F(l)}{\Delta l} & (\text{直方图})\\[2ex] \dfrac{\mathrm{d}[F(l)]}{\mathrm{d}l} & (\text{连续变量})\end{cases} \tag{3-25}$$

最后，依据 $f(l)$ 计算各长度特征值。

2. 各种分布间的相互关系

（1）关系图。

根据前述可知，所列各种实测长度分布存在相互关系，是相互转换的依据，其间的相互关系如图 3－13 所示。

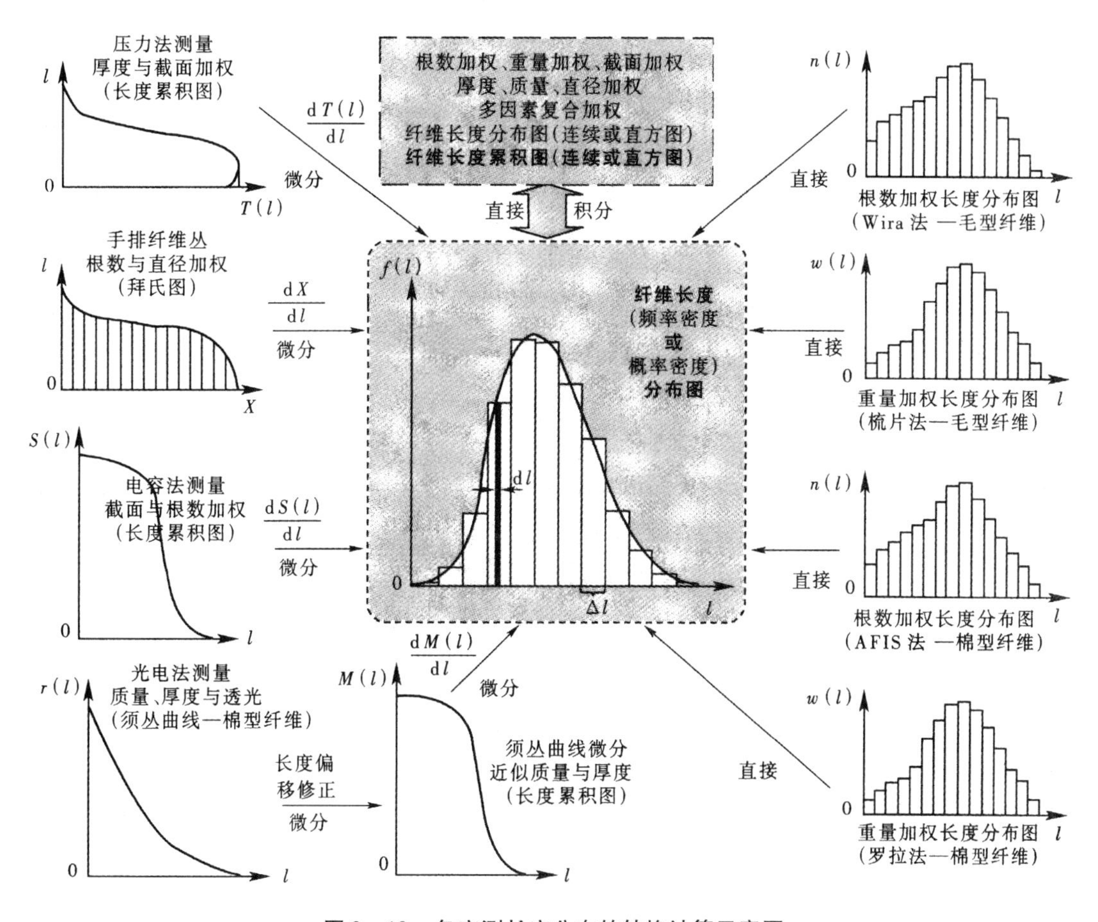

图3-13　各实测长度分布的转换计算示意图

（2）基本转换方法。

首先，由于长度测量绝大多数获得的是绝对值的频数，即某一长度或某一长度组的量，如纤维根数 N_l、纤维质量（重量）M_l（W）$_l$、纤维厚度 T_l、纤维截面积 S_l，应该首先转化为归一化的频率（或百分率），即各部分量与总量的比（或百分比）。

3.1.4　典型纤维的长度表达

因传统习惯，天然纤维的测量多带有自身特有的参数，尽管新方法早已出现，老的参数仍然在被使用，故作为交流理解，分述如下。

1. 棉纤维

根据手感目测的长度，还剩一个代表性表达——“手扯长度”。手扯长度是目前国内原棉检验中必测的长度值，其手扯后，将纤维整理成两端齐整的纤维束，然后用直尺量出该纤维束中大多数纤维所具有的长度。手扯长度与罗拉式仪器检验的主体长度 L_M 接近。

由罗拉法测量的纤维长度中有主体长度 L_M，是指一批棉样中含量最多的纤维的长度。在长度频率分布中是频率值最大的那组纤维的长度，即 $dw(l)/dl=0$ 时的 l 值，记为 L_M。有品质长度 L_Q，为棉纺工艺上确定工艺参数时采用的长度指标，又称右半部平均长度。是指比主体长度长的那一部分纤维的重量加权平均长度。根据长度分布 $w(l)$ 可计算得到：

$$L_Q = \sum_{l \geqslant L_M}^{l_{max}} w(l) \cdot l / \sum_{l \geqslant L_M}^{l_{max}} w(l) \tag{3-26}$$

或

$$L_Q = \int_{L_M}^{l_{max}} w(l) \cdot l\mathrm{d}l / \int_{L_M}^{l_{max}} w(l)\mathrm{d}l \tag{3-27}$$

还有基数 S 是以主体长度为中心，前后 5mm 范围内的质量百分数之和；均匀度：$C = S \times L_M$；短绒率 R 是短于 20mm（$L_M > 31$mm）或 16mm（$L_M \leqslant 31$mm）纤维的质量百分比。

其他现代测量方法，如 HVI、AFIS 法均能自动提供，按基本的和各自的算法进行。

2. 毛、麻纤维

(1) 毛纤维。

毛纤维有卷曲，因此其长度有“自然长度”和“伸直长度”之分。自然长度是指羊毛卷曲波动的中心线伸直，而卷曲保留不变时的长度；伸直长度是指弯曲消失，纤维伸直但无伸长的长度。羊毛长度测量都是无张力自然伸直的状态，故所有测量给出的长度都接近自然长度。

羊毛被剪下，因表层油脂作用黏结而集束的纤维丛称毛丛。毛丛长度是羊毛最原本的长度，决定着后来洗净毛、毛条乃至纱线中纤维的长度。毛丛长度可以手工量取，但目前已采用澳大利亚联邦科学院 CSIRO 设计的“自动长度与强力仪（ATLAS）”测量（如图 3-14 所示），是羊毛品质评定中的重要项目，也是羊毛综合品质指标，TEAM 公式中的重要参数。

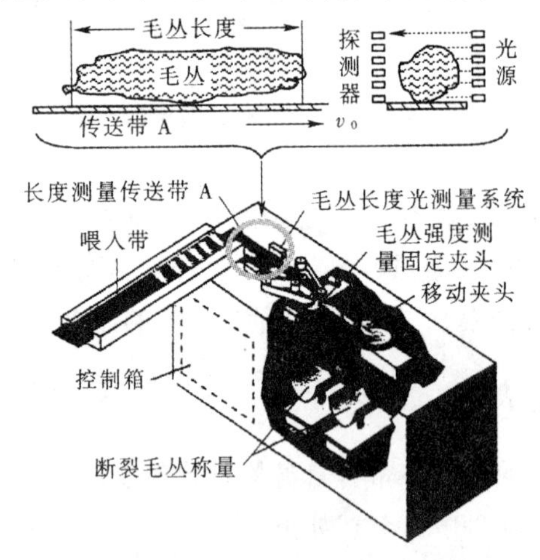

图 3-14 ATLAS 结构及毛丛长度测量原理

60 个毛丛被分别排列在以定速前进的输送带 A 上，传送带上的毛丛从一排光源及对面的一排检测器之间穿过。当光被毛丛遮断时，电子计数器便会记录光束被毛丛遮断的时间（如图 3-14 所示）。通过该法可以测得毛丛的长度，并计算得平均长度、均方差及其变异系数。

由梳片式长度分析仪测得的长度分布可计算加权主体长度 L_M，即分组称重时连续最重四组的加权平均长度；质量加权平均长度 L_m 和变异系数 CV_{L_m}：

$$L_M = \frac{L_1g_1 + L_2g_2 + L_3g_3 + L_4g_4}{g_1 + g_2 + g_3 + g_4} \tag{3-28}$$

其中，g_1、g_2、g_3、g_4为连续最重四组的纤维质量；L_1、L_2、L_3、L_4为连续最重四组的纤维长度；加权主体基数S_M即这连续最重四组重量的总和占全部试样重量的百分数：

$$S_M = \frac{g_1 + g_2 + g_3 + g_4}{G} \times 100\% \tag{3-29}$$

其中G为总称得质量。S_M值愈大，说明靠近加权主体长度部分的纤维愈多，纤维长度愈均匀。短毛率即30mm以下长度毛的质量占总质量的百分数：

$$短毛率 = \frac{30\text{mm}以下长度的质量}{G} \times 100\% \tag{3-30}$$

（2）麻纤维。

麻纤维到目前还没有很好的专门化的形态尺寸测量方法，不仅是长度，其他特性也一样。可能是因为该纤维形态尺寸差异大，有工艺纤维，有单纤维，较难测量，但本质是人们重视不足。

目前麻纤维长度测量一般参照毛纤维的梳片法进行测量，除短麻率以40mm以下的短纤维计算外，其他都一样。Almeter纤维长度仪应该是最适于麻纤维长度评价的方法，因为麻纤维伸直纤维，易于排直，不像羊毛那样的细卷会影响真实自然长度分布的测量。

3. 等长切断化纤

应该说，人工切断的等长化纤在长度上是基本一致的，但由于切断时纤维的张力和内应力不同，各纤维的长度也会产生差异，即超长纤维，而且有可能部分纤维未被切断而形成倍长纤维。超长纤维是指实际长度≥7mm（名义长度$L_N \leq 50$mm）或≥10mm（$L_N >$ 50mm）的纤维，但长度必须小于$1.9 \times L_N$。倍长纤维是指未切断的纤维，其长度是L_N的倍数（≥2）。

等长纤维的长度整齐度高，通常可以用切断称重法求得纤维的平均长度、超长纤维率和短纤维率。如图3－15所示，试验时，先将纤维样品整理成一端整齐的纤维束，梳去L_{SO}长度（L_{SO}，其值参照棉、毛、麻的短纤维限）以下的短纤维，再中段切断，分别称得中段重W_C、两端重W_T和梳下短纤维重W_S，按以下式计算各长度指标：

平均长度
$$L_{CW} = \frac{W_O}{\dfrac{2W_S}{L_{SO} + L_{SS}} + \dfrac{W_C}{L_C}} \tag{3-31}$$

短纤维率
$$R = \frac{W_S}{W_O} \times 100\% \tag{3-32}$$

超长纤维率
$$S_V = \frac{W_V}{W_O} \times 100\% \tag{3-33}$$

倍长纤维率
$$S_D = \frac{W_D}{W_O} \times 100\% \tag{3-34}$$

$$W_O = W_C + W_T + W_S + W_V + W_D \tag{3-35}$$

式中：W_O——纤维总质量（mg）；

W_V，W_D——超长和倍长纤维的质量（mg），一般很少而被忽略；

L_C——中段纤维长度（mm）；

L_{SS}——最短纤维长度（mm）。

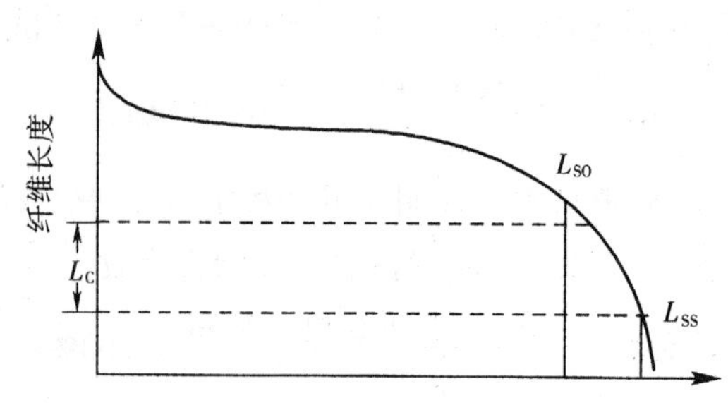

图 3－15 切断称重法求等长纤维平均长度

若令 $L_{SS}=0$，式（3－23）为：

$$L_{CW}=\frac{W_O}{\frac{2W_S}{L_{SO}}+\frac{W_C}{L_C}} \tag{3-36}$$

若制样时令 $L_{SO}=2L_C$，则：

$$L_{CW}=\frac{W_O L_C}{W_S+W_C} \tag{3-37}$$

若短纤维量很少时（$W_S=0$），则：

$$L_{CW}=\frac{W_O\cdot L_C}{W_C} \tag{3-38}$$

对于非等长化纤（牵切法）的长度检验，一般可参照羊毛纤维长度的测量方法。

3.2 纤维的细度

纤维细度是指以纤维的直径或截面面积的大小来表达的纤维粗细程度。在更多情况下，常因纤维截面形状不规则及中腔、缝隙、孔洞的存在而无法用直径、截面面积等指标准确表达，习惯上使用单位长度的质量（线密度）或单位质量的长度（线密度的倒数）来表示纤维细度。

当用线密度及几何粗细来表达纤维细度时，其值越大，纤维越粗；而在使用单位质量纤维所具有的长度来表达纤维细度时，其值越大，纤维越细。

3.2.1 纤维的细度指标

纤维的细度指标分为直接指标和间接指标两类。

1. 直接指标

直接指标主要指直径、截面积及宽度等纤维的几何尺寸表达。

当纤维的截面接近圆形时，纤维的细度可以用直径、截面积和周长等直接指标表示，通过光学显微镜或电子显微镜观测纤维的直径 d 和截面积 A。在直接指标中最常用的是直径，单位为微米（μm），常用于截面接近圆形的纤维，如绵羊毛及其他动物毛等。对于近似圆形的纤维，其截面积计算可近似采用下式：

$$A = \frac{\pi \cdot d^2}{4} \tag{3-39}$$

2. 间接指标

（1）线密度。

我国法定计量制的线密度单位为特克斯（tex），简称特，表示1000m长的纺织材料在公定回潮率时的重量（g）。一段纤维的长度为L（m），公定回潮率时的重量为G_k（g），则该纤维的线密度Tt为：

$$Tt = 1000 \times \frac{G_k}{L} \tag{3-40}$$

由于纤维细度较细，用特数表示时数值过小，故常采用分特（dtex）或毫特（mtex）表示纤维的细度，且$1\text{dtex} = 10^{-1}\text{tex}$，$1\text{mtex} = 10^{-3}\text{tex}$。

特克斯为定长制，如果同一种纤维的特数越大，则纤维越粗。

（2）纤度。

旦尼尔（denier）简称旦，又称纤度N_d，表示9000m长的纺织材料在公定回潮率时的重量（g），它曾广泛应用于蚕丝和化纤长丝的细度表示中。一段纤维的长度为L（m），公定回潮率时的重量为G_k（g），则该纤维的纤度N_d为：

$$N_d = 9000 \times \frac{G_k}{L} \tag{3-41}$$

纤度为定长制，如果同一种纤维的旦数越大，则纤维越粗。

（3）公制支数。

单位质量纤维的长度指标称为支数，按计量制不同可分为公制支数、英制支数。公制支数N_m是指在公定回潮率时重量为1g的纺织材料所具有的长度（m），简称公支，设纤维的公定重量为G_k（g），长度为L（m），则该纤维的公制支数为：

$$N_m = \frac{L}{G_k} \tag{3-42}$$

公制支数为定重制，如果同一种纤维的公制支数越大，则纤维越细。

3. 细度指标的换算

线密度（Tt）、纤度（N_d）和公制支数（N_m）的数值可相互换算，其换算关系如下：

$$\begin{gathered} N_m = \frac{9000}{N_d} \quad N_d = \frac{9000}{N_m} \quad N_m = \frac{1000}{Tt} \\ Tt = \frac{1000}{N_m} \quad N_d = 9Tt \quad Tt = \frac{N_d}{9} \end{gathered} \tag{3-43}$$

纤维的截面为圆形时，如已知纤维密度，则纤维直径与线密度、纤度或公制支数之间可相互换算。设纤维直径为d（m），密度为δ（g/cm^3），则：

$$d = \sqrt{\frac{4}{10^3\pi} \cdot \frac{Tt}{\delta}} = 0.03568 \times \sqrt{\frac{Tt}{\delta}}(\text{mm}) \qquad (3-44)$$

$$d = \sqrt{\frac{4}{9 \times 10^3\pi} \cdot \frac{N_d}{\delta}} = 0.01189 \times \sqrt{\frac{N_d}{\delta}}(\text{mm}) \qquad (3-45)$$

$$d = \sqrt{\frac{4}{\pi} \cdot \frac{1}{N_m \cdot \delta}} = 1.12867 \times \sqrt{\frac{1}{N_m \cdot \delta}}(\text{mm}) \qquad (3-46)$$

由上式可知，各种纤维因受到各自密度（表 3－1）不同的影响，当线密度、纤度、公制支数分别相同时，其直径并不相同。密度越小，纤维直径越粗。例如，1.50dtex 的涤纶直径为：

$$d = 0.03568 \times \sqrt{\frac{Tt}{\delta}} = 0.03568 \times \sqrt{\frac{1.50 \times 10^{-1}}{1.38}} = 1.176 \times 10^{-2}(\text{mm})$$

1.50dtex 的丙纶直径为：

$$d = 0.03568 \times \sqrt{\frac{Tt}{\delta}} = 0.03568 \times \sqrt{\frac{1.50 \times 10^{-1}}{0.91}} = 1.449 \times 10^{2}(\text{mm})$$

表 3－1　各种干燥纤维的密度 δ　　单位：g/cm³

纤维	密度	纤维	密度	纤维	密度
丙纶	0.91	羊毛	1.30～1.32	黏胶纤维	1.52～1.53
乙纶（低压法）	0.95	三醋酯纤维	1.30	富强纤维	1.49～1.52
锦纶 6	1.14～1.15	蚕丝	1.00～1.36	棉	1.54～1.55
锦纶 66	1.14～1.15	聚醚酯纤维	1.34	偏氯纶	1.70
腈纶	1.14～1.19	涤纶	1.38～1.39	碳纤维	1.77
腈纶（蛋白接枝纤维）	1.22	芳纶	1.38	石墨纤维（气相法）	2.03
锦纶 4	1.25	氯纶	1.39～1.40	氟纶	2.30
腈氯纶	1.23～1.28	芳纶 14	1.46	硼纤维	2.36
维纶	1.26～1.30	芳纶 1414	1.47	玻璃纤维	2.54
氨纶	1.0～1.30	聚酰胺硼纤维	1.47	石棉纤维	2.10～2.80
维氯纶	1.32	苎麻	1.54～1.55		

天然纤维由于每根纤维沿长度方向细度不匀（棉纤维、各种麻纤维中段粗两端细；羔羊毛纤维根端粗梢端细，成年羊毛纤维两端粗中间细），因此线密度又分为中段线密度和全长线密度。如陆地棉纤维全长线密度约为中段（10mm）线密度的 85.75%，海岛棉的全长线密度约为中段（10mm）线密度的 91.90%。

3.2.2　纤维的细度不匀及其指标

纤维的细度不匀的内容主要包括两方面，一是纤维之间的粗细不匀，二是单根纤维沿长度方向上的粗细不匀。长期以来，对纺织纤维纵向及横截面形态和结构特征的分析都借助于高分辨率的光学显微镜或电子显微镜以及现代光电图像处理技术。但是对于离散较大的天然纤维，绝大多数不仅截面非圆形而且有不规则的空腔，因此，除毛纤维外基本不用直径测量方法。

1. 各类纤维的细度不匀

天然纤维的细度常因在生长过程中受到自然环境及其他因素的影响而存在很大差异。就棉纤维而言，棉纤维的细度（即线密度）与棉纤维形态和结构有关。一方面，棉纤维的外周长在生长的初期已确定；另一方面，纤维的胞壁不断增厚，即成熟度提高，棉纤维的细度与外周长和成熟度直接相关。由于外周长与棉的品种和产地，甚至与棉株、棉籽的生长部位有关，而成熟度与生长条件和采摘时间有关，所以棉纤维的细度主要取决于棉花品种、生长条件等。因此，不仅同一棉包的棉纤维存在着粗细不同，同一根棉纤维也呈现两端细、中段粗的不对称截面形态变化，其线密度同样是中间粗、两端细，不对称的。

对于毛纤维细度及细度不匀的重要性更为突出，绵羊毛纤维细度的差异主要是受到绵羊的品种、年龄、羊体上生长部位及一个毛丛内羊毛的差异等的影响，另外绵羊毛纤维因生长季节和饲养条件的变化也会有明显的粗细差异（粗细差异可达 3 ~ 10μm），并且其截面形态也会有所变化。国产绵羊毛纤维直径形态及变化规律较为相似，从毛尖向毛根开始逐步增粗，达到最粗处后，逐步下降，达到最细处后再逐步增粗。

麻纤维的粗细差异更为显著，各种麻纤维不仅受生长条件、初生韧皮纤维细胞和次生韧皮纤维细胞生长期不同等影响，造成单纤维的粗细差异大（变异系数可达 30% ~ 40%），而且工艺纤维因纤维分裂度的随机性导致的粗细差异更大。

蚕丝的粗细差异在蚕茧结构上较为明显，茧衣和蛹衬的丝较细不能缫丝，而茧层的丝相对较粗也是中段粗两端细，经过缫丝并合后所得到的生丝的细度及细度不匀，由茧丝的并合根数及茧丝的细度差异决定，所以缫丝并合时的粗细搭配较好，则生丝的均匀性就较好。

化纤长丝的线密度是其成形过程中的主控参数，敏其细度均匀性总体来说较天然纤维好。在生产过程中由于受到温度、时间、牵伸力等因素的影响，不同时间生产的长丝直径也有差异，从喷丝孔出来的长丝直径会沿着其长度的方向发生变化。传统的静态测量方法只能够反映长丝某一段的直径，很难准确地得到连续长丝的直径和细度不匀。现在多使用条干均匀度仪连续测量或在线测量的方法来测试长丝束及其成品的直径和细度不匀。

化学短纤维的细度及其均匀度则主要是借鉴天然纤维的相关指标来表达。

2. 细度不匀指标及分布

（1）不匀率指标。

由细度的定义可知，对细度不匀较为合理的表达应为纤维直径或线密度的差异。也就是说通过纤维的平均直径及其离散指标或平均线密度及其离散指标来表示纤维的细度不匀是最有效的，相关的离散指标主要包括直径或线密度的标准差 σ 及其变异系数 CV 值。

（2）纤维间细度不匀的分布。

在纤维分组测量的基础上，将纤维直径的测试结果用直方图表示，不但可以反映出该批羊毛纤维细度的分布状况，还可以计算出纤维细度的离散系数。其直径分布曲线可如图

3－16 所示。

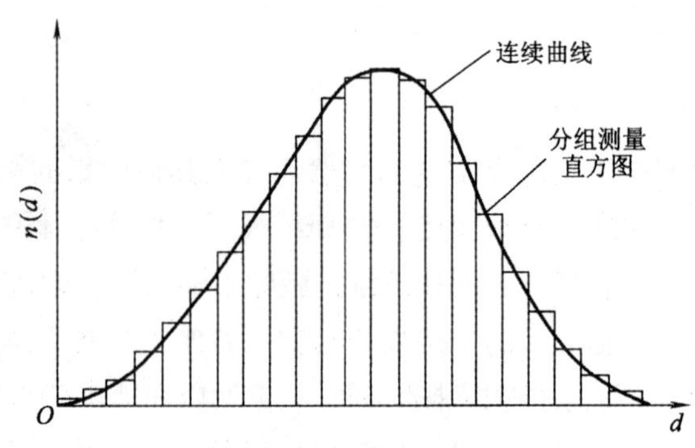

图 3－16　纤维直径分布直方图及分布示意图

纤维平均直径的计算公式为：

$$\bar{d} = \frac{\sum_{i=1}^{m} d_i \times n_i}{\sum_{i=1}^{m} n_i} \tag{3-47}$$

或

$$\bar{d} = \int_{d_{min}}^{d_{max}} n_i(d) \cdot d_i \cdot \mathrm{d}d \tag{3-48}$$

式中：$\bar{d}$——纤维的平均直径，μm；

d_i——纤维测定后，数据整理分组，以组中值为每组纤维的代表直径，μm；

n_i——每组测量的纤维根数，根；

n（d）——直径为 d_i 组的纤维根数的密度函数；

d_{max}，d_{min}——分别为被测纤维的最粗、最细直径，μm。

可用标准差 σ 表示纤维的每个试验值对其平均数的差异情况，计算公式为：

$$\sigma = \sqrt{\frac{\sum_{i=1}^{N} (d_i - \bar{d})^2 \cdot n_i}{N-1}} = \sqrt{\frac{\sum_{i=1}^{N} d_i^2 \cdot n_i}{N-1} - \left(\frac{\sum_{i=1}^{N} d_i n_i}{N-1}\right)^2} \tag{3-49}$$

式中：N——试验纤维总根数，根。

变异系数 CV_d（又称离散系数）（%）的计算公式为：

$$CV_d = \frac{\sigma}{\bar{d}} \times 100 \tag{3-50}$$

或

$$CV_d = \frac{\sqrt{\int_{d_{min}}^{d_{max}} (d_i - \bar{d})^2 \cdot n_i(d) \cdot \mathrm{d}d}}{\bar{d}} \times 100 \tag{3-51}$$

纤维、纱线、织物各种指标在计算算术平均值和变异系数时均采用上述计算方程式。

3.2.3　纺织纤维细度测量方法

纺织材料细度测量方法很多，由于有湿胀、干缩的变化。因此细度测量规定必须在标准温湿度环境（20℃，相对湿度65%）中平衡后进行。

细度（线密度、纤度、公制支数）测量方法基本上是测长称重法。短纤维整理成束，一端排齐或者中段切取后，称重、数根数，或按长度分组、称重、数根数。按式（3－40）~式（3－42）计算。多份试样测试后计算算术平均数、标准差和变异系数。

长纤维传统采用周长1m（或其他标准尺寸）在一定张力下绕取一定圈数（如50圈或100圈，即50m或100m），达到吸湿平衡后称得重计算。

圆形截面的纤维可以测平均直径及变异系数，一般将纤维整理成束，中段切取一定长度（0.2~3.0mm，不同仪器要求不同），将其均匀分散后在光学显微镜、光学扫描仪、激光扫描仪、电子显微镜或其他仪器中逐根测量并记录直径后计算分布，并计算算术平均数、标准差、变异系数、粗端5%概率的直径、一定直径（如25μm）以上粗纤维的概率等。

除此之外，对不同纤维对象还有其他测试方法，举例如下。

（1）振动测量法。根据纤维在一定模量及一定应力下的共振频率与线密度的关系，求出单根纤维的线密度。

（2）气流仪测量法。根据不同细度的纤维比表面积不同，使试样在一定压缩比条件下测量气流阻力的方法间接测量纤维的线密度或实心圆截面纤维的直径。麻纤维脱胶后分裂程度也可用气流仪测量。

（3）声阻仪测量法。根据不同细度纤维比表面积和共振频率不同，试样在一定压缩比条件下测量声振动的阻尼系数，折算成纤维的线密度或平均直径。

3.2.4 纤维细度对纤维、纱线及织物的影响

纤维细度及其离散程度不仅与纤维强度、伸长度、刚性、弹性和形变的均一性有关，而且极大地影响织物的手感、风格以及纱线和织物的加工过程。细度不匀比长度不匀和纤维种类的不同更容易导致纱线不匀及纱疵。但另一方面，具有一定的异线密度，对纱的某些品质（如丰满、柔软等毛型感）的形成是有利的。

1. 对纤维本身的影响

纤维的粗细将影响纤维的比表面积，进而影响纤维的吸附及染色性能，纤维越细，其比表面积越大，纤维的染色性也有所提高；纤维较细，纱线成形后的结构较均匀，有利于其力学性能的提高。

但是纤维间的细度不匀会导致纤维力学性质的差异，最终导致纤维集合体的不匀，甚至加工过程控制的困难；此外，纤维内的细度差异，会直接导致纤维的力学弱节，不但影响外观和品质，最终将影响产品的使用。

2. 对纱线质量及纺纱工艺的影响

一般纤维细，纺纱加工中容易拉断，在开松、梳理中要求作用缓和，否则易产生大量短绒，在并条高速牵伸时也易形成棉结。另外，细纤维纺纱时，由于纤维间接触面积大，牵伸中纤维间的摩擦力较高，会使纱线中纤维伸直度较高。

其他条件不变时，纤维越细，相同线密度纱线断面内纤维根数越多，摩擦越大，成纱强力越高，因为成纱断面内纤维根数较多时纤维间接触面积大，滑脱概率低，可使成纱强度提高。

纤维的细度对成纱的条干不匀率有显著影响。设纤维的线密度为 Tt_1，成纱的线密度为 Tt_2，细纱截面中平均纤维根数即 Tt_2/Tt_1，当成纱中不计纤维细度的变异时，则纱线条干变异系数的极小值如下：

$$CV = \sqrt{\frac{Tt_1}{Tt_2}} \times 100 \tag{3-52}$$

因此纤维越细，纱的条干变异系数 CV 越低，条干均匀度越好。

细纤维可纺较细的纱。一定细度的纤维，可纺纱线的细度是有极限的。纤维细，纱截面中纤维根数增加，纺纱断头率低，因此在纱线品质要求一定时，细纤维可纺细线密度的纱线。

3. 对织物的影响

不同细度的纤维会极大地影响织物的手感及性能，如内衣织物要求柔软、舒适，可采用较细纤维；外衣织物要求硬挺，一般可用较粗纤维；当纤维细度适当时，织物耐磨性较好，具体影响见表 3-2。

表 3-2　纤维细度与功能的关系

纤维细度种类	线密度（dtex）	直径（μm）	功能特征
细线密度（丝型）	1.1 ~ 2.8	4 ~ 10	柔软、滑爽、轻薄
棉、丝型纤维	0.89 ~ 1.33	8.41 ~ 13.7	柔软、均匀、轻薄
毛、麻型纤维	2.0 ~ 3.5	13.7 ~ 17.7	柔软、均匀、轻薄
超细化纤	0.11 ~ 0.89	0.4 ~ 4	柔软、细腻、吸湿、导湿
合成革（特细）	<0.11	<0.4	透气、防水、细密、麂皮特征
极细纤维	0.0001 ~ 0.01	0.09 ~ 0.12	吸附、超滤
纳米纤维	10^{-8} ~ 10^{-4}	0.001 ~ 0.1	特殊功能

3.3　纤维的截面形状

纤维的截面形状随纤维种类而异，天然纤维具有各自的形态，化学纤维则可以根据人们的意愿设计异形喷丝孔，从而获得具有各种异形截面的纤维，此外，即使喷丝孔相同，也可通过控制纤维的成形过程而形成不同的截面形状。

截面形状影响纤维的卷曲状态、比表面积、抗弯刚度、密度、摩擦性能等，并与纤维的手感、风格及性能密切相关，进而在纤维复合成纱时，不同截面形态的纤维在纱线截面内的填充程度也不同，这同样也会影响到最终织物产品的品质。

天然纤维中毛纤维大部分为圆形，棉纤维接近腰圆形，木棉纤维为近圆形，丝纤维近似三角形，麻纤维为椭圆形或多角形等。

3.3.1　纤维异形化

非圆形截面的化学纤维称为异形纤维。为了使纤维品种多样化，国内外不断研究利用物理、化学和机械等方法使合成纤维变性，使化学纤维从形态、性能上模仿天然纤维，并向超天然纤维的方向发展，以改善其性能，扩大其使用范围。

纤维截面变化又称异形化，是物理改性的一项重要手段，可分为两种：一种是纤维截面形状的非圆形化，包括轮廓波动的异形化和直径不对称的异形化；另一种是截面的中空和复合化。异形截面纤维一般蓬松度较好，抗起毛起球，可以消除化纤光滑的手感，可以解决丝的光泽和丝鸣问题；异形中空丝与常规纤维相比改变了纤维集合体的密度、热阻、孔隙率、蓬松度、纤维截面的极惯性矩、比表面积，中空纤维的空隙内有大量的静止空气，从而可提高其热阻和保暖性能；中空纤维降低了纤维的密度，实现了纤维材料的轻量化；纤维中空化还可以提高纤维截面的极惯性矩，即提高了纤维的刚度；纤维中空化改变了其光学特性，中空部对光的漫反射可增强纤维的不透明感；中空化可以提高纤维的孔隙率、蓬松度及比表面积，从而改善了纤维集合体的湿热传递特性，可以使织物具有较好的吸湿、透气、保温功能。中空微孔纤维也可作为过滤材料。常见的异形纤维及中空异形纤维截面如图 3－17 所示。

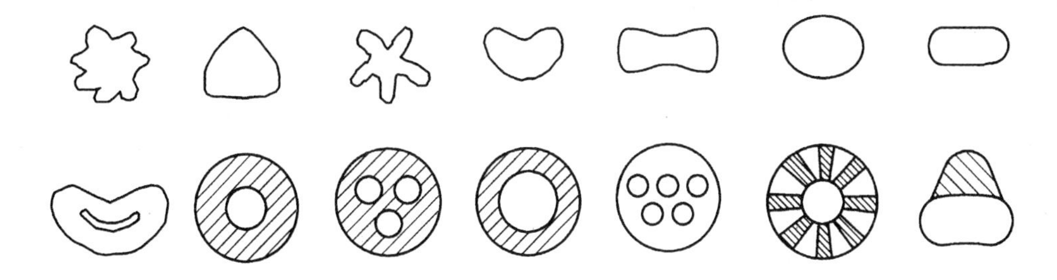

图 3－17　常见异形与中空异形纤维的截面

纤维异形化的发展过程是逐渐从单一改变纤维直径到纤维截面轮廓的波动，从单孔到多孔，从单组分到多组分，从对称到不对称，甚至从径向截面异形丝发展到纵向随机变形的异形丝。这不仅丰富了纺织纤维的内容，而且使纤维制品及其性能趋向于多样化、功能化和舒适化。常见异形截面纤维的形状与所突出的功能效果见表 3－3。

表 3－3　常见异形截面纤维的截面形状和功能效果

用途		截面形状	功能效果
衣着用纤维			丝的光泽，蓬松
			导汗，透湿
			宝石样光泽，导汗，透湿
			丝的风格
			输水性优于半环形截面，有蓬松感
			轻量，柔软的风格，消极光
			轻量，消极光
		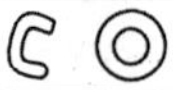	麻的风格，极光
装饰用和床上用品纤维	毯		压缩弹性模量高（耐倒伏性好，变形恢复快），抗污性好（不易看出污垢）
			压缩弹性模量高（优于三角形截面），保温性好（锦纶）
	絮		轻量，蓬松性好，压缩弹性模量高，保温性好（涤纶）

3.3.2　异形纤维的特征与指标

异形纤维与一般圆截面的纤维相比具有下列特征。

（1）具有优良的光学性能，如涤纶仿真丝织物采用三角形截面丝后，织物表面光泽优雅；锦纶三角形截面丝则使织物具有钻石般的光泽；多叶形丝可使织物表面消光，光泽柔和。

（2）能增加纤维的覆盖能力，提高抗起球能力。

（3）能增加纤维间的抱合力，使纤维的蓬松性、透气性及保暖性均有提高。

（4）可减少合成纤维的蜡状感，使织物具有丝绸感，并能增加染色的鲜艳度。

（5）表面沟槽起到导汗、透湿作用。同时还可增大比表面积，有利于水分蒸发，从而使织物具有快干的性能。

异形纤维上述各项性能的优劣，主要决定于其不同的截面形状及异形度的大小。纤维异形度是纤维截面形态相对于圆形的差异程度，也是表示异形纤维符合异形规格程度的指标。

1. 径向异形度及其变异系数

径向异形度 D 是异形纤维截面外接圆半径 R（μm）与内切圆半径 r（μm）差值对某一指定径向参数的百分数。

（1）相对径向异形度 D_R（%）：

$$D_R = \frac{R-1}{R} \times 100\% \tag{3-53}$$

（2）平均径向异形度 D_M（%）：

$$D_M = \frac{R-r}{(R+r)/2} \times 100\% \tag{3-54}$$

（3）理论径向异形度 D_r（%）：

$$D_r = \frac{R-r}{r_0} \times 100\% \tag{3-55}$$

式中：r_0——截面积折算为正圆形的半径，即根据该纤维线密度值理论换算所得的半径，μm。

$$r_0 = \frac{d}{2} \tag{3-56}$$

式中：d——由线密度折算得实心圆直径，μm。

D_R、D_M和 D_r相应的变异系数为 CVD_R、CVD_M和 CVD_r。

2. 截面面积异形度及其变异系数

截面面积异形度 S 是异形纤维外接圆面积（πR^2）与某一指定半径圆面积（πr^2）的差值相对于外接圆面积的百分数。

（1）相对截面面积异形度 S_R（%）：

$$S_R = \frac{R^2 - r^2}{R^2} \times 100\% \tag{3-57}$$

（2）平均截面面积异形度 S_M（%）：

$$S_M = \frac{R^2 - \left(\frac{R+r}{2}\right)^2}{R^2} \times 100\% \tag{3-58}$$

（3）理论截面面积异形度 S_r（%）：

$$S_r = \frac{R^2 - r_0^2}{R^2} \times 100\% \tag{3-59}$$

S_R、S_M和 S_r相应的变异系数为 CVS_R、CVS_M和 CVS_r。

径向异形度、截面面积异形度及其变异系数主要用于对纤维截面的轮廓波动异形的表达。

3. 截面中空度

中空纤维在壁厚较小时易被压扁，这样会使空腔缩小。实际有效空腔截面积占有效外周界内截面积的百分数为截面中空度，它的表示符号是 C_o。

3.4　纤维的卷曲或转曲

纤维卷曲问题来源于羊毛的形态特征，是纤维具有抱合力，即零正压力下具有切向阻力的根本原因。纤维转曲则来源于棉纤维的外形，是异形纤维扭转的特有形式，也会影响纤维间的抱合作用。

3.4.1 纤维的卷曲形式及表征

1. 卷曲现象

(1) 基本形式。

纤维卷曲有多种形式，如图3－18所示：①～③是无卷曲或弱卷曲，其卷曲弧度小于半圆形，属浅平波形，且卷曲数少，半细和土种羊毛多属此类；④为锯齿波形，是人工所为，非羊毛的自然卷曲；⑤和⑥为正常卷曲波形，波形的弧度接近或等于半圆形，卷曲对称于中心线，属常波卷曲，只是⑥的卷曲数大于⑤，轴向投影基本为直线，美利奴羊毛和中国良种羊毛都属此类，品质优良，多用于精纺，纺制表面光洁的毛纱；⑦为深波；⑧为大屈曲波，属高卷曲（curl）纤维，每个卷曲的弧度都超过半圆，且有非平面的波动，多发生在粗羊毛和新西兰羊毛上，该羊毛不适于精纺，而适于粗纺系统，呢绒丰满有弹性；⑨和⑩为典型的三维螺旋卷曲，存在于部分粗羊毛和土种毛中，是副皮质偏心分布的结果，有长螺距螺旋（⑨）和短螺距（⑩），这种卷曲在人工变形纱中较常见。

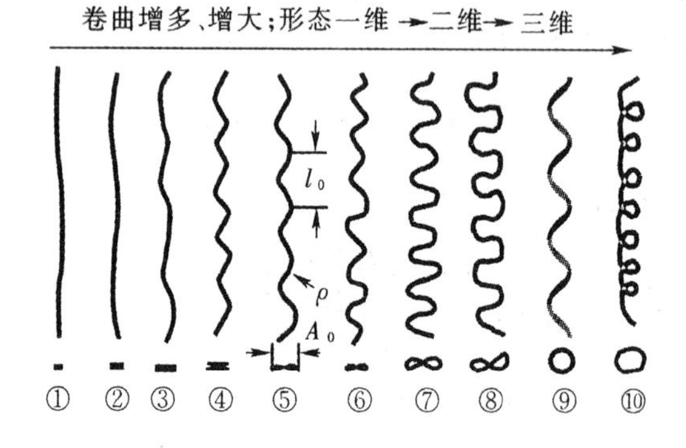

图3－18 羊毛及毛发类纤维的各种卷曲及表达

由图3－18可知，除锯齿曲折波卷曲外的所有形式的卷曲，羊毛都有可能发生，而且卷曲数，即单位长度卷曲波的个数 C_n，随羊毛直径的变化而增加，见表3－4所列。

表3－4 澳大利亚羊毛的卷曲性与细度的关系

羊毛的品质支数	纤维直径（μm）	纤维平均长度（mm）	卷曲数（个/25mm）
80	18.1～19.5	55	22～24
70	19.6～21.0	57	22～24
64	21.1～22.5	67	20～22
62	22.6～24.0	70	16～20
60	24.1～25.5	77	16～20
58	25.6～27.0	78	16～20
56	27.1～28.5	92	13～16
50	30.1～31.7	96	13～16
48	31.8～33.4	100	10～13
46	33.5～35.1	108	10～13
44	35.2～37.0	127	10～13

人工变形纤维的卷曲，希望能与羊毛的常态卷曲相近，但始终不像，而且不如羊毛，大多数只能是锯齿波、混杂波、无规则小圈等，如填塞箱法、机械挤压法、刀边法、空气变形法等。只有假捻法和复合纤维法获得的螺旋卷曲（⑨）和编织解脱法获得的大屈曲波（⑧）与羊毛相似（图3－19），但在螺旋形态的一致性和屈曲波上仍不及羊毛规则和微细。

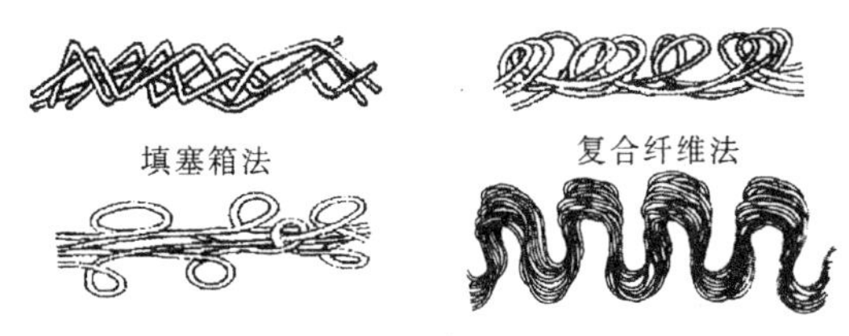

图3－19 变形纱中的卷曲形态

（2）卷曲的不均匀及变化。

纤维的卷曲是不均匀的，不仅仅表现在卷曲波长 λ_C、波幅 A_0 和曲率半径 ρ 的变化，而且会在卷曲波形上发生变化，即发生①～⑩之间的转变，称为复合卷曲或混杂卷曲。美利奴细羊毛很少发生卷曲的混杂，因为混杂卷曲会造成羊毛的纠缠与毡化，并用“卷曲清晰度”定义。所谓卷曲清晰度（crimp definition）是指卷曲形态的一致程度，即占主导地位的卷曲波形占所有卷曲形态的百分比。

纤维的卷曲会发生变形，即卷曲的不稳定。天然纤维的卷曲，因其固有的结构，一般卷曲是稳定的。虽受热、湿作用会发生变化，但最终大多变化还能恢复到原来状态，即具有“记忆性”。而人工变形纤维，除复合纤维外，都如同化妆一样，很容易在使用中，尤其是热、力作用时，卷曲会消失，且不能回复。

羊毛的卷曲还有更有趣的现象，当在高 pH 值或具有膨胀作用的液体浸泡下，纤维的卷曲不但会消失，而且会出现相反的卷曲，即原来的正皮质在卷曲的外侧，因副皮质的膨胀而变为卷曲的内侧，当膨胀消除后，又会回到原来的状态。这也是羊毛织物吸湿膨胀和易于毡缩的主要原因。

2. 纤维卷曲的测量

纤维的卷曲有多种测量方法及对应的表达指标。常用的方法有单纤维卷曲度测量，纤维段弯曲曲率测量，纤维丛（束）卷曲整齐度测量，纤维集合体的膨松度测量等。

（1）单纤维卷曲的测量及指标。

单纤维卷曲测量有两种方法：一种为力学拉伸曲线前段解析，另一种为专用纤维卷曲弹性仪测量。前者是后者的理论和实验基础。

力学拉伸曲线法如图3－20（a）所示。由拉伸曲线直线段 ab 作拟合直线或最大斜率点 e，作切线交伸长轴于 c 点，由点 c 作垂直线交拉伸曲线于 d 点。d 点的高度即为力轴上的 T_0。T_0 就是确定纤维由带有卷曲的自然长度 L_0 变为纤维伸直长度 L_1 所需的初张力（或称卷曲张力）。也就是说，在 T_0 作用下，纤维伸直，但无伸长。纤维的卷曲度（或称卷曲率）为：

$$C = \frac{oc}{L_G} = \frac{\Delta l}{L_0} \times 100\% \tag{3-60}$$

式中：L_G——$T=0^+$时的夹持隔距；

L_0——纤维的自然长度；

$\Delta l = L_1 - L_0$。

克服纤维卷曲时所做的功 W_C为拉伸曲线中 $odabco$ 的面积，即：

$$W_C = \int_0^{\Delta l_a} T(l)dl - \int_{\Delta l_c}^{\Delta l_a} K(l)dl \tag{3-61}$$

式中：Δl_a和 Δl_c——a 点和 c 点的绝对伸长；

K（l）——直线（K_{ab}）或切线（K_{max}）的方程。

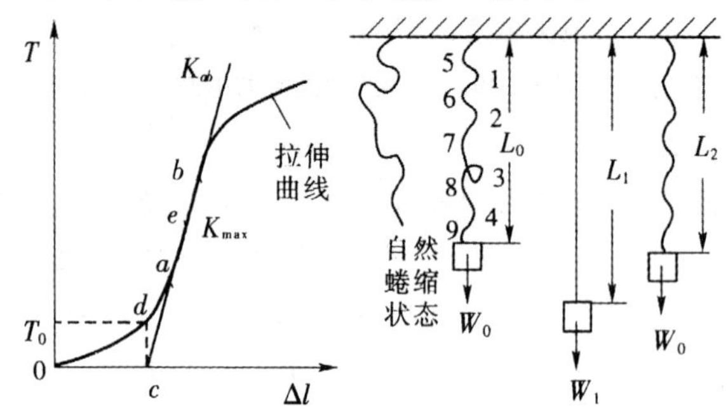

(a)单纤维拉伸曲线　　(b)纤维卷曲弹性测量仪测量

图 3-20　单纤维卷曲测量法原理示意图

采用专用卷曲弹性仪，可用 W_0使纤维由自然卷缩状态变为自然长度，W_0很小，在力学测量中认为是 $T=0^+$；此时点数纤维 L_0长度上的卷曲数，为保证准确分两侧同时记数 n_0；用 W_1（$W_1=T_0$）使纤维由 $L_0 \to L_1$；然后卸去 W_1，得回复自然长度 L_2，由此可得纤维卷曲的各类指标。

卷曲数（个/cm）：
$$C_n = \frac{10n_0}{2L_0} \tag{3-62}$$

卷曲波长 λ_C（mm）：
$$\lambda_C = \frac{10}{C_n} = \frac{2L_0}{n_0} \tag{3-63}$$

一个波长中纤维的长度 l_0：

$$l_0 = \frac{2L_1}{n_0} = \frac{2L_0}{n_0}\alpha_C = \alpha_C\lambda_C \tag{3-64}$$

卷曲率：
$$C = \frac{L_1 - L_0}{L_1} \times 100\% \tag{3-65}$$

卷曲比：
$$\alpha_C = \frac{L_1}{L_0} = \frac{l_0}{\lambda_C} \tag{3-66}$$

卷曲回复率：
$$C_R = \frac{L_1 - L_2}{L_1 - L_0} \times 100\% \tag{3-67}$$

卷曲弹性率：
$$C_e = \frac{L_1 - L_2}{L_1 - L_0} \times 100\% \tag{3-68}$$

式中：C_n与卷曲波长 λ_C或螺距 h 相关；

卷曲波幅 A_0或螺距半径 r 与 C 和 α_C相关；

卷曲弹性与 C_R和 C_e相关，主要反映了纤维卷曲的频率、波幅和弹性波特征。

（2）纤维段弯曲曲率测量法。

这类方法主要来源于纤维细度测量（OFDA 和 LaserScan 法）时对纤维段弯曲的图像处理估计纤维的卷曲特征指标，如弯曲曲率 ρ 和卷曲度等，其计算原理如图 3－21 所示。

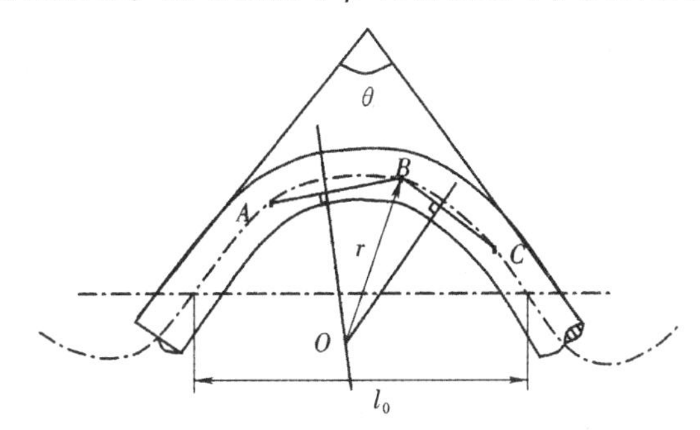

图 3－21　切断纤维段的卷曲度计算原理图

由图 3－21，可在纤维弯曲段上任取三点（A、B、C）作连线，并作 AB 和 BC 段的垂直平分线交 O 点，得纤维弯曲段的半径 r，则曲率 ρ：

$$\rho = \frac{1}{r} = \frac{1}{OA} = \frac{1}{OB} = \frac{1}{OC} \tag{3-69}$$

纤维卷曲度 C_θ为：

$$C_\theta = \frac{\pi - \theta}{2\cos(\theta/2)} - 1 \tag{3-70}$$

卷曲数 C_n为：

$$C_n = \frac{L_0}{l_0} = \frac{12.5}{r\cos(\theta/2)} \tag{3-71}$$

卷曲比 α_C为：

$$\alpha_C = \frac{l}{l_0} = \frac{\pi - \theta}{2\cos(\theta/2)} \tag{3-72}$$

式中：θ——纤维段两弯曲拐点的切线夹角；

l——弯曲段的实际长度，即两拐点间纤维的长度，$l = r(\pi - \theta)$；

l_0——两拐点间的直线距离；

$l_0 = 2r\cos(\theta/2)$；

L_0取 25mm。

（3）纤维丛（束）卷曲整齐度的测量。

纤维卷曲整齐度的实用测量源于羊毛丛的卷曲均匀、协同特征的表达，即毛丛卷曲清晰度的表达，如图 3－22 所示。毛丛中各纤维的卷曲波形、波长和波幅越一致，毛丛的卷曲状态越清晰。因此，通过光学摄像判定毛丛纤维卷曲形成条纹间隔的一致性及条纹粗细的相近性以及条纹边界的清晰程度（清晰度），可以表达毛丛卷曲的整齐性。

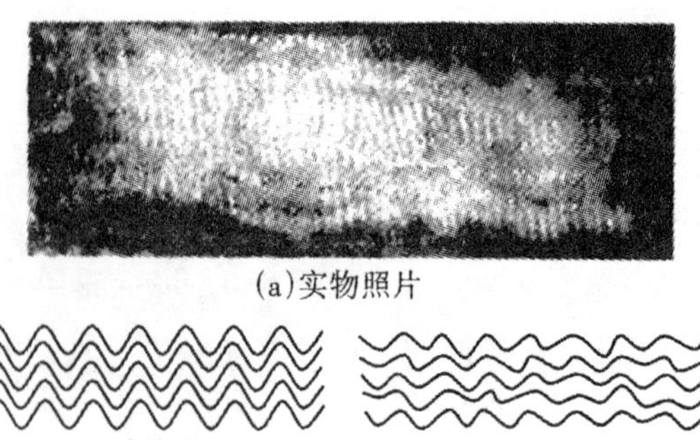

(a)实物照片

一致性强　　一致性弱

(b)

图 3－22　羊毛毛丛的卷曲清晰性实物及示意图

其基本表达是对毛丛的纹理作图像分析得出条纹的频率及其均匀性，以及条纹的主频率或规则条纹面积占所有频率或面积的百分数来描述纤维卷曲的规整度（或称清晰度）C_d。用专用的毛丛风格仪进行测量与评价。其本质是与纤维卷曲数 C_n、卷曲度 C_θ和卷曲比 α_C的不匀相关，即可用各自的变异系数表达。

采用束纤维的拉伸，参照单纤维拉伸曲线的卷曲性能评价方法，可得纤维卷曲清晰度的评价，原理如图 3－23 所示。假设 $W_0 = T_0 \cdot \Delta l_C/2$ 为完全不均匀卷曲所做的功；形为实际卷曲不匀所做的功，见式（3－61），则卷曲清晰度 C_d为：

$$C_d = \frac{W_0 - W}{W_0} \times 100\% \qquad (3-73)$$

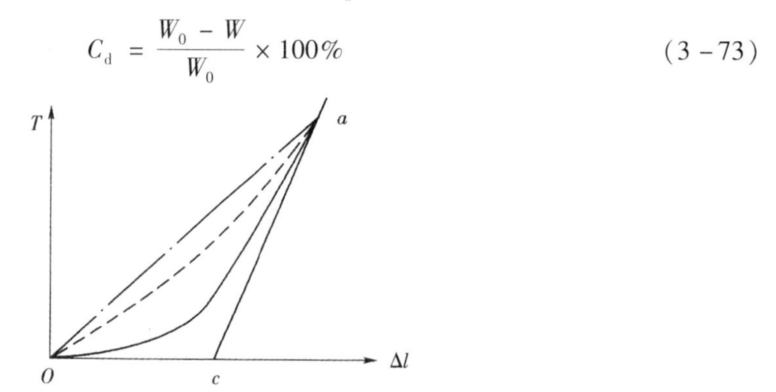

图 3－23　纤维束拉伸曲线起始卷曲段求 C_d

（4）纤维集合体膨松性的测量。

纤维卷曲可以增大纤维间的空隙，则纤维集合体表观形态体积 V 会比纤维真实占有体积 V_f要大得多，而这种差异的大小与纤维卷曲的大小明显存在正相关。由此可以间接地表达纤维卷曲度的大小。常用的指标有：

①膨松度：

$$B = \frac{V - V_f}{V} \qquad (3-74)$$

$$V_f = 10^{-9} \times nA_f \cdot \bar{l} \qquad (3-75)$$

式中：n——纤维根数；

A_f——单纤维截面积（μm^2）；

$\bar{l}$——纤维平均长度（mm）。

②当平面卷曲纤维一一叠摞在一起时最大膨松度：

$$B_{\max}=\frac{A_0}{A_0+d}$$

③当螺旋卷曲纤维一一叠摞在一起时最大膨松度：

$$B_{0\max}=\frac{(R+r)^2-r^2}{(R+r)^2}$$

式中：A_0——平面卷曲的波幅；

R——纤维螺旋半径；

$d=2r$——纤维的直径。

④膨松系数：由于V必须实测，又很少以估计的V_f计算，所以一般采用加重压时的比体积ν_1（cm^3/g）与轻压时的比体积ν_0（cm^3/g）的比值，称为膨松系数β：

$$\beta=\frac{\nu_1}{\nu_0}=\frac{V_1}{V_0} \tag{3-76}$$

式中：V_0和V_1——纤维集合体的轻压和重压时的体积；

m——纤维集合体的质量。

四类方法中，方法（1）最为直接和常用，是其他方法的基础和校验方法，但测量较为费时、繁琐；方法（2）可能成为卷曲度实用检验和测量的基本方法，但存在一定的近似，可作为比较对象；方法（3）可用于毛丛形态风格和纤维束卷曲的力学性质的评价，能表达纤维束的卷曲度和卷曲均匀性，成为变形纱、网络丝和纤维束卷曲快速评价的实用方法；方法（4）只能是卷曲度间接的表达，但测量纤维集合体的膨松度是一个十分有意义的方法，有助于解释纤维集合体的保暖性和热阻变化。

3. 纤维卷曲评价的意义

纤维卷曲将使纤维的横向占有空间变大，而增加纤维集合体的膨松性，使纤维纵向收缩并具有潜在的弹性伸长，从而增加纤维集合体的纵向可变形性。这两条都将使纤维集合体的空间变形、变大，尤其是弹性变形，并使纤维集合体的隔绝、传导、透通性发生重大的变化，使纤维集合体在力学性能上获得可压缩、可弹性延伸；在物理性能上，这是控制透通性、传导与隔绝、吸湿及保水的重要和有效的手段。

纤维弯曲的均匀与规整，对羊毛来说可减少加工中的纠缠与毡化，增加纤维的可加工性；对纤维束和纱线来说，可使纤维断裂的不同时性降低，力学性能更均匀一致。可在增加材料的膨松与弹性的同时，又使纤维集合体的力学性能得到保持或损失较小。

纤维卷曲使纤维间的机械缠结增加，有利于纤维加工中的成网、成条性。卷曲频率愈高，纤维间的这种缠结概率愈大；纤维卷曲度（率）愈大，缠接点间的变形也愈大，在纤维网、条结构稳定的同时，可变形性就愈大。但对加工成形中纤维滑移的控制变得不易和有跳跃。纤维卷曲甚至会使单纤维或纤维束的制样与测量变得困难，影响实际拉伸与卷曲的准确测量。

因此，应该对纤维的卷曲特征进行实用、快速、标准的评价，以控制、调节纤维集合体的性状，改善和提高纤维的可加工性及纤维的使用效果，回避和控制测量中引起误差的因素。

3.4.2 纤维的转曲及表征

纤维的“转曲”是扁平截面形状纤维轴向发生扭转的现象，典型的例子是棉纤维的表观形态，如图 3－24（a）。事实上，纤维都可能存在扭转或随机扭转，只是纤维为圆形时不易发现，如成熟度较高的棉纤维和丝光棉纤维。事实上，纤维的空间螺旋卷曲，也是一种“转曲”，当螺旋纤维被拽直时，纤维就有扭转。

1. 纤维转曲和扭转的表达

扁平带状纤维的扭转，如棉纤维的转曲（convolution），可用显微镜观察方法进行表征。如图 3－28（b）所示的转曲，可以扭转带的边缘线展开，该线是在带宽为 D 的假象圆柱体上的螺旋线，每一转曲的高度 h 就是螺距。所以倾斜带边缘线与中心轴的夹角 β 为：

$$\beta = \tan^{-6}\ (\pi D/h) \tag{3-77}$$

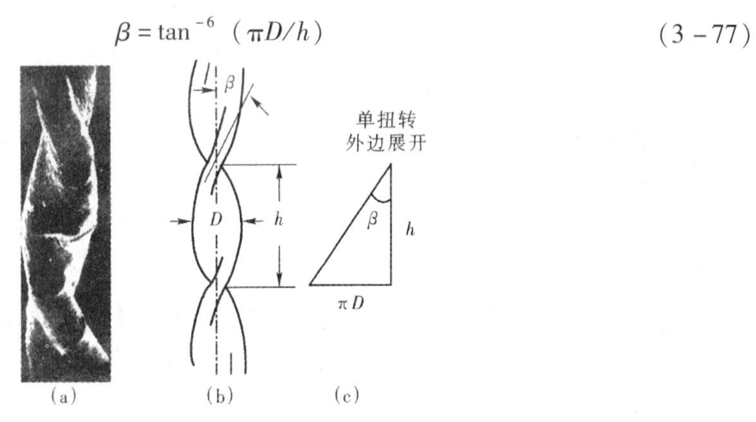

图 3－24 纤维转曲及其理论表达示意图

若转曲数 τ_n 为单位长度上的纤维扭转个数（个/cm），则转曲高度为：

$$h = 1/\tau_n \tag{3-78}$$

也可通过纤维表面扭转产生的表面斜纹来进行纤维扭转剪切角 β 的测量，如图 3－25 所示。纤维扭转角 β 和直径 D 实测获得，则 h 可根据式（3－78）求得，扭转数 τ_n 也可求得：

$$\tau_n = \frac{1}{h} = \frac{\tan\beta}{\tan D} \tag{3-79}$$

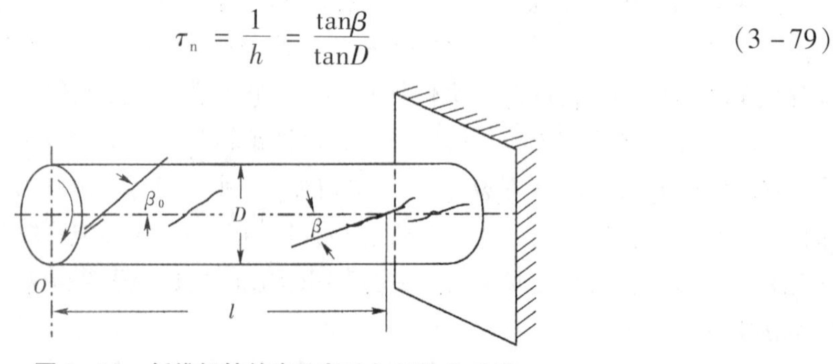

图 3－25 纤维扭转的表面条纹与扭转角差异

纤维通常不是完全弹性体，因此在扭转时，各段落的扭转角是不同的，即存在扭转的非完全传递。假设，相对加捻主动端 l 距离处的扭转角为 β（l），起始端为 β（0），则在 l

处的扭转传递系数（或称加捻转移系数）f_{TT}为

$$f_{TT} = \frac{\tan\beta(l)}{\tan\beta(0)} = \frac{D(l)/h(l)}{D(0)/h(0)} \tag{3-80}$$

式中：$D(l)$ 和 $h(l)$ ——分别表示在离起始端 l 处的纤维直径和螺距；

$D(0)$ 和 $h(0)$ ——分别为起始端的直径和螺距。

当 $D(l)=D(0)$ 时，$f_{TT}=h(0)/h(l)$；当 β 很小时，$f_{TT}=\beta(l)/\beta(0)$。实用中有以 $\tan\beta=\frac{\pi}{2}(\overline{D/h})$ 的表达，这在 h 很大时，才近似相等。

2. 纤维转曲和扭转表达的意义

纤维转曲或扭转表达，目前还只是对棉纤维，所采用的方法还是一般光学显微镜的表观形态观测法。但纤维的转曲甚至圆柱形纤维的扭转，会影响纤维的抱合作用或摩擦性能，会使纤维产生空间的螺旋。因此应该给予准确的表达。

纤维在转曲和扭转中是不均匀的，因为纤维的粗细和在纤维轴向上结构不同，而纤维内的粗细不匀很少被测量出来，故这种不匀很少有人关注。

纤维的转曲和扭转值 β 随着与施加扭转端距离的增大，与扭转端的 β_0 差异增大，β 值会变得较小，即存在不完全转移。加捻转移系数 f_{TT} 越小，纤维的剪切形变越大，纤维越易疲劳破坏。相关高性能芳纶和超高分子量聚乙烯（UHMWPE）纤维的实验结果已证明，纤维存在着这种捻度转移的不完善性（滞后性），而且 f_{TT} 是表达这种扭转均匀性的有效指标和方法。f_{TT} 主要取决于纤维的剪切弹性，也受扭转速度的影响。剪切弹性常数越大，扭转速度越慢，f_{TT} 值越大。

第 4 章　纤维的吸湿性

通常把纤维材料从气态环境中吸着水分的能力称为吸湿性。尽管有小尺寸的液态水吸着，但不同于从液态水的吸附。水分子和微小水滴（$<1\mu m$）统称为水汽。水汽的吸附本质上是一个动态过程，即纤维一边不断地吸收水汽，同时又不断地向外放出水汽。如以前者为主即为吸湿过程，以后者为主则为放湿过程，最终都会达到平衡，但存在差异。这一动态过程一般简称为“吸湿”。纤维的吸湿会影响其结构、形态和所有的物理性质。因此，本章对纤维的吸湿现象、作用机理、影响因素、表征方法，以及纤维吸湿后的性状变化给予基本介绍。

4.1　纤维的吸湿及吸湿机理

4.1.1　纤维的吸湿与吸湿指标

从微观上看，吸湿是水汽在纤维表面停留或吸附；在纤维内运动、停留或吸附；在纤维分子的极性基团上被吸附的过程和终态结果。水分子在纤维孔隙或纤维表面或纤维间的大量凝聚，会形成液态水，称为毛细凝结水。所有这些统称为吸附水或吸着水。

1. 回潮率与含水率

纤维材料中的水分含量，即吸附水的含量，通常用回潮率或含水率表达。前者是指纤维所含水分质量与干燥纤维质量的百分比，后者是指纤维所含水分质量与纤维实际质量的百分比。纺织行业一般用回潮率来表示纺织材料吸湿性的强弱。

设 G 为纺织材料的湿重，G_0为纺织材料的干重，W 为纺织材料的回潮率，M 为纺织材料的含水率，则：

$$W = \frac{G - G_0}{G_0} \times 100\% \tag{4-1}$$

$$M = \frac{G - G_0}{G} \times 100\% \tag{4-2}$$

其间相互关系为：

$$W = \frac{M}{1 - M} \text{或} M = \frac{W}{1 + W} \tag{4-3}$$

2. 标准状态下的回潮率

各种纤维及其制品的实际回潮率随环境温湿度而变，湿度以大气环境中相对湿度 φ 表示。为了比较各种纤维材料的吸湿能力，将其放在统一的标准大气条件下一定时间后，使它们的回潮率在“吸湿过程”中达到一个稳态值，这时的回潮率为标准状态下的回潮率。关于大气标准状态的规定，国际上是一致的，而允许的误差各国略有出入。我国的“纺织材料试验标准温湿度条件规定”如表4－1所示。实际中可以根据试验要求，选择不同的标准级别。

表4－1　标准温湿度及其允许误差

<table>
<tr><th rowspan="2">级别</th><th colspan="2">标准温度（℃）</th><th rowspan="2">标准相对湿度（%）</th></tr>
<tr><th>A类</th><th>B类</th></tr>
<tr><td>1</td><td>20±1</td><td>27±2</td><td>65±2</td></tr>
<tr><td>2</td><td>20±2</td><td>27±3</td><td>65±3</td></tr>
<tr><td>3</td><td>20±3</td><td>27±5</td><td>65±5</td></tr>
</table>

3. 公定回潮率

公定回潮率是业内公认的回潮率。原来是为了贸易交换中的公允和成本核算，因为水分不是纤维。其原来的依据是一般常规条件下的正常带水量。该值与纤维的标准回潮率十分接近，故以后出现的纤维，公定回潮率一般以标准回潮率为准设立，但并不完全一致。

我国采纳的常见纺织纤维的公定回潮率如表4－2所示。

表4－2　几种常见纤维的公定回潮率

<table>
<tr><th colspan="2">纤维种类</th><th>公定回潮率（%）</th><th colspan="2">纤维种类</th><th>公定回潮率（%）</th><th>纤维种类</th><th>公定回潮率（%）</th></tr>
<tr><td colspan="2">原棉</td><td>11.1（含水率10）</td><td colspan="2">桑蚕丝</td><td>11</td><td>聚酯纤维</td><td>0.4</td></tr>
<tr><td colspan="2">棉纱</td><td>8.5</td><td colspan="2">柞蚕丝</td><td>11</td><td>锦纶6/66/11</td><td>4.5</td></tr>
<tr><td rowspan="2">洗净毛</td><td>同质</td><td>16</td><td colspan="2">亚麻</td><td>12</td><td>聚丙烯腈纤维</td><td>2.0</td></tr>
<tr><td>异质</td><td>15</td><td colspan="2">苎麻</td><td>16.28</td><td>聚乙烯醇纤维</td><td>5.0</td></tr>
<tr><td rowspan="2">毛条</td><td>干梳</td><td>18.25</td><td colspan="2">洋麻</td><td>14.94</td><td>含氯纤维</td><td>0.5</td></tr>
<tr><td>油梳</td><td>19</td><td rowspan="2">黄麻</td><td>生麻</td><td>19.05</td><td>聚丙烯纤维</td><td>1.0</td></tr>
<tr><td colspan="2">精梳落毛</td><td>16</td><td>熟麻</td><td>14.94</td><td>醋酯纤维</td><td>7.0</td></tr>
<tr><td colspan="2">山羊绒</td><td>15</td><td colspan="2">大麻</td><td>14.94</td><td>铜氨纤维</td><td>13.0</td></tr>
<tr><td colspan="2">兔毛</td><td>15</td><td colspan="2">粘胶纤维</td><td>13</td><td>玻璃纤维</td><td>2.5</td></tr>
</table>

纤维的实际重量受其吸着水分量的影响，故必须折算成公定回潮率时的重量，称为公定重量，简称“公量”。其计算如下：

$$G_k = G_a \frac{1+W_k}{1+W_a} = G_0(1+W_k) \tag{4-4}$$

式中：G_k——纤维材料的公量（g）；

G_a和G_0——纤维实际材料的湿重（g）和干重（g）；

W_k和W_a——纤维材料的公定回潮率和实际回潮率。

多种纤维混合时的公定回潮率可按各自的混合比b_i的加权平均。设混合纤维的各自公定回潮率为W_i，则混合后的公定回潮率W_k为：

$$W_k = \sum_{i=1}^{n} b_i W_i \quad (4-5)$$

式中：n——混合纤维种数；

b_i——混合比，一般用百分数表示。

4. 平衡回潮率

平衡回潮率是指纤维材料在一定大气条件下，吸、放湿作用达到平衡稳态时的回潮率。其受作用时间的影响，如图4－1所示。有吸湿和放湿平衡回潮率之分。前者是指吸湿达到相对平衡状态时的回潮率 W_{ae}；后者是指纤维由放湿达到相对平衡状态时的回潮率 W_{de}。

单纤维很细又与空间直接接触，其平衡时间很快，约在几秒至几十秒内达到平衡；松散的纤维团，因内部纤维水分的扩展，一般几分钟至几十分钟可达到平衡；通常的纱线和织物，因为加捻和织编的紧密化作用，一般需几十分钟至几小时，而对棉包和毛包，因为表面有包装布，内部紧密压缩堆砌，再加上体积庞大，一般需一年至几年才能达到平衡。

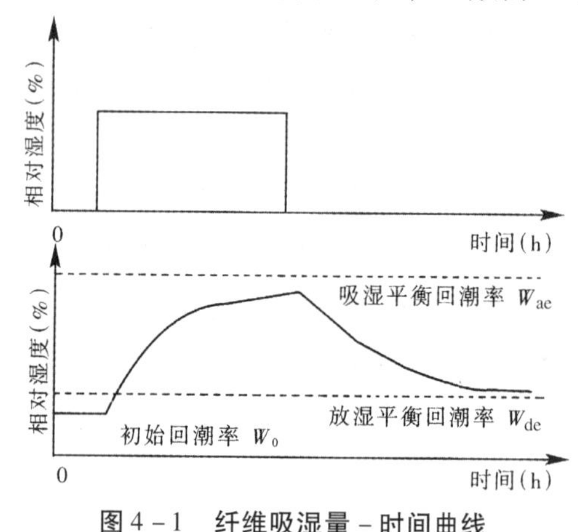

图4－1　纤维吸湿量－时间曲线

4.1.2 吸湿等温、等压、等湿线

在一定的温度和压力条件下，纤维材料因吸湿（或放湿）达到的平衡回潮率和大气相对湿度的关系曲线，称为纤维材料的吸湿（或放湿）等温等压线，简称“等温线”。在一定的湿度和压力条件下，纤维材料因吸湿（或放湿）达到的平衡回潮率与大气温度的关系曲线，称为纤维材料的吸湿（或放湿）等湿等压线，简称“等湿线”。在温度、湿度基本不变时，纤维材料因吸湿达到的平衡回潮率与大气压力的关系曲线，称为纤维材料的吸湿等温等湿线，简称“变压线”。

图4－2为常见纤维材料的吸湿等温等压线，不同纤维的吸湿平衡回潮率是不同的，羊毛和粘胶纤维的吸湿能力最强，蚕丝、棉次之；合成纤维的吸湿能力都比较弱，其中维纶、锦纶的吸湿能力稍好些，腈纶差些，涤纶更差，丙纶和氯纶则几乎不吸湿。

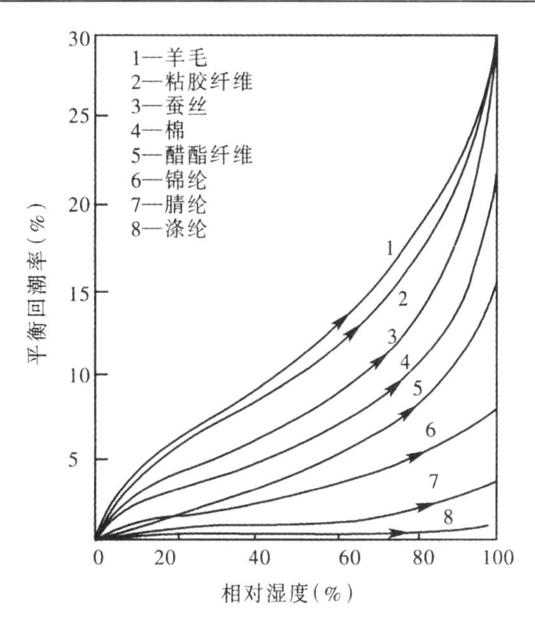

图 4－2　各种纤维的吸湿等温等压线

虽然不同纤维的吸湿等温线高低不一，但都呈反 S 形，说明其吸湿机理基本一致（如图 4－2）。在相对湿度较小时，回潮率增加率较大，这是因为纤维中的极性基团直接吸收水的速率较大；当相对湿度在 15%～70% 范围内，纤维材料的回潮率增加较小，这是由于纤维易于被水分子占据位置和空间，水汽压不足以凝结和拓展位置与空间，且水分子的进入受阻，速度减慢；当相对湿度很大时，水汽压足以促成水的凝结，并能膨胀纤维，开辟新的空间，故平衡回潮率的增加率也较大。

需要着重指出的是，吸湿等温线依赖于设定的温度和压力，所以一般在标准温度和压力下测得。如果温度过高或过低，即使同一纤维，吸湿等温线也会有很大的不同。以羊毛和棉纤维为例（图 4－3），吸湿等湿等压线受温度的影响相对较小。一般规律是，温度愈高，平衡回潮率愈低，其原因是水分子的热运动加剧，不易附着，而易脱离运动。但在高温高湿的条件下，由于纤维的热、湿膨胀，使水分子的凝结可能和空间增大，所以平衡回潮率略有增大，如图 4－3 中相对湿度 $\varphi=90\%$（或 100%）时的高温区。

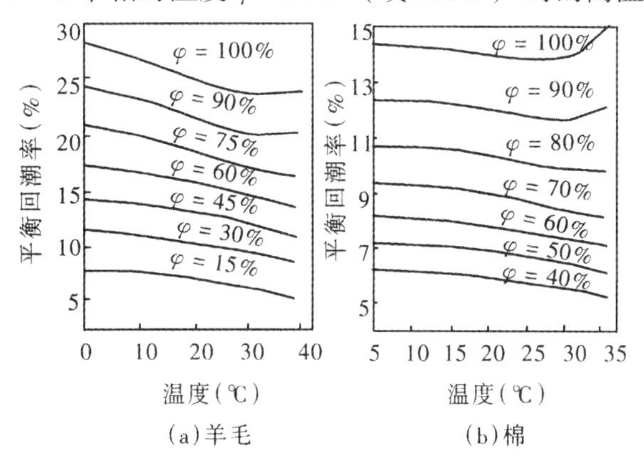

图 4－3　羊毛和棉的吸湿等湿等压线

表达纤维在平衡回潮率不同气压条件下的关系，已有结果证明为近似正比线性关系，其原因在于低气压易使水分蒸发，故平衡回潮率较低。但气压引起的平衡回潮率相对变化很小，以棉为例，在53.3～101.3kPa（400～760mmHg）高的大气压下，仅有小于0.5%的回潮率值的变化。

4.1.3 吸湿机理与理论

从20世纪20年代末以来，许多研究者从不同角度对纤维吸湿的机理，提出了许多不同的看法，并在分析纤维吸湿原因的基础上提出了各种吸湿理论。所谓吸湿机理，是指水分与纤维的作用及其附着与脱离过程。由于纤维种类繁多，吸湿又是复杂的物理、化学作用，因此已有的理论有其适用范围。

Peirce理论认为，纤维的吸湿包括直接吸收水分和间接吸收水分，如图4－4所示。直接吸收水分是由纤维分子的亲水性基团直接吸着的水分子，它紧靠在纤维大分子上，使纤维大分子间的结合力变化，影响着纤维的物理性能。间接吸收水分则接续在已被吸着的水分子上，间接地靠在纤维大分子上，属液态水，也包括凝结于表面和孔隙的水。间接吸收水分对纤维的物理机械性质也有影响，尤其对纤维形态有影响。但由于水分子间的结合力较小，容易被蒸发。

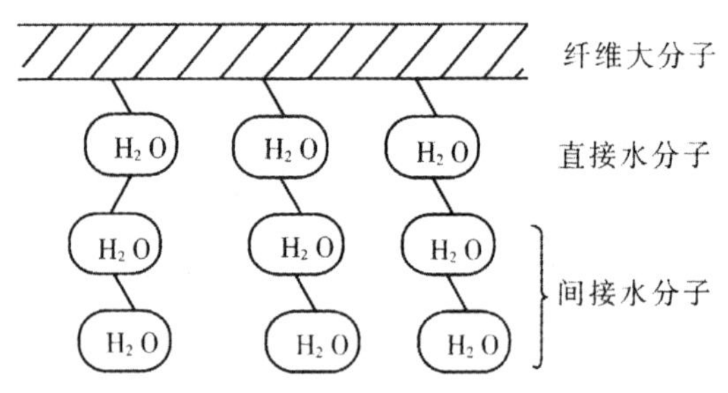

图4－4　直接、间接吸收水分原理

假设 C 为总的吸收水分子数；C_a 为直接吸收水分子数；C_b 为间接吸收水分子数，则：

$$C = C_a + C_b \tag{4-6}$$

$$C_a = 1 - e^{-6qC} \tag{4-7}$$

所以

$$C_b = C - 1 + e^{-6qC} \tag{4-8}$$

式中：q——吸附占位比常数，通常取1。

C、C_a、C_b 与相对湿度之间的关系如图4－5所示。多数初始吸收水为直接吸收水分子 C_a，而在高湿时的吸收水主要为间接吸收水 C_b。直接吸水取决于纤维中的极性基团，间接吸水与纤维中的空隙和无序区有关。Peirce理论是用于棉纤维吸湿的二相理论。

Speakman研究了羊毛纤维的吸湿，提出了羊毛吸湿的三相理论，认为羊毛纤维吸湿的第一相水分子是与角朊分子侧链中的亲水基相结合的水，对结构的刚性无影响，如图4－6中曲线 a；吸湿的第二相水分子被吸着在主链的各极性基团上，并取代分子链段间的相互作用，由此对纤维的刚性有很大影响，如图4－6中曲线 b；吸湿的第三相水分子是填充在纤维空隙间和分子间的汽、液态水，发生在高湿度时，与棉纤维的间接吸收水类似，如图4－6中曲线 c。总的吸收水的回潮率曲线为 T。

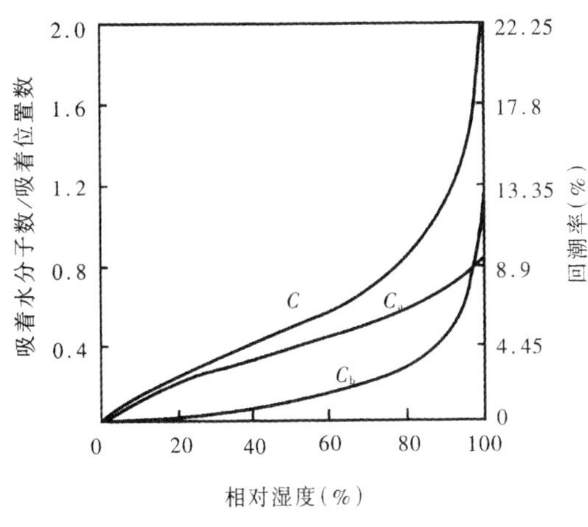

图 4－5　相对湿度对吸收水分子数的影响

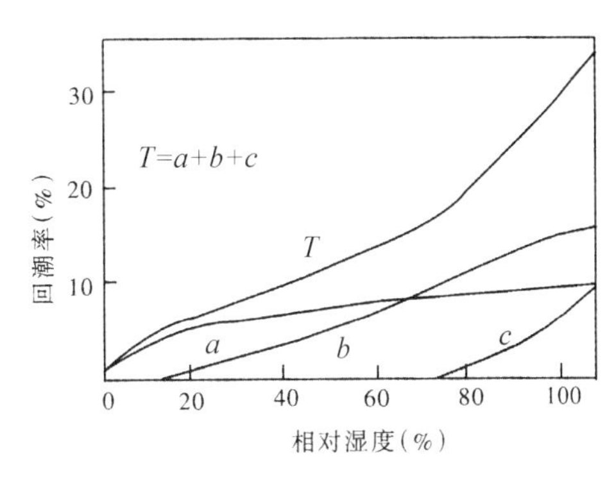

图 4－6　相对湿度对回潮率的影响

其他纤维的吸湿，对于高吸湿纤维的材料，可以参考 Peirce 的二相理论；对于低吸湿性或主要依靠表面和凝结液态水吸附的纤维，可运用间接吸水的概念予以理论估计和解释。

4.1.4　吸湿滞后性

1. 吸湿滞后现象

当把高回潮率和低回潮率的纤维材料放在同一个大气条件下时，起始回潮率高的纤维，将通过放湿过程达到其平衡的回潮率；而原来低回潮率的纤维，将通过吸湿过程达到其平衡回潮率，如图 4－7 所示。

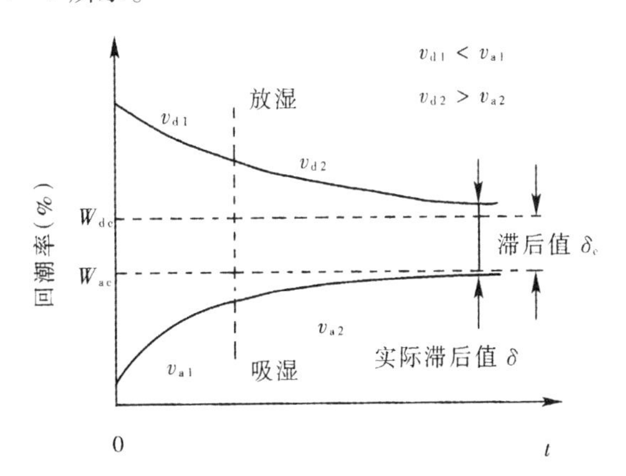

图 4－7　纤维吸湿、放湿的回潮率－时间曲线

其中，放湿曲线的回潮率为 W_{de}其起始段速度 ν_{d1} 较慢，速度变化相对缓慢；吸湿曲线的平衡回潮率 W_{ae}，其起始段速度 ν_{a1} 较快，且速度变化减小较快，并较早地接近平衡回潮率。因此有 $\nu_{d1} < \nu_{a1}$ 和 $\nu_{d2} > \nu_{a2}$，且 W_{de} 恒大于 W_{ae}；实际滞后值 δ 恒大于最终平衡的滞后值 δ_e：

$$\delta_e = W_{de} - W_{ae} \tag{4-9}$$

在标准大气条件下，纤维的吸湿滞后值：蚕丝为 1.2%，羊毛为 2.0%，粘胶纤维为

1.8%～2.0%，棉为0.9%，锦纶为0.25%。

如图4－8所示，在相同大气条件下，放湿的平衡回潮率—相对湿度曲线（←）与吸湿的平衡回潮率—相对湿度曲线（→）始终不会重合与交叠，极端状态是一个典型的滞后环。这种从放湿得到的平衡回潮率总是高于从吸湿得到的平衡回潮率的现象，称为吸湿滞后现象。纤维材料所具有的这种性质被称为吸湿滞后性或吸湿保守性。

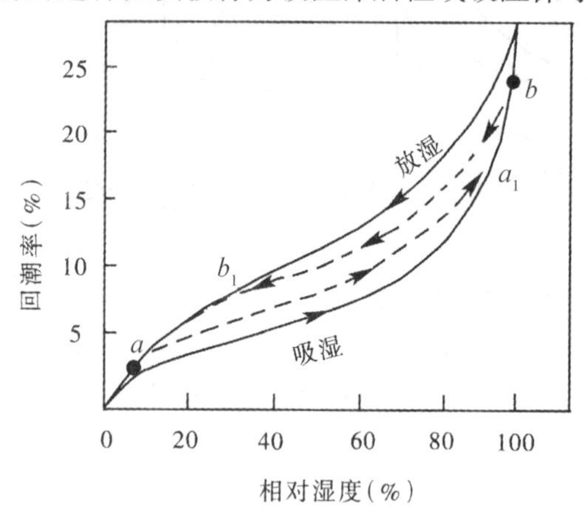

图4－8　吸湿滞后性示意图

由于纤维材料的吸湿滞后性会造成因试样初始吸湿状态不同产生的测量误差，故在精确测量时，必须对纤维进行（45±2）℃的预烘，以消除纤维吸湿的“记忆”，达到由吸湿平衡获得的回潮率值。此烘干过程称为“预调湿”。而将被测纤维材料直接放在标准大气条件下进行的平衡称为“调湿”。

2. 吸湿滞后产生的原因

吸湿滞后的原因可从几个方面考虑。

（1）能量获得概率的差异。

在吸湿过程中，水分子是高速运动的自由颗粒，本身具有动能和较大的运动自由程；而在放湿过程中，水分子是被吸附的水分子，或液态的水分子，运动能量低，活动范围小，要脱离和蒸发必须获得能量。而这一能量的获得，取决于与其他高速运动粒子的碰撞，存在一个发生概率，或取决于更高的温度。但放湿与吸湿的环境条件是一致的，因此存在明显的能量与概率差异。

（2）水分子进出的差异。

在纤维吸湿过程中，纤维内的通道和位置是敞开和空着的，水分子可以很方便地从任意通道进入空位而被吸附，并且吸附可以同时、多位进行。而在放湿过程中，各通道已被占位的水分子或液态水堵塞，水分子的进出必须挨个进行，是单方向的，而且存在通道变化产生的死穴而无法退出。这种进容易、出困难，进快速、出慢速，进多通道、出单方向的特点是明显的滞后。

（3）纤维结构的差异。

纤维结构的差异主要体现在吸湿后纤维不可逆的膨胀与微结构的变化。由于水分子的挤入，纤维分子间，微结构单元间的距离会被拉开，孔隙和内表面增大，这种变形往往是塑性的。因此在无外力作用下，不会自动回复，因而导致吸湿条件的改善，纤维能保持更多的水，阻碍水分的离去。同时，水分子的进入会使部分不完善的结晶解体形成连续的无序区，这种变化也是无法回复的。因此，有更多的机制保留水分。

（4）水分子分布的差异。

水分子在纤维吸、放湿时的浓度不一致，而且浓度的分布也是不一致的。吸湿时，水汽浓度外高内低，是连续单调下降的；放湿时，水汽浓度是内高外低，不仅分布不均匀，还时有不连续特征。连续的梯度差作用，可使水分子同步地向内扩散、移动；不连续的、分布不匀的浓度差会使部分水分子在移动外退，另一部分无梯度差而不移动，尤其是液态水的内层。因此，存在明显的进入与退出的差别。

（5）热能作用的差异。

水分子进入纤维附着或停留将释放热能，使纤维内的温度升高，有利于分子的再运动与调整，或使纤维分子运动和纤维体膨胀而消耗此能量，后者有利于水分子的再进入。但水分子的退出需获取能量而运动，这使纤维温度降低，不利于水分子的运动与扩散。因此，水分子的退出所需的主要能源形式——热能不足，即进来时的动能不可能都以热能的形式储存，已经耗散或发生其他的转化。

除上述原因外，还有纤维表面能的变化、反复吸湿的作用、其他杂质的带入等，都是导致纤维吸湿滞后及其变化的原因。

4.1.5　影响纤维吸湿的因素

影响纺织纤维吸湿的因素有内因和外因两个方面。内因包括纤维大分子中处于自由状态的亲水基团的多少和亲水性的强弱，纤维无序区的大小，纤维内孔隙的多少和大小，纤维的比表面积的大小，以及纤维伴生物的性质和含量，等等，这些都是主导因素。外因主要涉及纤维周围的大气条件，包括温度、湿度、气压、风速等，以及放置时间的长短、起始吸湿放湿状态等，是不可忽视的控制调节因素。

1. 亲水基团的作用

纤维大分子中，亲水基团的多少和亲水性的强弱是影响纤维吸湿性的最本质因素。如羟基（—OH）、酰胺键（—CONH—）、氨基（$—NH_2$）、羧基（—COOH）等都是较强的亲水基团，与水分子的亲和力大，能与水分子形成氢键结合，即直接吸水。有无此类极性基团及其多少，是判定纤维能否吸湿及其强弱的依据。

纤维素纤维大分子中的每一葡萄糖剩基含有3个羟基，所以吸湿性较好。醋酯纤维中大部分羟基都被乙酰基取代，为非亲水基团，故醋酯纤维的吸湿性较差。蛋白质纤维的主链上含有亲水性的酰胺键（—CONH—），侧链中含有羟基（—OH）、氨基（$—NH_2$）、羧基（—COOH）等亲水性基团，因此吸湿性很好。尤其是羊毛，侧链中亲水基团较蚕丝更多，故其吸湿性优于蚕丝。合成纤维含有亲水基团不多，所以吸湿性都较差。维纶大分子经缩醛化后剩余的羟基在合纤中吸湿能力属强的；锦纶6、锦纶66的大分子中含有酰胺键（—CONH—），故也有一定的吸湿能力；腈纶大分子中虽有氰基（—CN），极性很强，但绝大部分成规整排列，故吸湿性差；涤纶、丙纶中缺少亲水性基团，故吸湿能力极差，尤其是丙纶基本不吸湿。

此外，大分子聚合度低的纤维，如果大分子端基是亲水性基团，可增加其吸湿能力。

2. 纤维的结晶度

水分子只能进入纤维的无序区域，而无法进入纤维的结晶区。因为晶区中的大分子均形成规则有序的空间排列，水分子不可进。纤维的结晶度越低，吸湿能力就越强，如棉和粘胶纤维，分子组成一致，但由于棉纤维的结晶度相对粘胶纤维要高，所以其吸湿性比粘胶纤维差得多。

3. 纤维的比表面积和内部空隙

纤维单位体积所具有的表面积，称为比表面积。纤维表面分子由于引力的不平衡，使它比内层分子具有多余的能量，称为表面能。纤维的比表面积越大，表面能越高，表面吸附的水分子数则越多，纤维的吸湿性也越好。越细的纤维比表面积越大，则吸湿性越好。纤维内的孔隙越多越大，水分子越容易进入，毛细管凝结水也有空间，而且孔隙的表面相当于比表面积的增加，故纤维的吸湿性能可大大增强。如超细涤纶、表面改性涤纶和多微孔涤纶，本身组成并未发生改变，而吸湿性却明显改善。原因是超细增加了比表面积；表面改性增大了表面能；多微孔增加了空间和比表面积。

4. 纤维中的伴生物和杂质

纤维的各种伴生物和杂质，对吸湿能力也有影响。例如棉纤维中有含氮物质、棉蜡、果胶、脂肪等，其中含氮物质、果胶较其主要成分更能吸着水分，而蜡质、脂肪不易吸着水分。因此棉纤维脱脂程度越高，其吸湿性越好。羊毛表面油脂是拒水性物质，它的存在使吸湿能力减弱。麻纤维的果胶和蚕丝中的丝胶有利于吸湿。化学纤维表面的油剂对纤维吸湿能力有影响，当油剂表面活性剂的亲水基团向着空气定向排列时，纤维吸湿量变大；而疏水基团向外时，纤维吸湿性变弱。纤维经过染色、上油或其他化学处理，都会使吸湿性发生变化。

5. 温湿度和气压

环境条件的影响，已在前面给出了明确的解释。只是当气压大、温度低、相对湿度高时，水分会大量凝结，这与纤维吸湿性关系不大，而与材料的浸润性、表面温度和表面光滑性有关。集中体现在纤维表面的凝水和纤维间的毛细吸水。

6. 空气流速的影响

通常测量纤维的吸湿性是在室内环境的静止状态下进行，往往忽略空气的流动。当纤维材料周围空气流速快时，有助于纤维表面吸附水分的蒸发，故纤维的平衡回潮率会降低。

上述吸湿性影响因素的分析，可以成为改进纤维吸湿性或消除纤维吸湿性的方法的依据。通常人们希望合成纤维具有像天然纤维那样的吸湿性质。因此，根据吸湿的极性基团、高比表面积、多微孔、高表面能和吸湿性杂质等机制，可以通过引入吸湿基团，采用超细多微孔纤维，进行表面改性与活化，实施掺杂等方法，实现纤维的吸湿性能的改善。

4.2　吸湿性的测量

纤维材料吸湿会影响所得纤维的有效重量，影响纤维性状，因此水分含量的测量极为重要。纤维的吸湿性，一般指回潮率或含水率，主要测量方法可分为直接测量和间接测量两类方法。

4.2.1　直接测量法

直接获取纤维中水分重量的测量方法称为直接测量法。具体做法是分别称取纤维材料的实际重量和驱除水分后的重量求得纤维材料的回潮率。根据驱除材料中水分方法的不同，可分为以下几种测试方法。

1. 烘箱干燥法

烘箱干燥法简称烘箱法，通过电热丝加热，并可根据需要调至恒定的温度。温度依据能使水分快速蒸发而不使纤维分解挥发这一原则确定。不同材料的烘燥温度根据国家标准规定：棉为（105 ±3）℃；毛和大多数化纤为（105 ~110）℃；丝为（140 ~145）℃。一般烘燥时间是根据间隔 15min 两次称重计算的回潮率相差小于 0.05% 为限。

烘箱法对高吸湿性纤维来说，仍有水分残余，棉纤维约 0.5%；毛约为 1%；粘胶纤维 0.5% ~0.8%。对低吸湿性纤维来说，即回潮率≤0.5% 的纤维，一般烘箱法的测量是不准的，因为有 10% 以上的误差，必须采取其他或箱内极低相对湿度的方法。

被测纤维的重量称取可有三种方法。

（1）箱内热称。

用烘箱内的天平钩挂称取烘篮内的纤维。由于箱内温度高，空气密度小，对试样的浮力小，故称得的纤维干重偏重，算得的回潮率值偏小。但操作比较简便，是目前主要采用的方法。

（2）箱外热称。

将试样烘干后，取出，迅速在空气中称量。它与未烘纤维的称量是在同环境中进行的。但烘干纤维及携带着的热空气比周围空气密度要小，称量时有上浮托力，故称得干重偏轻。而另一方面，纤维在空气中会吸湿，又使称得的重量偏重，这与称量快慢有关，因此测量的结果受称量时间的影响较大，可靠性差。

（3）箱外冷称。

将烘干后的试样放在铝制或玻璃容器中，密闭在干燥器中冷却约 30min 后进行称量。此法称量条件与未烘纤维称量条件一致，因此比较精确，但费时较多。当试样较小，又要求精确，如测含油率、混纺比等，须采用箱外冷称法。

烘箱法在湿空气排出时补入箱内的空气不是干燥的，故箱内空气的相对湿度偏高，纤维内有水分保留。烘干水分时，高温可能挥发掉纤维中的其他物质（如油脂等），又使试样变轻。这些都是烘箱法的误差与缺陷。但相对而言，烘箱法结果较稳定，准确性尚可，虽费时、耗能，仍是目前常用的测量方法。

2. 红外线干燥法

红外线干燥法（简称红外干燥）是利用红外辐照驱除水分。红外辐射的能量高，穿透力一般，对纤维材料表面能在短时间内达到很高的温度，将水分驱除。一般情况下，只要5～20min即可烘干。红外干燥迅速，耗能比烘箱法少，设备简单，但温度无法控制，照射能量分布不匀，往往使表面过热。如照射时间过长，会使纤维烘焦变质，测量结果也难以稳定。所需烘干时间常用烘箱法校验。

近年来，采用远红外线代替红外辐射烘干，使烘燥不均匀性得到改善。远红外辐射源只需在原有光源上涂一层远红外线能通过或能发射远红外线的物质即可。

3. 高频加热干燥法

这种方法是利用高频电磁波在有极性水分子的部位，产生较高热量驱除水分。按照所用的频率分为两类：一类是高频介质加热法或电容加热法，频率范围为1～100MHz；一类是微波加热法，频率范围是800～3000MHz。

在高频电场下，纤维试样中的水分子会被极化，并反复翻转运动生热而被干燥。产生热量的多少，是由物质的介质损耗所决定。水的介质损耗比纤维约大20倍，因此纤维内部多水分的区域发热量大，水分被蒸发的速度也快，是有选择地、无内外之分地加热干燥，烘干较均匀。但温度无法监控，纤维容易爆胀，而且试样中不能含有高浓度的无机盐或夹有金属等物质。微波对人体有害，必须很好地加以屏蔽。

4. 真空干燥法

将试样放在密闭的容器内，抽成真空进行挥发干燥。往往配以加热，提高烘燥速率。这种方法温度较低或室温，干燥较快，且均匀，可用于不耐高温、回潮率较低的合成纤维，如氯纶、乙纶等纤维回潮率的测量。

5. 吸湿剂干燥法

吸湿剂干燥法（简称干燥剂法）是将纤维材料与强吸湿剂放在同一密闭的容器内，利用吸湿剂吸收容器内空气中的水分，使容器内相对湿度近似为0%。纤维在这样的条件下就可以充分脱湿。效果最好的吸湿剂是干燥的五氧化二磷粉末，最常用的是干燥的氯化钙颗粒。也可用干热氮气以一定速度流经试样，以带走试样中的水分。但只适用于少量试样，否则不易干燥彻底，且费时较长。干燥剂法虽然精确，但成本高、费时长，一般用于实验研究。

上述所有方法可以单独使用，也可以组合使用，由此得到功能和效果的弥补与提高。如红外与微波干燥结合，可以在几十秒到几分钟内快速地干燥纤维；如热干燥气流对纤维的快速干燥，可在几分钟到十几分钟内完成干燥。这些都可成为实用、快速的测量方法。

4.2.2 间接测试法

间接测试法是利用纤维材料中含水多少与某些物理性质（如电阻、电容、水分子振动吸收能等）密切相关的原理，通过测量这些性质来推测含水率或回潮率。这类方法测量迅速、不损伤纤维，可在线测量，但干扰因素较多，结果的稳定性和准确性受到影响。

1. 电阻测湿法

该方法利用纤维在不同的含水率 M 下具有不同的电阻值来进行测定。

有专门的电阻式测湿仪根据这一原理测量纤维的含水率。根据测定的电阻测湿仪的测头可设计成极板式、插针式和罗拉式等，适应不同的被测对象和场合。

2. 电容式测湿法

该方法将纤维材料放在电容极板间，利用水分的介电常数大于纤维的原理，即材料中水分含量的增加，电容量增大，据此来推测纤维材料的含水率或回潮率。电容式测湿仪的结构比电阻式测湿仪复杂，稳定性也稍差，目前已较少使用。但电容式测湿可以不接触试样，便于在线测量。

3. 微波吸收法

该方法利用水和纤维对微波吸收或衰减程度不同的原理，测量微波通过纤维材料后的衰减量，来表达纤维的含水率。微波测湿仪由微波源、接受检测部件、中间波导管等组成。试样形状不同，结构形式可以改变。微波测湿法不必接触试样，测量快速方便，分辨能力高，可以测出纤维中的绝对含湿量，并可以连续测定，便于生产上的自动控制。

4. 红外光谱法

红外光谱中有特定的水分吸收波数，其峰值或峰面积值依赖于纤维中或周围空气中水分的含量，只要以纯氮气吹入可以排除空气中水分的影响，则可以求得纤维的水分含量。这对小试样和研究分析较为合适。

4.3　吸湿对纤维性质和纺织工艺的影响

4.3.1　吸湿对纤维性质的影响

1. 对质量的影响

吸湿后纤维的称得质量增大，因此计算纺织材料质量时，必须折算成公定回潮率时的质量，称为公定质量（简称公量），计算式如下：

$$G_k = G_a \times (100 + W_k) / (100 + W_a) \tag{4-10}$$

$$G_k = G_0 \times (100 + W_k) / 100 \tag{4-11}$$

式中：G_k——纺织材料的公量；

G_a——纺织材料的湿量；

G_0——纺织材料的干量；

W_k——纺织材料的公定回潮率；

W_a——纺织材料的实际回潮率。

2. 吸湿后的膨胀

纤维吸湿后体积膨胀，横向膨胀大而纵向膨胀小。纤维的膨胀值可用直径、长度、截面和体积的增大率来表示，计算式如下：

$$S_d(\%)=\Delta D/D,\ S_l(\%)=\Delta L/L,\ S_a(\%)=\Delta A/A,\ S_v(\%)=\Delta V/V \quad (4-12)$$

式中：D、L、A、V——分别为纤维原来的直径、长度、截面积和体积；

ΔD、ΔL、ΔA、ΔV——分别为纤维膨胀后其直径、长度、截面积和体积的增加值。

常见纤维在水中的膨胀性能，其实验数据如表 4－3 所示。

表 4－3　各种纤维在水中的膨胀性能

纤维种类	S_d（%）	S_l（%）	S_a（%）	S_v（%）
棉	20 ~ 30	—	40 ~ 42	42 ~ 44
蚕丝	16.3 ~ 18.7	1.3 ~ 1.6	19	30 ~ 32
羊毛	15 ~ 17	—	25 ~ 26	36 ~ 41
黏胶纤维	25 ~ 52	3.7 ~ 4.8	50 ~ 114	74 ~ 127
铜氨纤维	32 ~ 53	2 ~ 6	56 ~ 62	68 ~ 107
醋酯纤维	9 ~ 14	0.1 ~ 0.3	6 ~ 8	—

纤维吸湿膨胀具有明显的各向异性，即 $S_l < S_d$，各向异性值用 $K = S_d/S_l$ 表征，它和纤维中分子的取向有关，完全定向的纤维 K 为无穷大，而完全随机取向的纤维 K 为 1。不过锦纶例外，其 K 值小于 1。纤维内大分子基本上沿纵向排列，吸湿主要是水分子进入无定形区，打开分子间的连接点和扩大分子间的距离，因此，纤维变粗。至于纵向，由于大分子并非完全定向而且大分子本身有一定的柔曲性，水分子进入大分子之间可导致其构象改变，因而纤维长度方向也有增加，但数值远小于横向膨胀值。

纤维吸湿后的膨胀，特别是横向膨胀，使织物变厚、变硬并产生收缩现象。吸湿后纤维的横向膨胀使纱线变粗，纱线在织物中的弯曲程度因此增加，迫使织物收缩，这是造成织物缩水的原因之一；同时，纱线变粗会造成织物空隙堵塞，使疏松的织物增加弹性。

3. 对密度的影响

纤维在吸着少量的水分时，其体积变化不大，单位体积质量随吸湿量的增加而增加，使纤维密度增加，大多数纤维在回潮率为 4% ~6% 时其密度最大；待水分充满孔隙后再吸湿，则纤维体积显著膨胀，而水的密度小于纤维，所以纤维密度逐渐变小。图 4－9 表示几种纤维密度随回潮率而变化的情况。

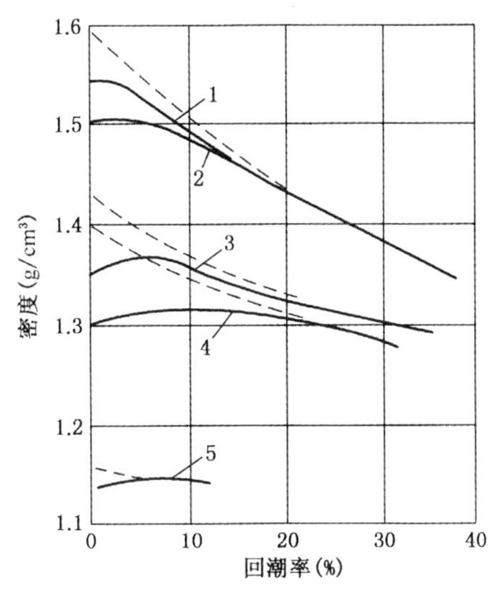

图 4－9　纤维密度随回潮率而变化的情况

1—棉　2—黏纤　3—蚕丝　4—羊毛　5—锦纶

4. 对力学性质的影响

一般纤维随着回潮率的增加，其强力下降。这是因为水分子进入纤维内部无定形区，减弱了大分子间的结合力，使分子间容易在外力作用下发生滑移。强力下降的程度，视纤维内部结构和吸湿多少而定。合成纤维由于吸湿能力较弱，所以吸湿后强力降低不显著。黏胶纤维由于大分子聚合度和结晶度较低，纤维断裂主要表现为大分子间的滑脱，而水分子进入后对大分子结合力的减弱很显著，因此吸湿后强力下降非常显著。但是，棉和麻纤维不同于一般纤维，吸湿后强力反而增加，这是由于棉和麻纤维的大分子聚合度很高，结晶度也较高，纤维断裂主要表现为大分子本身的断裂，而水分子进入后对大分子间结合力的减弱不显著，并且可将一些大分子链上的缠结拆开，分子链得以舒展和受力分子链的增加，因此纤维强力增加。

吸湿后，纤维的伸长率有所增加，纤维的脆性、硬性有所减小，塑性变形增加，摩擦系数有所增加。常见的几种纤维在润湿状态下的强伸度变化情况见表 4－4。

表 4－4　纤维在润湿状态下强伸度的变化

纤维种类	湿干强度比（%）	湿干断裂伸长比（%）	纤维种类	湿干强度比（%）	湿干断裂伸长比（%）
棉	110～130	106～110	黏胶纤维	40～60	125～135
毛	76～94	110～140	锦纶	80～90	105～110
麻	110～130	122	涤纶	100	100
桑蚕丝	80	145	维纶	85～90	115～125
柞蚕丝	110	172	—	—	—

5. 对电学性能的影响

干燥纤维的电阻很大，是优良的绝缘体。在相同的相对湿度条件下，各种天然和再生纤维素纤维，其质量比电阻相当接近；蛋白质纤维的质量比电阻大于纤维素纤维，蚕丝则大于毛；合成纤维由于吸湿性很小，所以质量比电阻更大，尤其是涤纶、氯纶、丙纶等。纤维的质量比电阻随相对湿度增高而下降，其下降的比率在相对湿度达到80%以上时将很大。

由于纤维的绝缘性，在纺织加工过程中纤维之间、纤维与机件之间的摩擦会产生静电，且不易消失，给加工和成纱质量带来问题。一般可通过提高车间相对湿度或对纤维给湿，使纤维回潮率增加，电阻下降，导电性提高，电荷不易积聚，以减少静电现象。

6. 吸湿放热（heat of sorption）

纤维吸湿时会放出热量，因为空气中的水分子被纤维大分子上的极性基团吸引而与之结合，分子的动能降低而转换为热能并被释放出来。

纤维在给定回潮率下吸着1g水放出的热量称为吸湿微分热。各种干燥纤维的吸湿微分热是差不多的，约837～1256J/g。随着回潮率的增加，各种纤维的吸湿微分热会不同程度地减小。

在一定的温度下，质量为1g的绝对干燥纤维从开始吸湿到完全润湿时所放出的总热量，称为吸湿积分热。吸湿能力强的纤维，其吸湿积分热也大。各干燥纤维的吸湿积分热见表4－5。

表4－5　各种纤维的吸湿积分热

纤维种类	吸湿积分热（J/g）	纤维种类	吸湿积分热（J/g）
棉	46.1	醋酯纤维	34.3
羊毛	112.6	锦纶	30.6
苎麻	46.5	涤纶	3.4
蚕丝	69.1	腈纶	7.1
黏胶纤维	105.5	维纶	35.2

纺织纤维吸湿和放湿的速率以及吸湿放热量对衣着的舒适性有影响。干燥纤维暴露在一定相对湿度的大气中，会吸收水蒸气并放出热量，使纤维中水蒸气的压力和纤维本身的温度增加，吸湿速度减慢；回潮率高的纤维放湿时则吸收热量，使纤维中水蒸气的压力和纤维本身的温度降低，放湿速度降低。这就好似气候突变时添加了保护性阻尼机构，有利于人体体温调节。吸湿放热对服装的保暖性有利，但对纤维材料的储存不利，库存时如果空气潮湿，通风不良，就会导致纤维吸湿放热而引起霉变，甚至会引起火灾。

4.3.2　吸湿对纺织工艺的影响

由于纤维吸湿后其物理性能会发生相应的变化，生产厂必须控制车间的温湿度，以创造有利于生产的条件。

1. 纺纱工艺方面

一般当湿度太高、纤维回潮率太大时，不易开松，杂质不易去除，纤维容易相互扭结，使成纱外观疵点增多；在并条、粗纱、细纱工序中容易绕皮辊、绕皮圈、增加回花，降低生产率，影响产品质量。反之，当湿度太低、纤维回潮率太小时，会产生静电现象，特别是合成纤维更为严重，这时纤维蓬松，飞花增多；清花容易黏卷，成卷不良；梳棉机纤维网上飘，圈条斜管堵塞，绕斩刀；并条、粗纱、细纱绕皮辊、皮圈，绕罗拉，使纱条紊乱、条干不匀、纱发毛等。实践经验认为，棉、黏纤和合纤在纺纱过程中的吸湿还是放湿，可按表4－6进行控制。

表4－6　纺纱过程中吸湿、放湿的安排

纤维种类	工序				
	清	钢	条	粗	细
棉	放（吸）	放	吸	吸	放
黏胶纤维	吸	放	放	吸	放
合成纤维	吸	放	放	放	放

2. 织造工艺方面

棉织生产中，一般当湿度太低、纱线回潮率太小时，纱线较毛，影响对综眼和筘齿的顺利通过，使经纱断头增多，开口不清而形成跳花、跳纱和星形跳等疵点，还会影响织纹的清晰度，有带电现象时尤为严重。所以，棉织车间的相对湿度一般控制较高。但也不应太高，否则纱线塑性伸长大，形成荡纱而导致三跳；纱线吸湿膨胀导致狭幅长码等。丝织生产中，使用的原料大多是回潮率增加后强力下降、模量减小和伸长增加的材料，车间湿度偏大或温度偏低时，应适当降低加工张力，否则会在织物表面出现急纡、亮丝、罗纹纡等疵点。

3. 针织工艺方面

如果湿度太低、纱线回潮率太小，纱线发硬、发毛，成圈时易轧碎，增加断头，针织物眼子也不清晰。合成纤维还会由于静电现象与金属吸附而造成生产困难。如果湿度太高、纱线回潮率太大，纱线与织针和机件之间的摩擦增大，张力增大，所得织物较紧密，编织袜子的袜头、袜跟时会引起两边起辫子花的现象。

4. 纤维、半制品和成品检验方面

为了使检验结果具有可比性，试验室的试验条件应有统一的规定，各项物理机械性能指标都应在标准大气条件下测得，否则测试数据将因温湿度的影响而不正确。

第5章 植物纤维

植物纤维是从植物中取得的纤维总称，其主要组成物质是纤维素，所以又称为天然纤维素纤维。植物纤维的化学性质和物理性质取决于纤维的结构及纤维在植物中的生长部位，根据纤维在植物上的生长部位不同，可分为种子纤维、韧皮纤维、叶纤维、果实纤维四类。

5.1 种子纤维

种子纤维是从植物种子的表皮细胞生长而成的单细胞纤维，它主要包括棉纤维和木棉纤维。

5.1.1 棉纤维

棉花是一年生草本植物，棉纤维是棉花的种子纤维，由棉花种子上滋生的表皮细胞发育而成。人类利用棉花的历史久远，相传在公元前2300年时就开始采集野生的棉纤维用来御寒，后来棉花逐渐被推广种植。18世纪下半叶纺织机械发明之后，棉纤维成为全世界最大宗的纺织原料，目前占世界纺织纤维总产量的45%左右，在我国的纺织纤维中棉纤维占60%以上。

1. 棉纤维种类

（1）按品种分类。棉纤维的分类应该是以其发现地命名和分类的。目前在纺织上有经济价值的有四种，即陆地棉、海岛棉、亚洲棉、非洲棉。

①陆地棉（medium cotton）。陆地棉发现于南美洲大陆西北部的安第斯山脉区，又称高原棉、美棉，由于细度较细又称细绒棉，是目前最主要的棉花品种，占世界棉花总产量的85%以上。我国陆地棉栽培面积占棉田总数的98%以上。纤维的细度、长度中等，纤维的平均长度为23~33mm，中段纤维直径为16~20μm，线密度为1.4~2.2dtex，比强度2.6~3.2cN/dtex。一般适合纺粗于10tex的棉纱。比强度等同材料力学中的应力，只是纤维截面积也可以用纤维的间接细度指标。

②长绒棉（long-staple cotton）。长绒棉又称海岛棉，原产美洲西印度群岛，现以北美洲东南沿海岛屿和埃及尼罗河河谷为主要产地。我国新疆、云南、广东、四川、江苏等地均有种植。长绒棉细长，纤维的平均长度一般为33~46mm，中段纤维直径为13~15μm，线密度为0.9~1.4dtex，比强度3.3~5.5cN/dtex。纤维品质优良，是高档棉纺产品和特殊产品的原料。可纺细于10tex的优良棉纱和特种用纱。

③粗绒棉（coarse cotton）。粗绒棉又称亚洲棉，原产于印度，在中国种植已有二千多年，故又称中棉。其纤维粗短，平均长度15～24mm，中段纤维直径为24～28μm，线密度2.5～4.0dtex，比强度1.4～1.6cN/dtex；只能纺28tex以上的棉纱，宜做起绒织物；产量低，质量差，现已被陆地棉取代。

④非洲棉（african cotton）。非洲棉又称草棉，原产非洲和亚洲西部，纤维粗短，平均长度为17～23mm，中段纤维直径为26～32μm，比强度1.3～1.6cN/dtex。目前其已逐渐被淘汰。

（2）按棉花的初加工分类。从棉田里采摘的是籽棉（unginned cotton），需要通过轧棉机将棉纤维与棉籽分离，籽棉经过轧棉加工后，得到的皮棉（ginning cotton）重量占籽棉重量的百分率称为衣分率，白棉的衣分率一般为30%～40%。轧花工艺要求：尽可能全地轧下长纤维并保持原有天然性状（长度、整齐度、色泽等）；完全排除棉籽、尽可能多地去除沙土、碎棉叶、杆、不孕籽等；减少新生杂质，如破籽、棉结、索丝等；减少落棉损失和做好下脚料的清理回收工作。轧花工序是完成长纤维与棉籽的分离，这恰好符合籽棉本身的物理性状，即长纤维的基部比较弱。实验数据证明：单纤维在棉籽上的分离力只有本身断裂强度的40%～60%，这一特性，决定了现有的轧花方式，也是长纤维以原有长度与棉籽分离的必要条件。轧花是通过轧花机完成，有锯齿轧花机和皮辊轧花机两大类。

①锯齿棉。锯齿棉是采用锯齿轧棉机加工的皮棉，呈松散状。锯齿轧棉机利用锯齿片抓取棉纤维，纤维带着籽棉通过嵌在锯齿片中间的肋条，由于棉籽大于肋条间隙被阻止，使得棉纤维与棉籽分离，图5-1是其示意图。锯齿轧棉作用剧烈，容易损伤较长的纤维，所以纤维主体长度较短，但也容易产生轧棉疵点，使棉结、索丝和带纤维籽屑含量较高。锯齿轧棉机有专门的除尘装置，因此锯齿棉含杂含短绒较低，长度较整齐，成纱强度和条干均匀度较好。锯齿轧棉机的产量高，细绒棉多用锯齿轧棉。

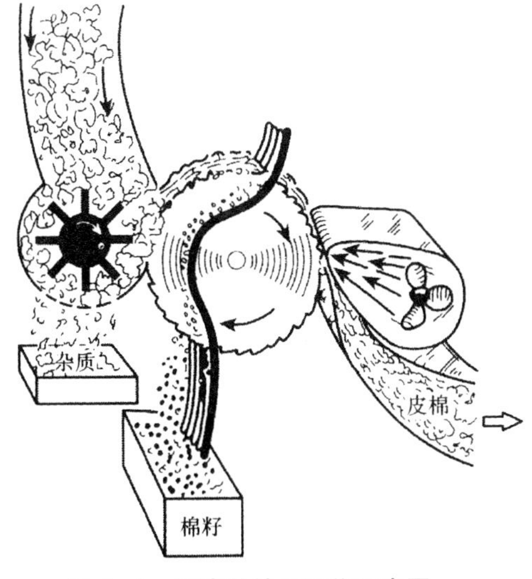

图5-1　锯齿轧棉机工作示意图

②皮辊棉。皮辊棉是采用皮辊轧棉机加工的皮棉，呈片状。皮辊轧棉机采用表面粗糙的皮辊带籽棉运动，棉籽被紧贴皮辊的定刀阻挡而无法通过，使纤维与棉籽分离。皮辊轧

棉机作用缓和，不损伤纤维，轧工疵点较少，但有黄根，纤维的主体长度较长。皮辊轧棉机上没有除杂、排短绒装置，所以皮辊棉中含杂质与短绒较多。皮辊轧棉机产量低，适宜加工长绒棉、低级籽棉、留种棉。

（3）按原棉的色泽分类。

①白色棉。白色棉分为白棉、黄棉和灰棉。白棉是正常成熟的、正常吐絮的棉花，色泽呈洁白、乳白、淡黄色，是棉纺厂使用的主要原料。黄棉是在棉花生长晚期，棉铃经霜冻伤后枯死，棉籽表皮色素染在纤维呈黄色，属于低级棉，棉纺厂很少使用。灰棉是棉花生长过程中，雨量过多，日照不足，温度偏低，成熟度低，色灰白，强力低、质量差、棉纺厂很少使用。

②彩色棉。彩色棉是指天然生长的非白色棉花，是采用现代生物工程技术培育出来的一种在棉花吐絮时纤维就具有天然色彩的新型纺织原料。苏联最早于20世纪50年代初开始研究彩棉，美国从60年代开始利用彩棉。截至目前，世界上主要有美国、埃及、阿根廷、印度等国研究种植彩棉，主要颜色为棕、绿、红、鸭蛋青、蓝、黑等颜色。我国新疆、江苏、四川等地种植的彩色棉主要是棕色和绿色。

彩色棉与白棉相比，有利于人体健康，在加工过程中没有印染工序，迎合了人类提出的“绿色革命”口号，减少了对环境污染。彩色棉的抗虫害、耐旱性好，但衣分率较低、纤维素含量少、长度偏短、强度偏低、可纺性较差，单产约是白棉的75%。彩色棉平均长度为20~25mm，中段纤维线密度为2.5~4.0dtex。

2. 生长发育

棉花为一年生植物，其纤维可作纺织原料（其中的短绒可提取棉纤维素，制造无烟火药和人造纤维)，棉籽可榨油，供食用或工业用（肥皂、硬化油)，油粕可作饲料或肥料，茎的韧皮纤维可制绳索和造纸，茎秆可作燃料。

我国棉花约在四五月间开始播种，一两周后开始发芽，最后形成棉株，棉株上的花蕾在七八月间陆续开花，开花期可延续1个月以上，花朵受精后就萎谢，开始结果即为棉铃，棉铃内分为3~5个室，每个室内有5~9粒棉籽。棉铃在45~65天后成熟，棉铃开裂后吐絮，吐絮后就可以收摘籽棉。根据收摘时期的不同，有早期棉、中期棉、晚期棉。中期棉质量最好，早期棉和晚期棉质量较差。

棉纤维是由胚珠（即将来的棉籽）表皮细胞伸长、加厚而成，一个细胞长成一根纤维，它的一端着生在棉籽表面，另一端呈封闭状。棉籽上长满了棉纤维，这就称为籽棉。棉纤维的生长可以分为三个时期。

（1）伸长期。棉花开花后，胚珠表面细胞开始隆起伸长。胚珠受精后初生细胞继续伸长，同时细胞宽度加大，一直达到一定的长度。这一时期纤维主要是增加长度，胞壁极薄，最后形成有中腔的细长薄壁管状物，为期25~30天。

（2）加厚期。当纤维初生细胞伸长到一定的长度，就进入加厚期。这时纤维长度很少增加，外周长也没有多大变化，只是细胞壁由外向内逐日淀积一层纤维素而逐渐增厚，最后形成一根两端较细、中间较粗的棉纤维，为期25~30天。

（3）转曲期。棉铃裂开吐絮，棉纤维与空气接触，纤维内水分蒸发，胞壁发生扭转，形成不规则旋转，称为天然转曲，为期10～15天。

随着生长天数的增加，棉纤维逐渐成熟。纤维长度开始时增加快，加厚期增长极少，以后不再增长。由于胞壁由外向内逐渐增厚，薄壁管状物逐渐丰满，从而使纤维宽度逐渐减小。

3. 化学组成与结构特征

（1）化学组成。棉纤维的主要组成是纤维素。纤维素是天然高分子化合物，化学分子式为（$C_6H_{10}O_5$）$_n$。棉纤维的聚合度为6000～15000，其重复单元是纤维素双糖，正常成熟棉纤维的纤维素含量约为94%～95%。

羟基（—OH）和苷键（—O—）是纤维素大分子的官能团，它们决定了纤维素纤维耐碱不耐酸并具有很好吸湿能力等性质。

纤维素纤维大分子中纤维素双糖由相邻2个葡萄糖剩基反向对称、一正一反连接而成，它的空间结构属于椅式结构，如图5－2所示。

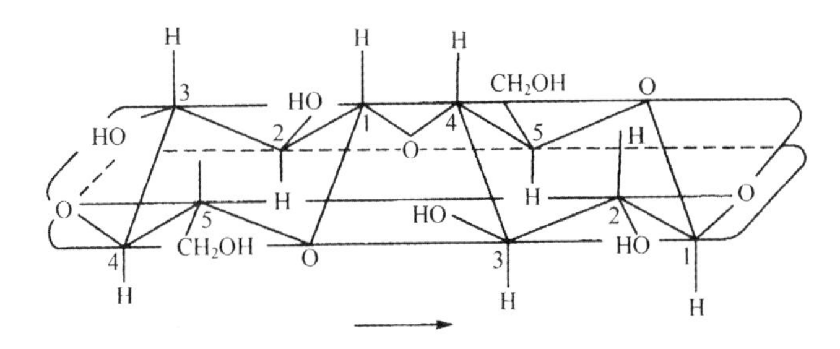

图5－2 纤维素分子链的椅式结构

除纤维素以外，棉纤维中还有少量的可溶性糖类、蜡质、蛋白质、脂肪、灰分等伴生物。伴生物的存在对棉纤维的加工、性能和使用有较大的影响。比如棉蜡使棉纤维表面具有良好可纺性，但是棉布在染整前须经过煮炼去除棉蜡，以保证染色均匀。原棉经脱脂处理后，吸湿性明显增加。糖分含量较高的棉纤维在纺纱过程中容易绕罗拉、绕胶辊，过去棉纺厂采用蒸棉稀释糖分或用水溶液喷洒以降低糖分，现在多采用润滑剂、抗静电剂、乳化剂等组成的消糖剂喷洒棉纤维来解决含糖的问题。棉纤维的化学组成见表5－1。

表5－1 棉纤维的化学组成

品种	白色细绒棉	棕色彩棉	绿色彩棉
α-纤维素	89.90～94.93	83.49～86.23	81.09～84.88
半纤维素及糖类物质	1.11～1.89	1.35～2.07	1.64～2.78
木质素	0.00～0.00	4.27～6.84	5.19～8.87
棉蜡、脂肪类物质	0.57～0.89	2.67～3.88	3.24～4.69
蛋白质	0.69～0.79	2.22～2.49	2.07～2.87
果胶类物质	0.28～0.81	0.42～0.94	0.46～0.93
灰分	0.80～1.26	1.39～3.03	1.57～3.07

续表 5－1

品种	白色细绒棉	棕色彩棉	绿色彩棉
有机酸	0.55～0.87	0.57～0.97	0.61～0.84
其他	0.83～1.01	0.88～1.29	0.38～0.87

（2）形态结构。

①棉纤维的纵向形态。棉纤维梢部封闭，基部开口，中部较粗，两端较细。棉纤维具有天然转曲，它的纵向呈不规则的、沿纤维长度不断改变转向的螺旋形转曲，正常成熟度的棉纤维呈天然转曲的带状，中部转曲较多，梢部较少；过成熟棉纤维呈棒状，转曲较少；未成熟棉纤维呈薄壁管状，转曲少。长绒棉的天然转曲数多于细绒棉。天然转曲使棉纤维具有一定的抱合力，有利于纺纱工艺过程的正常进行，使成纱质量得以提高。

②棉纤维的横截面形态，成熟正常的棉纤维，截面呈不规则的腰圆形，有中腔；未成熟的棉纤维截面形态极扁，中腔很大；过成熟棉纤维截面呈圆形，中腔很小。

棉纤维的横截面由许多同心圆组成，由外向内分为初生层、次生层和中腔三个部分，如图 5－3 所示。

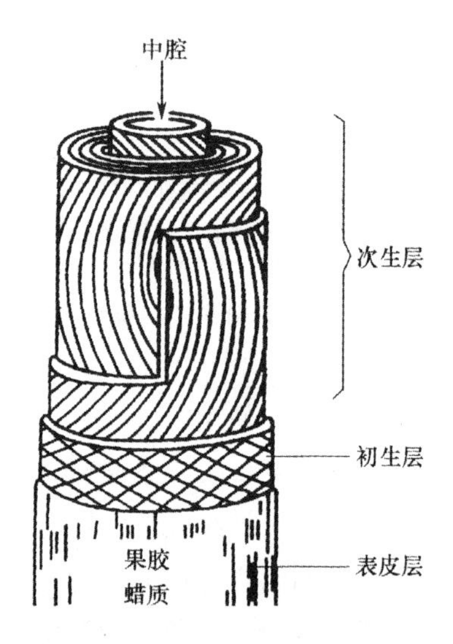

图 5－3 棉纤维的横截面结构

初生层：处于棉纤维的最外层，即纤维细胞的初生部分，它是棉纤维伸长期形成的初生细胞壁。初生层的外皮有蜡质、脂肪与果胶。初生层很薄，为 0.1～0.2μm，占纤维重量的 2.5%～2.7%。纤维素在初生层中呈螺旋网络状结构，含量不多。由于初生层所处的位置，与棉纤维的表面性质关系密切。

次生层：棉纤维在加厚期淀积而成的部分，几乎都是纤维素。由于每日温差的关系大多数棉纤维逐日淀积一层纤维素，形成了棉纤维的日轮。纤维素在次生层的淀积并不均匀，以束状原纤的形态与纤维轴倾斜呈螺旋形（螺旋角为 25°～30°），并沿纤维长度方向有转向，这是棉纤维具有天然转曲的原因。

次生层是棉纤维的主体，约占成熟棉纤维重量的 90%，次生层的加厚取决于棉纤维的生长条件，影响成熟情况，它决定了棉纤维的主要物理性质。

中腔：棉纤维生长停止后，胞壁内遗留下来的空隙称为中腔。一般正常成熟白棉纤维中腔面积为纤维截面积的10%，彩棉纤维中腔面积为纤维截面积的30%～50%。同一品种的棉纤维，外周长大致相同，次生层厚时中腔就小，次生层薄时中腔就大，中腔内留有少数原生质和细胞核残余、矿物盐、色素等，对棉纤维的颜色有影响。

4. 棉的初加工

棉的初加工包括棉的采摘和棉纤维与棉籽及杂质的分离。初加工的工艺过程为：棉花的采摘→籽棉的分级分垛→籽棉清理→轧花→皮棉清理→打包。

（1）棉花的采摘。采摘过早，棉花生长不足，纤维成熟度低，色泽及品质不佳；采摘过晚，棉絮经风吹、雨淋、日晒，会使纤维强力受损，棉壳叶色素沾污纤维，甚至霉变，导致色泽、品质下降。因此，棉花的采摘要适时。

（2）籽棉的分级分垛。采摘棉花时，要把好花、僵瓣棉、落地棉分开处理，避免籽棉、皮棉的品质下降，降等、降级。

（3）籽棉清理。籽棉清理现已大多和轧花加工相连，即在棉籽剥离前的抖松与粗去杂。其包括较大、较明显的异物，如草秆、棉秆、铃壳、绳头、不孕籽、僵瓣等。籽棉清理工艺要求：充分抖松籽棉而不损伤纤维和棉籽；最大限度地清理危害较大的特殊杂质。

（4）轧花。轧花工序是籽棉加工的最主要工序。轧花就是将棉籽上的长纤维从棉籽上分离下来，形成皮棉。轧花工艺要求：尽可能全地轧下长纤维并保持原有天然性状（长度、整齐度、色泽等）；完全排除棉籽、尽可能多地去除沙土、碎棉叶、杆、不孕籽等；减少新生杂质，如破籽、棉结、索丝等；减少落棉损失。

（5）皮棉清理。籽棉在轧花前和轧花中有清理，但仍有较多的杂质残留在皮棉中，且加工中还要产生破籽、棉结、索丝等疵点。轧花厂对皮棉进行清理更优越，可省去打包后的开松，能方便、有效地去除皮棉中的大部分杂质，大大减轻纺纱厂和储运的负担与浪费。皮棉清理的基本要求是清杂效率高、皮棉质量好、落棉少、棉纤维强度损伤少。

（6）打包。皮棉必须经打包机打成符合国家标准的棉包。打包的基本要求是打包过程对棉纤维无明显损伤，打包后便于运输，便于后道开松。国家标准皮棉包装有三种包型：85kg/包（±5kg）、200kg/包（±10kg）、227kg/包（±10kg）。目前，我国棉包绝大部分为85kg，而国外则以227kg（480磅）的棉包居多。

5. 棉纤维的主要性能

（1）长度与细度。棉纤维的长度主要取决于棉花的品种、生长条件、初加工。同一品种的棉花在不同地区，不同生长条件下，棉纤维的平均长度相差2～4mm。棉纤维的细度主要取决于棉花品种和生长条件，与成熟度也有密切关系。

（2）成熟度。棉纤维的成熟度（maturity）是指纤维细胞壁的增厚程度。胞壁愈厚，成熟度愈好。成熟度与棉花品种、生长条件有关，特别是受生长条件的影响极大。除纤维长度外，棉纤维的各项性能几乎都与成熟度有着密切关系。正常成熟的棉纤维截面粗、强度高、弹性好、有丝光，并有较多的天然转曲。

棉纤维成熟度的高低与纺纱工艺、成品质量关系十分密切。成熟度高的棉纤维在加工过程中能经受打击，易清除杂质，不易产生棉结与索丝，飞花和落棉少，成品制成率高，棉纤维吸湿较低，弹性较好，吸色性好，其纺织品的染色均匀；成熟度中等的棉纤维由于纤维较细，成纱强度高；成熟度过低，棉纤成纱强度不高；成熟度过高的棉纤维偏粗，成纱强度亦低，但成熟度高的棉纤维在加工成织物后，耐磨性较好。

表示棉纤维成熟度的常用指标是成熟度系数 M，物理意义是棉纤维截面的壁厚相对直径的比值，图 5-4 是棉纤维截面壁厚与直径示意图。棉纤维截面的壁厚与直径很难测量，实际应用中成熟度系数不是精确测量的计算值，是一个用来分类或定性的标定值，这样使成熟度系数的获取会容易些。成熟度系数的取值范围在 0~5，一般正常成熟的细绒棉平均成熟度系数为 1.5~2.0；未成熟棉的成熟系数 <1.5；过成熟棉的成熟系数 >2.0；完全不成熟棉的成熟系数为 0；完全成熟棉的成熟系数为 5.0。成熟系数在 1.7~1.8 时，纺纱工艺和成纱质量较理想。长绒棉的成熟系数一般为 1.7~2.5，长绒棉的成熟系数较细绒棉的成熟系数高。

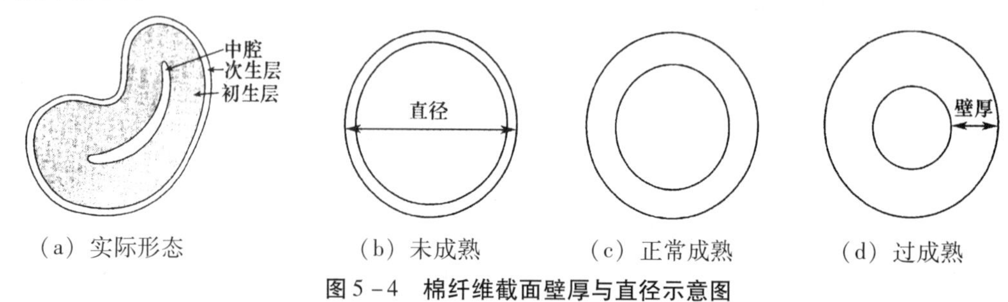

图 5-4　棉纤维截面壁厚与直径示意图

（3）天然转曲。天然转曲是棉纤维的形态特征，如图 5-5 所示。在纤维鉴别中可依天然转曲这一特点将棉纤维与其他纤维区别开来。

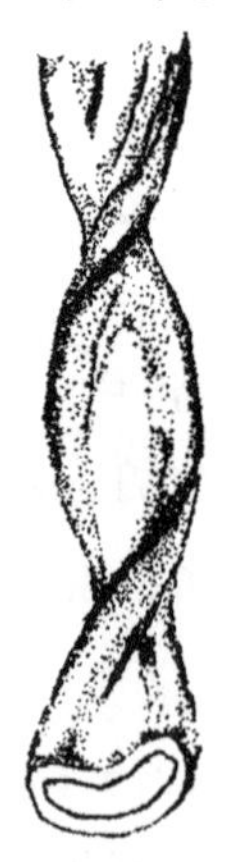

图 5-5　棉纤维的天然转曲

棉纤维的天然转曲与纤维的成熟度、品种、生长部位等有关。成熟度正常的棉纤维天然转曲最多，未熟纤维转曲很少，过成熟纤维外观呈棒状，转曲也少。纤维的品种不同，天然转曲也不同，比如长绒棉转曲多，细绒棉转曲少。纤维的中段天然转曲多，梢部次之，根部最少。

棉纤维的天然转曲与成纱质量的关系密切。天然卷曲多的棉纤维具有良好的抱合性能，可纺性能好，纤维的品质好，成纱强度高。棉纤维的天然转曲一般以一厘米内转 180°的个数表示。

（4）力学性能。细绒棉的断裂强度为 2.6～3.2cN/dtex，长绒棉的断裂强度为 3.3～5.5cN/dtex，棉纤维吸湿后强度比干态强度高 2%～10%。棉纤维的干态断裂伸长率为 3%～7%，吸湿后伸长率比干态伸长率增加 10%。断裂伸长率是指纤维拉伸断裂时的伸长占原长的百分率。棉纤维的初始模量为 60～82cN/dtex，其纺织品比较硬挺，但弹性较差、抗皱性较差。初始模量是指纤维在很小拉伸力时的模量。

（5）吸湿性染色性。棉纤维的多孔结构使水分可以迅速向原纤间的非结晶区渗透，与自由的纤维素羟基形成氢键。我国原棉回潮率一般在 8%～13%，细绒棉公定回潮率为 8.5%。吸水后棉纤维会膨胀，棉纤维吸水膨胀率纵向为 1%～2%，横截面为 40%～45%。

棉纤维的染色性能较好，可以用直接染料、还原染料、活性染料、碱性染料、硫化染料等染色。

（6）化学性能。

①碱的作用：纤维素大分子中的苷键对碱的作用比较稳定，在常温下，氢氧化钠溶液对纤维素不起作用，高温煮沸也只有一部分溶解。但在高温有空气存在时，纤维素苷键（—O—）对较稀的碱液也十分敏感，引起聚合度的下降。

常温下，浓的氢氧化钠溶液（18%～25%）会使天然纤维素纤维发生不可逆各向异性膨胀，纤维纵向收缩而直径增大，如施加一定的张力防止其收缩，并及时洗碱，可使纤维获得丝一样的光泽，这就是丝光。在显微镜下观察可发现，膨胀了的纤维截面，原有胞腔几乎完全消失，长度方向缩短，并由原来扭曲的扁平带状变为平滑的圆柱状。棉纤维若在无张力下与浓碱作用，结果得不到丝光效果，却得到另一种具有实用价值的碱缩效果，尤其是棉针织物经浓碱处理，纱线膨胀，织物的线圈组织密度和弹性增加，织物发生皱缩。

纤维素是一种弱酸，可与碱发生类似的中和反应。碱也能与纤维素的羟基以分子间力，特别是氢键结合。碱与纤维素作用后的产物称为碱纤维素，是一种不稳定的化合物，经水洗后恢复成原来的纤维素分子结构，但纤维的微结构发生不可逆的变化，结晶度降低，无定形区增加。天然棉纤维的结晶度达 70%，经浓碱处理后的丝光棉纤维结晶度降低至 50%～60%，说明浓碱破坏了部分结晶区。这种作用很有实用意义，是棉纤维染整加工中的重要环节。

②酸的作用：纤维素纤维遇酸后，手感变硬，强度严重降低，这是由于酸对纤维素大分子中苷键（—O—）起了催化作用，使大分子聚合度降低，纤维受到损伤。影响纤维素纤维水解的因素主要是酸的性质、水解反应的温度和作用时间。纤维素水解速度的快慢还与纤维素的种类有关，例如麻、棉、丝光棉、粘胶纤维，它们的水解速度依次递增，这主要是它们的纤维结构中无定形部分依次增加。实际生产中，一般只使用很稀的酸处理棉织物，而且温度不超过 50℃，处理后还必须彻底清洗，尤其要避免带酸情况下干燥。

酸对纤维素纤维虽有危害性，但只要控制得当，也有可利用的一面。如用含氯漂白剂漂白后，再用稀酸处理，可进一步加强漂白作用；用酸中和织物上过剩的碱；棉织物用酸处理生产蝉翼纱、涤棉织物的烂花产品等均有应用。

③氧化剂的作用：纤维素对空气中的氧是很稳定的，但在碱存在下，易氧化脆损，所以高温碱煮时应尽量避免与空气接触。纤维素易受氧化剂的作用生成氧化纤维素，使纤维素变性、受损，因此，在应用次氯酸钠、亚氯酸钠、过氧化氢等氧化剂漂白时必须严格控制工艺条件，以保证织物和纱线应有的强度。

(7) 其他性质。棉纤维加热150℃以上时，纤维素热分解会导致强度下降，超过240℃时，纤维素的苷键断裂，产生挥发性物质。加热370℃时，结晶区破坏，质量损失40%～60%。

在潮湿条件下，微生物极易在棉纤维中繁殖，它们会分泌出纤维酶和酸，使棉纤维变质、变色而破坏。

棉纤维的密度比较大，一般为1.53～1.54g/cm^3。

6. 品质检验与评定

棉纤维的品质检验主要有两类：业务检验和物理性能检验。业务检验是在原棉工商交接验收时，需对皮棉的品质进行检验和综合评定，根据品级和手扯长度的检验结果确定价格，根据含水（回潮率）和含杂的检验结果确定重量。物理性能检验是棉纺织厂为了更好地掌握原棉的性能，合理使用原棉而进行的，检验内容包括手感、目测、仪器检验和单唛试纺。

(1) 业务检验与品质评定。

①检验与品质评定。

品级标准：以细绒棉为例，我国国家标准GB 1103—1999《棉花细绒棉》规定了细绒棉的质量要求，包括品级条件、长度、马克隆值、回潮率、含杂率及危害性杂物等。

品级条件和品级条件参考指标：原棉品级条件为成熟程度、色泽特征、轧工质量；依此将细绒棉的品级分为七级，即一至七级，三级为标准级，七级以下为级外棉。另外，细绒棉品级参考指标还有成熟系数、断裂强度和反映轧工质量的黄根率、毛头率及破籽、不孕籽、索丝、软籽表皮等疵点。

细绒棉的长度：细绒棉的长度以1mm为级距，从25～31.0mm，如25mm包括25.9mm及以下；26mm包括26.0～26.9mm；31mm包括31.0mm及以上；其中28mm为长度标准级；五级原棉长度大于27mm，按27mm计，六级、七级原棉长度均按25mm计。

马克隆值（Micronaire）：马克隆值是棉纤维细度和成熟度的综合指标，无量纲。美国农业部将其定为分级指标，目前是欧美棉花市场的品质指标，一般协议中要标明马克隆值，超出范围要做经济补偿。我国的棉花标准，按马克隆值的大小分A、B、C三级，并与棉花价格挂钩，具体的分级范围是：A级3.7～4.2，B级3.5～3.6和4.3～4.9，C级3.4级以下和5.0级以上。

马克隆值在3.5～4.9范围内的棉花具有正常的纺纱价值（优质马克隆值），过高的马克隆值，纺纱时的落棉量较少、棉纱条干均匀、纱疵少、棉纱外观等级高，但棉纱抱合力下降、断头率增加，棉纱强力和可纺特数下降；过低的马克隆值，棉纱强力和可纺特数较高，但纺纱时的落棉量较多，棉纱外观等级低。

回潮率与含杂率：细绒棉的公定回潮率为8.5%，回潮率的最高限度为10.5%。细绒棉的标准含杂率：皮辊棉为3.0%，锯齿棉为2.5%。

原棉中的危害性杂物：这是指混入原棉中的对原棉的加工、使用及棉纤维的质量有严重影响的软硬杂物，如金属、砖石、各种异性纤维（如化学纤维、丝、麻、毛发、塑料绳、布块及有色纤维等）。

原棉中严禁混入危害性杂物：在采摘、交售棉花时，禁止使用化纤编织袋等非棉布口袋，禁止用有色的或非棉线、绳扎口；在收购，加工棉花时，发现有危害性杂物，必须挑拣干净；在棉花加工过程中，不得混入危害性杂物。

②原棉的质量标识。原棉质量标识也称作唛头代号，按原棉类型、品级、长度、马克隆值的顺序标识。六级、七级原棉不标示马克隆值。

例如：229A表示二级锯齿白棉，长度29mm，马克隆值A级；Y427B表示四级锯齿黄棉，长度27mm，马克隆值B级；$\underline{430B}$表示四级皮辊白棉，长度30mm，马克隆值B级；$\underline{G525C}$表示五级皮辊灰棉，长度25mm，马克隆值C级。类型代号：黄棉以字母“Y”标示，灰棉以字母“G”标示，白棉不作标示；品级代号：一级至七级用1~7标示；长度代号：用25~31.0mm标示；马克隆值代号：用A、B、C标示；皮辊棉、锯齿棉代号：皮辊棉在标示符号下方加横线“——”，锯齿棉不作标示。

（2）物理性能检验。

①手感目测：通过手摸、手扯、眼看、耳听等，来评价棉纤维的成熟度、长度及整齐度、抱合力、色泽、含杂量和类型等。该法的特点是检验面广（必要时可逐包检验），代表性强，快速，但检验结果大多定性，且受人为因素影响。

②仪器检验：可测量原棉的长度、线密度、强力、成熟度、含水、含杂等指标。相对试样少、代表性较差，检验速度较慢，不易现场操作。

我国采用罗拉式长度分析仪检验棉纤维长度，将棉纤维试样按照长度分组，得到不同长度组的纤维的根数或重量，以下是部分特征指标。

主体长度：是指棉纤维试样中多数纤维所具有的长度，与手扯长度接近。

品质长度：棉纤维长度频率分布图中，比主体长度长的各组纤维的重量加权平均长度，这部分纤维在长度频率分布图上处于图的右半部，故又称为右半部平均长度。棉纺工艺参数多采用品质长度来确定。

短绒率：棉纤维中短于一定长度的短纤维占纤维总重量的百分率。细绒棉的短纤维界限为15.5mm，长绒棉的短纤维界限为19.5mm。

③单唛试纺：单唛试纺是将单一批号（唛头）的原棉少量试纺成纱，根据试纺生产的正常与否和成纱质量，来了解原棉的情况。该法虽然费时费力，但对纺纱工艺有直接参考价值，当使用新棉或外棉时，单唛试纺尤其必要。

（3）HVI（High Volume Instrument）快速纤维检测系统。HVI纤维检测系统是美国思彬莱（Spinlab）研制的全自动快速纺织纤维检测系统，1984年美国农业部开始试用，目前已在世界范围内得到普遍使用。我国1985年开始引进这一系统，现已确定为我国棉花检验更新换代的主要设备。HVI 纤维检测系统的主要类型有 HVI 900 和 HVI Spectrum。

HVI 纤维检测系统指标全、速度快，可以用于原棉的逐包检验，以掌握每包原棉的质量，方便选购与结价。

HVI 纤维检测系统的检测内容包括棉纤维的色泽、杂质、长度、长度整齐度、强力、马克隆值、成熟度、含糖率等指标，并在指标实测的基础上，进行分析得出纤维性能和可纺性的综合评价。

HVI 纤维检测系统拥有大量和多年的测量数据积累，不仅可以成为原棉品种改进和市场需求产品分析的依据，而且可以有效地控制或发展棉花的生产与布局，产量预测与调整。真正做到原棉品种、品质的客观与微观调控及提高。

另外，HVI 纤维检测系统主要用于检测棉纤维，也可以检测其他纤维。

5.1.2 木棉

1. 概述

木棉（kapok，bornbax）属木棉科植物，木棉科植物约有 20 属 180 种，主要产地在热带地区。我国现有 7 属 9 种木棉科植物，主要生长在广东、广西、福建、云南、海南、台湾等省。从古至今，西双版纳的傣族对木棉有着巧妙而充分的利用，在汉文古籍中曾多次提到傣族织锦，取材于木棉的果絮，称为“桐锦”，闻名中原；用木棉的花絮或纤维作枕头、床褥的填充料，十分柔软舒适。木棉不仅可以观赏，还具有清热利湿、活血消肿等药用功能。

我国的木棉纤维主要是木棉属木棉种，又称为英雄树、攀枝花，是一种落叶乔木，树高 20 ~ 25m，早春开红花或橙红色花，夏季结椭圆形蒴果，成熟后裂为五瓣，露出木棉絮。木棉纤维有白、黄和黄棕色 3 种颜色。一株成年期的木棉树可产 5 ~ 8kg 的木棉纤维。我国木棉的主要品种见表 5 - 2。

表 5 - 2　我国木棉的主要品种

属种	学名	纤维	原产地	我国种植地
木棉属	木棉	有	中国	中国亚热带
木棉属	长果木棉	有	中国	云南
异木棉属	异木棉	无	南美洲	海南
吉贝属	吉贝	有	美洲	云南、海南、广东
瓜栗属	瓜栗	有	中美洲	云南、海南、广东
轻木属	轻木	有	美洲	云南、海南、广东

木棉纤维由木棉蒴果壳体内壁细胞发育、生长而形成。木棉纤维在蒴果壳体内壁的附着力小，分离容易，木棉纤维的初加工比较方便，不需要像棉花那样经过轧棉加工，只要手工将木棉种子剔出或装入箩筐中筛动，木棉种子即自行沉底，所获得的木棉纤维可以直接用作填充料或纺纱。

2. 结构与性能

（1）结构。木棉纤维的纵向呈薄壁圆柱形，表面有微细凸痕，无转曲。木棉纤维具有独特的薄壁，大中空结构。木棉纤维中段较粗，根端较细，两端封闭，细胞未破壁时呈气囊结构，破裂后纤维呈扁带状。

木棉纤维截面为圆形或椭圆形，纤维中空度高，细胞壁薄，接近透明。木棉纤维表面有较多的蜡质，使纤维光滑、不吸水，不易缠结，并有驱螨虫的效果，如图5-6所示。

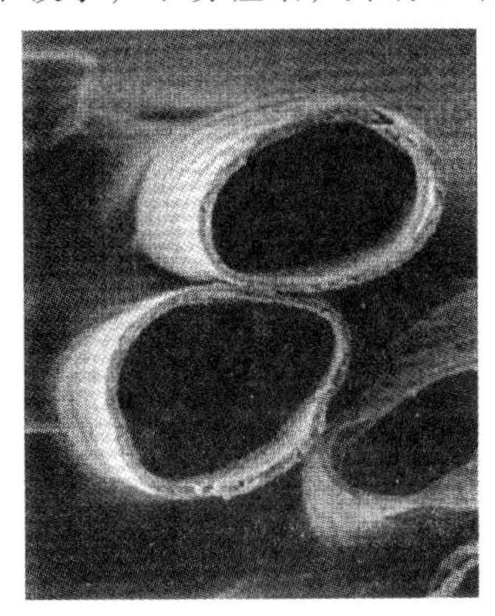

图5-6 木棉纤维的形态

（2）主要性能。

①长度与细度：木棉纤维长度较短，为8~34mm，纤维中段直径范围是20~45μm，线密度为0.9~1.2dtex，木棉纤维的中空度高达94%~95%，细胞壁极薄，未破裂细胞的密度为0.05~0.06g/cm³。木棉纤维块体的浮力好，在水中可以承受相当于自身20~36倍的负载重量而不下沉。

②强度与伸长：木棉纤维的强度较低，伸长能力小。纤维的断裂强力为1.4~1.7cN，纤维的断裂强度为0.8~1.3cN/dtex，断裂伸长率为1.6%~3.0%。木棉纤维的扭转刚度很高，同时由于纤维间抱合力差和缺乏弹性，因此很难用加工棉或毛的纺纱方法单独纺纱，导致其在纺织方面的应用具有很大的局限性。但是木棉纤维在光泽、吸湿性和保暖性方面具有独特优势，在崇尚天然材料的今天有良好的应用前景。

③吸湿与染色：木棉纤维的吸湿性比棉纤维好，其标准回潮率为10%~10.73%；木棉纤维可以用直接染料染色，上染率为63%，远低于棉的上染率88%。

④化学性质：木棉纤维的耐酸性较好，常温的稀酸或弱酸对其没有影响，木棉纤维溶于30℃、75%的硫酸和100℃、65%的硝酸，部分溶解于100℃、35%的盐酸。木棉纤维的耐碱性良好，常温的氢氧化钠溶液对其没有影响。

5.2 韧皮纤维

韧皮纤维来源于麻类植物茎秆的韧皮部分，纤维束相对柔软，又称为软质纤维。韧皮纤维多属于双子叶草本植物，主要有苎麻、亚麻、黄麻、汉（大）麻、槿（洋）麻、苘麻（青麻）、红麻、罗布麻等。亚麻纤维在8000年前的古埃及就被人类发现并使用，是人类最早开发利用的天然纤维之一。大麻布和苎麻布在中国秦汉时期已是人们主要的服装材料，制作精细的苎麻夏布可以与丝绸媲美，由宋朝到明朝麻布才逐渐被棉布取代。

5.2.1 韧皮纤维种类

1. 苎麻

苎麻（ramie）属苎麻科苎麻属，多年生草本植物。又名“中国草”，是中国独特的麻类资源，种植历史悠久，且我国的苎麻产量占世界90%以上，主要产地有湖南、四川、湖北、江西、安徽、贵州、广西等地区。

苎麻俗称有白苎、线麻、紫麻等，其可分为白叶种和绿叶种。白叶种苎麻叶正面呈绿色，叶背面长满白色绒毛，纤维品质好，主要种植地在我国。绿叶种苎麻纤维的品质略差，主要种植地区在南洋群岛等少数地区。

（1）苎麻纤维结构。苎麻纤维是由单细胞发育而成，纤维细长，两端封闭，有胞腔，胞壁厚度与麻的品种和成熟程度有关。苎麻纤维的纵向外观为圆筒形或扁平形，没有转曲，纤维外表面有的光滑，有的有明显的条纹，纤维头端钝圆。苎麻纤维的横截面为椭圆形，且有椭圆形或腰圆形中腔，胞壁厚度均匀，有辐射状裂纹。图5－7为苎麻纤维截面及纵向外观。苎麻纤维初生胞壁由微原纤交织成疏松的网状结构，次生胞壁的微原纤互相靠近形成平行层。苎麻纤维截面有若干圈的同心圆状轮纹，每层轮纹由直径0.25～0.4μm的巨原纤组成，各层巨原纤的螺旋方向多为S形，平均螺旋角为8°15′。苎麻纤维结晶度达70%，取向因子0.913。

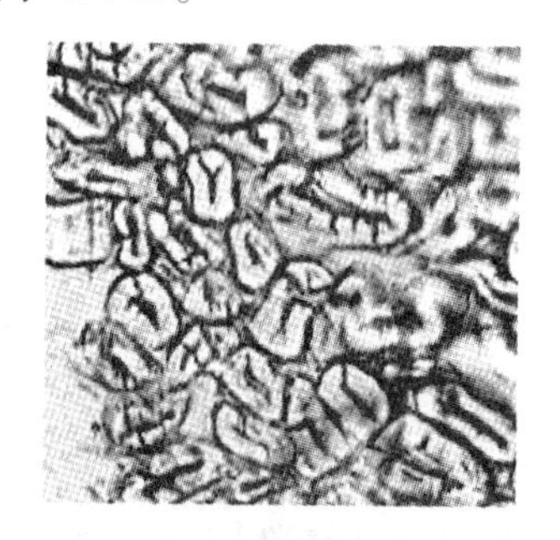
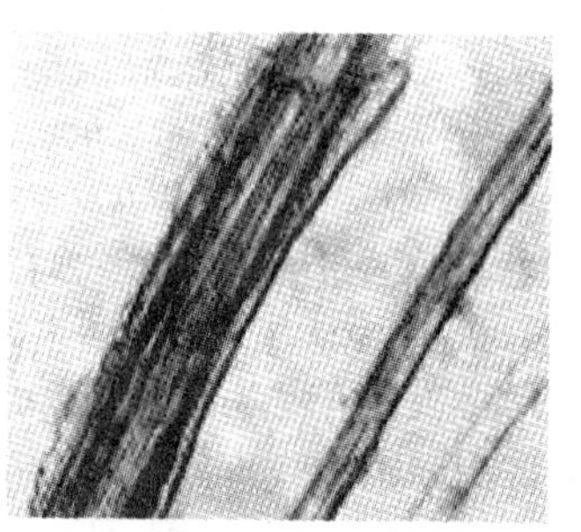

图5－7　苎麻纤维截面及纵向外观

（2）苎麻纤维的主要性能。

①纤维规格：苎麻纤维的细度与长度明显相关，一般越长的纤维越粗，越短的纤维越细。苎麻纤维的长度较长，一般可达20～250mm。纤维宽度约为20～40μm，传统品种线密度约为6.3～7.5dtex，细纤维品种的线密度有3.0～5.5drex，最细品种的线密度可达2.5～3.0dtex。

②断裂比强度与断裂伸长率：苎麻纤维的强度是天然纤维中最高的，但其伸长率较低。苎麻纤维平均比强度为6.73cN/dtex，平均断裂伸长率为3.77%。

③初始模量：苎麻纤维硬挺，刚性大，具有较高的初始模量。因此苎麻纤维纺纱时纤维之间的抱合力小，纱线毛羽较多。苎麻纤维初始模量约170～210cN/dtex。

④弹性：苎麻纤维的强度和刚性虽高，但是伸长率低，断裂功小，加之苎麻纤维弹性回复性较差，因此苎麻织物抗皱性和耐磨性较差。苎麻纤维在1%定伸长拉伸时的平均弹性回复率为60%，伸长2%时的平均弹性回复率为48%。

⑤光泽：苎麻纤维具有较强的光泽。原麻呈白、青、黄、绿等深浅不同的颜色，脱胶后的精干麻色白且光泽好。

⑥密度：苎麻纤维胞壁密度与棉相近，为1.54～1.55g/cm^3。

⑦吸湿性：苎麻纤维具有非常好的吸湿、放湿性能，在标准状态下的纤维回潮率为13%，润湿的苎麻织物3.5h即可阴干。

⑧耐酸碱性：苎麻与其他纤维素纤维相似，耐碱不耐酸。苎麻在稀碱液下极稳定，但在浓碱液中，纤维膨润，生成碱纤维素。苎麻可在强无机酸中溶解。

⑨耐热性：苎麻纤维的耐热性好于棉纤维，当达到200℃时，其纤维开始分解。

⑩染色性：苎麻纤维可以采用直接染料、还原染料、活性染料、碱性染料等染色。

2. 亚麻

亚麻（flax）属亚麻科、亚麻属，为一年生草本植物。亚麻分为纤维用、油纤兼用和油用三类，我国传统称谓纤维用亚麻为亚麻，油纤兼用和油用亚麻为胡麻。

亚麻适宜种植地区在北纬45°～55°之间，亚麻的主要产地在俄罗斯、波兰、法国、比利时、德国、中国等。我国的亚麻种植主要集中在黑龙江、吉林、甘肃、宁夏、河北、四川、云南、新疆、内蒙古等省区。目前，我国亚麻产量居世界第二位。

亚麻植物由根、茎、叶、花、蒴果和种子组成，纤维用亚麻茎基部没有分支，上部有少数分支，茎高一般为60～120cm。叶为绿色，下部叶小，上部叶细长，中部叶为纺锤形。亚麻植株花为圆盘形，呈蓝色或白色。结3～4个蒴果，蒴果为桃形，成熟时为黄褐色，每个蒴果可结8～10粒种子。油纤兼用及油用亚麻植株茎基部以上即有分支。

（1）亚麻纤维结构。亚麻茎的结构由外向内分为皮层和芯层，皮层由表皮细胞、薄壁细胞、厚角细胞、维管束细胞、初生韧皮细胞0次生韧皮细胞等组成；芯层卣形成层。木质层和髓腔组成。韧皮细胞集聚形成纤维束，有20～40束纤维环状均匀分布在麻茎截面外围，一束纤维中约有30～50根单纤维由果胶等粘连成束。每一束中的单纤维两端沿轴向互相搭接或侧向穿插。麻茎中皮层约占13%～17%，皮层中韧皮纤维含量约11%～15%。在皮层和芯层之间有几层细胞为形成层，其中一层细胞具有分裂能力，这层细胞向外分裂产生的细胞，可以逐渐分化成新的次生韧皮层；向内分裂产生的细胞则逐渐分化成次生木质层。木质层由导管、木质纤维和木质薄壁细胞组成，木质纤维很短，长度只有0.3～1.3mm，木质层约占麻茎的70%～75%。髓部由柔软易碎的薄壁细胞组成，是麻茎的中心，成熟后的亚麻麻茎在髓部形成空腔。

亚麻单纤维包括初生韧皮纤维细胞和次生韧皮纤维细胞.，纵向中间粗，两端尖细，中空、两端封闭无转曲。纤维截面结构随麻茎部位不同而存在差异，麻茎根部纤维截面为圆形或扁圆形，细胞壁薄，中腔大而层次多；麻茎中部纤维截面为多角形，纤维细胞壁厚，纤维品质优良；麻茎梢部纤维束松散，细胞细。亚麻纤维横截面细胞壁有层状轮纹结构，轮纹由原纤层构成，厚度约为0.2～0.4μm，原纤层由许多平行排列的原纤以螺旋状绕轴向缠绕，螺旋方向多为左旋，平均螺旋角为6°18′，原纤直径约为0.2～0.3μm。亚麻纤维结晶度约66%，取向因子为0.934。图5－8为亚麻纤维纵向外观和截面形态。亚麻纤维加工的半成品和产品，英文改称"linen"。

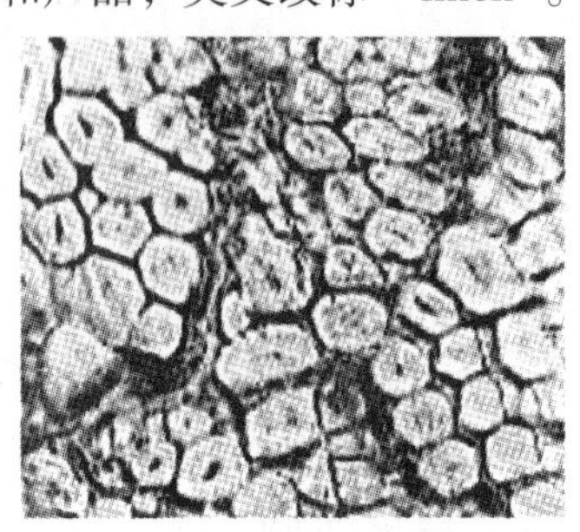

图5－8　亚麻纤维截面形态及纵向外观

（2）亚麻纤维主要性能。

①纤维规格：亚麻单纤维的长度差异较大，麻茎根部纤维最短，中部次之，梢部最长。单纤维长度为10～26mm，最长可达30mm，宽度为12～17μm，线密度为1.9～3.8dtex。纱线用工艺纤维湿纺长为400～800mm，线密度为12～25dtex。

②断裂比强度与断裂伸长率：亚麻纤维有较好的强度，断裂比强度约为4.4cN/dtex，断裂伸长率为2.50%～3.30%。

③初始模量：亚麻纤维刚性大，具有较高的初始模量。亚麻单纤维的初始模量为145～200cN/dtex。

④色泽：亚麻纤维具有较好的光泽。纤维色泽与其脱胶质量有密切关系，脱胶质量好，打成麻后呈现银白或灰白色；次者呈灰黄色、黄绿色；再次为暗褐色，色泽萎暗，同时其纤维品质较差。

⑤密度：亚麻纤维胞壁的密度为1.49g/cm^3。

⑥吸湿性：亚麻纤维具有很好的吸湿、导湿性能，在标准状态下的纤维回潮率为8%～11%，公定回潮率为12%。润湿的亚麻织物4.5h即可阴干。

⑦抗菌性：亚麻纤维对细菌具有一定的抑制作用。古埃及时期人们用亚麻布包裹尸体，制作木乃伊。第二次世界大战时，人们将剪碎的亚麻布蒸煮，然后用蒸煮液代替消毒水给伤员冲洗伤口。亚麻布对金黄葡萄球菌的杀菌率可达94%，对大肠杆菌杀菌率达92%。

3. 黄麻

黄麻（jute）属于椴树科、黄麻属，为一年生草本植物，黄麻俗称络麻、绿麻。黄麻主要有两大品系，分为圆果种黄麻和长果种黄麻。圆果种黄麻因为纤维脱胶后色泽乳白至淡黄，又称为白麻（white jute），纤维较粗短；长果种黄麻纤维脱胶后呈浅金黄色，纤维细长。黄麻茎为较光滑的圆柱形，黄麻茎高1～5m，茎粗1.5～2cm，且麻茎有深浅不同的绿、红、紫色。黄麻叶为披针形。

中国有近千年的黄麻种植历史，是圆果种黄麻的起源地之一。黄麻适宜在高温多雨的气候中生长，原麻产量仅次于印度和孟加拉国。我国原为黄麻重要生产国，1995年起，因病虫害停种，目前正在恢复。

（1）黄麻纤维结构黄麻茎与苎麻亚麻相似，分皮层和芯层。皮层中初生韧皮细胞和次生韧皮细胞发育成黄麻纤维。在麻茎皮层分为多层分布，每层中的纤维细胞大都聚集成束，每束截面中约有5～30根纤维。每束中的单纤维的顶部嵌入另一束纤维细胞之间，形成网状组织。黄麻纤维细胞开始生长时，初生胞壁伸长，横向尺寸相应增大，然后纤维素、半纤维素、木质素等在初生胞壁内侧开始沉积加厚，形成次生胞壁，中腔逐渐缩小，直至纤维停止生长。图5－9为黄麻纤维截面形态及纵向外观。黄麻纤维纵向光滑，无转曲，富有光泽。纤维横截面一般为五角形或六角形，中腔为圆形或椭圆形，且中腔的大小不一致。黄麻纤维的结晶度约为62%，取向因子为0.906。

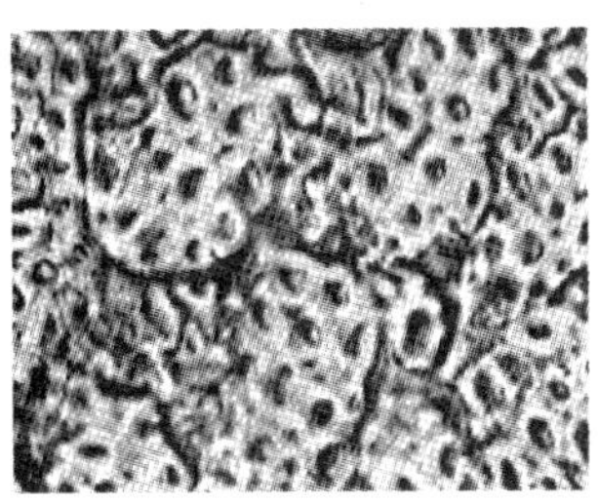
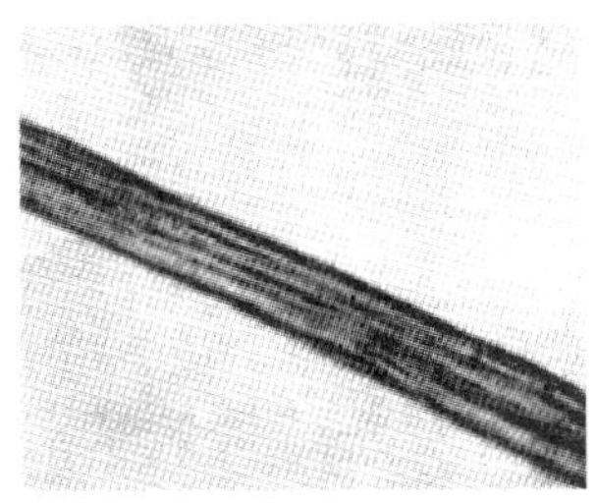

图5－9　黄麻纤维截面形态及纵向外观

（2）黄麻纤维主要性能。

①纤维规格：黄麻单纤维长度很短，一般1～2.5mm，宽度10～20μm，因此需要采用成束的工艺纤维纺纱，生产麻绳和麻袋的黄麻工艺纤维长度为80～150mm，线密度为18～35dtex。生产麻布的工艺纤维的长度为18～25mm，线密度为5.5～8.5dtex。不同品种和产地的黄麻单纤维和工艺纤维规格也有一些差异，表5－3为不同品种和产地的黄麻纤维规格。

表5－3　不同品种和产地的黄麻纤维规格

品种	圆果种	长果种	
产地	广东	浙江	孟加拉国
单纤维长度（mm）	1.84～2.09	1.83～2.41	1.92～2.07
单纤维宽度（μm）	17.93～18.1	17.06～17.43	15.80～16.55
纤维横截面积（μm^2）	182～194	200～230	176～200
中腔面积（μm^2）	56～58	60～76	54～57.5
工艺纤维截面积（μm^2）	2118～2446	3520～4930	1836～2362
工艺纤维截面单纤维数（根）	13.8～14.4	16.2～17.1	12.5～13.4

②断裂比强度与断裂伸长率：黄麻纤维有较好的强度，工艺纤维平均断裂强度为2.7cN/dtex，断裂伸长率为2.3%～3.5%。

③色泽：黄麻纤维富有光泽，且纤维色泽与其纤维本身的颜色和脱胶质量有密切关系。黄麻长果种纤维本色为乳黄色或淡金黄色，圆果种为乳白色或淡乳黄色。脱胶时水质混杂，可以使黄麻纤维变成深浅不同的黄、棕、灰、褐等色；麻皮组织中的单宁质溶于水，与浸麻中的铁元素化合，会使黄麻纤维呈现暗黑色。

④密度：黄麻纤维胞壁密度为1.21g/cm^3。

⑤吸湿性：黄麻纤维的吸湿、导湿性很强。在标准状态下黄麻生麻的回潮率为12%～16%，熟麻的回潮率为9%～13%，黄麻的公定回潮率为14%。

⑥耐热性：黄麻纤维燃点低，易燃。加热至150℃以上时，纤维将失去水分变为焦黄色，如果温度继续升高，纤维会逐步分解而炭化，第一失重阶段为250～380℃，第二失重阶段为400～480℃。

黄麻纤维短而硬，传统产品多为麻袋、绳索、包装材料等低档纺织品。但是黄麻纤维具有强度高、吸湿好、导湿快、耐腐蚀等特点，近年采用新型复合脱胶工艺，生产精细黄麻工艺纤维可以开发高档服装、家用纺织品、非织造布等。

4. 无毒大麻（汉麻）

汉（大）麻（China Hemp）又名工业用大麻、花麻、寒麻、线麻、火麻、魁麻等，属大麻科大麻属，为一年生草本植物。大麻品种有高毒性大麻（Marijuana，Hashish，Cannabis四氢大麻酚含量极高5%～17%属于毒品）和低毒或无毒大麻（四氢大麻酚含量0.3%以下及0.1%以下），无毒大麻不属于毒品，可以工业应用。大麻在中国有超5000年的种植历史。1953年起，因属于毒品，禁止种植。近年育成无毒品种，解禁开始种植。

（1）无毒大麻（汉麻）纤维的品种与结构。汉麻适应环境能力强，耐贫瘠、抗逆性强、适生性广，具有喜光照、光合作用效率较高的生物学特性。我国的大麻历史上曾广泛种植。1953年我国在禁毒公约上签字后开始停止种植，只有药用的少量种植，并且这部分由公安部禁毒委员会管理。20世纪80年代开始逐步培育出了无毒大麻，目前世界各国正在逐步推广，将会有一个广阔的前景。

传统汉麻雌雄异株，雄株开花不结籽，俗称花麻，雌株授粉后可以结籽，俗称籽麻。汉麻茎直立，高度为2～5m，茎有绿色、淡紫色和紫色等。茎下部为圆形，茎上部为四棱形或六棱形，茎上均有凹的沟纹，且呈四方形或六棱形。茎的表面粗糙有短腺毛。一般雄株的节间较长，节数较少；雌株的节间较短，节数较多。雌麻的茎径较粗，分支多，成熟期晚，出麻率低；雄麻茎较细，分支少，木质部不发达，出麻率高。目前已培育出雌雄同株品种。

汉麻茎截面由表皮层、初生韧皮层、次生韧皮层、形成层、木质层和髓部组成，表皮层中表皮细胞下为厚角细胞、薄壁细胞和内皮细胞，如图5－10所示。汉麻纤维分为初生韧皮纤维和次生韧皮纤维。初生韧皮纤维在麻株为幼株时开始在皮层生长，次生韧皮纤维在麻株拔节初期开始生长。一般纤维束层的最外一层为初生韧皮纤维，次生韧皮纤维位于韧皮内层。初生韧皮纤维的长度为5～55mm，平均长度为20～28mm。次生韧皮纤维的平均长度为12～18mm，宽度为17μm。

汉麻工艺纤维束截面以10～40个单纤维成束分布在韧皮层中，束内纤维与纤维之间，分布着果胶和木质素，汉麻中含7%的果胶、含量高于苎麻和亚麻。汉麻韧皮约含有59%的纤维素，聚集成原纤结构，在原纤的空隙中，充填着木质素和果胶。随着汉麻的生长，它们分层淀积，组成纤维的胞壁。汉麻纤维主要由细胞壁和细胞空腔组成，细胞壁又由细胞膜、初生壁和次生壁组成。初生壁的木质素含量较多，纤维素分子排列无规，并倾向于垂直纤维轴向排列。次生壁的木质素含量较少，且其还可以分为三层，纤维素分子以不同方向和角度螺旋排列。汉麻纤维的结晶度约为44%。

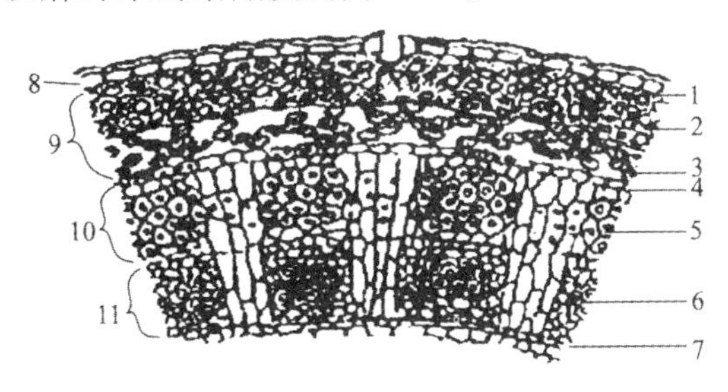

图5-10　汉麻茎皮层截面示意图

1—表皮鳞片状角质细胞　2—厚角细胞　3—初生薄壁细胞　4—内薄壁细胞　5—初生韧皮纤维细胞　6—次生韧皮　纤维细胞　7—形成层　8—表皮膜层　9—表皮组织　10—初生韧皮细胞　11—次生韧皮细胞

汉麻纤维细胞间木质素不易分解，一般成束存在，横截面如图5-11所示，多为不规则的三角形、四边形、六边形、扁圆形、腰圆形或多角形等。中腔呈椭圆形，中腔较大，约占截面积的1/3~1/2。纤维纵向有许多裂纹和微孔，并与中腔相连。

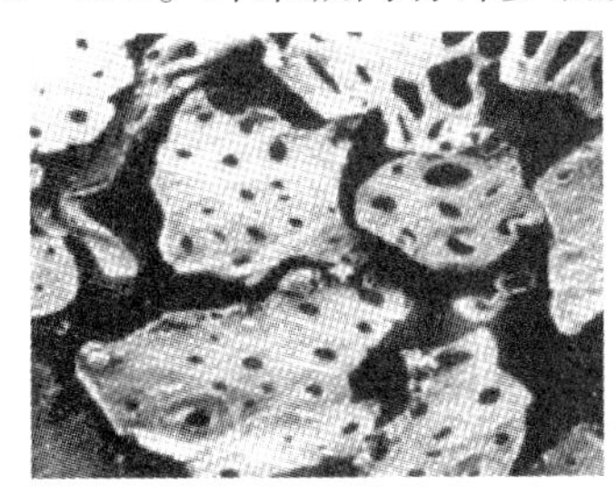
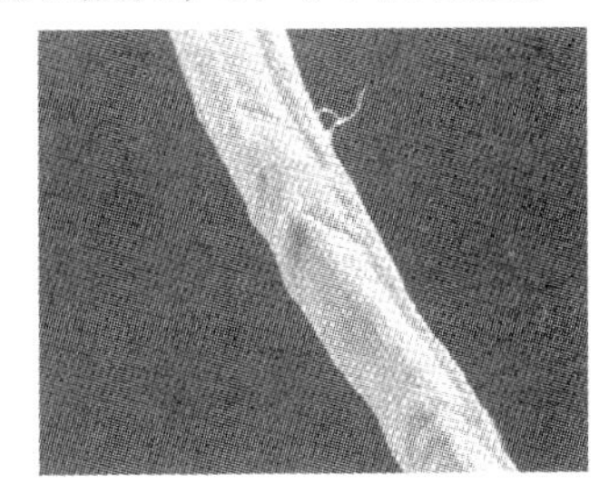

图5-11　汉麻纤维截面形态及纵向外观

（2）无毒大麻（汉麻）纤维主要性能。

①纤维规格：无毒大麻，简称汉麻（hamp），单纤维长度较短，平均长度为16~20mm，最长可达27mm。汉麻单纤维在麻类纤维中是较细的，纤维平均宽度为18μm。表5-4为汉麻与其他麻纤维的细度与长度比较。

表5-4　汉麻纤维与苎麻、亚麻和黄麻纤维规格

纤维 细度与长度	单纤维中段细度（μm）			单纤维长度（mm）		
	最宽	最细	平均	最长	最短	平均
苎麻	80	20	29	600	20	60
亚麻	18	12	17	30	10	21
黄麻	18	15	17	5.08	1.52	2.32
汉麻	30	10	18	27	12	18

②断裂比强度与断裂伸长率：汉麻纤维细度较细，但是纤维断裂强度优于亚麻，低于苎麻。单纤维平均断裂比强度为4.8~5.4cN/dtex，断裂伸长率为2.2%~3.2%。表5-5为汉麻与其他麻类纤维力学性能对比。

表 5-5 汉麻与苎麻、亚麻纤维力学性能比较

纤维 力学性能	纤维线密度（dtex）	断裂比强度 （cN/dtex）	断裂伸长率（%）	拉伸比模量 （cN/dtex）
汉麻精干麻	10.6～16.2	3.6～4.0	2.0～2.4	140～180
亚麻单纤维	3.0～3.6	4.1～5.2	2.3～3.9	150～205
苎麻单纤维	3.5～5.5	5.4～7.7	3.5～4.5	150～195
汉麻单纤维	2.2～3.8	4.8～5.4	2.2～3.2	160～210

③密度：汉麻单纤维胞壁密度为 1.52g/cm^3。

④吸湿性：汉麻纤维表面有许多纵向条纹，这些条纹深入纤维中腔，可以产生优异的毛细效应，因此汉麻纤维具有很好的吸湿透气性。国家纺织品质量监督检测中心检测，汉麻帆布的吸湿速率达 7.34mg/min，散湿速率可达 12.6mg/min，汉麻纤维的公定回潮率为 12%。当空气湿度达 95% 时，汉麻纤维的回潮率可达 30%。

⑤光泽与颜色：汉麻纤维横截面的形状为不规则的腰圆形或多角形等。光线照射到纤维上，一部分形成多层折射或被吸收，大量形成了漫反射，使汉麻纤维光泽自然柔和。汉麻纤维的颜色因收获期早晚及脱胶状况不同而有差异，多呈黄白色、灰白色，同时还有青白色、黄褐色和灰褐色。

⑥抗菌性：汉麻具有天然抗菌性，在其生长过程中几乎不需要使用农药。汉麻织物对不同微生物（如金黄色葡萄球菌、绿脓杆菌、大肠杆菌、白色念珠菌、肺炎杆菌等）的杀菌率均达 99% 以上。

⑦抗静电性：由于汉麻纤维的吸湿性能很好，质量比电阻小于苎麻，大于亚麻和棉纤维，其纺织品能避免静电积累，即具有较好的抗静电性能。表 5-6 为汉麻纤维与其他天然纤维素纤维的比电阻的测试结果。

表 5-6 天然纤维素纤维的比电阻

纤维 比电阻	体积比电阻 （Ω·cm^2）	质量比电阻 [（Ω·g）/cm^2]	纤维 比电阻	体积比电阻 （Ω·cm^2）	质量比电阻 [（Ω·g）/cm^2]
亚麻	1.67×10^8	2.59×10^8	苎麻	4.25×10^8	6.58×10^8
黄麻	3.26×10^8	5.05×10^8	棉	2.46×10^8	3.82×10^8
汉麻	3.31×10^8	5.31×10^8			

注 测试条件：试验环境温度为 23℃，相对湿度为 65%，试验仪器为 YG321 型纤维比电阻仪。

⑧耐热性：汉麻纤维具有良好的耐热性，纤维素的分解温度为 300～400℃，高于苎麻纤维。

⑨抗紫外线功能：汉麻纤维截面多种多样，纤维壁随生长期的不同其原纤排列取向不同，并且分为多个层次，因此其纤维光泽柔和。汉麻韧皮中的化学物质种类繁多，有许多 $\sigma-\pi$ 价键，使其具有吸收紫外线辐射的功能。

5. *罗布麻*

罗布麻（kender、apocynum）属夹竹桃科罗布麻属，多年生宿生草本植物。罗布麻含

有黄酮类化合物、强心苷、花色素、酚类、芳香油、三萜化合物等，具有降压强心、清热利水、平悸止晕、平肝安神的功效。罗布麻纤维用于纺织叶可以制烟、茶和饮料，茎和叶中的乳胶液可以药用和提炼橡胶，麻秆芯可以造纸和做纤维板。

罗布麻具有防风固沙的作用，其茎高根深，对土壤要求不严格，可以生长在盐碱荒地、多石山坡、沙漠边缘，是具有抗旱、耐盐、抗风、抗寒特性的植物。罗布麻多生长在北半球温带和寒温带，广泛分布在伊朗、阿富汗、印度、俄罗斯、加拿大和中国。罗布麻在我国分布范围很广，新疆、甘肃、青海、宁夏、内蒙古、河北、辽宁、山东等地区均有生长，其中以青海的柴达木盆地和准噶尔盆地较多。

罗布麻分为红麻和白麻两个品种，红麻植株较高，为1.5～3m，幼苗为红色，称为红麻，叶片较大，花朵较小且呈紫红色或粉红色，其耐旱、耐盐能力略弱；白麻植株较矮，为0.5～2.5m，幼苗为浅绿色或灰白色，叶片较小，花朵较大呈粉红色，其耐旱、耐盐能力极强。

（1）罗布麻纤维组成及结构。罗布麻茎秆截面与苎麻、亚麻等相似，也是由皮层和芯层组成，芯层髓部组织较发达，纤维取自皮层的韧皮纤维细胞。罗布麻麻秆分支多而细，麻皮薄，黏结力强，因此不易剥麻。罗布麻纤维细长而有光泽，聚集为较松散的纤维束，但也有个别纤维单独存在。罗布麻单纤维为两端封闭，中有空腔，即中部较粗而两端较细，纵向无扭转的厚壁长细胞。纤维表面有许多竖纹和横节。横截面为多边形或椭圆形，中腔较小，胞壁很厚，纤维粗细差异较大。图5－12为罗布麻纤维的截面及纵向外观。罗布麻的原纤组织结构与苎麻相似，具有较高的结晶度和取向度，罗布麻的结晶度为59%，取向因子为0.924。

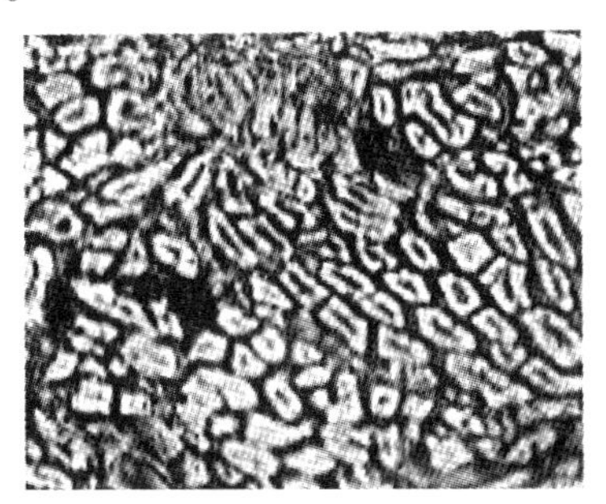
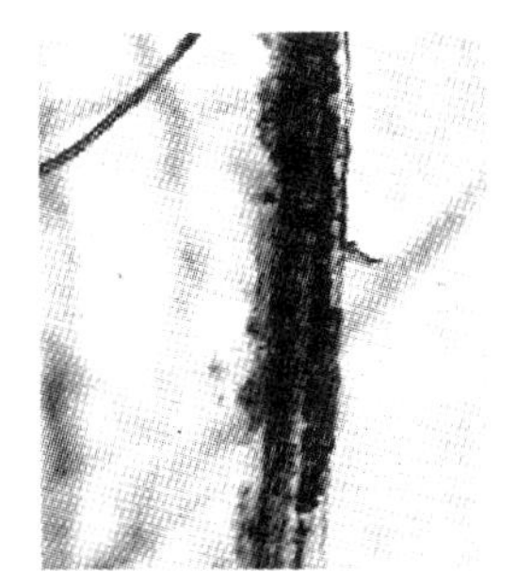

图5－12　罗布麻纤维截面及纵向外观

罗布麻纤维的化学组成见表5－7。不同生长地区的罗布麻化学组成有所不同，罗布麻的纤维素含量与苎麻相近，但其半纤维素含量较苎麻低，木质素含量较高。

表5－7　罗布麻纤维的化学组成（%）

罗布麻品种化学组成	纤维素	半纤维素	木质素	果胶	脂蜡	水溶物
新疆罗布麻	44.19	13.74	4.98	6.55	14.16	8.06
山东罗布麻	31.10	23.54	6.95	9.29	11.53	7.41
甘肃罗布麻（脱胶前）	48.20	21.65	19.00	5.20	1.68	4.17
甘肃罗布麻（脱胶后）	82.13	6.43	5.31	0.17	1.67	4.27

（2）罗布麻纤维的主要性能。

①纤维规格：罗布麻红麻纤维平均长度为25～53mm，宽度为14～20μm；白麻纤维平均长度为50～60mm，最长可达180mm，宽度约为18μm。

②断裂比强度与断裂伸长率：罗布麻单纤维平均断裂比强度为2.9cN/dtex，断裂伸长率为3.33%。

③密度：罗布麻纤维壁密度与棉纤维相近，为1.55g/cm^3。

④吸湿性：罗布麻纤维的标准回潮率为6.98%，纤维吸湿速度较慢，放湿速度较快。

⑤弹性：罗布麻纤维压缩弹性回复率为49.25%。

⑥色泽：罗布麻纤维随脱胶程度不同，有灰白色、灰褐色、褐色等色泽。

⑦表面摩擦性能：罗布麻纤维动摩擦因数为0.555，静摩擦因数为0.453，表面光滑，纤维间抱合力较小。

⑧染色性：罗布麻染色性能与亚麻相似，染色均匀性较差。因为罗布麻纤维中纤维素含量低，木质素、半纤维素、果胶等天然共生物含量高，容易与纤维素形成染色差异。另外，罗布麻纤维结晶颗粒大，取向度高，染料上染困难。

⑨抗菌性：罗布麻纤维具有天然抗菌功能，对金黄色葡萄球菌抑菌率为47.7%，对大肠杆菌的抑菌率为56.8%，对白色念珠菌的抑菌率为40.2%。

6. 香蕉纤维

香蕉纤维（banana fiber）存在于香蕉茎的韧皮中，也是一种韧皮纤维。将香蕉茎秆用切割机切断，手工将茎秆撕成片状，然后用刮麻机制取香蕉纤维。目前，香蕉纤维没有得到大规模的开发与利用，印度采用手工剥制的纤维主要用于生产手提包和装饰品，还有的用于绳索和麻袋等包装用品。我国的香蕉资源非常丰富，在广东、广西、福建、海南、四川、云南等地都大面积种植香蕉，开发和利用香蕉纤维具有很大的资源潜力。

香蕉纤维的化学组成为纤维素、半纤维素、木质素、灰分和水溶物质，其中纤维素含量为58.5%～76.1%，半纤维素含量为28.5%～29.9%，木质素含量为4.8%～6.13%，灰分为1.0%～1.4%，水溶物质为1.9%～2.16%。香蕉纤维的纤维素含量低于亚麻和黄麻，纤维光泽、柔软性、弹性和可纺性略差。

采用X光衍射法和贝克线法测试香蕉纤维的内部结构，其结晶度约为44%，取向角为14°，取向因子为0.810，密度为1.36g/cm^3，且其纤维的大分子排列规整性不如亚麻，因此香蕉纤维的结晶度和取向度低于亚麻纤维。

香蕉纤维具有麻类纤维的特点，香蕉纤维可以溶于热硫酸，并且具有抗碱性，耐丙酮、氯仿、甲酸和石油酚。

香蕉纤维的单纤维较短，长度为2.0～3.8mm，纤维宽度为8～20μm。工艺纤维的长度为80～200cm，平均长度为115cm，宽度为11～34μm，平均约为21.28μm，工艺纤维断裂比强度为1.96～8.65cN/dtex，断裂伸长率为2.2%～4.3%。

5.2.2 韧皮纤维的初加工

麻类植物的茎秆主要由皮层和芯层（木质部）组成，皮层由外向内依次为表皮细胞、厚角细胞、薄壁细胞、维管束细胞、初生韧皮细胞、次生韧皮细胞等。芯层分形成层、木质部和髓部。韧皮纤维细胞集束排列，每5~6个纤维束集聚。麻茎收割后，先要经过剥皮、脱胶等初步加工除去表面细胞、厚角细胞、薄壁细胞等以及一些胶质和非纤维杂质，保留韧皮细胞的纤维束，再将韧皮细胞间的半纤维素、果胶、木质素等胶类物质脱除，最后麻茎经干燥、打麻，就得到了可纺的长纤维和束纤维。其中脱胶通常采用酶处理或化学处理的方法去掉胶质，常用脱胶方法有雨露浸渍法、温水浸渍法、生物酶处理法、细菌脱胶法、化学脱胶法、机械搓揉敲击法等。

1. 苎麻（ramie）纤维初加工

苎麻收割后，经过剥皮、刮青（刮去表皮细胞、厚角细胞和薄壁细胞）、晒干后成丝状或片状原麻（生苎麻），再经过脱胶处理后得到色白而有光泽的精干麻。原麻的公定回潮率为12%，含胶率为20%~28%，精干麻含胶率约为2%。

2. 亚麻（flax）纤维初加工

亚麻茎的直径为1~3mm，木质部不甚发达，因此不能采用一般的剥皮方式获取纤维。亚麻初加工工艺为：亚麻原茎→选茎→脱胶→干燥→入库养生→干茎→碎茎→打麻→打成麻。

打成麻是亚麻干茎经过碎茎打麻后取得的长纤维。打成麻中的亚麻纤维为工艺纤维，工艺纤维是由果胶黏结的细纤维束，截面约有10~20根亚麻单纤维，工艺纤维线密度为2.2~3.5tex。

3. 黄麻（jute）纤维初加工

黄麻纤维有剥皮精洗和带秆精洗两种脱胶加工方式，未脱胶的黄麻原麻称生麻，脱胶后的黄麻称熟麻。精洗后所得的熟麻纤维占原麻的百分率称为精洗率，且精洗方式不同，精洗率差异较大。如圆果种黄麻的剥鲜皮精洗率为8.2%~13.5%，剥干皮精洗率为47.0%~53.9%；带鲜茎精洗率为3.72%~4.95%，带干茎精洗率为3.7%~4.6%。

剥皮精洗：剥麻皮→选麻扎把→浸麻→洗麻→收麻→整理分级→打包。

带秆精洗：麻茎→选麻成捆→浸麻→压麻→碎根剥洗→晒麻收麻→整理分级→打包。

4. 无毒大麻（汉麻，hemp）纤维初加工

汉麻单纤维长度短，整齐度差，原麻的果胶、半纤维素、木质素的含量高，因此纤维脱胶较苎麻等困难，有效成分的利用也不及苎麻、亚麻。汉麻传统的化学脱胶工艺为：原麻扎把→装笼→浸酸→水洗→煮练→水洗→敲麻→漂白→水洗→酸洗→水洗→脱水→开松→装笼→给油→脱油水→烘干→精干麻。新工艺采用物理、生物工程、机械、化学脱胶方法复合显著提高了效率。

5.2.3 韧皮纤维的化学组成

韧皮纤维的主要组成物质为纤维素，另外还有半纤维素、糖类物质、果胶、木质素、脂、蜡质、灰分等物质，各组成物质的比例因韧皮纤维的品种而异。韧皮纤维的化学成分

虽然与棉纤维相似，但其非纤维素成分含量较高。韧皮纤维中的半纤维素、木质素对纤维力学性能和染色效果都有较大的影响。半纤维素是聚合度很低的纤维素、聚戊糖（五碳糖包括木糖、阿拉伯糖等）、聚己糖（六碳糖包括半乳糖、甘露糖等）各种聚合度化合物的总称。韧皮纤维的化学组成见表5－8。

表5－8　韧皮纤维的化学组成（%）

组成 纤维	苎麻	亚麻	汉麻	黄麻	槿麻
纤维素	65～75	70～80	58.16	64～67	70～76
半纤维素	14～16	12～15	18.16	16～19	
木质素	0.8～1.5	2.5～5	6.21	11～15	13～20
果胶	4～5	1.4～5.7	6.55	1.1～1.3	7～8
脂蜡质	0.5～1.0	1.2～1.8	2.66	0.3～0.7	
灰分	2～5	0.8～1.3	0.81	0.6～1.7	2

1. 半纤维素（hemicellulose）

半纤维素具有较高黏性，将植物细胞黏结成束。半纤维素的聚合度一般为150～200，分子链短，且大多有短的侧链。半纤维素的苷键在酸性介质中会断裂，使半纤维素发生降解。半纤维素在碱性条件下可以降解，产生碱性水解或剥皮反应。

2. 木质素（lignin）

木质素是植物细胞壁的主要成分之一，亦简称木素。它是以苯基丙三醇为基本单基（其中三个醇基可以接枝不同基团）通过各位置形成“C—C”键或醚键（—C—O—C—）聚合的种类极多的（至少数百种）且聚合度差异极大的聚合物的混合物。大部分韧皮纤维细胞壁内含有少量木质素，部分韧皮纤维（如汉麻）及叶纤维，木质素存在于细胞之间成为黏结物质，使细胞不易分离。

木质素相对分子质量为400～5000。韧皮纤维中木质素含量愈高则纤维愈粗硬，且脆，缺乏弹性和柔软度差。木质素不溶于冷水及低温稀碱液中，能溶于温度在165℃以上的碱液中；其在酸性亚硫酸盐的溶液中会变成木质磺酸，且能溶解。

3. 脂蜡质（wax）

脂肪和蜡主要成分为饱和烃族化合物及其衍生物、高级酸脂蜡以及类似的醛类物质等，亦称为蜡质。蜡质以薄膜状态覆盖于植物的外围，能防止植物的水分过多蒸发或潮气侵入。同时，蜡质也覆盖于纤维表面，增加纤维的柔软度及光泽。它能溶于有机溶剂（如醛、乙醚等）中，其中一部分饱和烃，也可与苛性钠溶液皂化。脂肪和蜡在一定温度下，能部分地熔融和软化。

4. 果胶（pectin）

果胶是一种含有水解乳糖醛酸基的复杂碳水化合物，呈黏性物质状态，在纤维细胞之间黏结成束。果胶质（pectic substances）是植物产生纤维素、半纤维素等成分的营养物质，由含有糖醛酸基环的一种混杂链构成，是一种具有酸性的混杂糖，主要组成成分是果胶酸及其衍生物，还有与之共生的其他许多糖类物质。它们存在于植物细胞壁、细胞内和细胞间。纤维束之间的果胶，易受细菌的作用而分解。

5.3 叶纤维

叶纤维是从草本单子叶植物叶上获得的纤维。叶纤维种类很多，在经济上形成稳定的工业生产资源的主要有龙舌兰麻类（剑麻）和蕉麻。叶纤维是在麻类（如剑麻、蕉麻）植物的叶子中取得的（即管状束纤维），这类纤维比较硬，又称“硬质纤维”，纤维长度长，强度高，伸长小，耐海水浸蚀。

5.3.1 剑麻

1. 概述

剑麻（agave，sisal）取自剑麻叶，属龙舌兰麻类。有20个属，约600个种。其中以龙舌兰属经济价值较高。由于龙舌兰麻属的叶片外形似剑，在中国习惯上统称为剑麻。剑麻主要有普通剑麻、西莎尔麻、马盖麻、灰剑麻、番麻、假菠萝麻、抽拉和暗绿剑麻等。

剑麻主要在中美洲、南美洲、印度尼西亚及非洲的热带地区种植，原产于墨西哥，由于剑麻是从墨西哥西沙尔港首次出口的，故又称西沙尔麻。墨西哥自古就利用麻纤维作为编织原料。1979年世界剑麻总产量约为43万吨。中国于1901年首次引进马盖麻，种植剑麻的地区主要是华南各省，以广东为主，其次是广西和福建，20世纪80年代初的年产量在1.5万吨左右。中国种植剑麻以1963—1964年从东非引进的龙舌兰杂种11648号品种为最多，其次是普通剑麻、马盖麻和番麻。

2. 结构与性能

（1）剑麻纤维的制取。

剑麻是多年生草本植物，一般种植后2年左右，叶片长达80～100cm，生叶80～100片时便可开割。叶片收割后须及时刮麻取得纤维，采用半机械或机械化加工。

剑麻纤维制取的工艺流程一般是：鲜叶片→刮麻→捶洗→（或冲洗）→压水→烘干（或晒干）→拣选分级→打包→成品。剑麻纤维一般只占鲜叶片重的3.5%～6%，其余的是叶肉、麻渣和浆汁，含有丰富的有机物质，如糖类、脂肪、皂素等。

（2）剑麻纤维的形态结构和化学组成。

剑麻纤维有两种：一种位于叶片边缘，具有增强叶片作用，称强化纤维束；另一种位于叶片中部，形成一条带，称带状纤维束。带状纤维束的纤维细胞数目较少，二个成熟的麻叶片含1000～1200个纤维束。剑麻纤维横切面呈多角形，中空，胞壁厚，胞腔小而呈圆或卵圆形。

剑麻纤维主要组成物质为纤维素65.8%，其他有半纤维素约12%，木质素约9.9%，果胶约0.8%，水溶物约12%，脂肪和蜡质约0.3%。剑麻纤维耐碱不耐酸，遇酸易被水解而强度降低，在10%的碱液中纤维不受损坏。

（3）剑麻纤维的性能与用途。

一般束纤维截面由50～150多根单纤维组成。剑麻单纤维长1.5～4mm，宽20～30μm。工艺纤维长度为0.78m，工艺纤维线密度169dtex。剑麻纤维断裂强度为5.72～7.33cN/dtex，断裂伸长率为3%～4.5%，密度为1.29g/cm^3，公定回潮率是12%。

剑麻纤维洁白而富有光泽，纤维长，强度高，伸长性小，耐磨，耐海水浸泡，耐盐碱，耐低温和抗腐蚀。剑麻可制舰艇和渔船的绳缆、绳网、帆布、防水布、钢索绳芯、传送带、防护网等，可编织麻袋、地毯，制作漆帚、马具等，并可与塑料压制硬板作为建筑材料。但近年来由于合成纤维的大量应用，剑麻纤维有逐渐被替代的趋势。

5.3.2 蕉麻

1. 概述

蕉麻（acaba）为芭蕉科芭蕉属，多年生草本植物，叶略小而狭，果也略小。蕉麻是热带纤维作物，原产菲律宾，又称菲律宾麻草，因主要集散地是马尼拉，亦称马尼拉麻。厄瓜多尔和危地马拉等国有少量种植，中国台湾、广东曾引种。

2. 结构与性能

（1）蕉麻纤维的结构与组成。蕉麻纤维表面光滑，粗细较均匀，纵向呈圆筒形，头端为尖形。横截面为不规则多角形，中腔较大，胞壁较薄，与剑麻纤维形状类似。蕉麻纤维约含纤维素63.2%，半纤维素约19.6%，木质素约5.1%，果胶约0.5%，水溶物约1.4%，脂蜡质约0.2%，含水率约10%。

（2）蕉麻纤维的性能与用途。蕉麻纤维单纤维长3～12mm，宽度16～32μm，工艺纤维长度为1～3m，最长达5m。蕉麻纤维粗硬，非常坚韧，束纤维断裂强度0.88cN/dtex，为硬质纤维麻类中强度最大者，断裂伸长率为2%～4%，密度1.45g/cm^3，公定回潮率是12%。

蕉麻纤维呈乳黄色或淡黄白色，有光泽。蕉麻由于强度大、有浮力和抗海水浸蚀性好，主要用作船用的绳缆、钓鱼线、吊车绳索和渔网。有些蕉麻可用来制地毯、桌垫和纸，较好的内层纤维可不经纺线而制造出耐穿的细布，主要被当地人用来做衣服和鞋帽。由于合成纤维的大量应用，蕉麻纤维也有逐渐被取代的趋势。

5.3.3 菠萝叶纤维

1. 概述

菠萝叶纤维（pineapple leaf fiber）是从菠萝叶片中提取的纤维，又称凤梨麻。菠萝纤维由许多纤维束紧密结合而成，每个纤维束由10～20根单纤维集合组成。

菠萝纤维可以通过手工或机械剥取的方法制得，机械剥取采用苎麻或黄麻剥麻机，取得叶片后进行刮青处理，然后用水洗涤，日光晒干，利用阳光的氧化作用使纤维洁白光亮，初加工工艺为菠萝叶片→刮青→水洗→晒干→原麻。制得的菠萝纤维经过适当化学处理后，可在棉纺设备、毛纺设备、亚麻及黄麻纺纱设备上进行纺纱。

菲律宾是世界上对菠萝叶开发利用最早的国家之一，开发的菠萝叶纤维手工纺织旅游产品闻名世界。早在1521年菲律宾当地居民就已经利用菠萝叶纤维手工制成精美有刺绣的面料，称为piña。在16—17世纪，手工提取、织造的piña面料与服饰在上层社会非常盛行，被认为是优雅高贵的象征。目前菲律宾生产的piña布主要以特色高贵的旅游产品出口到世界各地，包括日本和欧美。发达国家消费者的环保意识非常强，崇尚天然环保纺织品，所以更容易接受价格不菲的菠萝叶纤维服装。

印度、日本、法国也有相关的菠萝叶织物开发报道，不过都没有实现量产。菠萝叶纤维在我国的利用历史上亦有记载，在19世纪初出版的广东琼山、澄海、潮阳等县志上就有当地人利用凤梨叶织布的记叙。近几年我国菠萝叶产品开发在国际上后来居上，国内有多个单位研究菠萝叶利用技术，最大限度地发挥菠萝叶纤维的功能，并极力降低产品价格，使作为贵族奢侈品的菠萝叶纤维纺织品走入寻常百姓生活。

2. 结构与性能

（1）菠萝叶纤维的结构与组成。菠萝叶纤维表面粗糙，有纵向缝隙和孔洞，无天然扭曲。单纤维呈圆筒形，两端尖，有线状中腔。菠萝叶纤维含纤维素58.5%～76%，半纤维素25.8%～30%，木质素4.8%～6%，果胶0.3%～1%，水溶物1.9%～2.6%，脂蜡质0.3%～0.8%，灰分1.0%～1.4%。

（2）菠萝叶纤维的性能与用途。菠萝叶纤维的单纤维长3～8mm，宽度7～18μm，工艺纤维长度为10～90mm，线密度为2.5～4.9dtex，束纤维断裂强度3.56cN/dtex，断裂伸长率约3.42%。由于菠萝叶纤维的化学组成与亚麻、黄麻类似，但纤维素含量较低，半纤维素和木质素含量偏高，故菠萝叶纤维粗硬，伸长小，弹性差，吸湿放湿快。纤维中脂蜡质含量较高，因此光泽较好。菠萝叶纤维的可纺性能优于黄麻而次于亚麻，在纺纱前进行适当的脱胶处理可以改善可纺性。

菠萝叶纤维经深加工处理后，外观洁白，柔软爽滑，可与天然纤维或合成纤维混纺，所织制的织物容易印染，吸汗透气，挺括不起皱，穿着舒适。菠萝叶纤维和棉混纺可生产牛仔布，悬垂性与棉牛仔布相似；菠萝叶纤维和绢丝混纺可织成高级礼服面料；用转杯纺生产的纯菠萝叶纤维纱作纬纱，用棉或其他混纺纱作经纱，可生产各种装饰织物及家具布；用毛纺设备纺制羊毛和菠萝叶纤维混纺纱可生产西服与外衣面料；在黄麻设备上生产的菠萝叶纤维、棉混纺纱可织制窗帘布、床单、家具布、毛巾、地毯等；用亚麻设备生产涤纶、腈纶、菠萝叶纤维混纺纱可用于生产针织女外衣、袜子等。

此外，菠萝叶纤维在工业中也有广泛的应用。用菠萝叶纤维可生产针刺非织造布，这种非织造布可用作土工布，用于水库、河坝的加固防护；由于菠萝叶纤维纱比棉纱强力高且毛羽多，因此菠萝纤维也是生产橡胶运输带的帘子布、三角带芯线的理想材料；用菠萝叶纤维生产的帆布比同规格的棉帆布强力还高；菠萝叶纤维还可用于造纸、强力塑料、屋顶材料、绳索、渔网及编织工艺品等。

第6章　动物纤维

动物纤维是由动物的毛发或分泌液形成的纤维，它们的主要组成物质是由一系列氨基酸经肽键结合成链状结构的蛋白质，故称天然蛋白质纤维。其主要品种是各种动物毛纤维和蚕丝。动物纤维为优良的纺织原料，纤维柔软富有弹性，保暖性好，吸湿能力强，光泽柔和，可以织制成四季皆宜的中高档服装，以及装饰用和工业用织物。

6.1　毛纤维

毛纤维的种类很多，最主要的是绵羊毛（简称羊毛）。除羊毛外，还有山羊绒（毛）、安哥拉山羊毛（马海毛）、骆驼绒（毛）、牦牛绒（毛）、兔毛、貂绒（毛）、驼羊毛、骆马毛等。羊毛以外的动物毛，有时统称为特种动物毛，也用来制造纺织品，可纯纺或与其他纤维混纺。

6.1.1　羊毛纤维

1. 概述

羊毛纤维吸湿性强、保暖性好、弹性好、不易沾污、光泽柔和、染色性好，还具有独特的缩绒性，品质优良，有天然形成的波浪形卷曲，可用于制造呢绒，绒线、毛毯、毡呢等生活用和工业用品，是高档纺织纤维。

澳大利亚是世界上生产和出口羊毛最多的国家，约占世界总产量的1/3。新西兰的羊毛产量位居世界第二，阿根廷、乌拉圭、南非、俄罗斯、英国等也是羊毛的主要生产国。我国羊毛产量位居世界的前列，也是羊毛的消费大国，每年需从澳大利亚等国大量进口羊毛。我国的羊毛产地主要在东北、华北和西北地区。绵羊按生产用途可分为以下类型。

细毛羊：细毛用于织制优良的精纺毛织物。细毛羊的主要品种是美利奴羊，目前美利奴羊分布在世界各地，是最大的绵羊品种，但不同国家的美利奴绵羊之间的羊毛品质差异较大，以澳大利亚的美利奴羊种最好，以剪毛量高，羊毛品质好而著称。我国的新疆改良细羊毛即属此类。

半细毛羊：半细毛羊的品种主要有考力代、波尔华斯、茨盖等羊种，主要由美利奴羊和长毛羊杂交育成。半细毛是针织绒线和粗纺呢绒的原料。新西兰、阿根廷、乌拉圭等国是半细毛的重要生产国。

长毛羊：长毛是粗绒线、长毛绒、毛毯和工业用呢的原料。长毛羊的主要品种有罗姆尼羊、林肯羊、莱斯特和边区莱斯特羊。

粗毛羊：粗毛羊即土种羊，是指世界各地未经改良的羊种，我国的蒙羊、藏羊、哈萨克羊等羊种均为土种羊。土种羊毛被中兼有发毛和绒毛，品质和性能差异很大，常含有大量的死毛，主要用于织制地毯或制毡，也称地毯羊毛。其广布于世界各地，约占全部绵羊品种的 48%。

粗毛羊中还有裘皮羊、羔皮羊、乳用羊等，裘皮羊所产裘皮具有毛穗好、皮张大、皮板轻、成品美观、结实等特点，中国的滩羊是世界上生产裘皮最好的品种；羔皮羊指出生后 1～2 天内屠宰取皮用，皮毛具有美丽的卷曲和图案，富有光泽，以卡拉库尔羊所产的羔皮著称于世，中国的湖羊羔皮在国际市场上也享有盛誉；乳用羊指主要用于产乳的羊，如德国的东弗里生羊。

2. 羊毛纤维的分类

（1）按羊毛纤维长细度分类。

①细毛：细羊毛的直径在 18～27μm，毛丛长度小于 12cm。

②半细毛：半细毛的直径为 25～37μm，长度小于 15cm。

③粗毛：粗毛的直径为 20～70μm，长度小于 15cm。

④长毛：长毛直径大于 37μm，长度为 15～30cm。

（2）按羊毛纤维结构分类。

①绒毛：是无髓毛，只有表皮层和皮质层，没有髓质层，品质优良，纺纱性能好，根据其直径粗细又可分细绒毛和粗绒毛。

②两型毛：有不连续的髓质，同时兼有绒毛与粗毛的特征，纤维粗细差异较大，纺纱性能比绒毛差。

③有髓毛：有连续髓质层，随毛髓的多少不同，又可分为刚毛、腔毛、发毛、干毛和死毛等，纺用价值很低。

（3）按羊毛毛被上纤维类型分类。

①同质毛：羊体各毛丛由同一种类型毛纤维组成，纤维细度、长度基本一致，同质毛一般按细度分成支数毛，同质毛质量较好。

②异质毛：羊体各毛丛由两种及以上类型毛纤维组成，异质毛一般按粗腔毛含量分成级数毛，异质毛质量不及同质毛。

（4）按羊毛取毛方式和取毛后原毛的形状分类。

①被毛（套毛）：从绵羊身上剪下的毛丛相互连接成一整张的毛叫被毛。分为封闭式被毛和开放式被毛两种。封闭式被毛从整个外观上看，像一个完整的毛纤维集合体；开放式被毛从外砚上看有突出的毛辫，各毛丛底部相连，上部毛辫互不相连。

②散毛：从羊身上剪下的不连成一整块的毛。

③抓毛：在脱毛季节用梳状工具从动物身上梳下的毛，山羊绒一般为抓毛。

（5）按剪毛的季节分类。

①春毛：春季从羊身上剪下的毛，纤维细长，绒毛含量多，油汗多，品质优良。

②秋毛：秋季从羊身上剪下的毛，纤维较粗短，光泽较好，色洁白，品质次于春毛。

③伏毛：夏季从羊身上剪下的毛，纤维粗短，含死毛较多，品质较差。

此外，按羊毛用途不同可以分为精梳用毛、粗梳用毛、地毯用毛、工业用毛，按照加工程度分为原毛、洗净毛，按绵羊品种分为细羊毛、半细羊毛、粗羊毛、长羊毛，按羊毛的产地分为澳毛、新西兰毛、新疆毛、河南毛、山东毛等。

3. 羊毛纤维的生长发育

羊毛纤维是由绵羊皮肤上的细胞发育而成。如图6－1所示，首先生长羊毛处的细胞开始繁殖，形成凸起物，向下伸展到皮肤1内，使皮肤在这里向内凹，成为毛囊2。处于皮肤内的羊毛是毛根3，它的下端被毛乳头4所包覆，毛乳头供给养分，使细胞继续繁殖，向上生长，凸出皮肤，形成羊毛纤维5。羊毛生长时，几个脂肪腺6开口与毛囊，脂肪腺分泌出油脂性物质包覆在羊毛纤维的表面称为羊脂，汗腺7由皮肤深处通到毛囊附近并开口于皮肤表面，汗腺分泌出汗液包覆在羊毛纤维的表面称为羊汗。羊脂和羊汗混合在一起称为脂汗。

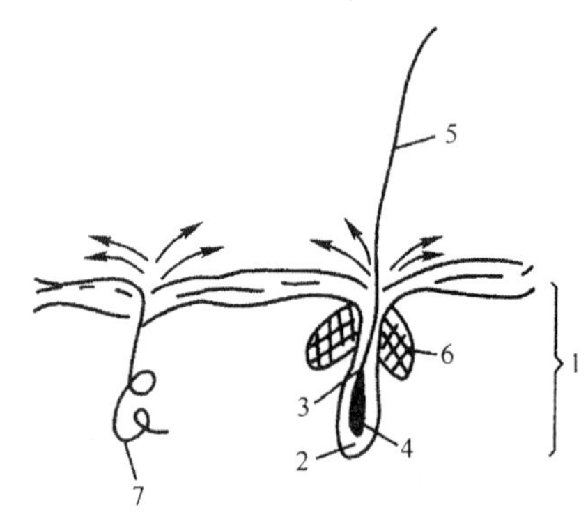

图6－1　羊毛纤维的生长

1—皮肤　2—毛囊　3—毛根　4—毛乳头　5—羊毛纤维　6—脂肪腺　7—汗腺

羊毛在羊皮肤上不是均匀分布的，而是呈簇状密集在一起。在一小簇羊毛中，有一根直径较粗、毛囊较深的称为导向毛。围绕着导向毛生长的较细的几根或几十根羊毛称为簇生毛，形成一个个毛丛。毛丛之间有较大的距离。成簇生长的羊毛由于卷曲和脂汗相互粘连在一起。

毛丛中纤维形态相同，长度、细度相近，生长密度大，有较多的脂汗使纤维相互粘连，形成上下基本一致的形状，从外部看呈平顶状的，称平顶毛丛（封闭式毛被）。这种毛丛的羊毛品质最好，毛的密度较高，含土杂较少，同质细羊毛多属这一类型。

毛丛中纤维粗细混杂，长短不一，短而细的毛靠近毛丛底部，粗长纤维突出在毛丛外面并扭结成辫，形成底部大上部小的圆锥形，呈这种辫状的羊毛品质较差，称为开启式或开放式毛被。这种毛被毛的密度较稀，含土杂较多，异质粗羊毛多属这一类型。

4. 羊毛纤维的化学组成和结构特征

（1）羊毛纤维的组成。羊毛纤维的主要组成物质是一种不溶性蛋白质，称为角朊，其化学组成元素有碳（49.0%～52.0%）、氧（17.8%～23.7%）、氮（14.4%～21.3%）、氢（6.0%～8.8%）、硫（2.2%～5.4%）、灰分（金属氧化物0.16%～1.01%）。羊毛纤维是由多种α－氨基酸缩合而成，各种α－氨基酸的含量见表6－1。

表6－1　各种天然蛋白质α－氨基酸的含量（%）

氨基酸	羊毛纤维	桑蚕丝素	桑蚕丝胶	柞蚕丝素	酵素蛋白	大豆蛋白
甘氨酸	3.10～6.50	37.5～48.3	1.1～8.8	20.3～24.0	0.5	4.00～7.77
丙氨酸	3.29～5.70	26.4～35.7	3.5～11.9	34.7～39.4	1.9	4.31～4.85
亮氨酸	7.43～9.75	0.4～0.8	0.9～1.7	0.4	9.7	7.71～9.60
异亮氨酸	3.35～3.75	0.5～0.9	0.6～0.8	0.4	9.7	4.40～5.27
苯丙氨酸	3.26～5.86	0.5～3.4	0.3～2.7	0.5	3.9	5.70～6.12
缬氨酸	2.80～6.80	2.1～3.5	1.2～3.1	0.6	8.0	3.93～5.72
脯氨酸	3.40～7.20	0.4～2.5	0.3～3.0	0.3	8.7	5.32～6.78
鸟氨酸	—	—	—	—	—	—
赖氨酸	2.80～5.70	0.2～0.9	5.8～9.9	0.2	6.2	4.67～5.56
组氨酸	0.62～2.06	0.14～0.98	1.0～2.8	2.2	2.5	1.30～1.63
精氨酸	7.90～12.10	0.4～1.9	3.7～6.1	9.2～13.3	3.7	7.46～9.15
色氨酸	0.64～1.80	0.1～0.8	0.5～0.1	1.8～2.1	0.5	0.12～0.47
丝氨酸	2.90～9.60	9.0～16.2	13.5～33.9	9.8～12.2	5.0	4.32～4.83
苏氨酸	5.00～7.02	0.6～1.6	7.5～8.9	0.1～1.1	3.5	3.21～4.12
酪氨酸	2.24～6.76	4.3～6.7	3.5～5.5	3.6～4.4	5.4	0.11～0.24
羟脯氨酸	—	1.5	—	—	0.2	0.11～0.24
天冬氨酸	2.12～3.29	0.7～2.9	10.4～17.0	4.2	6.0	10.89～13.87
天冬酰胺	3.82～5.91	0.7～2.9	10.4～17.0	4.2	6.0	10.89～13.87
谷氨酸	7.03～9.14	0.2～3.0	1.0～10.1	0.7	21.6	20.96～24.73
谷酰胺	5.72～6.86	0.2～3.0	1.0～10.1	0.7	21.6	20.96～24.71
瓜氨酸	—	—	—	—	—	—
胱氨酸	10.84～12.28	0.03～0.9	0.1～1.0	—	0.4	0.00
半胱氨酸	1.44～1.77	—	—	—	—	0.00
蛋氨酸	0.49～0.71	0.03～0.2	0.1	—	3.3	0.91～1.76

（2）羊毛纤维的大分子结构。羊毛纤维主要由蛋白质组成，纤维易被酸或碱溶液水解，水解后的最终产物为α－氨基酸。α－氨基酸的分子式为COOH—CHR—NH，其中R代表多种化学结构的取代基（侧基）。R基团不同形成的α－氨基酸也不同，有酸性、碱性和中性的。

羟基（—OH）、氨基（—NH_2）、羧基（—COOH）、主链中的肽键（—CO—NH—）分子间的二硫键（—S—S—）是蛋白质纤维大分子的官能团，它们决定了蛋白质纤维耐酸不耐碱、吸湿性好等许多性质。

蛋白质纤维中各种 α－氨基酸的比例随着动物的种类、生长条件、生长部位及收获季节而有较大差别。在组成羊毛的 20 多种 α－氨基酸中，以精氨酸（二氨基酸）、松氨酸，谷氨酸（二羟基酸）、天门冬酸和胱氨酸（含硫氨基酸）等的含量最高，因此在羊毛角蛋白大分子主链间能形成盐式键、二硫键和氢键等空间横向联系。羊毛纤维大分子结构如图 6－2 所示。

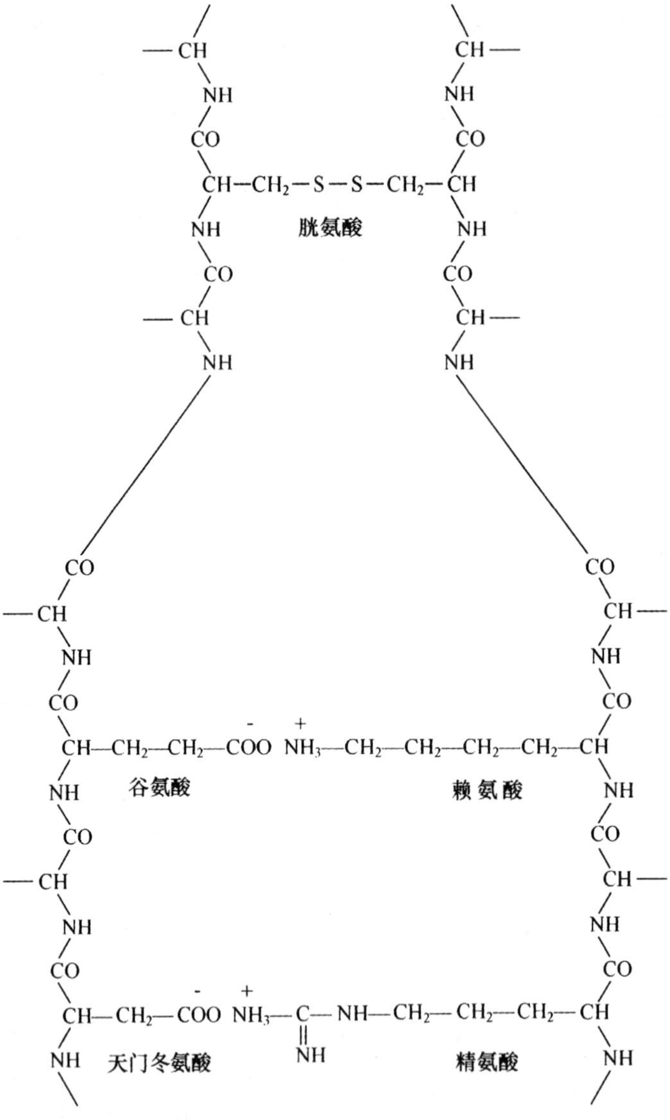

$CH—CH_2—S—S—CH_2—CH$

胱氨酸

$CH—CH_2—CH_2—COO^-\ \ NH_3^+—CH_2—CH_2—CH_2—CH_2—CH$

谷氨酸　　赖氨酸

$CH—CH_2—COO^-\ \ NH_3^+—C(=NH)—NH—CH_2—CH_2—CH_2—CH$

天门冬氨酸　　精氨酸

图 6－2　羊毛纤维大分子结构

蛋白质纤维大分子链的空间结构形式有两种，如图 6－3 所示，一种是线型的曲折链，另一种是螺旋链，其中最普通的是 α－螺旋链。羊毛的大分子间依靠分子引力、盐式键、二硫键和氢键等结合，形成稳定的空间螺旋结构，称为 α－角蛋白。

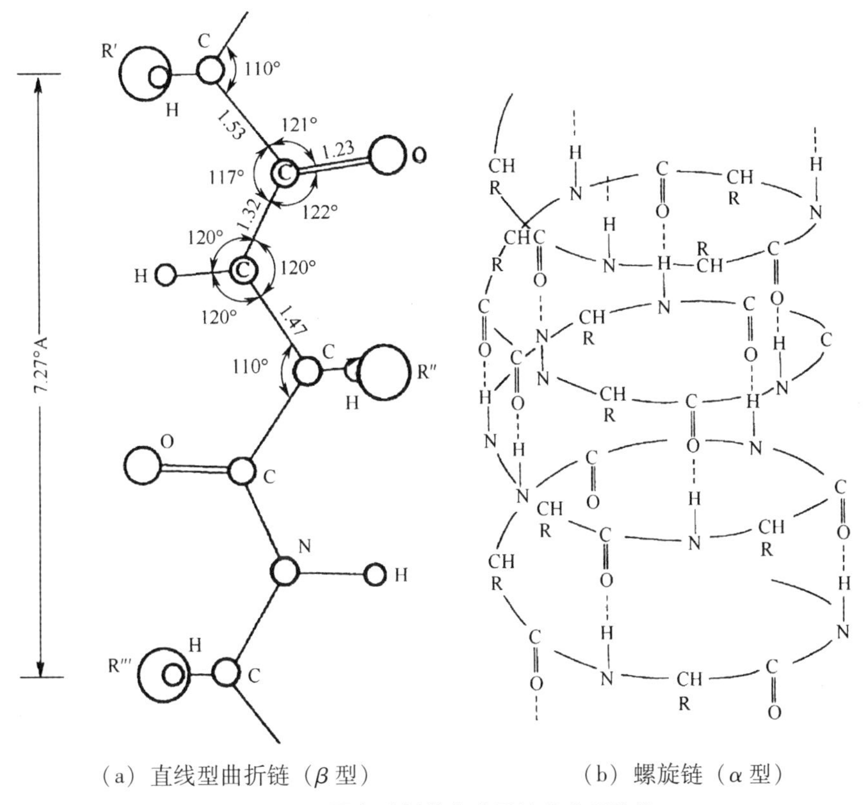

（a）直线型曲折链（β 型） （b）螺旋链（α 型）

图6－3 蛋白质纤维大分子链的空间结构

（3）羊毛纤维的形态结构。羊毛纤维的纵向形态呈鳞片覆盖的圆柱体，纤维的中部较粗，且有空间卷曲。羊毛纤维的截面呈圆形或椭圆形，长短径比为1.1～2.5之间。

羊毛纤维由外向内由表皮层、皮质层、有时还有髓质层组成。绵羊毛的结构如图6－4所示。

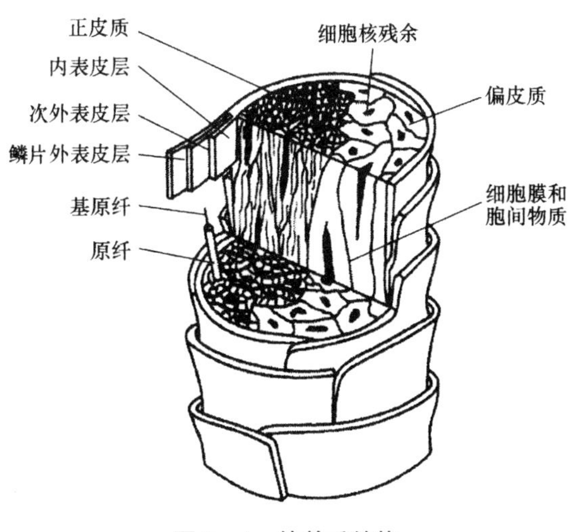

图6－4 绵羊毛结构

①表皮层（cuticle layer）：表皮层又称鳞片层，由片状角朊细胞组成，包覆在羊毛纤维的表面，平均厚度0.2～2μm，宽度25～30μm，高度35.5～37.5μm。其根部附着于毛

干，梢部伸出毛干表面并且指向毛尖，程度不同地突出于纤维表面并向外张开。鳞片层的主要作用是保护羊毛不受外界条件的影响。鳞片排列的疏密和附着程度对羊毛的光泽和表面性能影响很大。细羊毛的鳞片排列紧密，呈环状覆盖，伸出端较突出，所以光泽柔和，摩擦因数大。粗羊毛的鳞片排列较稀，呈龟裂状覆盖。此外，由于鳞片层的存在，使羊毛具有缩绒性。

②皮质层（cortex）：皮质层是羊毛纤维的主要组成部分，决定了羊毛纤维的物理化学性质。皮质层由两种不同皮质细胞组成，即由偏皮质和正皮质形成双侧结构，并在长度方向不断转换位置，使羊毛纤维形成天然卷曲。如果正、偏皮质层的比例差异较大或呈皮芯分布，则羊毛卷曲不明显。正皮质（软皮质）结构较疏松，处于卷曲弧形外侧，含硫量较少，对酶及化学试剂反应活泼，吸湿、染色较好；偏皮质（硬皮质）结构较紧密，处于卷曲弧形内侧，含硫量较多，对酸性染料有亲和力，对化学试剂反应差。羊毛的皮质层发育越完善，所占比例越大，纤维的品质越优良，纤维的强度、卷曲、弹性越好。有些纤维的皮质层还存在天然色素，就是这些纤维的颜色难以去除的原因。

③髓质层（medulla Layer）：由结构松散和充满空气的角朊细胞组成，细胞间相互联系较差而且呈暗黑色。髓质层影响纤维的强度、卷曲、弹性，影响纤维的纺纱价值。一般品质优良的羊毛纤维没有髓质层或只有断续的髓质层，羊毛纤维越粗，髓质层比例越大。髓质层多的羊毛脆而易断，不易染色。

5. 羊毛的初加工

羊毛的初加工包括毛纤维从动物体上取下到可以被纺织加工接受的干净纤维的全过程，其工艺流程为：剪毛→分拣归类→分级（打包）→洗毛→炭化（洗净毛）→打包。

（1）羊毛的剪毛和分拣加工。剪毛通常在每年春季进行。细毛羊、半细毛羊一般一年剪一次毛，粗毛绵羊每年可剪两次，分春季和秋季。剪下来的毛被（套毛）应当连在一起，成为一整张套毛，便于分拣。

分拣是为了合理使用原料，做到优毛优用，套毛应按其品质进行分拣，包括将不同品质的套毛分开堆放；将套毛中的疵毛、草杂、二剪毛分离开来的过程，一般由人工来完成。

（2）羊毛的洗涤和除草杂。洗毛的目的是要洗去毛纤维上的羊毛脂、羊汗和砂土、污垢等，而其中关键是对羊毛脂的洗涤。洗毛采用的方法是加入含有洗涤剂的洗液，常用洗涤剂主要是皂碱和合成洗涤剂。经洗毛加工的洗净毛，虽经压水，一般仍含有40%左右的水分，必须进行烘干处理才能储藏或运输。目前工厂都采用开洗烘联合机完成开毛、洗毛、烘毛，得到洗净毛。

原毛中的某些植物性杂质，如草刺、枝叶、草籽等，统称草杂，会与羊毛紧密缠结，在开毛、洗毛中不易去除。用化学方法进行去草的方法称为“炭化”。该方法的原理是针对羊毛耐酸而植物性杂质不耐酸的特性，将含草毛通过硫酸液浸渍与烘干，使草杂成为易碎的炭质，再经压碎和开松分离，使之从羊毛中分离出去，达到降低草杂含量的目的。炭化前国毛含草杂率在1%～2%（国毛短毛2%～4%），澳毛1%左右，炭化后含草杂率在

0.1%以下（国毛短毛0.2%以下）。

6. 羊毛纤维的主要性能

（1）羊毛纤维的细度。羊毛纤维的细度主要取决于绵羊的品种、年龄、性别、生长部位、饲养条件等。羊毛纤维截面近似圆形，一般用直径来表示它的细度，单位为微米（μm）。羊毛纤维细度差异很大，最细绒毛直径达7μm，最粗可达240μm。同一根羊毛上直径差异可达5～6μm，一般羊毛越粗，细度越不均匀。正常的细绒毛横截面近似圆形，截面长宽比在1～1.2，不含髓质层。刚毛的横截面呈椭圆形，含有髓质层，截面长宽比在1.1～2.5。死纤维的横截面呈扁圆形，截面长宽比在3以上。

细度是确定羊毛品质和使用价值的重要指标。一般羊毛愈细，离散愈小，相对强度高、卷曲度大、鳞片密、光泽柔和、脂汗含量高，但长度偏短。

羊毛纤维的细度对于毛织物的品质和风格影响较大，精纺产品多选用同质细羊毛，粗纺产品多选用细羊毛或一级改良毛，绒线多选用46～58支半细毛，内衣织物需要很细的羊毛原料。但羊毛纤维越细，在纺纱过程中越易纠缠成结，易使织物表面产生起毛起球现象。

绵羊毛的细度指标除直径外，还有线密度、公制支数和品质支数等。绵羊毛的平均直径为11～70μm，直径变异系数20%～30%，相应的线密度在1.25～42dtex。

绵羊毛的品质支数简称“支数”，是毛纺生产活动中长期沿用下来的一个指标。目前商业交易中，毛纺工业的分级、制条工艺的制订都以品质支数作为重要依据。早期羊毛的品质是用主观法评定的，据当时情况，将各种细度的羊毛实际可纺得的支数叫品质支数，以此来表示羊毛的好坏。现在羊毛的品质支数仅表示直径在某一范围内的羊毛细度。各国对不同毛纤维制订有不同的品质支数对应表，我国规定的绵羊毛品质支数与平均直径对应表见表6-2。

表6-2　绵羊毛品质支数与平均直径的关系

品质支数	平均直径（μm）	一般可纺毛纱公制支数
70	18.1～20.0	64以上
66	20.1～21.5	52～60
64	21.6～23.0	45～52
60	23.1～25.0	45～52
58	25.1～27.0	36～45
56	27.1～29.0	32～34
50	29.1～31.0	28～32
48	31.1～34.0	
46	34.1～37.0	
44	37.1～40.0	
40	40.1～43.0	
36	43.1～55.0	
32	55.1～67.0	

（2）羊毛纤维的长度。由于羊毛天然卷曲，羊毛纤维的长度分为自然长度和伸直长度。一般用毛丛的自然长度表示毛丛长度，用伸直长度来评价羊毛品质。自然长度指纤维在自然卷曲条件下两端间直线距离。伸直长度指羊毛纤维除去卷曲后伸直的长度。

羊毛纤维的长度取决于羊毛的品种、年龄、性别、饲养条件、剪毛次数、剪毛季节。细绵羊毛的毛丛长度一般为6~12cm，半细绵羊毛的毛丛长度为7~18cm，长毛种绵羊毛的毛丛长度为15~30cm。在同一只羊身上，肩部、颈部和背部的毛纤维较长，头、腿、腹部的毛较短。

羊毛纤维的长度对于纺纱质量的影响仅次于细度。当纤维细度相同时，长度较长的羊毛纤维可纺纱线的支数高。当纺纱支数一定时，长度较长，成纱强度高，纱线条干好，纺纱断头率低。伸直长度在30mm以下为短毛，要加以控制，否则影响纱线的质量，如形成毛纱节、粗细节、大肚纱等。

对于原毛多采取简易的毛丛长度测量法，一般测量30个毛丛，计算毛丛的平均长度、均方差及变异系数。

对毛条和洗净毛采用梳片式长度分析仪，取试样2g左右，从长到短以10mm组距分组分别称重，整理后计算加权平均长度、长度均方差或变异系数、加权主体长度、短毛率等。

（3）羊毛纤维的卷曲。羊毛纤维沿长度方向有自然的周期性卷曲。羊毛卷曲的程度与绵羊品种、羊毛细度、生长部位有关，所以卷曲的多少对判断羊毛细度、同质性和均匀性有较大的参考价值。

根据卷曲波的深浅，羊毛纤维的卷曲形状分弱卷曲、常卷曲、强卷曲三类，羊毛纤维的卷曲形状如图6-5所示。弱卷曲的卷曲弧不到半个圆周，沿纤维长度方向较平直，卷曲数较少，半细毛的卷曲大部分属于这种类型，波宽与波高之比为4~5；常卷曲的卷曲波形近似于半圆形，细羊毛的卷曲大部分属于这种类型，多用于精梳毛纺纱，波宽与波高之比为3~4；强卷曲的卷曲波幅较高，卷曲数较多，细毛腹毛多属于这种类型，多用于粗梳毛纺纱，卷曲的波宽与波高<3。

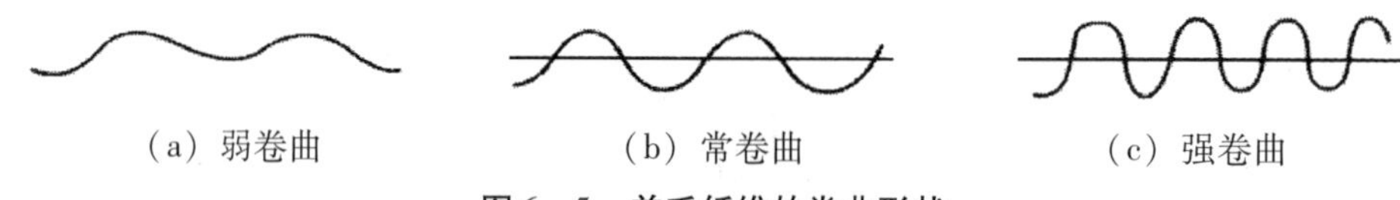

（a）弱卷曲　　（b）常卷曲　　（c）强卷曲

图6-5　羊毛纤维的卷曲形状

羊毛纤维的卷曲形态与羊毛正、偏皮质的分布情况有关。细羊毛的皮质层由两种不同皮质细胞组成，即由偏皮质和正皮质形成双侧结构，并在长度方向不断转换位置，使羊毛纤维形成天然卷曲。

表示羊毛纤维卷曲多少的指标是每厘米的卷曲数，一般细羊毛的卷曲数为6~9个/cm；表示羊毛纤维卷曲深浅的指标是卷曲率；表示羊毛纤维卷曲弹性的指标是卷曲回复率和卷曲弹性回复率。

（4）羊毛纤维的摩擦特性和缩绒性。羊毛表面有鳞片，鳞片的根部附着于毛干，尖端伸出毛干的表面指向毛尖。由于鳞片的这一特性，沿羊毛的不同方向滑动时，其摩擦因数的大小是不同的。逆鳞片摩擦因数比顺鳞片摩擦因数要大，这一摩擦特性称作方向性摩擦效应，可以用摩擦效应和鳞片度表示。

羊毛纤维的摩擦特性是羊毛缩绒的基础。羊毛集合体在湿热条件及化学试剂作用下，受机械外力的反复挤压、揉搓，纤维集合体逐渐收缩紧密、相互纠缠、交编毡化，这一性能称为缩绒性。其主要原因，首先是因为羊毛纤维具有方向摩擦效应，当纤维集合体受到外力的反复作用时，由于逆鳞片方向的摩擦阻力大于顺鳞片方向的摩擦阻力，使纤维始终保持向根部方向移动；其次是由于羊毛纤维天然卷曲的存在，使得羊毛的运动是无规律的，同时天然卷曲使羊毛之间易于互相缠结；最后，羊毛纤维本身具有良好的弹性，当外力作用时，纤维时而受力拉伸，时而回缩，形成纤维的反复蠕动、导致纤维蜷缩和缠绕。由此可见，方向摩擦效应、卷曲和弹性是羊毛缩绒的内在原因。温湿度、化学试剂和外力作用是促使羊毛缩绒的外部因素。

在毛织物整理过程中经过缩绒工序，可使织物长度收缩，厚度和紧度增加。织物表面露出一层绒毛，使其外观优美、手感丰厚、柔软，保暖性能提高。利用羊毛的缩绒性，还可把松散的短纤维制成具有一定机械强度、一定形状、一定密度的毛毡片，这种方法称为制毡。毡靴、毡帽等毛毡制品就是利用缩绒的原理制成的。

缩绒使毛织物具有独特的风格，另一方面，缩绒也会使毛织物在穿用和洗涤中产生尺寸收缩和变形。在洗涤过程中的揉搓、温水及洗涤剂等都会促进羊毛纤维产生缩绒。绒线针织物在穿用过程中，在汗渍和受摩擦较多的部位，也易产生毡合、起毛、起球等现象。大多数精纺毛织物和针织物要求纹路清晰，形状稳定，这些都要求减小或消除羊毛的缩绒性。因此，对一些高档的毛制品要求对羊毛进行防缩处理。

羊毛的防缩处理有两种方法：氧化法和树脂法。氧化法又称降解法，是对鳞片进行消除，通常使用次氯酸钠、氯气、氯胺、氢氧化钾、高锰酸钾等化学试剂使鳞片腐蚀。其中以含氯氧化剂用得最多，又称为氯化。树脂法是在羊毛上涂以树脂薄膜，减少或消除羊毛纤维之间的摩擦效应，或使纤维的相互交叉处黏结，限制纤维的相互移动，使其失去缩绒性。使用的树脂有尿醛、密胺甲醛、硅酮、聚丙烯酸酯等。为了增强防缩处理效果，有时两种方法并用。

（5）羊毛的脂汗与杂质。

①羊毛的脂汗：脂汗由羊毛脂和汗两部分组成，分别由绵羊皮肤内的皮脂腺和汗腺分泌出来，被覆盖在羊毛表面。脂汗可作为羊毛纤维的油脂涂料，可以保护羊毛免受日光和雨露的侵蚀。脂汗能防止羊毛毡化，但能使纤维粘连成片，防止外界物质渗入套毛，只在毛尖部形成有限深度的黑色污染层。脂汗不足的羊毛，手感发硬、粗糙，没有正常毛纤维的光泽，纤维耐风蚀能力差，易造成染色不匀。羊毛脂由高级脂肪酸和高级一元醇组成。羊毛纤维的物理机械性能、化学性能及氨基酸的含量与羊毛脂汗含量的多少及色泽有关。

羊毛纤维含脂汗的多少，因绵羊品种、年龄、生长部位不同而有较大差异。比如细羊毛脂汗可达 20% 以上，粗羊毛脂汗在 10% 以下，羊体侧部毛含脂较多。表 6－3 为羊毛纤维脂汗含量。

表6-3　羊毛纤维脂汗含量

羊毛种类	羊脂含量（%）	羊汗含量（%）
我国细羊毛	10~20	7~10
我国土种羊毛	3~7	8~11
澳洲美利奴羊毛	14~25	4~8

羊毛脂的颜色随绵羊品种和含脂成分不同有很大差异，一般以白色和浅黄色等浅色羊毛脂的质量最好，其他还有黄色、橙色、黄褐色及茶褐色。不同色泽的油脂对羊毛品质的影响不同。根据羊毛油脂的颜色可以鉴定羊毛的品质，如带有白色或淡乳色油脂的羊毛品质较好，而黄色或更深色油脂的羊毛品质较差。

羊毛脂的抗化学作用和抗微生物的性能很强，它不会腐败，有渗透皮肤的特性，可用来制造化妆品及护肤用品，医疗上用于治疗烫伤，工业上可用作防锈剂等。羊毛脂作为洗毛工程中的一种副产品，具有很高的价值，一般是从羊毛的洗液中回收羊毛脂。

羊毛汗质的主要成分是无机盐，碳酸钾占78.5%~86%，硫酸钾占3%~5%，氯化钾占3%~5%，一部分不溶性物质为3%~5%和其他有机物为3%~5%。羊毛汗质的含量一般为4%~20%，其水溶液呈碱性。

②羊毛的杂质：羊毛的杂质指黏附在羊毛上的许多泥沙、尘土、粪块及一些植物质（危害最大的是带有钩刺的植物如苜蓿籽等）。直接从绵羊躯体上剪下来的羊毛称为原毛。原毛中带有很多杂质，原毛中所含的各类杂质的数量，因绵羊品种、饲养条件和当地气候环境的不同而有很大的差异。

原毛净毛率指原毛经过洗净，除去油脂，植物性杂质、砂土、灰分等，所得纯净毛重量折算成一定回潮率、一定含脂率、一定灰分率后的重量占原毛重量的百分率。净毛率是一项评定羊毛经济价值的重要指标，对工厂成本核算和纺织品的用毛量关系极为密切，我国羊毛含杂率较高，净毛率普遍较低。

（6）羊毛纤维的其他性能。由于羊毛纤维的主要组成物质是蛋白质，所以羊毛纤维较耐酸不耐碱。羊毛在稀硫酸中沸煮几小时也无大的损伤，80%硫酸溶液短时间常温下处理，羊毛强力几乎不受损伤，醋酸和蚁酸等有机酸是羊毛染色工艺中的促染剂。

碱对羊毛纤维的作用比酸剧烈，随着碱的浓度增加、温度升高，处理时间延长，羊毛受到的损伤越严重。碱会使羊毛变黄，含硫量降低以及部分溶解。

天然纤维中，羊毛纤维的拉伸强度最小，而伸长能力最大，弹性回复能力最好。

羊毛的吸湿性在常用纤维中是最高的，一般大气条件下，回潮率为15%~17%。主要原因在于羊毛分子中含有较多的亲水基团。

羊毛纤维导热系数小，而且有天然卷曲增加静止空气，因此羊毛纺织品保暖性好。羊毛耐热性较一般纤维差，在100~105℃的干热条件下，纤维内水分蒸干后便开始泛黄、发硬；当温度升高到120~130℃时，羊毛纤维开始分解。羊毛纤维的湿热定形效果较好。

羊毛纤维易被虫蛀。

7. 羊毛纤维的品质检测与评定

（1）绵羊毛原毛。依据国家标准 GB 1523—93《绵羊毛》中的规定对原毛进行分等分支。细羊毛、半细毛以细度、长度、毛丛高度、粗腔毛和干死毛含量四项作为定等定支的考核指标，以其中最低一项来定等定支，属纤维细度为主的检验。改良毛以长度、粗腔毛和干死毛含量三项为定等考核指标，以其中最低一项来定等，外观特征为参考指标，属毛中疵毛为主的检验。

（2）国产细羊毛及其改良毛洗净毛。国产细羊毛及其改良毛洗净毛定支定级规定如下：支数毛——针对同质毛，按细度（品质支数）分 70 支、66 支、64 支、60 支；级数毛——针对基本同质毛和异质毛，按含粗腔毛率分为一级、二级、三级、四级甲、四级乙、五级。

洗净毛品等分一等和二等，低于二等的为等外品（一般不准出厂）。定等的条件有两项：即含土杂率、毡并率，以其中最低一项的品等为该批洗净毛的品等。定等时生产厂的保证条件有三项：即含油脂率、回潮率、含残碱率。

（3）国产细羊毛及其改良毛毛条。国产细羊毛及其改良毛毛条分为支数毛毛条与改良级数毛毛条两类。支数毛毛条的品级按羊毛平均细度评定，有 70 支（18.1 ~ 20.0μm）、66 支（20.1 ~ 21.5μm）、64 支（21.6 ~ 23.0μm）、60 支（23.1 ~ 25.0μm）。级数毛毛条的品级按羊毛的粗腔毛含量评定，有一级、二级、三级、四级甲、四级乙、五级。

支数毛条和改良毛条分等的技术指标分物理指标与外观疵点。物理指标包括细度离散、粗腔毛率、加权平均长度、长度离散、30mm 及以下的短毛率、公定重量、重量公差、重量不匀率，外观疵点包括毛粒、毛片、草屑、麻丝及其他纤维等。按其检验结果分为一等、二等、等外品。

（4）澳毛的检验与评价。世界最大细羊毛产毛国澳大利亚拥有成熟的羊毛客观检测体系，包括原毛打包前以手感目测为主的主观评价体系和打包后进入商业流通前（拍卖）的羊毛品质客观评价体系。目前主观评价体系也在逐渐客观化，如 DFDA2000 用于原毛的毛丛长度和毛丛细度均匀性的测量。客观评价体系主要针对羊毛细度和洗净率（第一检测证书），兼顾羊毛强度、长度、弱节（第二检测证书）的检验。第一检测证书包括的指标有纤维的平均直径、直径变异系数和粗纤维含量；原毛洗净率（毛基）、总含杂率和三类杂质含量，第一证书的检验率已达 99% 以上。第二检测证书包括的指标有毛丛强度、毛丛长度、以重量计算的断裂点位置等，第二证书的检验率也达 60% 以上。

所有检验都在澳大利亚羊毛检验机构（AWTA）完成，检验都用仪器进行客观测量。羊毛的检测结果均以数表的形式提供给羊毛拍卖中心，并有多种预报软件，用于原毛数据的价格和加工性能的分析。

6.1.2　特种动物毛

1. 山羊绒

山羊绒（Cashmere）是山羊的绒毛，通过抓、梳获得，称抓毛。山羊绒又叫“开司米”或克什米尔（Cashmere）。18 世纪，印度克什米尔地区出产的山羊绒披肩闻名于世，此后国际上开司米便成了山羊绒制品的商业名称。我国、伊朗、蒙古、阿富汗为山羊绒主要产地。我国年产山羊绒约 6000 吨，占世界产量的 60% 左右，主要分布在西北、内蒙古、山西、河南、河北和山东等。

山羊绒按颜色分为白绒、紫绒和青绒三种。白绒是最优级的山羊绒，价值最高；紫绒的颜色为棕色，且深浅不同，从黄棕到红棕以至黑棕，以红色质量较好；青绒外观呈不同程度的灰青色。山羊绒的杂质较少，净毛率一般为 68% ~82% 。

山羊绒纤维的结构与细羊毛近似，由鳞片层和皮质层组成，无髓质层。山羊绒的鳞片多呈环状覆盖，鳞片边缘光滑，间距比羊毛大。正、偏皮质不明显，卷曲较少且不规则，羊绒截面近似圆形。

山羊绒平均直径在 15 ~16μm 之间，细度离散系数为 20% ；长度一般为 30 ~40mm，短绒率为 18% ~20% 。由于山羊绒的长度较短，因此山羊绒长度是其价值的决定因素。

山羊绒的强度、伸长率、弹性均优于细羊毛，具有细、轻、柔软、保暖好的特点。羊绒的化学组成与羊毛类似，对碱的作用较羊毛敏感。

山羊绒主要用于制作针织羊绒衫，也用于高级羊绒大衣呢、毛毯、高档精纺服装面料等。其产品手感滑爽、细腻，没有刺痒感。

2. 绵羊绒

绵羊绒是土种绵羊毛异质毛被中的底层绒毛。长期以来，这种绒毛同绵羊异质毛被中的粗毛、两型毛等一起被混用，作为地毯和粗纺产品的原料。随着山羊绒的流行，导致用土种绵羊毛的混型毛也开始流行，经梳理，将绒毛分离，加工成绵羊绒。

绵羊绒的细度、卷曲特性、鳞片形状和密度与山羊绒近似。绵羊绒粗细不匀、粗节、弱节较多，鳞片倾角大、鳞片边缘较薄、容易缺损而不光滑。绵羊绒比山羊绒抗酸、碱等化学物质的能力强，着色深度差异大于山羊绒。绵羊绒主要用于与山羊绒混纺，可降低成本。

3. 马海毛

马海毛（Mohair）是剪自安哥拉山羊的一种动物纤维，故又称安哥拉山羊毛。安哥拉山羊起源于中亚国家，主要产地为土耳其、南非和美国，其中土耳其所产马海毛的品质较好。我国宁夏的中卫山羊毛与马海毛类似，与安哥拉山羊杂交后的改良中卫山羊更接近于马海毛。安哥拉山羊一般分春、秋两次剪毛，成年羊每头通常可剪 2 ~3kg，最高的可达 10kg。毛色分白、褐两种。净毛率 80% 左右，含植物杂质很少，油汗含量 5% ~8% 。

马海毛属异质毛，品质较好的马海毛无死毛，有髓毛不超过 1% ，品质较差的含有 20% 以上的有髓毛和死毛。马海毛的鳞片扁平，紧贴在毛干上，很少重叠，呈现不规则的波形衔接，大约每毫米有 50 ~100 个鳞片。鳞片长度为 18 ~22μm。因鳞片大而平滑，互不重叠，光泽很强。马海毛的皮质层几乎都是由正皮质细胞组成的，纤维很少卷曲。马海毛强度高，具有良好的弹性，不易毡缩。对化学药品的反应较绵羊毛敏感。

马海毛的直径一般在 10 ~90μm，幼年羊毛直径在 10 ~90μm，成年羊毛直径分布为 25 ~90μm。半年剪的幼年羊毛长度一般为 100 ~150mm，一年剪的羊毛长度为 200 ~300mm。

马海毛是制作提花毛毯、长毛绒、顺毛大衣呢等高光泽毛织物的理想原料，也可与其他纤维混纺制成高级坐垫、假鬓、衣边、帐幕等。

4. 兔毛

纺织工业用的兔毛（rabbit hair）主要是从安哥拉长毛兔上获取的。安哥拉兔原产于土耳其的安哥拉省，后引入英、法、德等国饲养，并逐渐形成各自的品系。我国饲养的长毛兔是由英系和法系安哥拉长毛兔与我国的家兔杂交培育而成。目前我国的兔毛产量占世界的90%左右。我国大部分省区都饲养长毛兔，以江苏、浙江的产量最多，品质最好。我国饲养的长毛兔，体重为3～3.5kg，年产兔毛约400g/只。兔毛每隔2～3个月剪毛一次，一年可剪4～6次。兔毛纤维分为绒毛和粗毛两种类型，兔毛的绒毛含量在90%左右。兔毛的含油率（0.6%～0.7%）和杂质很少，一般不需洗毛即可纺纱。

兔毛由鳞片层、皮质层和髓质层组成，极少量的绒毛无髓质层。兔毛鳞片少、光滑，且紧贴毛干。兔毛的正、偏皮质细胞呈不均匀的混杂分布，以正皮质细胞为主。兔毛皮质层所占的比例比羊毛少得多，绒毛的毛髓呈单列断续状或窄块状。兔毛的截面形状随其纤维的细度而变化，细绒毛接近圆形或不规则的四边形。

兔毛的直径较小，在5～30μm（多为10～15μm），长度10～115mm（多为25～45mm）。兔毛的密度较小，在0.91～1.32g/cm^{3}之间，随纤维的粗细而变化，纤维越粗，其密度值越小。兔毛断裂强度较低，约1.6～2.7cN/dtex，断裂伸长率为30%～45%。

兔毛具有细、轻、蓬松的特点，但卷曲较少、强度较低、表面光滑，纤维之间抱合力差，可纺性较差，故不适于单独纺纱，主要与羊毛或化学纤维混纺，生产针织绒线，织制兔毛衫、帽子、围巾等，还可制造兔毛混纺大衣呢、花呢、女式呢等。兔毛产品的表面有一层绒毛覆盖，具有独特的风格，但在穿用过程中容易掉毛。

5. 牦牛绒

牦牛是高寒地带特有的牲畜，被称为“高原之舟”，主要分布在中国、阿富汗、尼泊尔等国家，我国西藏、甘肃、青海、新疆、四川等地的高山草原上大量饲养牦牛，目前世界上约有1300多万头牦牛，我国有近1200万头，占世界牦牛总数的90%以上。牦牛的颜色有黑、褐、黑白花及灰白等。

牦牛的被毛由绒毛、两型毛和粗毛组成。牦牛的产绒量与牦牛生长的条件、年龄等关系密切，越是高寒地区，产绒量越高；年龄不同的牦牛，产绒量也不同，如一岁牦牛产绒毛约0.5kg，两岁牦牛产绒毛约1kg，三岁以上牦牛可产2kg以上绒毛。牦牛绒和毛是混杂在一起的，纺织加工之前要利用分梳机将粗毛和绒分开。牦牛被毛的含绒量为10%～15%。牦牛绒是稀有的纺织原料。

牦牛绒由鳞片层与皮质层组成，髓质层极少。牦牛绒鳞片呈环状，边缘整齐，紧贴于毛干上，有无规则卷曲。牦牛绒平均直径为18～20μm，平均长度30～40mm。牦牛绒断裂强度为0.6～0.9cN/dtex。牦牛绒产品不易掉毛、有身骨、膨松、丰满，手感滑软、光泽柔和，是毛纺行业的高档原料，可织制各类针织、机织衣料。

6. 驼绒

骆驼有单峰驼和双峰驼两种。毛的品质以双峰驼较好，单峰驼毛纤维质量较差，没有纺纱价值。我国的骆驼主要是双峰驼，多产于内蒙古、新疆、甘肃、青海、宁夏等地，总计约60万峰，约占世界双峰驼总数的2/3，是世界上最大的产地之一。毛的质量以宁夏产区的较好，被毛的含绒量达70%以上。

骆驼毛的颜色有乳白、浅黄、黄褐、棕褐色等，品质优良的骆驼毛多为浅色。骆驼被毛中含有细毛和粗毛两大类纤维，从骆驼身上自然脱落或用梳子采集而来。粗长纤维构成外层保护被毛，称为驼毛；细短纤维构成内层保暖被毛，称驼绒。

驼绒主要由鳞片层和皮质层组成，有的纤维有髓质层。鳞片少、鳞片边缘光滑。皮质层是由带有规则条纹和含有色素的细长细胞组成，少量粗绒毛有髓质细胞，呈不连续分布。驼绒的平均直径14～23μm，长度40～135mm；单根驼绒纤维的强力为6.86～24.5cN，伸长率45%～50%。去除粗毛后的驼绒可织造高级纺织面料、毛毯和针织品。

7. 羊驼毛

羊驼属于骆驼科，主要产于秘鲁。羊驼毛强力较高，断裂伸长率大，加工中断头率低，但是，羊驼毛髓腔随羊驼毛细度不同差异较大，造成羊驼毛物理机械性能存在较大差异。与羊毛相比，羊驼毛长度较长（15～40cm），细度偏粗（20～30μm），不适合纺细特纱。羊驼毛表面的鳞片贴伏、鳞片边缘光滑，卷曲少，顺、逆鳞片摩擦因数较羊毛小，所以，羊驼毛富有光泽、有丝光感，抱合力小、防毡缩性较羊毛好。羊驼毛的洗净率高达90%以上，不需洗毛直接应用。

南美高原野生的原驼和骆马毛是天然动物毛中最细、品质极优的纤维。纤维直径为6～25μm，平均为13.2μm。

8. 貂绒

水貂在动物分类学上属于食肉目、鼬科、鼬属中的一种小型珍贵毛皮动物。貂具有绒毛和针毛。貂绒纤维的横截面呈椭圆形或近似圆形，由鳞片层、皮质层和髓质层组成，纵向比较光滑，表面均匀分布有微小的突起。平均直径为14.16μm（2.5～40μm），有效长度为48mm，密度为1.22g/cm^3。貂绒纤维由于髓质层的存在，力学性能较差，纤维易脆断，从而影响纤维可纺性。貂绒织物风格独特、手感柔软、绒面丰满，具有柔、轻、滑、糯、暖、爽的特性。

6.2 蚕丝

蚕丝是蚕吐丝得到的天然蛋白质纤维，分为家蚕丝和野蚕丝两大类，家蚕丝即桑蚕丝（mulberry silk），其茧是生丝的原料，野蚕丝有柞蚕丝、蓖麻蚕丝、樟蚕丝、柳蚕丝等。产量较高的是桑蚕丝和柞蚕丝，以桑蚕丝的质量最优。我国的蚕丝产量居世界第一位，广西、四川、江苏、浙江等地是桑蚕丝的主产地。

6.2.1　桑蚕丝

1. 概述

桑蚕又称家蚕，由蚕茧（cocoon）缫得的丝称为桑蚕丝。桑蚕有中国种、日本种和欧洲种3个品系。中国种桑蚕茧多为白色或乳白色，日本种多为白色，欧洲种多为略带红色的乳白色或淡黄色。在彩色蚕茧的获得上，已有研究和结果，但多为浅色。桑蚕茧由外向内分为茧衣、茧层和蛹衬三部分。其中茧层可用来做丝织原料，茧衣与蛹衬因细而脆弱，只能用做绢纺原料。桑蚕丝主要用于织制各类丝织面料。

2. 蚕茧的结构与初加工

（1）蚕丝的形成。蚕丝是由蚕体内的一对绢丝腺的分泌液凝固而成，绢丝腺是透明的管状器官，左右各一条，在头部合并为一根吐丝管。蚕丝绢丝腺结构如图6－6所示，绢丝腺分为吐丝口、前部丝腺、中部丝腺和后部丝腺。前部丝腺的作用是输送丝液到吐丝口，后部丝腺的作用是分泌丝素，中部丝腺的作用是分泌丝胶。蚕吐丝时，后部丝腺分泌的丝素经过中部，从而被中部丝腺分泌的丝胶所包覆，通过前部丝腺输送至吐丝口合并吐出体外，在空气中凝固成蚕茧。

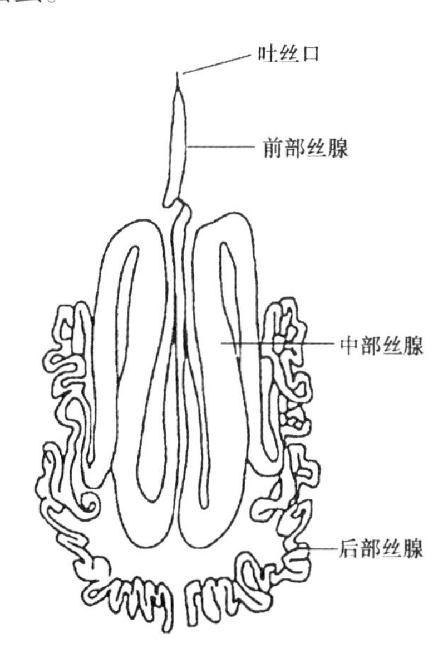

图6－6　蚕丝绢丝腺结构示意图

（2）蚕茧与茧丝的结构。蚕茧（cocoon）包括茧衣、茧层、蛹衬、蚕蛹和蜕皮五个部分，可纺用的是前三项。茧衣是蚕茧最外面的一层细脆、凌乱的丝缕，约占茧重的2%，不能作缫丝用，可作绢纺原料。茧层是用来缫丝的部分，其重量占蚕茧重量的50%左右，占全部丝量的70%～80%。蛹衬是蚕茧最内层的丝缕，约占茧重的2.5%，不宜缫丝。

一根蚕丝由两根平行的单丝（丝素），外包丝胶构成。单丝截面呈三角形。蚕丝主要为丝素蛋白，其次是丝胶，还含有色素、蜡脂、无机物等少量杂质。桑蚕茧丝的细度随茧丝的吐出先后有所差异，以茧的中层最细和均匀，并且三角形特征明显。桑蚕丝的特征及工艺性质见表6-4。其中茧丝量是指一粒茧所能缫得的丝量；茧层率为茧层占全茧的重量百分比；缫丝率为缫丝量占茧层的重量百分率；缫折为100kg的生丝所需的干茧重量；解舒长为一粒茧平均缫得的丝长；解舒率为解舒长相对茧丝长的百分比。

表6-4 桑蚕茧丝的工艺性质参数表

指标	春蚕茧	秋蚕茧
茧丝长（m）	1000~1400	850~950
茧丝量（g）	0.22~0.48	0.2~0.4
茧层率（%）	鲜：18~24；干：48~51	
缫丝率（%）	71~85	
缫折（kg）	220~280	
解舒长（m）	500~900	
解舒率（%）	65~8	

（3）桑蚕丝的初加工。桑蚕丝的初加工是在蚕茧的基础上进行，主要目的是将茧丝从茧中分离出来，均匀地汇集成丝束。蚕茧的初加工工艺包括：烘干→选茧→缫丝（silk reeling）。

①烘干：鲜茧不能长期储存，必须及时进行烘干，防止出蛾、生蛆；去除水分，避免霉烂、便于贮运，同时可使丝胶适当变性。鲜茧中蛹体的含水率为73%~77%，茧层含水率在13%~16%之间，烘后干茧的含水率是9.1%~10.7%，烘茧主要是除去蛹体的水分。干茧在制丝前，必须合理的储存，防止霉变和虫、鼠害。

②选茧：各批蚕茧都存在茧型大小，茧层厚薄、色泽等差异。为此，需按照工艺设计的要求进行选茧分类。选茧分粗选与精选，粗选是剔除原料茧中不能缫丝的下脚茧，去除下脚茧后的原料茧为上车茧；精选是在上车茧中，按茧子的大小、厚薄、色泽进行分离又称分型。

③缫丝：主要过程是煮茧和缫丝，煮茧能适当地膨润和溶解丝胶，保证茧丝能连续不断地顺序抽出；缫丝是指根据生丝的规格要求，把若干粒煮熟茧的茧丝离解后，利用丝胶的黏合作用，将原来细而不匀，长度有限的单根茧丝，汇集成粗细均匀、连续不断的丝束（生丝），其内容包括：索绪→理绪→添绪→集绪→捻鞘→卷绕→干燥→复摇→整理→打包。

3. 桑蚕丝的组成与结构

（1）桑蚕丝的组成。茧丝主要由丝素（fibroin）和丝胶（sericin）组成，一般丝素占72%~81%，丝胶占19%~28%。丝素和丝胶的主要组成物质是蛋白质，其化学组成情况见表6-5。丝素是一种不溶性蛋白质，称为丝朊，丝素蛋白质呈纤维状。丝胶分为丝胶Ⅰ、丝胶Ⅱ、丝胶Ⅲ和丝胶Ⅳ四部分，丝胶工在热水中的溶解度大，丝胶Ⅱ、丝胶Ⅲ和丝胶Ⅳ在热水中的溶解度依次减小，丝胶蛋白质呈球形。另外，还含有蜡类物质、糖类物质、色素及矿物质等，约占茧丝重量的3%。

表6-5　蚕丝纤维中的各种元素

化学元素	丝素蛋白	丝胶蛋白
碳	48.0~49.1	44.3~46.3
氧	26.0~28.0	30.4~32.5
氮	17.4~18.9	16.4~18.3
氢	6.0~6.8	5.7~6.4
硫	—	0.1~0.2
磷	—	—

（2）桑蚕丝的结构。桑蚕茧丝的纵面比较光滑平直，表面带有丝胶瘤节，横截面形状呈半椭圆形或略成三角形，三角形的高度从茧的外层到内层逐渐降低，即茧丝横截面从圆钝渐趋扁平，如图6-7所示。

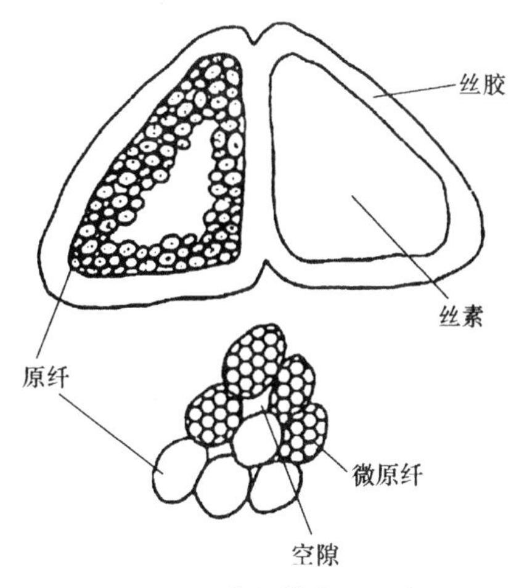

图6-7　茧丝横截面示意图

生丝是由若干根茧丝依靠丝胶黏合构成，大部分生丝的横截面呈椭圆形，占65%~73%，呈不规则圆形占18%~26%，呈扁平形约占9%。生丝经脱胶后称为熟丝或精练丝，其截面多呈近似三角形，表面比茧丝更光滑。

4. 桑蚕丝的主要性能

（1）长度与细度。桑蚕丝的茧丝长度为1000~1400m，平均直径为13~18μm，线密度为2.64~3.74dtex（2.4~3.4旦），经脱胶后的单根丝素纤维的线密度小于茧丝的1/2。生丝的线密度是由缫丝时蚕茧的粒数所决定的。

（2）强伸度。桑蚕丝的强度大于羊毛而接近于棉纤维，干态强度为2.5~3.5cN/dtex，湿态强度下降10%~25%，桑蚕丝的断裂长度为22~31km；桑蚕丝的伸长率小于羊毛大于棉，干态伸长率15%~25%，湿态伸长增加约为45%。

（3）光学性质。桑蚕丝的颜色因蚕的种类而不同，以白色、黄色最为常见，精练脱胶后呈纯白色。蚕丝具有其他纤维所不能比拟的美丽光泽，除去丝胶后的精练丝截面近似三角形，纵向表面对入射光的反射近似镜面反射，同时因丝素具有层状结构，光线入射后，在内部形成多层反射，使反射光更加均匀，亮而不刺眼。

蚕丝的耐光性较差，紫外线的照射会使丝素中的酪氨酸、色氨酸的残基氧化裂解，使蚕丝发脆、泛黄，强力下降。

(4) 化学性质。桑蚕丝的分子结构中既有酸性基团 (—COOH)，又有碱性基团 ($—NH_2—OH$)，呈两性物质，其中酸性氨基酸含量大于碱性氨基酸，因此桑蚕丝的酸性大于碱性，是一种弱酸性物质。

蚕丝在酸碱作用下会被水解破坏，对碱的抵抗力更差。在稀碱条件下蚕丝会失去光泽，长时间在热碱液中会受损伤；在浓碱条件下蚕丝膨化水解。桑蚕丝在强无机酸中会溶解，在弱无机酸和有机酸中影响不大。桑蚕丝在中性盐中容易脆化。

(5) 密度。生丝的密度比棉小，为 $1.30 \sim 1.37g/cm^3$，精练丝为 $1.25 \sim 1.30g/cm^3$，说明丝胶的密度比丝素大。一颗蚕茧上，外层茧丝的丝胶含量高而密度较大，内层的丝胶含量少而密度较小。因此外层、中层和内层的茧丝密度不一致。

(6) 其他性质。桑蚕丝的标准回潮率为9%左右。干燥的蚕丝相互摩擦时，产生一定频率的特殊音响效果，称为丝鸣，丝鸣是蚕丝特有的一种性质。

6.2.2 其他蚕丝

1. 柞蚕丝

(1) 概述。柞蚕为鳞翅目大蚕蛾科柞蚕属，古称春蚕、槲蚕，因喜食柞树叶得名。柞蚕有中国种、印度种和日本种3个品系。中国是最早利用柞蚕和放养柞蚕的国家，现在中国的柞蚕生产分布于10多个省区，以辽宁、河南、山东等省为主，其中辽宁省柞蚕产量占全国总产量的70%。柞蚕丝是织造柞蚕茧绸、装饰绸以及一些工业、国防用丝织品的原料，一般用于织造中厚型丝织品。

(2) 结构。柞蚕丝和桑茧丝一样，也是蚕体内的绢丝腺分泌的丝素和丝胶经过吐丝口凝固而成，柞蚕的绢丝腺分外前部丝腺、中部丝腺和后部丝腺。柞蚕结茧时，都作有茧柄，以便把茧子缠绕在柞树枝条上，在茧柄下部留有细小的出蛾孔，茧丝结构疏松，煮漂时易造成“破口茧”，给缫丝造成困难。

茧丝主要由丝素和丝胶组成，一般丝素占84%～85%，丝胶占12%左右，较桑蚕丝少12%～15%。另外还含有蜡类、糖类物质、色素及矿物质等，含量占总重量的3.0%～4.5%。柞蚕丝和桑茧丝的横截面相似，只是更为扁平，一般长径约为65μm，短径为12μm，长径为短径的5～6倍，越向内层，长短径差异越大，形态越扁平，如图6－8所示。

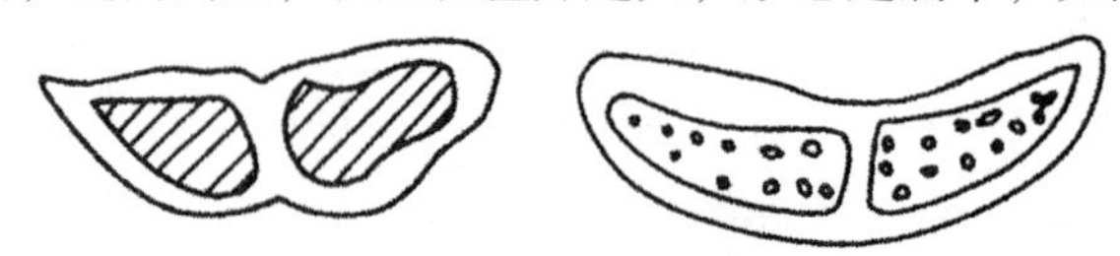

图6－8 柞蚕丝的横截面

柞蚕丝的茧形较桑蚕丝大，茧丝的平均细度为6.16dtex (5.6旦)，比桑蚕茧丝粗。柞蚕丝的茧丝细度，因茧形大小、茧层厚薄、茧层部位的不同而差异较大。表6－6是柞蚕茧丝的工艺性质参数表。

表6-6　柞蚕茧丝的工艺性质参数表

指标	春蚕茧	秋蚕茧
茧丝长（m）	约600	700~1000
茧丝量（g）	0.24~0.28	0.42~0.58
茧层率（%）	6~11	
缫丝率（%）	60~66	
缫折（kg）	1340~1450	
解舒长（m）	360~490	
解舒率（%）	30~50	

（3）性质。柞蚕丝的强度和伸长率均大于桑蚕丝，坚牢度、吸湿性、抗脆性、耐热性、耐化学品性均比桑蚕丝好，耐日光性较桑蚕丝更好。

柞蚕茧的春茧为淡黄褐色，秋茧为黄褐色，而且外层较内层颜色深。这种天然的淡黄色赋予柞蚕丝产品华丽富贵的外观。柞蚕丝的光泽不如桑蚕丝柔和优雅，手感不如桑蚕丝光滑，略显粗糙。

柞蚕丝价格远低于桑蚕丝，在我国丝绸产品中占有相当的地位，在工业和国防上也有重要用途，但织物缩水率大。

2. 蓖麻蚕丝

（1）概述。蓖麻蚕是大蚕蛾科樗蚕的亚种。蓖麻蚕原产印度东北部的阿萨姆邦，18世纪开始从印度传出，中国、美国、斯里兰卡、马耳他、意大利、菲律宾、埃及、日本、朝鲜等国先后引种饲养。蓖麻蚕原是野外生长的野蚕，食蓖麻叶，也食木薯叶、鹤木叶、臭椿叶、马松叶和山乌桕叶，是一种适应性很强的多食性蚕。蓖麻蚕为多化性，在适宜条件下无滞育期，可全年连续饲养。在中国一年最多可繁殖7代。现在多在野外生长，由人工放养，也有在室内由人工饲养的。

（2）结构。蓖麻蚕茧两端尖细，中部膨大，形如枣核，也有呈不规则三角形的，尾部封闭，头部有一个出蛾小孔。茧的厚薄不一致，中部最厚，尾部次之，头部最薄。在鲜茧重量中，茧衣约占3.6%，茧层约占10%，蛹体约占86.5%。

蓖麻蚕的茧衣又厚又多，约占茧层量的1/3。茧层较薄，且有明显的分层，茧层松软，缺少弹性，厚薄松紧差异较大，外层松似棉花，与茧衣无明显的界限，中层次之，内层紧密，手捏有回弹声。

蓖麻蚕茧丝的断面形状与桑蚕丝相类似，但比桑蚕茧丝更为扁。蓖麻蚕茧丝含丝胶为7%~12%，丝素为85%~92%，杂质为1.5%~4.0%。茧丝的细度较细，为1.65~3.3dtex（1.5~3.0旦）。

（3）性质。蓖麻蚕丝的性质与桑蚕相近，强度比桑蚕丝低，耐碱性略强于桑蚕丝。蓖麻蚕茧呈洁白色，但光泽不如桑蚕茧明亮。

蓖麻蚕茧不能缫丝，只能作绢纺原料，经梳理后可得长纤维60.9%，短纤维35.3%，损耗仅3.8%。

蓖麻蚕丝可纺制蓖麻绢丝，也可与桑蚕废丝、柞蚕废丝、苎麻、化纤等混纺，适纺6.25tex（160公支）绢纺纱。

3. 天蚕丝

（1）概述。天蚕是一种生活在天然柞林中吐丝作茧的昆虫。幼虫的形态与柞蚕酷似，只能从柞蚕幼虫头部有黑斑，而天蚕没有黑斑这一点来加以区别。天蚕一旦成熟，蚕体就会呈现出亮丽的绿光，故在国际上被誉为“绿色钻石”。天蚕适于生长在气温较温暖而半湿润的地区，但也能适应寒冷气候，主要产于中国、日本、朝鲜和俄罗斯的乌苏里等地区。

（2）结构。天蚕丝的丝胶含量比桑蚕丝和柞蚕丝多，约为30%，纤维横截面呈扁平多棱三角形，如同钻石的结构，具有较强的折光性。天蚕丝细度比桑蚕丝稍粗，与柞蚕丝相近，平均细度为5.5～6.6dtex，粗细差异较大。

（3）性质。天蚕丝的性质与桑蚕相近，伸长率较高，约40%。天蚕丝是一种不需染色而能保持天然绿色的蚕丝，有着淡绿色的光泽，被誉之“纤维钻石”。在国际市场上，售价比桑蚕丝高约30倍。

用天蚕丝制作的服装面料、饰品和绣品，是日本市场和东南亚市场的紧俏商品。由于纤维产量极低，仅在桑蚕丝织品中加入部分作为点缀。

6.3 蜘蛛丝

蜘蛛丝属于蛋白质纤维，可生物降解且无污染。蜘蛛丝具有很高的强度、弹性、伸长、韧性及抗断裂性，同时还具有质轻、抗紫外线、密度小、耐低温的特点，尤其具有初始模量大、断裂功大、韧性强的特性，被誉为“生物钢”。

6.3.1 蜘蛛丝的分类和形态

蜘蛛与蚕不同，蜘蛛在整个生命过程中产生许多不同的丝，每一种丝来源于不同的腺体。中国大腹圆蜘蛛可根据生活需要，由7种腺体分泌出具有不同性能的丝线，如牵引丝（拖丝）、蛛网框丝、包卵丝和捕获丝等，表6－7是不同丝的性能比较。

表6－7 江苏地区的成熟雌性大腹圆蜘蛛的牵引丝、蛛网框丝、包卵丝的性能比较

类别	平均直径(μm)	截面积($μm^2$)	密度(g/cm^3)	回潮率(%)	颜色	截面积形状
牵引丝	5.03±0.80	20.28±6.18	1.354	12.7	白色,带蚕丝光泽	圆形
蛛网框丝	7.075±0.75	39.590±8.40	1.333	14.2	白色,带蚕丝光泽	圆形
外层包卵丝	10.87±2.06	95.80±33.41	1.306	17.4	深棕	基本圆形,纵向有凹凸不平的沟槽
内层包卵丝	7.66±1.12	46.98±13.19	1.304	—	浅棕	基本圆形,纵向有凹凸不平的沟槽

6.3.2　蜘蛛丝的组成和结构

蜘蛛丝是由多种氨基酸组成的，含量最多的是丙氨酸、甘氨酸、谷氨酸和丝氨酸，还包括亮氨酸、脯氨酸和酪氨酸等大约有 17 种。中国的大腹圆蜘蛛牵引丝的蛋白质含量约 95.88%，其余为灰分和蜡质物。

大腹圆蜘蛛牵引丝、蛛网框丝及包卵丝都具有原纤化的结构。牵引丝经酶处理及离子刻蚀后，显示出明显的皮芯层构造，并且皮层结构的稳定性比芯层好。包卵丝与牵引丝有相似的皮芯层，但它们的表层较牵引丝的薄。

研究认为，中国大腹圆蜘蛛的牵引丝、蛛网框丝及包卵丝中都存在β－曲折、α－螺旋以及无规卷曲和β－转角构象的分子链，同时可能还有其他更复杂的结构，且蜘蛛丝中具有β－曲折构象的分子链沿纤维轴心线有良好的取向。这三种不同功能蜘蛛丝的分子构象以β－曲折和α－螺旋为主。包卵丝中β－曲折构象的含量比牵引丝和框丝多，而α－螺旋的含量相对较少，并且其β－曲折构象的分子链具有比牵引丝和框丝更好的取向。框丝中α－螺旋含量比牵引丝多，而β－曲折构象比牵引丝少，蜘蛛牵引丝中结晶部分的取向度很高，除结晶区和非结晶区外，还存在分子排列介于结晶区和非结晶区之间的中间相构造，这部分约占纤维总量的 1/3，并且具有良好的取向。结晶部分分布于非结晶区中，中间相连接于结晶和非结晶区之间，从而对蜘蛛丝纤维起增强作用。蜘蛛丝的结晶度很低，几乎呈无定形状态，其中未经牵伸的牵引丝的结晶度只有桑蚕丝结晶度的 35%，但牵引丝牵伸后，取向度和结晶度大幅提高。

6.3.3　蜘蛛丝的力学性能

蜘蛛丝的皮芯层结构使纤维在外力作用下，由外层向内层逐渐断裂。结构致密的皮层在赋予纤维一定刚度的同时在拉伸起始阶段承担较多的外力，一旦内层的原纤及原纤内的分子链因外力作用而沿纤维轴线方向形成新的排列结构后，纤维内层即能承担很大的负荷，并逐渐断裂，因此蜘蛛丝最终表现出很大的拉伸强度和伸长能力，外力破坏单位体积纤维所要做的功很大。

根据测定，蜘蛛牵引丝的强度和弹性是令人难以置信的。从表 6－8 可看出蜘蛛牵引丝的强度与钢相近，虽低于对位芳纶纤维，但明显高于蚕丝、橡胶及一般合成纤维，伸长率则与蚕丝及合成纤维相似，远高于钢及对位芳纶，尤其是其断裂功最大，是对位芳纶的三倍之多，因而其韧性很好，再加上其初始模量大，密度最小，所以是一种非常优异的材料。蜘蛛丝的力学性质受温度、回潮率等的影响。干丝较脆，当拉伸超过其长度的 30% 时就断裂，而湿丝则有很好的弹性，拉伸至其长度的 300% 时才发生断裂。蜘蛛丝在常温下处于润湿状态时，具有超收缩能力（可收缩至原长的 55%），且伸长率较干丝大（但仍有很高的弹性恢复率，当延伸至断裂伸长率的 70% 时，弹性恢复率仍可高达 80%～90%）。

表6-8 牵伸后蜘蛛牵引丝和其他纤维的力学性能比较

材料	断裂伸长率（%）	初始模量（GPa）	比模量（cN/dtex）	强度（MPa）	比强度（cN/dtex）	断裂功（J/g）
蜘蛛牵引丝	10～33	1～30	10～220	1000	7.0	100
蚕丝	15～35	5	38	600	4.6	70
锦纶	18～26	3	25	500	4.2	80
棉	5.6～7.1	6～11	20～40	300～700	2.0～4.6	5～15
钢	8.0	200	250	2000	2.5	2
对位芳纶	4.0	100	690	4000	28	30
橡胶丝	600	0.001	0.005	1	5.9	80
氨纶	500	0.002	0.02	8	0.07	

6.3.4 蜘蛛丝的化学性能

蜘蛛丝是一种蛋白质纤维，具有独特的溶解性，不溶于水、稀酸和稀碱，但溶于溴化锂、甲酸、浓硫酸等，同时对蛋白水解酶具有抵抗性，不能被其分解，遇高温加热时，可以溶于乙醇。蜘蛛丝的主要成分与蚕丝丝素的氨基酸组成相似，有生物相容性，所以它可以生物降解和回收，同时不会对环境造成污染。蜘蛛丝所显示的橙黄色遇碱则加深，遇酸则褪色，它的微量化学性质与蚕丝相似。此外，不同种类蜘蛛丝的氨基酸组成有很大差异，在蜘蛛的不同丝腺中丝液的氨基酸组成也有较大的差异，蜘蛛的腺液离开身体后，在空气中挥发形成固体，成为一种蛋白质丝，这种蛋白质丝不溶于水。

6.3.5 蜘蛛丝的其他性能

蜘蛛丝在200℃以下表现热稳定性，300℃以上才变黄；而一般蚕丝在110℃以下表现热稳定性，140℃就开始变黄。蜘蛛丝具有较好的耐低温性能，据报道，在-40℃时它仍有弹性，而一般合成纤维在此条件下已失去弹性。

蜘蛛丝摩擦因数小，抗静电性能优于合成纤维，导湿性、悬垂性优于蚕丝。因此蜘蛛丝纤维除了具有天然纤维和合成纤维的优良性能外，还具有其他纤维所无法比拟的独特性能。

6.3.6 蜘蛛丝的人工生产

蜘蛛丝是一种可生物降解的材料，而且蜘蛛制丝是在常温、常压，以水为溶剂的温和条件下进行的，故对环境无污染。因此，该领域近几年成为生物学家及材料学家的研究热点，但由于蜘蛛丝的来源极为有限，且蜘蛛是肉食动物，不喜群居，相互之间残杀，规模化生产困难极大（中国目前已有适量饲养），所以世界各国科学家对蜘蛛丝的化学组成、结构以及蜘蛛丝的基因组成进行了深入的研究，以期研制出人工制造的蜘蛛丝。

目前对蜘蛛丝的研究主要集中在以下两个方面。

（1）利用转基因技术。将蜘蛛牵引丝的相关基因转移到细菌、植物体、哺乳动物的乳腺上皮或肾细胞中进行表达，生成蜘蛛牵引丝蛋白质，并提纯出此蛋白质。该领域包括以下几个探索方向。

①蚕吐蜘蛛丝：有研究者提出将蜘蛛牵引丝的基因移植到蚕体内“吐”蜘蛛丝，此方法目前尚未实现。

②动、植物合成蜘蛛丝：将蜘蛛丝蛋白基因转移到山羊、奶牛、小白鼠等动物体或烟草等植物体内，然后将蛋白质单体从中分离出来，并经纺丝得到蜘蛛丝纤维，但目前此方法的效率极低。

③微生物合成蜘蛛丝：将蜘蛛牵引丝蛋白基因转入细菌中，通过细菌发酵的方法得到蜘蛛牵引丝蛋白，再进一步纺丝得到蜘蛛丝纤维。

（2）采用合适的仿生纺丝技术。这也是把蜘蛛丝蛋白最终转变成高性能纤维的一个关键点。1998 年美国杜邦公司曾用六氟异丙醇溶解蜘蛛丝蛋白进行人工纺丝研究，但由于纺丝方法与蜘蛛吐丝过程并不一样，且所用溶剂有很强的极性作用，因此结果并不理想。2002 年，美国陆军生物化学部首次用水作溶剂对蜘蛛丝蛋白进行了纺丝探索，但由于得到的丝极少，强度也较低，还需对纺丝过程进行进一步的研究和优化。

第7章　化学纤维

7.1　化学纤维制造概述

化学纤维品种繁多，但其制造基本上可概括为成纤高聚物的提纯或聚合、纺丝流体的制备、纺丝成形以及后加工等四个过程。

7.1.1　成纤高聚物的提纯或聚合

化学纤维是以天然的或合成的高分子化合物为原料，经过化学方法及物理加工制成的纤维。

再生纤维素纤维的制造，需先从天然纤维素原料中提取纯净的纤维素，经过必要的化学处理将其制成黏稠的纺丝溶液；再生蛋白质纤维的制造，需先从天然蛋白质原料中提取纯净的蛋白质，经过必要的化学处理将其制成黏稠的纺丝溶液；再生甲壳质纤维与壳聚糖纤维的制造，需先从虾、蟹、昆虫的外壳及菌类、藻类细胞壁中提炼出天然高聚物、甲壳质和壳聚糖，再经过必要的化学处理制成黏稠的纺丝溶液。合成纤维的制造，需先将相应的低分子物质经化学合成制成高分子聚合物，然后制成纤维。

7.1.2　纺丝流体的制备

将成纤高聚物用熔融或溶液法制成纺丝流体。熔融法是将成纤高聚物加热熔融成熔体，适用于加热后能熔融而不发生热分解的高聚物。如果成纤高聚物的熔点高于分解点则须用溶液法，此法是将成纤高聚物溶解于适当的溶剂中制成纺丝液。

为了保证纺丝的顺利进行并纺得优质纤维，纺丝流体必须黏度适当，不含气泡和杂质，所以纺丝流体须经过滤、脱泡等处理。

为使纤维成品光泽柔和，在纺丝液中加入消光剂二氧化钛。根据二氧化钛的含量可生产有光、无光、半无光纤维。也可将颜料或染料掺入纺丝液中，直接制成有色纤维，以提高染色牢度，降低染色成本。

7.1.3　纺丝成形

将纺丝流体从喷丝头的喷丝孔中压出而呈细流状，再在适当的介质中固化成为细丝，这一过程称为纺丝成形。刚纺成的细丝称为初生纤维。

常用的纺丝方法有两大类，即熔体纺丝法和溶液纺丝法。

1. 熔体纺丝法（melt spinning method）

这一方法是将熔融的成纤高聚物熔体，从喷丝头的喷丝孔中压出，在周围空气中冷却、固化成丝。此法纺丝过程简单，纺丝速度较高，但喷丝头孔数少，纺长丝时一般为几孔到几十孔，纺短纤维时一般为300~1000孔，多孔纺可达2200孔。当成纤高聚物的熔点低于分解点时，宜采用熔体纺丝法纺丝，纺得的丝大多为圆形截面，也可通过改变喷丝孔的形状来改变纤维截面形态。合成纤维中的涤纶、锦纶、丙纶等都采用此法纺丝。

2. 溶液纺丝法（solution spinning method）

溶液纺丝法分为湿法纺丝和干法纺丝两种。

（1）湿法纺丝（wet spinning）。

这一方法是将溶解制备的纺丝液从喷丝头的喷丝孔中压出，呈细流状，在液体凝固剂中固化成丝。此法的特点是纺丝速度较慢，但喷丝头孔数可多达5万孔以上。由于液体凝固剂的固化作用，截面大多不呈圆形，且有较明显的皮芯结构。大部分腈纶、维纶短纤、氯纶、黏胶和铜氨纤维多用此法。

（2）干法纺丝（dry spinning）。

这一方法是将溶解制备的纺丝液从喷丝头的喷丝孔中压出，呈细流状，在热空气中使溶剂迅速挥发而固化成丝。只有溶剂挥发点低的纺丝黏液才能采用此法。热空气的温度需高于溶剂沸点。此法的纺丝速度较高，且可纺制较细的长丝，但喷丝头孔数较少，为300~600孔。由于溶剂挥发易污染环境，需回收溶剂，设备工艺复杂，成本高，故较少采用。醋酯、维纶、氨纶和部分腈纶可用此法纺丝。

7.1.4 后加工

初生纤维的强度很低，伸长很大，沸水收缩率很高，没有实用价值。所以必须进行一系列后加工，以改善纤维的物理性能。后加工的工序随短纤维、长丝以及纤维品种而异。现将主要内容叙述如下。

1. 短纤维的后加工

短纤维的后加工主要包括集束、拉伸、上油、卷曲、干燥定形、切断、打包等内容。对含有单体、凝固液等杂质的纤维还须经过水洗或药液处理等过程。

（1）集束。

将几个喷丝头喷出的丝束以均匀的张力集合成规定粗细的大股丝束，以便于以后加工。集束时张力必须均匀，否则以后拉伸时会使纤维细度不匀。

（2）拉伸。

将集束后的大股丝束经多辊拉伸机进行一定倍数的拉伸。这样可以改变纤维中大分子的排列，使大分子沿纤维轴向伸直而有序地排列（常称取向），从而改善了纤维的力学性质。改变拉伸倍数可使大分子排列情况不同，从而制得不同强伸度的纤维。拉伸倍数小，制得的纤维强度较低，伸长度大，属低强高伸型；拉伸倍数大，制得的纤维强度较高而伸长较小，属高强低伸型。

(3) 上油。

上油是将丝束经过油浴，在纤维表面加上一层很薄的油膜，减少纤维在纺织和使用过程中产生的静电现象，并使纤维柔软平滑，改善手感。

化纤油剂根据不同要求和不同纤维品种进行选用，一般包含平滑柔软剂、乳化剂、抗静电剂、渗透剂和添加剂。平滑柔软剂起平滑、柔软作用，采用天然动物油、植物油、矿物油或合成酯类。乳化剂起乳化、吸湿、抗静电、平滑等作用，采用表面活性剂。抗静电剂主要起抗静电作用，采用表面活性剂。渗透剂主要起渗透、平滑作用，采用表面活性剂。添加剂起防氧化、防霉等作用，采用防氧化剂、防霉剂、消泡剂、水、有机溶剂等。

化纤油剂除需达到抗静电、柔软润滑、改善手感等目的外，还要求能使纤维有一定的抱合力，对温、湿度稳定，不腐蚀机器，无毒、无臭、不刺激人体，染色加工时易洗去，不影响染色性能，等等。

(4) 卷曲。

卷曲是使纤维具有一定的卷曲数，从而改善纤维之间的抱合力，使纺纱工程顺利进行并保证成纱强力，同时可改善织物的服用性能。可利用纤维的热塑性，将丝束送入具有一定温度的卷曲箱挤压后形成卷曲，如涤纶、锦纶、丙纶等。此法所得卷曲数较多，但多呈波浪形，卷曲牢度较差，容易在纺纱过程中逐渐消失。另外，利用纤维内部结构的不对称性，将纤维置于热空气或热水中，使前段工序中的内应力松弛，因收缩不匀而产生卷曲，所得卷曲数较少，但呈立体形，牢度较好，如维纶、黏胶纤维等。并列型双组分纤维的内部不对称性更为明显，所得卷曲牢度好。

(5) 干燥定形。

该加工一般在帘板式烘燥机上进行。目的是除去纤维中的水分以达到规定的含水量，并消除前段工序中产生的内应力，防止纤维在后加工或使用中产生收缩，改善其物理性能。

(6) 切断。

该加工是指在沟轮式切断机上将丝束切断成规定的长度，切断时要求刀口锋利，张力均匀，以免产生超长和倍长纤维。

(7) 打包。

该加工是指最后将纤维在打包机上打成包。

为了缩短纺纱工序和提高成纱强力，也可采用牵切法。长丝束不进行切断，而是在牵切机上依靠两对速度不同的加压罗拉牵伸而拉断纤维，所得纤维长度不等，可直接成条。

2. 长丝的后加工

黏胶丝的后加工包括水洗、脱硫、漂白、酸洗、上油、脱水、烘干、络筒（绞）等工序。

涤纶和锦纶等长丝的后加工包括拉伸加捻、后加捻、压洗（涤纶不需压洗）、热定形、平衡、倒筒等工序。

拉伸加捻是在一定的温度下，将长丝进行一定倍数的拉伸，使大分子沿纤维轴向伸直而有序地排列，从而改善纤维的力学性质。拉伸的同时丝条被加上一些捻度。

后加捻是对拉伸加捻后的丝条追加所要求的捻度，增强丝的抱合力，减少使用时的抽丝，并提高复丝的强度。

压洗是在压洗锅中用热水对卷绕在网眼筒管上的丝条循环洗涤，以除去丝条上的单体等低分子物质。

热定形在定形锅内用蒸汽进行，以消除前段工序中产生的内应力，改善纤维的物理性能，并稳定捻回。

平衡、倒筒是将定形后的丝筒放在一定温湿度的房间内24h，使丝筒内、外层的含湿量均匀一致，并达规定值，然后将丝从网眼筒管倒到纸管上并形成宝塔形筒管。

7.2　再生纤维

7.2.1　再生纤维素纤维（regenerated cellulose fiber）

1. 黏胶纤维（rayon）

黏胶纤维以棉短绒、木材、芦苇、甘蔗渣、竹等天然纤维素原料中提取的纯净纤维素为原料，经碱化、老化、黄化等工序制成可溶性纤维素黄酸酯，再溶于稀碱液中制成纺丝溶液，经湿法纺丝而制成。依据原料来源和制成的浆粕或浆液，命名为“原料名称+浆+纤维”或“原料名称+黏胶”，如棉浆纤维或棉黏胶、木浆纤维或木黏胶、竹浆纤维或竹黏胶、麻浆纤维或麻黏胶等。能作为纺织纤维的材料，必须明确地将“黏胶”或“浆”字放入或直接称为“再生+原料+纤维”。

（1）黏胶纤维的制备。

$$\underset{\text{纤维素浆粕}}{(C_6H_{10}O_2)_n} \xrightarrow{NaOH} \underset{\text{碱纤维素}}{(C_6H_4O_4{-}ONa)_n} \xrightarrow{CS_2} \underset{\text{纤维素黄酸酯}}{\left[\begin{array}{l} \quad OC_6H_9O_4 \\ C{=}S \\ \quad SNa \end{array} \right]_n} \xrightarrow[\text{溶液}]{NaOH} \text{黏胶液} \xrightarrow[\text{喷丝头}]{\text{湿法纺丝}}$$

$$\text{喷出细流} \xrightarrow[\text{凝固浴}]{H_2SO_4,\ Na_2SO_4,\ ZnSO_4} \text{纤维成形}$$

（2）黏胶纤维的结构特征。

黏胶纤维的主要组成物质是纤维素，其分子结构与棉纤维相同，聚合度低于棉，一般为250～550。黏胶纤维的截面边缘为不规则的锯齿形，纵向平直并有不连续的条纹。黏胶纤维中纤维素结晶结构为纤维素Ⅱ。纤维的外层和内层在结晶度、取向度、晶粒大小及密度等方面具有差异，这种结构称为皮芯结构。

黏胶纤维的结构与截面形状来源于湿法纺丝的凝固剂和溶剂的双扩散作用，使黏胶细流表层和内层的凝固和再生历程不同，皮层中的大分子和芯层中的大分子相比，前者受到较强的拉伸而后者受到较弱的拉伸，使纤维皮芯层在结晶与取向等结构上产生较大的差异，皮层的取向度较高，形成的晶粒较小，晶粒数量较多。而且纤维皮芯层不同时收缩，因此皮层随芯层的收缩，形成了锯齿形的截面边缘。不同黏胶纤维的截面皮芯结构如图7－1所示。黏胶纤维的皮层在水中的膨润度较低，吸湿性较好，对某些物质的可及性较低。

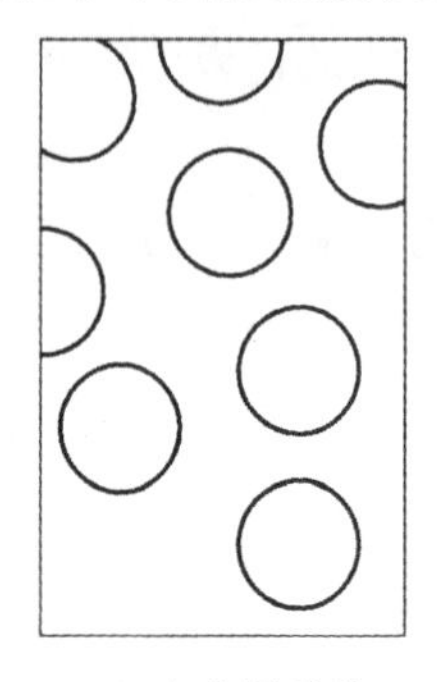

(a) 全芯层黏胶
(铜氨纤维)

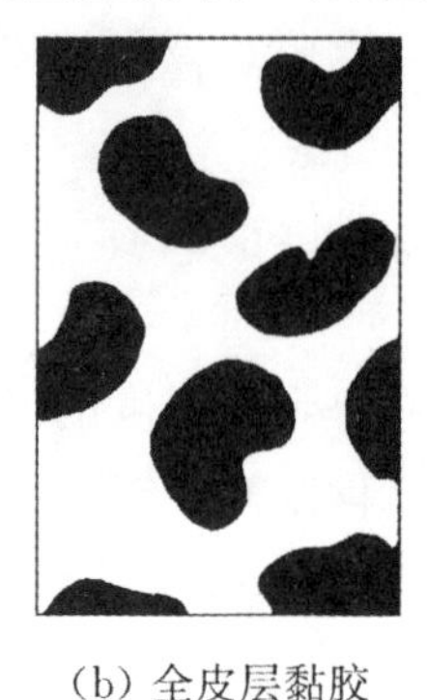

(b) 全皮层黏胶
(高强纤维、强力黏胶纤维)

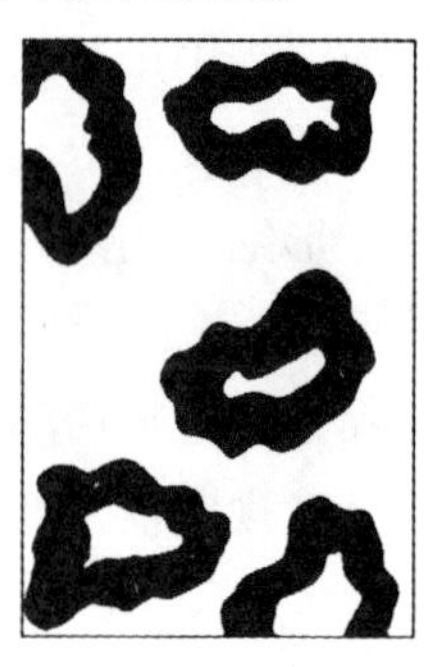

(c) 皮芯层黏胶
(毛型普通黏胶纤维)

图7－1　黏胶纤维的截面皮芯结构（与铜氨纤维对比）

(3) 黏胶纤维的主要性能。

黏胶纤维的吸湿性是普通化学纤维中最高的，公定回潮率为13%；在20℃、相对湿度为95%时，回潮率约为30%。黏胶纤维在水中润湿后，截面膨胀率可达50%以上，最高可达140%。因此，一般的黏胶纤维织物沾水后会发硬。

普通黏胶纤维的断裂强度较低，一般为1.6～2.7cN/dtex，断裂伸长率为10%～22%。润湿后，黏胶纤维的强度急剧下降，其湿干强度比为40%～50%。在剧烈的洗涤条件下，黏胶纤维织物易受损伤。普通黏胶纤维在小负荷下容易变形且变形后不易回复，即弹性差（织物容易起皱），耐磨性较差（织物易起毛起球）。

黏胶纤维虽与棉同为纤维素纤维，但其相对分子质量比后者低得多，所以耐热性较差。普通黏胶纤维的染色性良好，色谱齐全，色泽鲜艳，染色牢度高。

(4) 黏胶纤维的种类与用途。

普通黏胶纤维 →

①黏胶短纤维：种类分为棉型（长度：33～41mm，线密度：1.3～1.8dtex）；毛型（长度：76～150mm，线密度：3.3～5.5dtex）；中长型（长度：51～65mm，线密度：2.2～3.3dtex）。可与棉、毛、涤纶、腈纶等混纺，也可纯纺，用于制织各种服装面料和家纺织物及产业用纺织品。成本低、吸湿性好、抗静电性能优良

②黏胶长丝：可纯纺，也可与蚕丝、棉纱、合纤长丝等交织，用于制作服装面料、床上用品及装饰织物。干态断裂强度为2.2～2.6cN/dtex，湿干强度比为45%～80%

高湿模量黏胶纤维 →

①该纤维通过改变普通黏胶纤维的纺丝工艺条件开发而成。我国商品名称为富强纤维或莫代尔（modal），日本称虎木棉

②纤维截面近似圆形，厚皮层结构，断裂强度为3.0～3.5cN/dtex，湿干强度比明显提高（75%～80%）

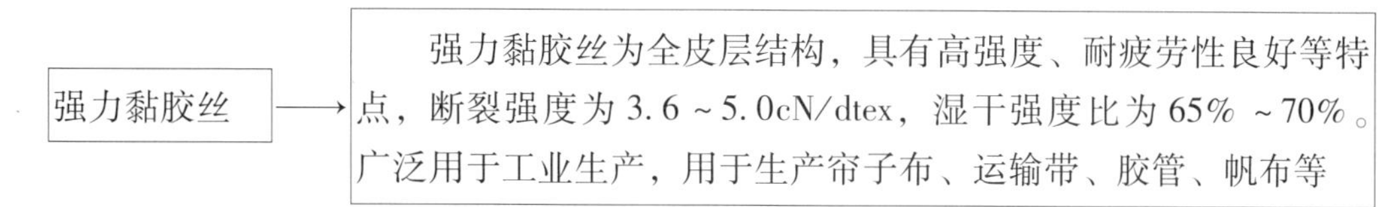

黏胶纤维按纤维素浆粕来源不同，分为木浆黏胶纤维、棉浆黏胶纤维、草浆黏胶纤维、竹浆黏胶纤维、黄麻浆黏胶纤维、大麻浆黏胶纤维等。

2. 铜氨纤维（cuprammonium rayon）

铜氨纤维是将棉短绒等天然纤维素原料溶解在氢氧化铜或碱性铜盐的浓氨溶液内，配成纺丝液，在水或稀碱溶液的凝固浴中纺丝成形，再在含2%～3%硫酸溶液的第二浴内使铜氨纤维素分子化学物分解再生成纤维素，生成的水合纤维素经后加工即得到铜氨纤维。

铜氨纤维的截面呈圆形，无皮芯结构，纵向表面光滑。纤维可承受高度拉伸，制得的单丝较细，其线密度为0.44～1.44dtex。所以铜氨纤维手感柔软，光泽柔和，有真丝感。铜氨纤维的密度与棉纤维及黏胶纤维接近或相同，为1.52g/cm^3。

铜氨纤维的吸湿性比棉好，与黏胶纤维相近，但吸水量比黏胶纤维高20%左右。在相同的染色条件下，铜氨纤维的染色亲和力较黏胶纤维大，上色较深。

铜氨纤维的干强与黏胶纤维相近，但湿强高于黏胶纤维。其干态断裂强度为2.6～3.0cN/dtex，湿干强度比为65%～70%。其耐磨性和耐疲劳性也优于黏胶纤维。

浓硫酸和热稀酸能溶解铜氨纤维，稀碱对其有轻微损伤，强碱则可使铜氨纤维膨胀直至溶解。铜氨纤维不溶于一般有机溶剂，而溶于铜氨溶液。

由于纤维细软，光泽适宜，常用于制织高档丝织或针织物，但受原料的限制且工艺较复杂，产量较低。

3. Lyocell纤维

Lyocell纤维是以N－甲基吗啉－N－氧化物（NMMO）为溶剂，用干湿法纺制的再生纤维素纤维。1980年由德国Azko－Nobel公司首先取得工艺和产品专利，1989年由国际人造纤维和合成纤维委员会（BISFA）正式命名为Lyocell纤维。

Lyocell纤维为高聚合度、高结晶度和高取向度的纤维素纤维，具有巨原纤结构，纤维截面呈圆形，具有高强、高湿模量等特点。Lyocell纤维具有较高的强度，干强与涤纶接近，比棉纤维高出许多。该纤维在水中的湿润异向特征十分明显，其横向膨润率可达40%，而纵向膨润率仅0.03%，湿强几乎达到干强的90%。Lyocell纤维制品在湿态下，经机械外力的摩擦作用，会产生明显的原纤化现象。这种现象表现为纤维纵向分离出更细小的原纤，在纺织品表面形成毛羽。原纤化倾向是该纤维的主要缺陷，但可利用这一特性生产具有桃皮绒感和柔软触感的纺织品。

常见纤维素纤维的性能比较见表7－1。

表 7-1　纤维素纤维性能比较

纤维	公定回潮率(%)	线密度(dtex)	干断裂强度(cN/dtex)	湿断裂强度(cN/dtex)	干断裂伸长率(%)	湿断裂伸长率(%)	5%伸长湿模量(cN/dtex)	吸水率(%)	聚合度
铜氨短纤维	13	1.4	2.5~3.0	1.7~2.2	14~16	25~28	50~70	100~120	—
普通黏胶纤维	13	1.7	2.2~2.6	1.0~1.5	20~25	25~30	50	90~110	250~300
富强纤维	13	1.7	3.4~3.6	1.9~2.1	13~15	13~15	110	60~75	450~500
Lyocell纤维	10	1.7	4.0~4.2	3.4~3.8	14~16	16~18	270	65~70	550~600
棉纤维	8.5	1.65~1.95	2.0~2.4	2.6~3.0	7~9	12~14	100	40~45	6000~11000

4. 醋酯纤维（acetate fiber）

醋酯纤维是以天然纤维素为骨架，通过与其他化合物（醋酸酐）的反应，改变其组织成分，再生形成天然高分子衍生物（三醋酯纤维素或二醋酯纤维素）而制成的纤维。

（1）醋酯纤维的制备。

$$\underset{\text{纤维素}}{\text{cell—}(OH)_3} + \underset{\text{醋酸酐}}{3(CH_3CO)_2O} \rightarrow \underset{\text{三醋酯纤维素}}{\text{cell—}(OCOCH_3)_3} + \underset{\text{醋酸}}{3CH_3COOH}$$

较三醋酯纤维素溶解在二氯甲烷溶剂中制成纺丝液，经干法纺丝制成三醋酯纤维。

$$\underset{\text{三醋酯纤维素}}{\text{cell—}(OCOCH_3)_3} + H_2O \xrightarrow{\text{皂化反应}} \underset{\text{二醋酯纤维素}}{\text{cell—}(OCOCH_3)_2} + CH_3COOH$$

将二醋酯纤维素溶解在丙酮溶剂中进行纺丝，可制得二醋酯纤维。

（2）醋酯纤维的结构。

二醋酯纤维和三醋酯纤维的酯化度不同，前者一般为75%~80%，后者为93%~100%。醋酯纤维为无芯结构，横截面形状为多瓣形叶状或耳形，如图7-2所示。对于大分子结构对称性和规整性：三醋酯纤维好于二醋酯纤维；对于结晶度：三醋酯纤维高于二醋酯纤维；对于聚合度：二醋酯纤维为180~200，三醋酯纤维为280~300。

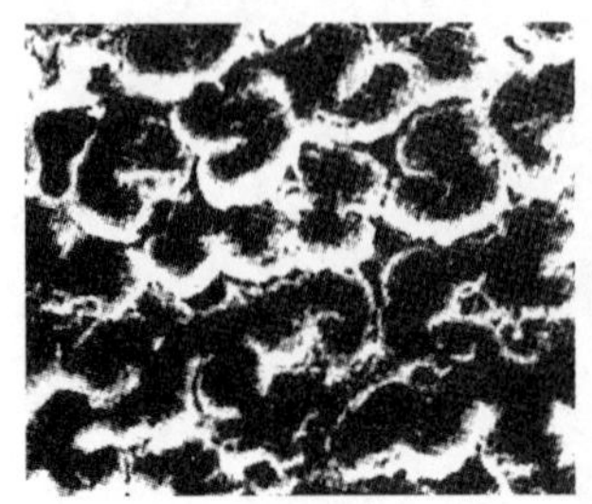

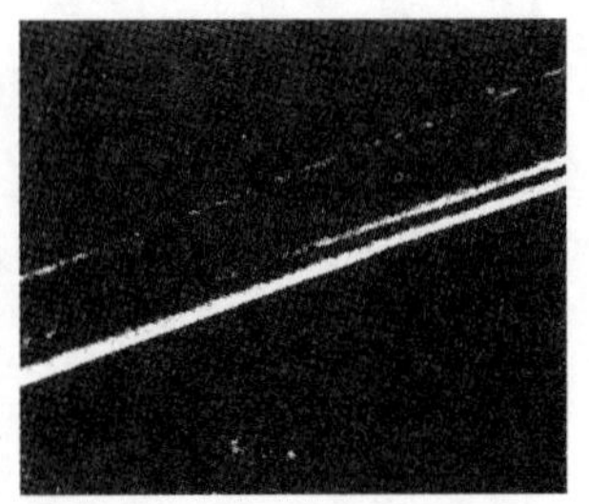

图 7-2　醋酯纤维形态

（3）醋酯纤维的性能与用途。

醋酯纤维的性能对比见表7－2。

表7－2 醋酯纤维的主要性能

<table>
<tr><th colspan="2">主要性能</th><th>二醋酯纤维</th><th>三醋酯纤维</th><th>备注</th></tr>
<tr><td colspan="2">标准大气条件下的回潮率</td><td>6.0% ~7.0%</td><td>约3.0% ~3.5%</td><td rowspan="2">由于纤维素分子上的羟基被乙酰基取代，故吸湿性比黏胶纤维低得多</td></tr>
<tr><td colspan="2">染色性</td><td colspan="2">较差，通常采用分散染料、特种染料</td></tr>
<tr><td rowspan="3">力学性质</td><td>干态断裂强度</td><td>1.1 ~ 1.2cN/dtex</td><td>1.0 ~ 1.1cN/dtex</td><td rowspan="3">醋酯纤维易变形，也易回复，不易起皱，柔软，具有蚕丝的风格</td></tr>
<tr><td>湿干态强度比</td><td colspan="2">0.67 ~ 0.77</td></tr>
<tr><td>伸长特性</td><td colspan="2">干态断裂伸长率约25%，断裂湿态伸长率约35%，1.5%伸长变形时其回复率为100%</td></tr>
<tr><td colspan="2">耐热性</td><td>150℃左右表现出显著的热塑性，195 ~ 205℃时开始软化，230℃左右发生热分解而熔融</td><td>有较明显的熔点，一般在200 ~ 300℃时熔融，其玻璃化温度为186℃</td><td rowspan="3">醋酯纤维的耐光性与棉相近，电阻率较小，抗静电性能较好</td></tr>
<tr><td colspan="2">密度</td><td>1.32g/cm^3</td><td>1.30g/cm^3</td></tr>
<tr><td colspan="2">耐酸碱性</td><td colspan="2">均较差，在碱作用下会逐渐皂化而成为再生纤维素，在稀酸溶液中比较稳定而在浓酸溶液中会因皂化、水解而溶解</td></tr>
</table>

醋酯纤维表面平滑，有丝一般的光泽，适用于制作衬衣、领带、睡衣、高级女装等，还用于卷烟过滤嘴。

7.2.2 再生蛋白质纤维（regenerated protein fiber）

以动物或植物蛋白质为原料制成的纤维称为再生蛋白质纤维。目前已使用的蛋白质有酪素蛋白、牛奶制品蛋白、蚕蛹蛋白、大豆蛋白、玉米蛋白、花生蛋白和明胶等。

1. 大豆蛋白纤维（soybeam protein fiber）

大豆蛋白纤维是由大豆中提取的蛋白质与其他高聚物共混或接枝后配成纺丝液，经湿法纺丝而制得。

（1）大豆蛋白纤维的制备。

以大豆或废豆粕为原料，先将豆粕水浸、分离，提出纯球状蛋白质，再通过添加功能型助剂，改变蛋白质空间结构，并在适当条件下与羟基高聚物接枝共聚，通过湿法纺丝生成大豆蛋白纤维，然后经缩醛化处理使纤维性能稳定。

（2）大豆蛋白纤维的结构、性能与用途。

大豆纤维横截面呈扁平状哑铃形、腰圆形或不规则三角形，纵向表面有不明显的凹凸沟槽，纤维具有一定的卷曲。

大豆纤维切断长度为38～41mm，线密度为1.67～2.78dtex。干态断裂强度接近于涤纶，断裂伸长率与蚕丝和黏胶纤维接近，但变异系数较大。吸湿后强力下降明显，与黏胶纤维类似。因此，纺纱过程中应适当控制其含湿量，以保证纺纱过程的顺利进行。初始模量较小，弹性回复率较低，卷曲弹性回复率也低，纺织加工中有一定困难。纤维的摩擦系数比其他纤维低，且动、静摩擦系数小，纺纱过程中应加入一定量的油剂，以确保成网、成条和成纱质量。因其摩擦系数低，易起毛起球，与皮肤接触滑爽、柔韧，亲肤性良好。

大豆纤维的标准回潮率在4%左右，放湿速率较棉和羊毛快，纤维的热阻较大，保暖性优于棉和黏胶纤维，具备良好的热湿舒适性。

大豆纤维中蛋白质接枝不良时，洗涤中会溶解逸失，因此染整加工中需增加固着技术，以防止蛋白质逸失。大豆纤维本色为淡黄色，可用酸性染料、活性染料染色。采用活性染料染色，产品色彩鲜艳有光泽，耐日晒、汗渍色牢度较好。

大豆纤维一般用于与其他纤维混纺、交织，并采用集聚纺纱以减少起球，多用于内衣、T恤及其他针织产品。

2. 酪素纤维

酪素（casein）纤维俗称牛奶蛋白纤维，是20世纪末开发出来的新型纤维。先将液态牛奶去水、脱脂，再利用接枝共聚技术将蛋白质分子与丙烯腈分子制成含牛奶蛋白质的纺丝液，然后经湿法纺丝工艺而制成。日本生产的牛奶蛋白纤维含蛋白质约4%。

（1）酪素纤维的结构、性能与用途。

纤维横截面呈腰圆形或近似哑铃形，纵向有沟槽，有利于吸湿、导湿和透气性的增加。纤维具有一定的卷曲、摩擦力和抱合力。纤维密度大，细度细，长度长，含异状纤维较多；纤维表面光滑、柔软；纤维质量比电阻高于羊毛，低于蚕丝；纤维初始模量较大，断裂强度较高。

牛奶蛋白纤维具有天然抗菌功效，对皮肤无过敏反应且具有一定的亲和性。纤维耐碱性较差，耐酸性较好；经紫外线照射后，强力下降很少，有较好的耐光性。其化学、物理结构不同于羊毛、蚕丝等蛋白质纤维，适用的染料种类较多，上染率高且速度快，染色均匀，色牢度好。

牛奶蛋白纤维制成的面料光泽柔和、质地轻柔，手感柔软丰满，具有良好的悬垂性，给人以高雅、潇洒、飘逸之感，可以制作多种高档服装（如衬衫、T恤、连衣裙、套裙等）及床上用品。

（2）酪素纤维应用中存在的问题。

纺纱过程中因纤维间抱合力差，容易黏附机件，易出破网，纤维断裂和粗纱断头率高。

纤维耐热性差，在湿热状态下轻微泛黄。在高热状态下，120℃以上泛黄，150℃以上变褐色。故洗涤温度不要超过30℃，熨烫温度不要超过120℃（最好为80～120℃）。纤维的化学稳定性较差，不能使用漂白剂漂白；抗皱能力差、具有淡黄色泽，不宜生产白色产品。

3. 蚕蛹蛋白纤维

（1）蚕蛹蛋白纤维的制备。

精选新鲜蚕蛹，经烘干、脱脂、浸泡，在碱溶液中溶解后过滤并用分子筛控制相对分子质量，再经脱色、水洗、脱水、烘干制得蚕蛹蛋白，将蚕蛹蛋白溶解成蚕蛹蛋白溶液，并加入化学修饰剂修饰，与高聚物共混或接枝后纺丝。

（2）蚕蛹蛋白纤维的组成、结构与性能。

该纤维是由18种氨基酸组成的蛋白质与其他高聚物复合生产的纤维。蚕蛹蛋白黏胶共混纤维由纤维素和蛋白质构成，具有两种聚合物的特性，纤维有金黄色和浅黄色，呈皮芯结构。

蚕蛹蛋白黏胶共混长丝的常用线密度为133dtex（48f），干态断裂强度为1.32cN/dtex，干态断裂伸长率为17%，回潮率为15%。共混纤维为皮芯结构，纤维素在纤维的中间，蛋白质在纤维的外层，在很多情况下纤维表现为蛋白质的性质，其织物与人体直接接触时，对皮肤具有良好的相容性、保健性和舒适性，一定程度上可以达到高度仿真且优于真丝绸。

蚕蛹蛋白丙烯腈接枝共聚纤维的干态断裂强度为1.41cN/dtex，断裂伸长率为10%～30%，具有蛋白纤维吸湿、抗静电性等特点，同时具有聚丙烯腈手感柔软、保暖性好的优良特性。

4. 再生动物毛蛋白纤维

（1）再生动物毛蛋白纤维开发的意义。

利用猪毛（不可纺蛋白质纤维）、羊毛下脚料（废弃蛋白质材料）生产再生蛋白质纤维，其原料来源广泛，而且某些废弃材料得以充分利用，有利于环境保护。利用其他高聚物（如聚丙烯腈）接枝或混合纺丝，有利于克服天然蛋白质性能的弱点，制得的纺织品手感丰满、性能优良，价格远低于同类毛面料，故具有较强的市场竞争力。

（2）再生动物毛蛋白纤维的结构、性能与用途。

再生动物毛蛋白纤维的截面呈不规则的锯齿形，纤维具有缝隙孔洞并存在球形气泡，纤维的纵向表面较光滑。随着蛋白质含量的增加，缝隙孔洞的数量越多、体积越大，纤维表面光滑度则下降，当蛋白质含量过高时纤维表面就变得粗糙。

再生动物毛蛋白质纤维的干、湿态断裂强度均大于常规羊毛，其湿态强度大于黏胶纤维，纤维中蛋白质含量越多，其断裂强度则越低；回潮率仅小于羊毛纤维，并随着蛋白质含量的增大而变大；纤维的伸长率大于黏胶纤维，接近桑蚕丝；各项性能在湿态下比较稳定；体积比电阻随着蛋白质含量的增加而减少，并且远小于羊毛、黏胶纤维和蚕丝，因此其导电性能好，抗静电。

再生动物毛蛋白纤维有较好的耐酸耐碱性，水解速率随酸浓度的增加而增大，但损伤程度比纤维素小。纤维在碱中的溶解是先随浓度增大而增大，然后随浓度增大而降低。纤维具有一定的耐还原能力，还原剂对其作用很弱，没有明显损伤。

再生动物毛蛋白纤维性能非常优越，纤维中有许多人体所需的氨基酸，具有独特的护肤保健功能。各种氨基酸均匀分布在纤维表面，其氨基酸系列与人体皮肤相似，因此对人体皮肤有一定的相容性和保护作用。其制品吸湿性好，穿着舒适，悬垂性优良，具有蚕丝般的光泽，风格独特，适于制作高档服装、内衣的时尚面料。

7.2.3 其他再生纤维

1. 再生甲壳质纤维与壳聚糖纤维

（1）甲壳质与壳聚糖的结构。

由甲壳质和壳聚糖溶液再生而形成的纤维分别被称为甲壳质纤维和壳聚糖纤维。

甲壳质是一种带正电荷的天然多糖高聚物，是由 α – 乙酰胺基 – α – 脱氧 – β – D – 葡萄糖通过糖苷连接而成的直链多糖，其化学名称是（1，4） – α – 乙酰胺基 – β – D – 脱氧 – β – D – 葡萄糖，简称为聚乙酰胺基葡萄糖，其分子结构为：

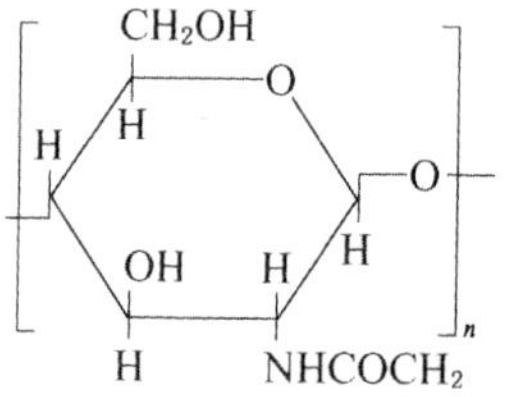

CH_2OH O H H O H OH H H $NHCOCH_2$ n

可将它视为纤维素大分子 C_2 位的羟基（—OH）被乙酰基（—$NHCOCH_2$）取代后的产物

壳聚糖是甲壳质大分子脱去乙酰基后的产物，其化学名称是“聚氨基葡萄糖”，其分子结构为：

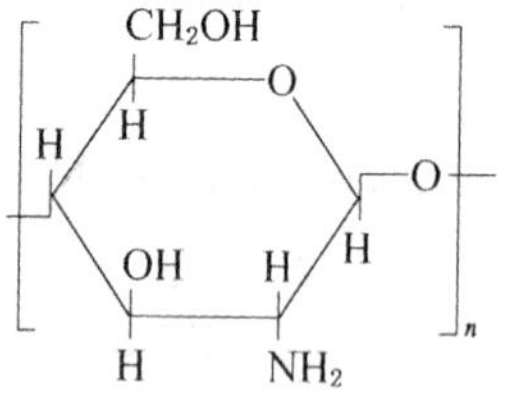

CH_2OH O H H O H OH H H NH_2 n

可将它视为纤维素大分子 C_2 位的羟基被氨基（—NH_2）取代后的产物。

（2）两种纤维的制备。

首先将制备好的甲壳质粉末或壳聚糖粉末溶解在合适的溶剂中成为纺丝液，经过滤脱泡后用压力将纺丝原液从喷丝板喷出，进入凝固浴中，可经过多次凝固使其成为固态纤维，再经拉伸、洗涤、干燥，成为甲壳质纤维或壳聚糖纤维。

（3）两种纤维的性能与应用。

①甲壳质纤维。其断裂强度为 0.97 ~ 2.20cN/dtex，断裂伸长率为 4% ~ 8%，打结强度为 0.44 ~ 1.14cN/dtex，密度为 1.45g/cm^2，回潮率为 12.5%。具有良好的吸湿性，优良

的染色性能，可采用直接染料、活性染料及硫化染料等进行染色，色泽鲜艳。甲壳质大分子内具有稳定的环状结构，大分子间存在较强的氢键，因此甲壳质纤维的溶解性能较差，它不溶于水、稀酸、稀碱和一般的有机溶剂，但能在浓硫酸、盐酸、硝酸和高浓度（85%）的磷酸等强酸中溶解，同时发生剧烈的降解。

②壳聚糖纤维。其断裂强度为0.97～2.20cN/dtex，断裂伸长率为8%～14%，打结强度为0.44～1.32cN/dtex。壳聚糖纤维分子中存在大量的氨基，所以能在甲酸、乙酸、盐酸、环烷酸、苯甲酸等稀酸中制成溶液。由于壳聚糖大分子的活性较大，其溶液即使在室温下也能被分解，黏度下降并完全水解成氨基葡萄糖。

两种纤维和人体组织都具有很好的相容性，可被人体溶解并被吸收，还具有消炎、止血、镇痛、抑菌和促进伤口愈合的作用。在一定的条件下，能发生水解、烷基化、酰基化、羧甲基化、碘化、硝化、卤化、氧化、还原、缩合等化学反应，从而生成各种具有不同性能的甲壳质或壳聚糖的衍生物。纤维强度均低于一般纺织纤维，故纺纱、织造时均有一定的困难。

两种纤维都是优异的生物工程材料，可以制作无毒性、无刺激的安全生物材料，可用作医用材料，如创可贴、手术缝线（直径为0.21mm时，断裂强力可达900cN以上，打结断裂强力大于450cN，缝入人体后10天左右可被降解，并由人体排出）及各种抑菌防臭纺织品。甲壳质纤维与超级淀粉吸收剂结合制成妇女卫生巾、婴儿尿不湿等，具有卫生和舒适性。甲壳质纤维还可作为功能性保护内衣、裤袜、服装和床上用品以及医用新型材料。

2. 海藻纤维

（1）海藻纤维的制备。

先用稀酸处理海藻，使不溶性海藻酸盐变成海藻酸，然后加碱加热提取可溶性的钠盐，过滤后加钙盐生成海藻酸钙沉淀，再经酸液处理转变成海藻酸，脱水后加碱转变成钠盐，烘干后即为海藻酸钠。海藻纤维通常由湿法纺丝制备：①将高聚物溶解于适当的溶剂中配成纺丝液，从喷丝孔中压出后射入凝固浴中固化成丝条；②将可溶性海藻酸盐溶于水中形成黏稠溶液，然后通过喷丝孔挤出并进入凝固浴（含有二价金属阳离子，如Ca^{2+}、Sr^{2+}、B^{2+}），形成固态不溶性海藻酸盐纤维长丝。

（2）海藻纤维的特点与用途。

海藻纤维的主要用途是制备创伤被覆材料，对皮肤具有优异的亲和性，有助于伤口凝血，吸除伤口过多的分泌物，保持伤口一定湿度，继而增进伤口愈合。海藻纤维被覆材料与伤口接触后，材料中的钙离子会与体液中的钠离子交换，使海藻纤维材料由纤维状变成水凝胶状，因凝胶具有亲水性，可使氧气通过又可阻挡细菌，进而促进新组织的生长，使伤口感觉舒适，更换或移除敷材时也可减少伤口不适感。海藻纤维能吸收20倍于自身体积的液体，因此可以吸收伤口的渗出物，减少伤口微生物的孳生及其产生的异味。此外，在海藻纤维中加入一些抗菌剂（如银、PHMB等），能抵抗容易引起感染的细菌，减少部分或深层伤口引发感染之虞。这种材料还广泛用于制备多孔体、经编纱布、吸收性产品。

7.3 普通合成纤维

7.3.1 普通合成纤维的命名

合成纤维（synthetic fiber）是由低分子物质经化学合成的高分子聚合物，再经纺丝加工而成的纤维。合成纤维可从不同的方面来进行分类，按其分子结构，可分为碳链和杂链合成纤维；按纵向形态特征，可分为长丝和短纤维；按截面形态与结构，可分成普通、异形纤维和复合纤维；按加工及性能特点，可分为普通合纤、差别化纤维及功能性纤维等。长丝可分为单丝、复丝，单丝中只有一根纤维，复丝中包含多根单丝，一般用于织造的长丝，大多为复丝。

普通合成纤维的命名，以化学组成为主，以学名和缩写代码，商品名为辅，或称俗名。国内以“纶”的命名，属商品名，主要是指传统的六大纶，即涤纶、锦纶、腈纶、丙纶、维纶和氯纶。部分合成纤维的名称及分类见表7－3。

表7－3　部分合成纤维的名称及代号

类别	化学名称	代号	国内商品名	常见国外商品名	单体
聚酯类纤维	聚对苯二甲酸乙二酯	PET或PES	涤纶	Dacron、Telon、Terlon、Teriber、Lavsan、Terital	对苯二甲酸或对苯二甲酸
	聚对苯二甲酸环己基－1，4二甲酯			Kodel、Vestan	对苯二甲酸或对苯二甲酸二甲酯、环乙烷二甲醇－1，4
	聚对羟基苯甲酸乙二酯	PEE		A－Tell	对羟基苯甲酸、环氧乙烷
	聚对苯二甲酸丁二醇酯	PBT	PBT纤维	Finecell、Sumola、Artlon、Wonderon、Celanex	对苯二甲酸或对苯二甲酸二甲酯、丁二醇
	聚对苯二甲酸丙二醇酯	PTT	PTT纤维	Corterra	对苯二甲酸、丙二醇

续表7－3

类别		化学名称	代号	国内商品名	常见国外商品名	单体
聚酰胺类纤维	脂肪族	聚酰胺6	PA6	锦纶－6	Nylon6、Capron、Chemlon、Perlon、Chadolan	己内酰胺
		聚酰胺66	PA66	锦纶－66	Nylon66、Arid、Wellon、Hilon	己二酸、己二胺
		聚酰胺1010	PA1010	锦纶1010	Nylon1010	癸二胺、癸二酸
		聚酰胺4	PA4	锦纶4	Nylon4	丁内酰胺
	脂环族	脂环族聚酰胺	PACM	锦环纶	Alicyclic nylon、Kynel	双－（对氨基环己基）甲烷、12烷二酸
芳香聚酰胺纤维		聚对苯二甲酰对苯二胺	PPTA	芳纶1414	Kevlar、Technora、Twaron	芳香族二元胺和芳香族二元羧酸或芳香族氨基苯甲酸
		聚间苯二甲酰间苯二胺	PMIA	芳纶1313	Nomex、Conex、Apic、Fenden、Mrtamax	芳香族二元胺和芳香族二元羧酸或芳香族氨基苯甲酸
		聚苯砜对苯二甲酰胺	PSA	芳砜纶	Polysulfone amide	4，4′－二氨基二苯砜、3，3′－二氨基二苯砜和对苯二甲酰氯
		聚对亚苯基苯并二χ唑	PBO		Zylon	聚－p－亚苯丙二χ唑
		聚间亚苯基苯并二咪唑	PBI		polybenzimimidazole	
		聚醚醚酮	PEEK		Victrex©PEEK	

续表 7-3

类别	化学名称	代号	国内商品名	常见国外商品名	单体
聚烯烃类纤维	聚丙烯纤维	PP	丙纶	Meraklon、Polycaissis、Prolene、Pylon	丙烯
	聚丙烯腈纤维（丙烯腈与15%以下的其他单体的共聚物纤维）	PAN	腈纶	Orlon、Acrilan、Creslan、Krylion、Panakryl、Vonnel、Courtell	丙烯腈及丙烯酸甲酯或醋酸乙烯、苯乙烯磺酸钠、甲基丙烯磺酸钠
	改性聚丙烯腈纤维（指丙烯腈与多量第二单体的共聚物纤维）	MAC	腈氯纶	Kanekalon、Vinyon N	丙烯腈、氯乙烯
				Saniv、Vere5amv Verel	丙烯腈、偏二氯乙烯
	聚乙烯纤维	PE	乙纶	Vectra、Pylen、Platilon、Vestolan、Polyathylen	乙烯
	聚乙烯醇缩甲醛纤维	PVAL	维纶	Vinylon、Kuralon、Vina、Vinol	乙二醇、或醋酸乙烯酯
	聚乙烯醇—氯乙烯接枝共聚纤维	PVAC	维氯纶	Polychlal、Cordelan、Vinyorl	氯乙烯、醋酸乙烯酯
	聚氯乙烯纤维	PVC	氯纶	Leavil、Valren、Voplex、PCU	氯乙烯
	氯化聚氯乙烯（过氯乙烯）纤维	CPVC	过氯纶	Pe Ce	氯乙烯
	氯乙烯与偏二氯乙烯共聚纤维	PVDC	偏氯纶	Saran、Permalon、Krehalon	氯乙烯、偏二氯乙烯
	聚四氟乙烯纤维	PTEE	氟纶	Teflon	四氟乙烯

7.3.2 常用普通合成纤维

1. 涤纶

（1）概述。

涤纶属常用的普通聚酯纤维。聚酯（polyester）通常是指以二元酸和二元醇缩聚而得的高分子化合物，其基本链节之间以酯基连接。聚酯纤维的品种很多，如聚对苯二甲酸乙二酯（polyethylene terephthalatate，PET）纤维、聚对苯二甲酸丁二酯（polybutylene terephthalate，PBT）纤维、聚对苯二甲酸丙二酯（polytrimethylene terephthalate，PTT）纤维等，其中以聚对苯二甲酸乙二酯含量在85%以上的纤维为主，简称为涤纶，也称聚酯纤维。

（2）结构。

涤纶分子是由短脂肪烃类、酯基、苯环、端醇羟基所构成的。

聚对苯二甲酸乙二酯是具有对称性苯环的线性大分子，分子链的结构具有高度的立体规整性，所有的苯环几乎处在同一平面上，没有大的支链，分子线型好，易于沿纤维拉伸方向取向而平行排列；相邻大分子上的凹凸部分便于彼此镶嵌，具有紧密聚集能力与结晶倾向。结晶度和取向度与生产条件及测试方法有关，涤纶的结晶度可达40%～60%，取向度高，双折射可达0.188。

涤纶采用熔体纺丝制成，具有圆形实心的横截面，纵向均匀而无条痕。

（3）特性。

①力学性能：涤纶的初始模量和弹性回复率高，织物抗皱性和保形性好，制成的衣服挺括、不皱，这是由于在涤纶的线型分子链中分散着苯环。

涤纶的耐磨性仅次于锦纶，比其他合成纤维高出几倍。而且干态和湿态下的耐磨性大致相同。涤纶和天然纤维或粘胶纤维混纺，可显著提高织物的耐磨性。

洗可穿性，涤纶织物优异的抗皱性和保形性，再加上吸湿性低，涤纶服饰穿着挺括、平整、形状稳定性好，能达到易洗、快干、免烫的效果。

涤纶具有较高的强度和伸长率，断裂强度和伸长率取决于纺丝过程中的拉伸程度，按实际需要可制成高模量型（强度高、伸长率低）、低模量型（强度低、伸长率高）和中模量型（介于两者之间）的纤维。涤纶由于吸湿性低，干、湿强度基本相等。

②吸湿、染色性能：涤纶吸湿性差，除了大分子两端各有一个羟基外，分子中不含有其他亲水性基团，而且其结晶度高，分子链排列紧密，因此，公定回潮率只有0.4%。由于涤纶的吸湿性低，在水中的溶胀度小，干、湿断裂强度和伸长率相近；导电性差，容易产生静电现象，穿着时感觉闷热。

涤纶染色比较困难，分子中缺少能和染料发生结合的活性基团，分子排列得比较紧密，染料分子很难渗透到纤维内部。涤纶染色必须采取一些特殊方法，如载体染色、高温高压染色和热熔染色法等。

③化学稳定性：在涤纶分子链中，苯环和亚甲基（$—CH_2—$）均较稳定，主链中存在的酯基是唯一能起化学反应的基团，另外纤维的物理结构紧密，化学稳定性较高。

涤纶大分子中存在的酯基可被水解，酸、碱对酯基的水解具有催化作用，以碱更为剧烈。涤纶的耐酸性较好，无论是对无机酸或是有机酸都有较好的稳定性。将涤纶在60℃以下，用70%硫酸处理72h，其强度基本上没有变化，处理温度提高后，纤维强度迅速降低，利用这一特点用酸侵蚀涤棉包芯纱织物可制成烂花产品。涤纶在碱的作用下发生水解，水解程度随碱的种类、浓度、温度及时间不同而异。热稀碱液能使涤纶表面的大分子发生水解，使纤维表面一层层地剥落下来，造成纤维的失重和强度的下降，而对纤维的芯层则无太大影响，其相对分子质量也没有什么变化，这种现象称为“剥皮现象”或“碱减量处理”工艺，此工艺可以使纤维变细、表面变得粗糙。

涤纶对氧化剂和还原剂的稳定性很高，即使在浓度、温度、时间等条件均较高时，纤维强度的损伤也不十分明显，因此在染整加工中，常用的漂白剂有次氯酸钠、亚氯酸钠、过氧化氢（双氧水）等，常用的还原剂有保险粉、二氧化硫脲等。

常用的有机溶剂如丙酮、苯、三氯甲烷、苯酚－氯仿、苯酚－氯苯、苯酚－甲苯，在室温下能使涤纶溶胀，在70～110℃下能使涤纶很快溶解。涤纶还能在2%的苯酚、苯甲酸或水杨酸的水溶液、0.5%氯苯的水分散液、四氢萘及苯甲酸甲酯等溶剂中溶胀。所以酚类化合物常用作涤纶染色的载体。

（4）其他性能：涤纶的耐光性好，仅次于腈纶和醋酯纤维，优于其他纤维。涤纶对波长为300～330nm范围的紫外光较为敏感，如果在纺丝时加入消光剂二氧化钛等，可导致纤维的耐光性降低；而在纺丝或缩聚时加入少量水杨酸苯甲酸或2，5－羟基对苯二甲酸乙二酯等耐光剂，可使耐光性显著提高。

涤纶具有良好的热塑性，具有比较清楚的热力学形态。在主要常见合成纤维中，涤纶的热稳定性最好。在温度低于150℃时处理；涤纶的色泽不变；在150℃下受热168h后，涤纶比强度损失不超过3%；在150℃下加热1000h，仍能保持原来比强度的50%。

涤纶的缺点是吸湿性差，贴身穿着舒适性不好，易产生静电；耐磨性好，织物容易起毛起球。

2. 锦纶

（1）概述。

锦纶6和锦纶66属常用的普通聚酰胺纤维（polyamide fibre，PA），聚酰胺纤维是指其分子主链由酰胺键（—CO—NH—）连接的一类合成纤维。聚酰胺纤维是世界上最早实现工业化生产的合成纤维，也是化学纤维的主要品种之一。脂肪族（aliphatic series）聚酰胺主要包括锦纶6、锦纶66锦纶610等；芳香族聚酰胺包括聚对苯二甲酰对苯二胺即对位芳纶（我国称芳纶1414，Kevlar）和聚间苯二甲酰间苯二胺即间位芳纶（我国称芳纶1313，Nomex）等；混合型的聚酰胺包括聚己二酰间苯二胺（MXD6）和聚对苯二甲酰己二胺（聚酰胺6T）等；另外还有酰胺键部分或全部被酰亚胺键取代的聚酰胺酰亚胺和聚酰亚胺等品种。

脂肪族聚酰胺纤维一般可分成两大类。一类是由二元胺和二元酸缩聚制成的。根据二元胺和二元酸的碳原子数目多可得到不同品种的聚酰胺纤维。命名原则是聚酰胺纤维前面一个数字是二元胺的碳原子数，后一个数字是二元酸的碳原子数，如聚酰胺66纤维（锦纶66）即由己二胺和己二酸缩聚而成，聚酰胺610纤维（锦纶610）是由己二胺和癸二酸缩聚而成的。另一类是由ω－氨基酸缩聚或由内酰胺开环聚合而得。聚酰胺后面的数字即氨基酸或内酰胺的碳原子数，聚酰胺6纤维（锦纶6）即卣己内酰胺经开环聚合而制成的纤维。

（2）结构。

聚酰胺的分子是由许多重复结构单元（链节）通过酰胺键连接起来的线型长链分子，

在晶体中为完全伸展的平面曲折形结构。通常成纤聚己内酰胺的相对分子质量为14000～20000，成纤聚己二酰己二胺的相对分子质量为20000～30000。

锦纶是由熔体纺丝制成的，在显微镜下观察其截面近似圆形，纵向无特殊结构，在电子显微镜下可以观察到丝状的原纤组织。

锦纶的聚集态结构是折叠链和伸直链晶体共存的体系。聚酰胺分子链间相邻酰胺基可以定向形成氢键，这导致聚酰胺倾向于形成结晶。纺丝冷却成形时由于内外温度不一致，一般纤维的皮层取向度较高，结晶度较低，而芯层则结晶度较高，取向度较低。锦纶的结晶度为50%～60%，甚至高达70%。

聚酰胺纤维大分子中的酰胺键与丝素大分子中的肽键结构相同，但聚酰胺分子链上除了氢、氧原子外，并无其他侧基，因此分子间结合紧密，纤维的化学稳定性、力学强度、形状稳定性等都比蚕丝高得多，但不及蚕丝柔软和轻盈。

（3）特性。

①力学性能：锦纶的断裂强度在常见纤维中是最高的，一般纺织用锦纶长丝的断裂强度为3.528～5.292cN/dtex，比蚕丝高1～2倍，比粘胶纤维高2～3倍；特殊用途的高强力丝断裂强度高达6.174～8.379cN/dtex，甚至更高，这种强力丝适合制造载重汽车和飞机轮胎的帘子线及降落伞、缆绳等。湿态时，锦纶的断裂强度稍有降低，为干态的85%～90%。

锦纶的断裂伸长率比较高，其大小随品种而异，普通长丝为25%～40%，高强力丝为20%～30%，湿态断裂伸长率较干态高3%～5%。

在所有普通纤维中，锦纶的回弹性最高，当伸长3%时，锦纶6的回弹率为100%，当伸长10%时，回弹率为90%，而涤纶为67%，粘胶长丝为32%。

由于锦纶的强度与伸长率、弹性回复率高，所以锦纶是所有纤维中耐磨性最好的纤维，它的耐磨性比蚕丝和棉纤维高10倍，比羊毛高20倍，因此最适合做袜子，与其他纤维混纺，可提高织物的耐磨性。

锦纶的初始模量接近羊毛，比涤纶低得多，其手感柔软。在同样条件下，锦纶66的初始模量略高于锦纶6。

②吸湿与染色性：锦纶除大分子首尾的一个氨基和一个羧基是亲水性基团外，链中的酰胺基也具有一定的亲水性，因此它具有较好的吸湿性，公定回潮率为4.5%。锦纶膨胀的各向异性很小，几乎是各向同性的，关于这个问题，多数认为是皮层结构限制了截面方向的溶胀。

锦纶大分子两端含有氨基和羧基，因此可以用酸性染料、阳离子染料（碱性染料）和分散染料染色。

③化学性质：与碳链纤维相比，锦纶因含酰胺键，因此容易发生水解。酸是水解反应的催化剂，因此锦纶对酸是不稳定的，对浓的强无机酸特别敏感。在常温下，浓硝酸、盐酸、硫酸都能使锦纶迅速水解，如在10%的硝酸中浸泡24h，锦纶强度将下降30%。锦纶对碱的稳定性较高，在温度为100℃、浓度为10%的苛性钠溶液中浸渍100h，纤维强度下降不多，对其他碱及氨水的作用也很稳定。

锦纶对氧化剂的稳定性较差。在通常使用的漂白剂中，次氯酸钠对锦纶的损伤最严重，氯能取代酰胺键上的氢，进而使纤维水解。双氧水也能使聚酰胺大分子降解。因此，锦纶不适于用次氯酸钠和双氧水漂白，而亚氯酸钠、过氧乙酸能使锦纶获得良好的漂白效果。

④其他性质：聚酰胺是部分结晶高聚物，具有较窄的熔融转变温度范围。锦纶 6 和锦纶 66 的分子结构十分相似，化学组成可以认为完全相同，但锦纶 66 的熔点比锦纶 6 高 40℃。

锦纶的耐热性较差，在 150℃下受热 5h，断裂强度和断裂伸长率会明显下降，收缩率增加。锦纶 66 和锦纶 6 的安全使用温度分别为 130℃和 93℃。在高温条件下，锦纶会发生各种氧化和裂解反应，主要是酰胺键断裂形成双键和氰基。

锦纶的耐光性较差，但优于蚕丝，在长时间日光或紫外光照射下，会引起大分子链断裂，强度下降，颜色发黄。实验表明，经日光照射 16 周后，有光锦纶、无光锦纶、棉纤维和蚕丝的强度分别降低 23%、50%、18%和 82%。

聚己内酰胺的密度随着内部结构和制造条件的不同而有差异，通常聚己内酰胺是部分结晶的，测得的密度为 1.12 ~ 1.14g/cm^3；聚己二酰己二胺也是部分结晶的，其密度为 1.13 ~ 1.16g/cm^3。

由于聚酰胺纤维具有良好的力学性能及染色性能，因此其应用非常广泛，在衣料服装、产业和装饰地毯等三大领域均有很好的应用。在服用方面，它主要用于制作袜子、内衣、衬衣、运动衫等，并可和棉、毛、粘胶纤维等混纺，使混纺织物具有很好的耐磨损性，还可制作寝具、室外饰物及家具用布等。在产业方面，它主要用于制作轮胎帘子线、传送带、运输带、渔网、绳缆等，涉及交通运输、渔业、军工等许多领域。

3. 腈纶

（1）概述。聚丙烯腈系（polyacrylonitrile，PAN）纤维通常是指含丙烯腈 85%以上的丙烯腈共聚物或均聚物纤维，我国称为腈纶；丙烯腈含量在 35% ~85%之间的共聚物纤维称为改性聚丙烯腈纤维或改性腈纶。腈纶自实现工业化生产以来，因其性能优良、原料充足，发展很快。该纤维柔软，保暖性好，力学性能近似羊毛，密度比羊毛小（腈纶密度为 1.17g/cm^3，羊毛密度为 1.32g/cm^3），可广泛用于代替羊毛制成膨体绒线、腈纶毛毯、腈纶地毯，故有“合成羊毛”之称。

（2）结构。

①化学组成：由于均聚丙烯腈制得的腈纶结晶度极高，不易染色，手感及弹性都较差，还常呈现脆性，不适应纺织加工和服用的要求，为此聚合时加入少量其他单体。一般的成纤聚丙烯腈大多采用三元共聚体或四元共聚体。通常将丙烯腈称为第一单体，它是腈纶的主体，对纤维的许多化学、物理及力学性能起着主要的作用；第二单体为结构单体，加入量为 5% ~10%，通常选用含酯基的乙烯基单体，如丙烯酸甲酯、甲基丙烯酸甲酯或乙酸乙烯酯等，这些单体的取代基极性较氰基弱，基团体积又大，可以减弱聚丙烯腈大分子间的作用力，从而改善纤维的手感和弹性，克服纤维的脆性，也有利于染料分子进入纤维内部；第三单体又称染色单体，是使纤维引入具有染色性能的基团，改善纤维的染色性

能，一般选用可离子化的乙烯基单体，加入量为0.5%～3%。第三单体又可分为两大类：一类是对阳离子染料有亲和力，含有羧基或磺酸基的单体，如丙烯磺酸钠、苯乙烯磷酸钠、对甲基丙烯酰胺苯磺酸钠、亚甲基丁二酸（又称衣康酸）单钠盐等，其中用磺酸基的单体，日晒色牢度较高，而羧基的单体日晒色牢度差，但染浅色时色泽较为鲜艳；另一类是对酸性染料有亲和力，含有氨基、酰胺基、吡啶基的单体，如乙烯吡啶、2－甲基－5－乙基吡啶、丙烯基二甲胺等。显然，因第二、第三单体的品种不同，用量不同，可得到不同的腈纶；染整加工时应予注意。

②形态结构：腈纶的界面随溶剂及纺丝方法的不同而不同。用通常的圆形纺丝孔，采用硫氰酸钠为溶剂的湿纺腈纶，其截面是圆形的；而以二甲基甲酰胺为溶剂纺腈纶，其截面是花生果形的。腈纶的纵向一般都较粗糙，似树皮状。

湿纺腈纶的结构中存在着微孔，微孔的大小和数量影响纤维的力学及染色性能。微孔的大小与共聚体的组成、纺丝成形的条件等有关。

③聚集态结构：由于侧基——氰基的作用，聚丙烯腈大分子主链呈螺旋状空间立体构象。在丙烯腈均聚物中引入第二单体、第三单体后，大分子侧基有很大变化，增加了其结构和构象的不规则性。

腈纶中存在着与纤维轴平行的晶面，也就是说沿垂直于大分子链的方向（侧向或径向）存在一系列等距离排列的原子层或分子层，即大分子排列侧向是有序的；而纤维中不存在垂直于纤维轴的晶面，也就是说沿纤维轴（即大分子纵向）原子的排列是没有规则的，即大分子纵向无序。因此通常认为腈纶中没有真正的晶体存在，而将这种只是侧向有序的结构称为蕴晶（或准晶）。正因此，腈纶的光学双折射率为－0.005。

腈纶的聚集态结构与涤纶、锦纶不同，它没有严格意义上的结晶部分，同时无定形区的规整度又高于其他纤维的无定形区。进一步研究认为，用侧序分布的方法来描述腈纶的结构较为合适，其中准晶区是侧序较高的部分，其余则可粗略地分为中等侧序度部分和低侧序度部分。

腈纶不能形成真正晶体的原因可以是聚丙烯腈大分子上含有体积较大和极性较强的氰基，同一大分子上相邻的氰基因极性方向相同而相斥，相邻大分子间因氰基极性方向相反而相互吸引。

（3）特性。

①力学性能：腈纶的初始模量为22～53cN/dtex，比涤纶小，比锦纶大，因此它的硬挺性介于这两种纤维之间。腈纶的弹性回复率在伸长较小时（2%），与羊毛相差不大，但在穿着过程中，羊毛的弹性回复率优于腈纶。

②吸湿性和染色性：腈纶的吸湿性比较差，标准状态下回潮率为1.2%～2.0%。聚丙烯腈均聚物很难染色，但加入第二、第三单体后，降低了结构的规整性，而且引入少量酸性基团或碱性基团，从而可采用阳离子染料或酸性染料染色，使染色性能得到改善，其染色牢度与第三单体的种类密切相关。

③耐光、耐晒和耐气候性：腈纶具有优异的耐日晒及耐气候性能，在所有的天然纤维及化学纤维中居首位。腈纶优良的耐光和耐气候性，主要是聚丙烯腈的氰基中，碳和氮原

子间的三价键能吸收较强的能量，如紫外光的光子，转化为热，使聚合物不易发生降解，从而使最终的腈纶具有非常优良的耐光性能。棉纤维如用丙烯腈接枝或氰乙基化处理后，耐光性能也大大改善。

④热弹性：由于腈纶为准晶高分子化合物，不如一般结晶高分子化合物稳定，经过一般拉伸定型后的纤维还能在玻璃化温度以上再拉伸 1.1 ~ 1.6 倍，这是螺旋棒状大分子发生伸直的宏观表现。由于氰基的强极性，大分子处于能量较高的稳定状态，它有恢复到原来稳定状态的趋势。若在紧张状态下使纤维迅速冷却，纤维在具有较大内应力的情况下固定下来，这种纤维就潜伏着受热后的收缩性，即热回弹性，这种在外力作用下，因强迫热拉伸而具有热弹性的纤维，称为腈纶的高收缩纤维，可制作腈纶膨体纱。

⑤其他性质：腈纶不像涤纶、锦纶有明显的结晶区和无定形区，而只存在着不同的侧向有序度区，所以腈纶没有明显的熔点，其软化温度为 190 ~ 240℃，250℃以上出现热分解。丙烯腈三元共聚物的玻璃化温度为 75 ~ 100℃，在含有较多水分或膨化剂的情况下，还会使玻璃化温度下降到 75 ~ 80℃。因此，染色、印花时的固色温度都应在 75℃以上。

聚丙烯腈具有较好的热稳定性，一般成纤用聚丙烯腈加热到 170 ~ 180℃时不发生变化，如存在杂质，则会加速聚丙烯腈的热分解并使其颜色变化。

腈纶能够燃烧，但燃烧时不会像锦纶、涤纶那样形成熔融黏流，这主要是由于它在熔融前已发生分解。燃烧时，除氧化反应外，还伴随着高温分解反应，不但产生 NO、NO_2，而且还产生 HCN 以及其他氰化物，这些化合物毒性很大，所以要特别注意。另外，腈纶织物不会由于热烟灰或类似物质溅落其上而熔成小孔。

聚丙烯腈属碳链高分子化合物，其大分子主链对酸、碱比较稳定，然而其大分子的侧基——氰基在酸、碱的催化作用下会发生水解，先生成酰胺基，进一步水解生成羧基。水解的结果是使聚丙烯腈转变为可溶性的聚丙烯酸而溶解，造成纤维失重，强度降低，甚至完全溶解。

腈纶对常用的氧化性漂白剂稳定性良好，在适当的条件下，可使用亚氯酸钠、过氧化氢进行漂白；对常用的还原剂，如亚硫酸钠、亚硫酸氢钠、保险粉（连二亚硫酸钠）也比较稳定，故与羊毛混纺时可用保险粉漂白。

腈纶不被虫蛀，这是优于羊毛的一个重要性能，另外对各种醇类、有机酸（甲酸除外）、碳氢化合物、油、酮、酯及其他物质都比较稳定，但可溶解于浓硫酸、酰胺和亚砜类溶剂中。

4. 丙纶

（1）概述。

聚丙烯纤维（polypropylene，PP），我国称为丙纶，是以丙烯聚合得到的等规聚丙烯为原料纺制而成的合成纤维，其产品主要有普通长丝、短纤维、膜裂纤维、膨体长丝、工业用丝、纺丝黏合熔喷法非织造织物等。

（2）结构。

从等规聚丙烯的分子结构来看，虽然不如聚乙烯的对称性高，但它具有较高的立体规整性，因此比较容易结晶。等规聚丙烯的结晶是二种有规则的螺旋状链，具有三维的结晶特征。

丙纶由熔体纺丝法制得，一般情况下，纤维截面呈圆形，纵向光滑无条纹。

（3）特性。

①力学性能：丙纶与其他合成纤维一样，断裂强度和断裂伸长率与加工工艺有关。丙纶的断裂强度高，断裂伸长率和弹性回复率较好，所以丙纶的耐磨性也较好，特别是耐反复弯曲性能优于其他合成纤维，它与棉纤维的混纺织物具有较高的耐曲磨牢度，丙纶耐平磨的性能也很好，与涤纶接近，但比锦纶差些。

②吸湿、染色性：丙纶大分子上不含有极性基团：纤维的微结构紧密，其吸湿性是合成纤维中最差的，其吸湿率低于0.03%，因此用于衣着时多与吸湿性高的纤维混纺。

丙纶不含可染色的基团，吸湿性又差，故难以染色，采用分散染料只能得到很浅的颜色，且色牢度很差。通常采用原液着色、纤维改性、在熔融纺丝前掺混染料络合剂等方法，可解决丙纶的染色问题。

“芯吸效应”是细旦丙纶织物所特有的性能，其单丝线密度愈小，这种芯吸透湿效应愈明显，且手感柔软。因此，细旦丙纶织物导汗透气，穿着时可保持皮肤干爽，出汗后无棉织物的凉感，也没有其他合成纤维的闷热感，从而提高了织物的舒适性和卫生性。

③其他性质：丙纶的密度为0.90 ~0.92g/cm^{3}多在所有化学纤维中是最轻的，因此聚丙烯纤维质轻、覆盖性好。

丙纶是热塑性纤维，熔点较低，因此加工和使用时温度不能过高，在有空气存在的情况下受热，容易发生氧化裂解。

丙纶是碳链高分子化合物，又不含极性基团；故对酸、碱及氧化剂的稳定性很高，耐化学性能优于一般化学纤维。

丙纶耐光性较差，日光暴晒后易发生强度损失。从化学组成来看，丙纶分子链中叔碳原子的氢比较活泼，易被氧化，所以其耐光性差。

丙纶的电阻率很高（$7\times10^{19}\Omega\cdot cm$），与其他化学纤维相比，它的电绝缘性更高。

5. 维纶

（1）概述。

聚乙烯醇缩甲醛（polyvinyl formal，PVAL）纤维是合成纤维的重要品种之一，我国的商品名为维纶，日本及朝鲜称为维尼龙。未经处理的聚乙烯醇纤维溶于水，用甲醛或硫酸钛缩醛化处理后可提高其耐热水性。狭义的维纶专指经缩甲醛处理后的聚乙烯醇缩甲醛纤维。维纶1940年投入工业化生产，目前世界上维纶的主要生产国有中国、日本、朝鲜等。

（2）结构。

湿法纺丝成形的维纶，截面是腰子形的，有明显的皮芯结构，皮层结构紧密，而芯层有很多空隙，空隙与成形条件有关。

聚乙烯醇晶胞为单斜晶系，结晶区的密度为1.3435g/cm^3，无定形区的密度为1.269g/cm^3，一般缩醛化后密度为1.26g/cm^3。维纶的密度为1.26 ~1.30g/cm^3，约比棉纤维轻20%。

(3)特性。

①力学性能：维纶外观形状接近棉纤维，因此俗称"合成棉花"，但强度和耐磨性都优于棉纤维。棉/维(50/50)混纺织物，其强度比纯棉织物高60%，耐磨性可以提高50%～100%。维纶的弹性不如聚酯纤维等其他合成纤维，在服用过程中易产生折皱。织物不够挺括。

②吸湿、染色性能：维纶在标准状态下的回潮率为4.5%～5.0%，在常用合成纤维中名列前茅。

维纶的染色性能较差，存在上染速度慢、染料吸收量低和色泽不鲜艳等问题。

③耐热性：维纶的耐干热性能较好。普通的棉型维纶短纤维纱在40～180℃范围内，温度提高，纱线收缩略有增加；超过180℃时，收缩为2%；超过200℃时，收缩增加较快；220℃时收缩达6%；240℃后收缩直线上升；260℃时达到最高值。

维纶的耐热水性能与缩醛化度有关，随着缩醛化度的提高，耐热水性能明显提高。在水中软化温度高于115℃的维纶，在沸水中尺寸稳定性好，如在沸水中松弛处理1h，纤维收缩仅为1%～2%。

④其他性能：维纶的耐酸性能良好，能经受温度为20℃、浓度为20%的硫酸或温度为60℃、浓度为5%的硫酸作用。在浓度为50%的烧碱和浓氨水中，维纶仅发黄，而强度变化较小。

耐日晒性能：将棉帆布和维纶帆布同时放在日光下暴晒六个月，棉帆布强度损失48%，而维纶帆布强度仅下降25%，故维纶适合于制作帐篷或运输用帆布。

耐溶剂性：维纶不溶解于一般的有机溶剂，如乙醇、乙醚、苯、丙酮、汽油、四氯乙烯等。在热的吡啶、酚、甲酸中溶胀或溶解。

耐海水性能：将棉纤维和维纶同时浸在海水中20日，棉纤维的强度会降低为零(即强度损失100%)，但维纶强度损失为12%，故适合于制作渔网。

不醛化的聚乙烯醇纤维可溶于温水，称可溶性维纶纤维，是天然纤维纺制超细线密度纱线的重要原料。目前我国聚乙烯醇纺丝厂主要生产可溶性维纶。其次，聚乙烯醇纤维在适当条件下可纺制成高强高模量维纶，目前也有少量生产。

维纶良好的可溶性和纤维成形性，是作为其他原料共混或混合的重要的基本材料，如大豆蛋白改性纤维、角蛋白改性纤维、丝素蛋白改性纤维，大都用其作为载体、混合纺丝，维纶原液用量达50%，甚至达80%。

6. 氯纶

(1)概述。氯纶是聚氯乙烯(polyvinal chloride，PVC)纤维的中国商品名。聚氯乙烯于1931年研究成功，1946年在德国投入工业化生产。氯纶吸湿、染色性差，对有机溶剂的稳定性和耐热性差，发展缓慢。

(2)结构。氯纶由聚氯乙烯或聚氯乙烯占50%以上的共聚物经湿法或干法纺丝而制得。截面接近圆形，纵向有1～2道沟槽。用一般方法生产的聚氯乙烯均属无规立构体，很少有结晶性，但有时能显示出在某些很小的区段上形成结晶区。随着聚合条件的改变，可以改变所得聚合物的立体规整性。随着聚合温度的降低，可使所得聚氯乙烯的立体规整性提高，使纤维的结晶度也随之提高，纤维的耐热性和其他一系列物理机械性能也可获得不同程度的改善。

（3）特性。

①阻燃性：氯纶的独特性能就在于其难燃性，在明火中发生明显的收缩并炭化，离开火源便自行熄灭。由于氯纶分子中含有大量的氯原子，约占其总重量的75%，氯原子在一般条件下极难氧化，所以氯纶织物具有很好的阻燃性，这种难燃性在国防上有着特殊的用途。

聚氯乙烯与聚丙烯腈混合纺丝的纤维，我国称为腈氯纶，兼有两者的性能，一般在阻燃产品中使用。

②力学性能：氯纶的强度接近棉，约2.65cN/dtex；断裂伸长率大于棉，弹性和耐磨性均较棉优良，但在合成纤维中属较差者。

③化学稳定性：氯纶对各种无机试剂的稳定性很好，对酸、碱、还原剂或氧化剂，都有相当好的稳定性。氯纶耐有机溶剂性差，它和有机溶剂之间不发生化学反应，但有很多有机溶剂能使它发生有限溶胀。

④其他性能：氯纶不吸湿，一般常用的染料很难使氯纶上色，所以生产中多采用原液着色。耐热性：氯纶的耐热性极低，只适宜于40～50℃以下使用，65～70℃即软化，并产生明显的收缩。其黏流温度约为175℃，而分解温度为150～155℃。

氯纶易发生光老化，当长时间受到光照时，大分子会发生氧化裂解。在某些情况下会释放氯离子或含氯的分子，对人体有害，使用时宜采取有效措施。

氯纶的产品有长丝、短纤维及鬃丝等，以短纤维和鬃丝为主。氯纶的主要用途在民用方面，主要用于制作各种针织内衣、毛线、毯子和家用装饰织物等。由氯纶制作的针织服装，不仅保暖性好，而且具有阻燃性。另外，由于静电作用，该种服装对关节炎有一定的辅助疗效。在工业应用方面，氯纶可用于制作各种在常温下使用的滤布、工作服、绝缘布、覆盖材料等。鬃丝主要用于编织窗纱、筛网、绳索等。

7. 氨纶

（1）概述。

聚氨酯（PU）弹性纤维（polyurethane elastic fibre）是一种以聚氨基甲酸酯为主要成分的嵌段共聚物制成的纤维，我国的商品名为氨纶，国外的商品名中著名的有美国的莱卡（Lycra）。

由于氨纶不仅具有橡胶丝那样的弹性，还具有一般纤维的特性，因此作为一种新型纺织纤维受到人们的青睐。它可用于制作各种内衣、游泳衣、松紧带、腰带等，也可制作袜口及绷带等。

（2）结构。

氨纶是软硬链嵌段共聚高分子化合物，氨纶根据主链结构中软链段部分是聚酯还是聚醚分为聚酯型和聚醚型，可通过干纺、湿纺或熔融纺制成氨纶。

氨纶大分子链中有两种链段：一种为软链段，它由不具结晶性的低相对分子质量聚酯（1000～5000）或聚醚（1500～3500）链组成，其玻璃化温度很低（－70～－50℃），且在常温下，它处于高弹态，在应力作用下，很容易发生形变，从而赋予纤维容易被拉长变形的特征；另一种为硬链段，它由具有结晶性并能形成横向交联、刚性较大的链段（如芳香族二异氰酸酯链段）组成。这种链段在应力作用下基本上不产生变形，从而防止分子间滑移，并赋予纤维足够的回弹性。在外力作用下，软链段为纤维提供大形变，使纤维容易被拉伸；硬链段则用于防止长链分子在外力作用下发生相对滑移，并在外力去除后迅速回弹，起到物理交联的作用。

用化学反应纺丝法制造的氨纶只有一种软链段，但交错的软链段之间有由化学交联形成的结合点，它与软链段配合，共同赋予纤维高伸长、高回弹的特点。

（3）特性。

①力学性能：氨纶的断裂伸长率可达500%～800%，瞬时弹性回复率为90%以上，与橡胶丝相差无几，比一般加弹处理的高弹聚酰胺纤维（弹性伸长大于300%）还大、它的形变回复率也比聚酰胺弹力丝高。氨纶的干态断裂比强度为0.5～0.9cN/dtex，是橡胶丝的2～4倍，湿态断裂比强度为0.35～0.88cN/dtex。另外，氨纶还具有良好的耐挠曲、耐磨性能等。

②密度和线密度：氨纶的密度为1.20～1.21g/cm^3，虽略高于橡胶丝（不加填料时，天然橡胶密度为0.95g/cm^3，各种合成橡胶在0.92～1.3g/cm^3），但在化学纤维中仍属较轻的纤维，氨纶的线密度一般为22～47dtex，最细可达11dtex。

③吸湿与染色性：氨纶的公定回潮率为1.3%。氨纶的染色性能尚可，染锦纶的染料都能使用，通常采用分散染料、酸性染料等染色。

④耐热性：氨纶的软化温度约为200℃，熔点或分解温度约为270℃，优于橡胶丝，在化学纤维中属耐热性较好的品种。

⑤化学稳定性：氨纶对次氯酸型漂白剂的稳定性较差，推荐使用过硼酸钠、过硫酸钠等含氧型漂白剂。聚醚型氨纶的耐水解性好；而聚酯型氨纶的耐碱、耐水解性稍差。

7.4 差别化纤维

差别化纤维（differential fiber）通常是指在原来纤维的基础上进行物理或化学改性处理，使其与常规化学纤维的形态和结构有显著不同，性状上获得一定程度改善的纤维。纤维的差别化加工处理，起因于普通合成纤维的一些不足，大多采用简单仿天然纤维特征的方式进行形态或性能的改进。差别化纤维与功能性纤维在概念上有显著区别，前者以改进服用性能为主，后者突出防护、保健、安全等特殊功能。但是，目前两者的区别逐渐模糊而变得密不可分，某些功能性纤维可通过差别化技术获得。

7.4.1 差别化纤维的分类

差别化纤维通常有两种分类方法：一类是按照差别化纤维力求改善的性能，或者纤维改性后所具有的性能特点分类；另一种是按照纤维改性的方法进行分类。在现有各种常用纤维中，改性处理主要针对合成纤维中应用最广泛的几种纤维进行，如聚酯纤维、聚丙烯腈纤维、聚酰胺纤维等；另外对其他常用纤维（如粘胶纤维、棉、麻等）的改性也做了许多工作。一般来说，改性处理主要为了改善纤维下列性能中的某一项或几项，即吸湿性、覆盖性、收缩性、抗起毛起球性、抗静电性、热稳定性、原始色调、染色性等。因此，差别化纤维品种较多，如异形纤维、复合纤维、超细纤维、高吸湿性纤维、保暖纤维、抗起毛起球纤维等。此外通过差别化技术还可制得抗静电、抗菌、阻燃、远红外、防紫外、发光等功能性纤维。结合纤维改性方法上的某些特征，可将差别化纤维按照表7－4分类。

表7－4　差别化纤维分类表

类别	细化类别
异形纤维	变形三角截面纤维、异形中空纤维、三角形截面纤维、五角形截面纤维、三叶形截面纤维、Y形截面纤维、双十字形截面纤维、扁平形截面纤维
复合纤维	并列型、皮芯型、海岛型
超细纤维	线密度在0.44dtex（0.4旦）以下的纤维
高吸湿性纤维	高吸放湿聚氨酯纤维、细旦丙纶纤维、高去湿四沟道聚酯纤维、聚酯多孔中空截面纤维、导湿干爽型涤纶长丝、高吸放湿锦纶、HYGRA纤维、挥汗纤维、Sophista纤维、高吸湿排汗＋双抗纤维
保暖纤维	蓬松保暖纤维、蓄热保暖纤维
新视觉纤维（仿生）	超微坑纤维、多重螺旋结构纤维、仿羽绒纤维
抗起球型纤维	抗起球型聚酯纤维、抗起球型聚丙烯腈纤维
自卷曲纤维	自卷曲聚酯纤维、自卷曲聚丙烯腈纤维
高收缩性纤维	高收缩性聚丙烯腈纤维、高收缩性聚酯纤维
特亮、亚光、消光纤维	特亮、亚光、消光聚酯纤维
易染纤维	CDT、PBT、ECDP
有色纤维	有色粘胶纤维、仿生纤维、仿麻纤维
仿真纤维	仿真丝纤维、仿毛纤维、仿麻纤维
功能性差别化纤维	抗静电纤维、阻燃纤维、抗紫外线纤维、远红外线纤维、抗菌纤维

7.4.2 差别化纤维的制备

1. 物理改性

物理改性指通过改变高分子材料的物理结构使纤维性质发生变化，其主要方法有以下五种。

（1）复合法。复合纺丝是将两种或两种以上的高聚物或性能不同的同种聚合物通过同一喷丝孔纺成单根纤维的技术，需要特殊的喷丝板结构。图 7-3 是复合纺丝示意图。通过复合，在纤维同一截面上可以获得双组分的并列型、皮芯型、海岛型和其他复合方式的复合纤维以及多组分纤维。

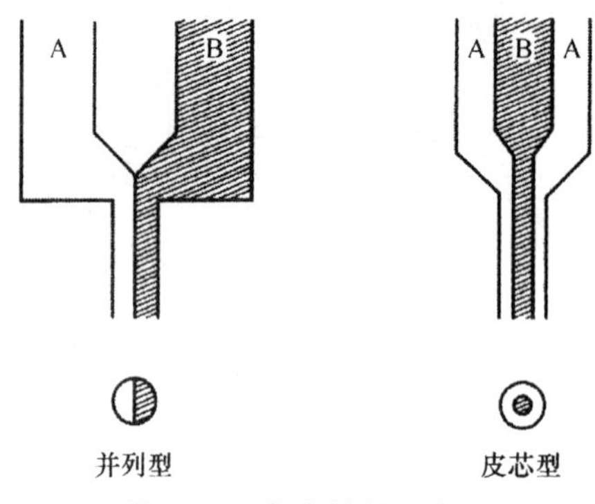

图 7-3 复合纺丝示意图

（2）混合（或共混）法。该方法利用聚合物的可混合性和互溶性，将两种或两种以上聚合物混合后喷纺成丝，即把某种特定的改性剂（或称添加剂）在纺丝前混入聚合物熔体或溶液中，再进行纺丝，如抗菌纤维就是将抗菌剂加入聚酯熔体中，然后经纺丝制得。

（3）改进聚合与纺丝条件法。此方法是通过调整温度、时间、介质、浓度、凝固浴，使高聚物的聚合度及分布、结晶度及分布、取向度等得到改变，达到改性的目的。

（4）改变纤维截面法。改变纤维截面法也称异形纺丝，是指采用特殊的喷丝孔形状开发异形纤维，图 7-4 是异形纤维喷丝孔及相应纤维截面形状。异形纤维一般采用非圆形孔喷丝板纺丝制得。除此之外，也可采用膨化黏着法、复合纤维分离法、热塑性挤压法和变形加工法等制得。

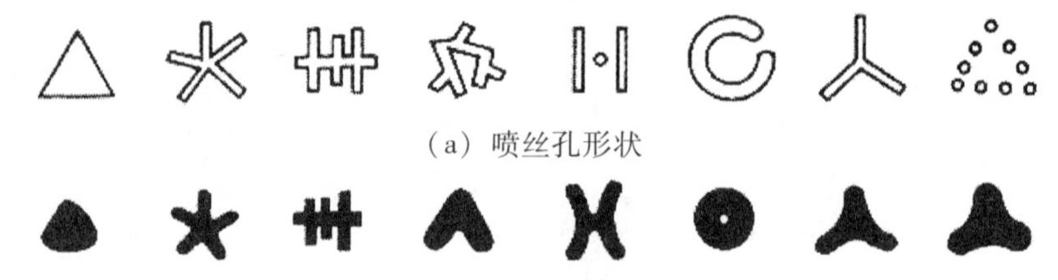

图 7-4 异形纤维喷丝孔及相应纤维截面形状

（5）表面物理改性法。此方法采用等离子辐射等手段对纤维表面进行刻蚀、涂膜等。

2. 化学改性

化学改性是指通过改变纤维原来的化学结构来达到改性目的的方法。化学改性方法主要有以下三种。

（1）共聚法。共聚法是指采用两种或两种以上单体在一定条件下进行聚合。可改善合成纤维的染色性、吸湿性、防污性、阻燃性等。

（2）接枝法。此方法通过化学方法，使纤维的大分子链上能接上所需要的某种特殊的基团，接枝过程既可在聚合时进行，也可在纤维成型后甚至做成织物后进行。

（3）交联法。此方法指控制一定条件使纤维大分子链间用化学链联结起来。当聚合物交联时，所有的单个聚合物分子链通常在几个点上彼此连接，从而形成一个相对分子质量更大的特大三维网状结构。由于纤维分子结构加大、加长、加厚，从而可改善纤维的强度、初始模量、弹性、尺寸稳定性、耐热性、抗皱性等。

3. 工艺改性

在化学纤维生产过程中，通过改变生产工艺来达到改性的目的，主要有：聚合时添加新的组分或优选工艺参数；根据新的成形原理采用新的成形方法；改变纺丝及后加工工艺；多道工序、工艺过程的联合，如纺牵一体化等。

7.4.3 常见差别化纤维

1. 变形丝

变形丝（textured filler）是主要针对普通长丝的直、易分离或堆砌密度高所导致的织物光泽呆板、易于纰裂、手感滑溜、穿着冷湿而黏滑等缺陷，通过改变合成纤维卷曲形态，即模仿羊毛的卷曲特征来改善纤维性能的方法。通常被称为卷曲变形加工，简称变形加工。

变形加工一般是指通过机械作用给予长丝（或纤维）二度或三度空间的卷曲变形，并用适当的方法（如热定形）加以固定，使原有的长丝（或纤维）获得永久、牢固的卷曲形态。这种卷曲变形大大改善了纤维制品的服用性能，并扩大了它们的应用范围。现在主要的变形方法有填塞箱法、刀刃卷曲变形法、假捻变形法、空气变形法、网络变形法等。

2. 异形纤维

异形纤维（profile fiber）是指纤维截面形状非实心圆形而具有某种特殊形状的纤维。目的是改善合成纤维的手感、光泽、抗起毛起球性、蓬松性等特性。在纺织产品方面主要是以仿各种天然纤维为主，如仿蚕丝的光泽（三角形），仿棉的保暖（中空形）。纤维截面形状的变化可使纤维反射光分布发生变化，导致纤维光泽的改变；使纤维间的摩擦与接触发生变化，导致纤维的触感及弯曲、扭转性质变化，以及织物手感和风格变化。对异形截面纤维而言，相同线密度的同种纤维，异形纤维截面宽度和抗弯刚度大于圆形纤维，故可减少织物的起毛、起球。异形纤维截面形状与特性见表7－5。

表 7－5　异形纤维截面形状与特性

		纤维截面	特性
衣用			有丝的光泽与风格
			有丝的光泽与风格
			有类似金刚石的光泽
			有丝的风格
		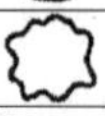	有消光效果
		 （发泡丝）	轻、软、有消光效果
			轻、软、有消光效果
			有麻、藤、竹、纸的风格
室内用品	地毯		压缩弹性好、耐脏
			压缩弹性好、保暖（锦纶）
	被褥		轻、蓬松、压缩弹性好、保暖（锦纶）
产业用品	皮包料		毛皮风格（锦纶）
	叠材		蔺草风格（锦纶、丙纶）
	藤椅用料		藤条风格（锦纶、丙纶）
	紫菜网		紫菜孢子易附生（聚乙烯）
	人造草坪		草坪风格（锦纶）
	保温材料	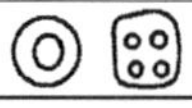	保暖（涤纶、腈纶）

3. 复合纤维

复合纤维（composite fiber）是将两种或两种以上的高聚物或性能不同的同种聚合物，通过一个喷丝孔纺成的纤维。通过复合，在纤维同一截面上可以获得并列型、皮芯型、海岛型等其他复合方式的复合纤维。复合纤维的起因应该是羊毛正、反皮质双边分布的永久卷曲和麻纤维的纤维基质结构。

复合纤维不仅可以解决纤维的永久卷曲和蓬松弹性，而且可以多组分的连续覆盖，提供纤维易染色、难燃、抗静电、高吸湿等特性。复合纤维具有“扬长避短”的特点，如涤棉复合纤维，用锦纶作皮层，涤纶作芯层，就能使两者的缺点相互弥补，两者的优点兼而有之。它既具有锦纶的耐磨、高强、易染、吸湿等优点，又有涤纶弹性好、保形性好、挺括、免烫的优点。复合纤维截面形状与特性见表 7－6。

表7-6　复合纤维截面形状与特性

特点	纤维截面	特性实现机理
卷曲		热收缩率不同的组分并列复合，热处理产生卷曲，手感柔软、蓬松
导电		通过部分炭黑导电成分被高分子材料包围、覆盖，使纤维有导电性的同时，又可以减弱炭黑的黑色
抗静电		将含有PEG（聚乙二醇）的聚合物复合纺丝，提高吸湿和抗静电性
吸水		在聚酯中，中芯采用碱易分解的聚酯，碱处理得到中空高吸水纤维
超细		在聚酯中，斜线部分采用碱易分解的聚酯，碱处理制得超细纤维

4. 超细纤维

超细纤维（ultra - fine fiber）的定义在国际上说法不一，我国纺织业认可的标准是将单纤维线密度小于0.44dtex的纤维称为超细纤维。超细纤维源于仿制麂皮织物用的线密度小于0.9dtex的纤维。

超细纤维可通过直接纺丝法制得，如熔喷纺丝、静电纺丝等；也可采用分裂剥离法和溶解去除法等方法加工而得。分裂剥离法是将两种亲和性略有差异的聚合物通过复合纺丝法制得橘瓣形、米字形或齿轮形等复合纤维，然后采用化学或物理方法对复合纤维实施剥离，最终制得超细纤维。溶解去除法是选用对某种溶剂有不同溶解能力的两种聚合物，采用复合纺丝法纺制“海岛型”复合纤维，再用有机溶剂处理，则可溶去“海”组分，得到“岛”组分的超细纤维。图7-5是分裂剥离和溶解去除法示意图。

（a）溶解去除法　　（b）分裂剥离法

图7-5　分裂剥离和溶解去除法示意图

超细纤维抗弯刚度小，织物手感柔软、细腻，具有良好的悬垂性、保暖性和覆盖性，但回弹性低、蓬松性差。超细纤维比表面积大，吸附性和除污能力强，可用来制作高级清洁布。但超细纤维的染色要比同样深浅的常规纤维消耗染料多，且染色不易均匀。

5. 高收缩纤维

高收缩纤维（high - shrinkage fiher）是指纤维在热或热湿作用下，长度有规律弯曲收缩或复合收缩的纤维。一般高收缩纤维在热处理时的收缩率在20%～50%，而一般纤维的沸水收缩率小于5%（长丝小于9%）。高收缩纤维广泛应用于毛纺产品的改性，如泡绉织物、立体图形织物、提花织物、高密织物、膨体织物、人造麂皮等织物的制作。

6. 易染色纤维

所谓易染色是指可用不同染料染色，且色泽鲜艳，色谱齐全，色调均匀，色牢度好，染色条件温和（常温、无载体）等。涤纶是常用合成纤维中染色最困难的纤维，易染色合成纤维主要是指涤纶的染色改性纤维。易染色合成纤维常见的品种，除阳离子染料可染涤纶外，还有常温常压阳离子可染涤纶、酸性染料可染涤纶、酸性或碱性染料可染涤纶、酸性染料可染腈纶、深色酸性可染锦纶、阳离子可染锦纶等。

7. 吸水吸湿纤维

吸水吸湿纤维是指具有吸收水分并将水分向临近纤维输送能力的纤维。同天然纤维相比，多数合成纤维吸湿性较差，尤其是涤纶与丙纶，因而严重地影响了这些纤维服装的穿着舒适性和卫生性。同时，纤维吸湿性差也带来了诸如静电、易脏等问题。改善合成纤维吸湿性，如可以采用前述三种改性方法，提高纤维的润湿与膨胀能力。即纤维混合或复合引入高吸湿性高聚物，或表面改性，形成多微孔结构，增加纤维的吸水、吸湿能力。吸水吸湿纤维主要用于功能性内衣、运动服、训练服、运动袜和卫生用品等。

8. 混纤丝

混纤丝是指由几何形态或物理性能不同的单丝组成的复丝。混纤丝的目的在于提高合成纤维的自然感。常见的混纤丝有异收缩、异形、异细度及多异混纤等几种类型。在制造技术上常采用异种丝假捻、并捻、气流交络等后加工方法来混纤；也可采用直接纺制混纤丝的方法，其更为经济简便，混纤效果更好。

异收缩混纤丝是由高收缩纤维与普通纤维组成的复合丝，在织物整理及后加工过程中，高收缩纤维因受热发生收缩成为芯丝，普通的纤维因丝长差而浮出表面，产生卷曲，形成空隙，赋予织物蓬松感。异形混纤丝是由截面形状不同的单丝组成的混纤丝，在纤维之间存在空隙及毛细管结构，可降低纤维间的摩擦因数，其织物具有良好的蓬松性、吸湿性和回弹性。多异混纤丝是指将具有线密度、截面形状、热收缩率、伸长率、单丝粗细不匀等多种特性差异纤维的组合，目的是使之更接近天然纤维的风格。

7.5 功能纤维

7.5.1 功能纤维的概念与功能分类

功能纤维是指具有特殊的物理化学结构而具有特定功能或用途的纤维，其某些技术指标显著高于常规纤维。功能性纤维的获得及其应用，涉及高水平的科学技术和边缘科学，工艺难度较大，成本较高，故产量少，主要用于工业、军事、医疗、环保、航空航天等领域，所以又称为高技术纤维。

功能纤维按照功能的分类主要有以下几类：

（1）具有特殊力学性能的纤维，主要包括高强度纤维、高模量纤维、高韧性纤维等。

（2）具有特殊热学性能的纤维，主要包括耐高温纤维（亦称耐热纤维）、抗燃纤维（亦称阻燃纤维）、耐低温纤维等。

（3）具有化学稳定性的纤维，如耐强酸、耐强碱、耐有机溶剂的纤维。

（4）具有特殊物化性能的纤维，如导电纤维、发光纤维、光学透明纤维、耐辐射纤维、蓄热纤维、变色纤维、香味纤维、相变纤维、吸附纤维、离子交换纤维、催化纤维等。

（5）具有特殊生物性能的纤维，如生物活性（或惰性）纤维、抗菌防臭纤维、生物降解纤维、易溶易吸收纤维、易升华纤维等。

7.5.2 常用功能纤维

1. 抗静电和导电纤维

抗静电纤维主要指通过提高纤维表面的吸湿性能来改善其导电性的纤维。广泛采用的方法是使用表面活性剂（即抗静电剂）进行表面处理。抗静电剂多为亲水性聚合体，所以纤维制品的抗静电性依赖于使用环境的湿度，一般要求相对湿度大于40%。

导电纤维包括金属纤维、金属镀层纤维和炭粉、金属氧化、硫化、碘化物掺杂纤维、络合物导电纤维、导电性树脂涂层与复合纤维以及本征导电高聚物纤维等。这类纤维的体积比电阻均低于$10^7\Omega \cdot cm$。常用方法是把导电纤维的短纤维以一定的百分比（1%～5%）混入需要改性的短纤维中或把导电纤维的长丝等间隔地编入织物中。实践证明，通过混用导电纤维可防止纤维制品带电，其抗静电效果既可靠又耐久，即使是在低湿度下也能显示出优良的抗静电性能。

2. 蓄热纤维和远红外纤维

陶瓷粉末应用于纤维最初是为了获得蓄热保温效果。根据所用陶瓷粉种类，其蓄热保温机理有两种：一种是将阳光转换为远红外线，相应的纤维称之为蓄热纤维；另一种在低温（接近体温）下能辐射远红外线，相应的纤维称之为远红外纤维。

医疗应用中认为，波长$3\mu m$以上的红外线具有增强人体新陈代谢、促进血液循环、提高免疫功能、消炎、消肿、镇痛等作用。远红外纤维和众多的远红外治疗仪不同，在常温下就有较高的远红外线发射率，即不需要其他热源，所以对使用的时间和场所都没有限制。远红外纤维可将保健作用结合于使用过程中，作用时间长。但目前，蓄热纤维、远红外纤维的评价标准不一致，质量保障存在问题，副作用评价也极少进行，因此使用安全性受到质疑。

3. 防紫外线纤维

防紫外线的方法一般是涂层，但会影响织物的风格和手感。采用防紫外线纤维可克服这一缺陷。其方法是在纤维表面涂层、接枝或在纤维中掺入防紫外线或紫外线高吸收性物质，制得防紫外线纤维。目前的防紫外线纺织品包括衬衫、运动服、工作服、制服、窗帘以及遮阳伞等，其紫外线遮挡率可达95%以上。

4. 阻燃纤维

纤维阻燃整理可以从提高纤维材料的热稳定性、改变纤维的热分解产物、阻隔和稀释氧气、吸收或降低燃烧热等方面着手，以达到阻燃目的。阻燃黏胶纤维大多采用磷系阻燃剂并通过共混法制得，其极限氧指数一般可达到27% ~30%。

5. 光导纤维

光导纤维简称光纤，是将各种信号转变成光信号进行传递的载体，是当今信息通讯中最具材料，具有传输信息量大、抗电磁干扰、保密性强、质量轻等特性。

目前应用的光导纤维主要有三大类：高纯石英掺杂 P 和 Ge 等元素组成的石英光纤，是光纤的主体；氟化物玻璃光纤，基本组成为 $ZrF_4-BaF_2-LaF_3$三元系；高聚物光纤，以透明高聚物为芯材，以折射率比芯材低的高聚物为包覆层而组成。

6. 弹性纤维

弹性纤维是指具有400% ~700%的断裂伸长率，弹性回复能力接近100%，初始模量很低的纤维。弹性纤维分为橡胶弹性纤维和聚氨酯弹性纤维。橡胶弹性纤维由橡胶乳液纺丝或橡胶膜切割而制得，只有单丝，有极好的弹性回复能力。聚氨酯弹性纤维即氨纶。

氨纶丝的收缩力比橡胶丝大1.8 ~2 倍，所以只要加入少量氨纶丝就能得到与加入大量橡胶丝同样的效果。氨纶可改善织物的适体性和抗皱性，是衣着类织物增弹的最重要纤维原料。但橡胶丝的弹性回复速度较氨纶丝快，有些特殊用品必须用橡胶丝，如高尔夫球。

7. 抗菌防臭纤维

抗菌防臭纤维是指具有除菌、抑菌作用的纤维。抗菌纤维大致有两类。一类是本身带有抗菌、抑菌作用的纤维，如大麻、罗布麻、甲壳素纤维及金属纤维等；另一类是借助螯合、纳米、粉末添加等技术，将抗菌剂在纺丝或改性时加入纤维中而制成的抗菌纤维，但其抗菌性较为有限，而且在使用和染色整理加工中会衰退或消失。

8. 变色纤维

变色纤维是指在光、热作用下颜色会发生变化的纤维。在不同波长、不同强度的光的作用下，颜色发生变化的纤维称光敏变色纤维；在不同温度作用下呈不同颜色的纤维称热敏变色纤维。实际上变色纤维往往与光和热的作用都有关。光敏变色纤维使用光致变色显色剂，热敏变色纤维使用热致变色显色剂。变色纤维多用于登山、滑雪、游泳、滑冰等运动服以及救生、军用隐身着装。

9. 香味纤维

香味纤维是在纤维中添加香料而使纤维具有香味的纤维。香味纤维能持久地散发天然芳香，产生自然清新的气息。芳香纤维多为皮芯复合结构，皮层为聚酯，芯层为掺有天然香精的聚合物，所用香精以唇形科熏衣香油精或柏木精油为主，也可采用微胶囊填充或涂层的方法。香味除清新空气外，同时具有去臭、安神等作用。香味纤维可以制成絮棉、地毯、窗帘和睡衣等。

10. 相变纤维

相变纤维是指含有相变物质（PCM），能起到蓄热降温、放热调节作用的纤维，也称空调纤维。纤维中的相转变材料在一定温度范围内能从液态转变为固态或由固态转变为液态，在此相转变过程中，使周围环境或物质的温度保持恒定，起到缓冲温度变化的作用。常用的相转变材料是石蜡烃类、带结晶水的无机盐、聚乙二醇以及无机/有机复合物等。用相变纤维制成的纺织品用途很广，可以制作空调鞋、空调服、空调手套、床上用品、窗帘、汽车内装饰、帐篷等。相变能量、激发点温度、力学和相变性能的稳定，是这类纤维是否实用的关键。

7.6 无机纤维

天然无机纤维就是天然矿物纤维——石棉，人造无机纤维包括玻璃纤维、碳纤维、陶瓷纤维和金属纤维等。

7.6.1 石棉

1. 石棉来源及纤维结构

石棉是由中基性的火成岩或含有铁、镁的石灰质白云岩，在中高温环境条件下变质生成的变质矿物岩石结晶，其基本组成是镁、钠、铁、钙、铝的硅酸盐或铝硅酸盐且含有羟基，主要有角闪石石棉、透闪石石棉、阳起石石棉、直闪石石棉、蛇纹石石棉和铁石棉，其中最主要的品种是蛇纹石石棉，又称温石棉。

将单层片状的硅酸盐盘卷成空心圆管，卷叠层数一般为10～18层，即为石棉纤维。其外直径一般为19～30nm，空心管芯直径4.5～7nm。许多单根石棉纤维按接近六方形堆积结合成束，即构成石棉纤维结晶束。石棉束纤维及单纤维长度很长，我国开采保存的纤维束最长达2.18m，分离后长度视加工条件而定，一般为3～80mm。

2. 石棉纤维的性能与用途

温石棉的颜色一般为深绿、浅绿、土黄、浅黄、灰白、白色，半透明，有蚕丝光泽，密度为2.49～2.53g/cm^3，耐碱性良好但耐酸性较差，在酸作用下氧化镁被析出而破坏。角闪石石棉的颜色一般为深蓝、浅蓝、灰蓝色，有蚕丝光泽，密度为3.0～3.1g/cm^3，化学性质稳定，耐碱耐酸性均较好。

石棉的断裂强度，未受损失时可达11cN/dtex以上，受损伤后会降低。其比热为1.11J/（g·℃），导热系数为0.12～0.30W/（m·K），回潮率为11%～17.5%。一般在300℃以下时无损伤及变化且耐热性好，在600～700℃时将脱析结晶水而结构变坏、变脆，在1700℃及以上时结构破坏，强度显著下降，受力后破碎。

石棉纤维广泛应用于要求耐热、隔热、保温、耐酸、耐碱的防护服以及锅炉和烘箱的热保温材料、化工过滤材料、电解槽隔膜织物、建筑材料石棉瓦和石棉板、电绝缘的防水填充料等。但石棉纤维破碎体中亚微米级直径的短纤末随风飞散，吸入人体肺部会引起硅沉着病，因此全世界范围内已公开限制或禁止应用石棉纤维。

7.6.2 玻璃纤维

玻璃纤维是采用硅酸类物质并通过熔融纺丝而形成的无机长丝纤维。

1. 玻璃纤维的种类

玻璃纤维的基本组成是硅酸盐或硼硅酸盐，其主要成分为 SiO_2、Al_2O_3、Fe_2O_3和 Ca、B、Mg、Ba、K、Na 等元素的氧化物。按碱金属氧化物的含量不同可形成不同的品种，如 E 玻璃纤维、A 玻璃纤维、C 玻璃纤维、M 玻璃纤维、S 玻璃纤维、L 玻璃纤维、D 玻璃纤维和特种玻璃纤维（E—电绝缘，A—碱，C—耐化学，M—高拉伸模量，S—高强度，L—含铅，D—低介电常数）。

玻璃纤维按纺丝方法不同，分为玻璃球纺丝法、池窑纺丝法、气流牵伸纺短纤维法和离心纺短纤维法。按单丝直径不同，分为细玻璃纤维（直径为 5 ~ 25μm）、中等细度玻璃纤维（直径为 25μm 以上）和光导玻璃纤维（直径为 125μm 左右）三种，每束丝中单纤维根数一般为 50 ~ 4000 根。一般玻璃纤维为均质圆截面单丝（作过滤用时，为圆形中空），而光导纤维用两种玻璃以皮芯复合结构熔融纺丝制得，呈皮芯结构，且外包涂层进行保护，所以其皮层玻璃折射率低、芯层玻璃折射率高，并利用界面的全反射效应，减少光能传输损失。

2. 玻璃纤维的主要用途

玻璃纤维是历史上人工制造最早的纺织纤维材料，目前已成为重要的功能纤维材料。它的主要用途如下：

绝缘材料	利用玻璃纤维的不吸湿、较高电阻率、较低介电常数和介电损耗因数及耐高温等特点，形成织物或絮片层等形式，作为层状电绝缘材料或热绝缘材料，还可利用于制作电缆绝缘防护管套等
过滤材料	利用玻璃纤维的耐高温、耐化学腐蚀、强度和刚度较高等特点，制成织物和毡类，作为化学物质过滤处理的重要材料
增强材料	利用玻璃纤维的强度高、刚性好、不吸水、表面光洁、密度低（比金属低）、抗氧化、耐腐蚀、隔热、绝缘、减震、易成形、成本较低等特点，以玻璃纤维为增强材料并以高聚物为基体制作复合材料，称为“玻璃钢”，广泛用于交通、运输、环保、石油、化工、电器、电子工业、机械、航空、航天、核能、军事等部门
光导纤维材料	利用玻璃纤维的导光损耗低、芯层与皮层界面全反射、折射泄漏少的特点，用作通讯信号传输专用材料，由它制成的光缆用作国际信号传输工具。近年来，在光导玻璃纤维原料配方中增加适量的稀土元素，可生产用于光学放大的纤维激光器

7.6.3　碳纤维

碳纤维是碳元素含量达90%以上的纤维。

1. 碳纤维的种类

按原料的不同，分为纤维素基碳纤维、聚丙烯腈基碳纤维、沥青基碳纤维、酚醛基碳纤维、由碳原子凝集生长的碳纤维；按制备条件的不同，分为普通碳纤维（800～1700℃条件下炭化得到的纤维）、石墨碳纤维（2000～3000℃条件下炭化得到的纤维）、活性炭纤维（具有微孔及很大比表面积的碳纤维）、气相中凝结生长的碳纤维（碳纳米管）；按纤维长度和丝束分，有小丝束碳纤维长丝（纤维根数在6000根以下）、大丝束碳纤维长丝（纤维根数在6000根以上，甚至12000根以上）、短碳纤维（切断的碳纤维或碳纤维毡）、碳纳米管（直径为0.4～200nm、长度在2500nm以下的碳纤维）；按纤维性能分，有高性能碳纤维［按强度不同分为超高强度型（UHT）、高强度型（MT）和中强度型（MT），按模量不同分为超高模量型（UHM）、高模量型（HM）和中模量型（IM）］及低性能通用碳纤维（GP）（耐火纤维、碳质纤维、活性炭纤维等）。

2. 碳纤维的结构、性能与用途

以丙烯腈基纤维为例，经致密化牵伸后的丙烯腈碳纤维中碳链伸直（由于碳原子价电子σ－π价键间夹角为109°28′，故伸直链中的碳原子主键仍是曲折的），氮原子是侧基上的腈基。丙烯腈在200～300℃高温预氧化加工过程中，腈基先环化，再脱氢，最后氧化形成耐热的梯形结构：

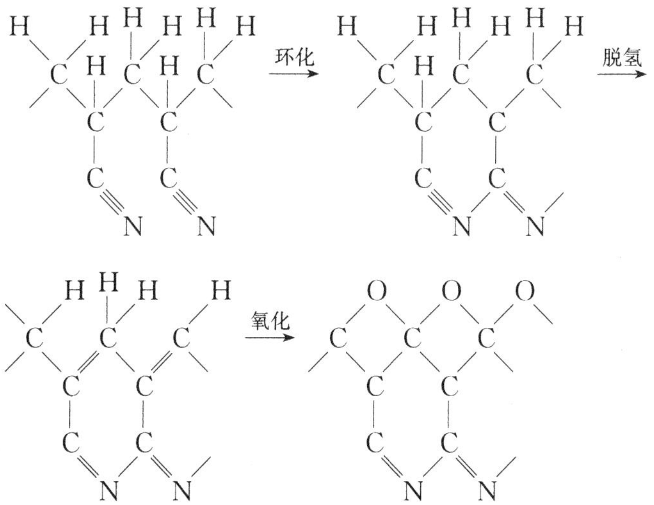

环化

脱氢

氧化

然后在800～1600℃高温炭化过程中进一步脱去氢、氧、氮，使碳含量增加到90%以上或不同的碳纤维具有不同力学性能，如聚丙烯基腈碳纤维（T300），密度为1.8g/cm^3，拉伸断裂强度为19.6cN/dtex，拉伸模量为1280cN/dtex，断裂伸长率为1.5%；碳质纤维的单纤维直径为9μm，密度为1.70g/cm^3，拉伸断裂强度为7.1cN/dtex，拉伸模量为碳纤维的比热容约为0.712kJ/（kg·K），体积比电阻也相当低（高强度碳纤维为

0.0015Ω·cm，高模量碳纤维为0.000775Ω·cm）。碳纤维还具有耐高温、耐烧蚀、耐化学腐蚀，以及防水、耐辐射等性能。

碳纤维用于纤维增强复合材料中的增强材料，以高聚物树脂、金属、陶瓷、无定形碳等为基体。碳纤维与高聚物树脂的复合材料具有质量轻、强度高、耐高温等特性，是飞机、舰艇、宇宙飞船、火箭、导弹等壳体的重要材料。碳纤维与陶瓷的复合材料具有强度高、耐磨损的特点。碳纤维与无定形碳的复合材料具有耐高温、耐烧蚀，是导弹、火箭、喷火喉管及飞机等刹车盘的重要制造原料。利用其导电性能制成的导体材料和防电磁辐射材料也有许多用途。碳纤维在建筑、交通、运输工程中也有应用。目前，全世界碳纤维的总生产能力已达5万吨/年。

7.6.4 金属纤维（metal fiber）

金属纤维是指金属含量较高并呈连续分布而且横向尺寸为微米级的纤维型材料，将金属微粉非连续性散布于有机聚合物中的纤维不属于金属纤维。

1. 金属纤维的种类

按所含主要金属成分分为金、银、铜、镍、不锈钢、钨等；按加工方法和结构形态分，有纯金属线材拉伸法或熔融液纺丝法所形成的直径为微米级的纤维、在纯金属线材拉伸法形成纤维之外另加镀层的复合纤维、在有机化合物纤维外层裹镀金属薄层而形成的复合纤维或者为防止金属薄层氧化在其外层加包防氧化膜的纤维、在有机材料膜上溅射或镀有金属层的复合片材并经切割成狭条或再经处理形成的纤维以及其他复合型的含金属的纤维；按加工方法分，有线材拉伸法、熔融纺丝法、金属涂层法、膜片法和生长法。

2. 金属纤维的性能及应用

金属纤维一般达微米级，如不锈钢纤维的直径一般为10μm左右，目前市场供应的细不锈钢纤维的平均直径为4μm。金属纤维具有良好的力学性能，不仅断裂强度和拉伸比模量较高，而且可耐弯折，韧性良好；具有很好的导电性，能防静电，如钨纤维可用作白炽灯泡的灯丝，它同时也是防电磁辐射和导电及电信号传输的重要材料；具有耐高温性能；不锈钢纤维、金纤维、镍纤维等还具有较好的耐化学腐蚀性能及空气中不易氧化等性能。

金属纤维可以用作智能服装中电源传输和电信号传输等的导线；可以用作油、气田及易燃易爆产品的生产企业，石油、天然气等易燃易爆材料的运输过程，电器安全操作场所所需的功能性服装中的抗静电材料；将金属纤维嵌入织物中，可使其达到良好的电磁波屏蔽效果，在军事、航空、通信及机密屏蔽环境等方面，具有广泛的应用。

7.6.5 新型无机纤维

新型无机纤维，目前研究开发的有碳化硅纤维（由碳原子和硅原子以共价键结合的无机高聚物纤维）、玄武岩纤维（玄武岩在高温熔融后由耐高温、耐腐蚀的金和铂制的喷丝板孔喷出而纺成的长丝）、硼纤维（采用气相沉积法，即将三氯化硼和氢气混合物在1300℃高温条件下的化学反应所生成的硼原子沉积到芯丝上而形成，也可采用乙硼烷热分解或热熔融乙硼烷析出硼并沉积到芯丝上而形成）、氧化铝纤维［亦称陶瓷纤维，通常用 $AlCl(OH)_2$、$Al(NO)(OH)$ 或 $Al(HCOOH)(OH)_2$ 等的水溶液，采用凝胶纺丝法而制成］。

碳化硅纤维与纯碳化硅纤维都具有很好的耐热性，在大气环境下可耐1200～1500℃的高温，目前主要用于宇宙飞行器上的耐高温结构部件和耐高温毡垫等产业用纺织品中。硼纤维可以与铝、镁、钛等金属作为基体或与高聚物树脂制成纤维增强复合材料，在航空、航天、工业制品、体育和娱乐等领域作为特殊材料。氧化铝类陶瓷纤维可用针刺方法，制成毡状、非织造毡状、纸状等用于工业窑炉膛、烟囱管的耐热、保形、隔热、保温建材以及石油化工的乙烯裂解炉、冶金轧钢板坯的匀热炉、钢带镀锌退火炉、燃气炉等炉体的热防护建材等，也有少量氧化铝纤维长丝织成在高温环境下使用的织物、缆绳、带等。玄武岩纤维目前主要用作纤维增强复合材料。

第 8 章　纺织纤维的力学性质

纤维和纱线在纺织加工和纺织品使用过程中都要受到各种外力的作用，会产生相应的变形和内应力（与外力场相平衡），当应力和应变达到一定程度时，纤维和纱线就被破坏。

纤维和纱线承受各种作用力所呈现的特性称为力学性质。纤维和纱线的力学性质取决于组成物质及其结构特征。大多数纺织材料为高分子化合物，测定其形变时，应考虑到某些影响较大的因素——力的作用时间、作用次数，以及各种外界因素，如温度、吸收水蒸气和其他物质的数量等。

8.1　纺织纤维的拉伸性质

8.1.1　纺织纤维拉伸曲线的基本特征

纺织纤维在拉伸外力作用下产生的应力应变关系称为拉伸性质，人们广泛采用试验方法对它进行分析研究。利用外力拉伸试样，以某种规律不停地增大外力，结果在比较短的时间内试样内应力迅速增大，直到断裂。表示纤维拉伸过程中负荷和伸长的关系曲线称为纤维拉伸曲线。拉伸曲线有两种：以负荷为纵坐标，以伸长为横坐标得到的为负荷 - 伸长曲线；以强度为纵坐标，以伸长率为横坐标得到的为应力 - 应变曲线。图 8 - 1 所示为黏胶长丝和锦纶长丝的负荷 - 伸长曲线（试样长度均为 50cm）和应力 - 应变曲线。

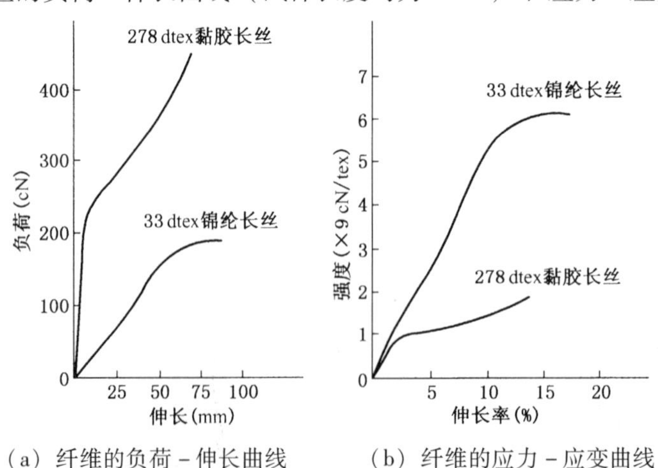

（a）纤维的负荷 - 伸长曲线　　（b）纤维的应力 - 应变曲线

图 8 - 1　278 dtex 黏胶长丝和 33 dtex 锦纶长丝的拉伸曲线

各种纤维的负荷 - 伸长曲线形态不一。图 8 - 2 所示为典型的负荷 - 伸长曲线。图中：$O'\to O$ 表示拉伸初期未能伸直的纤维由卷曲逐渐伸直；$O\to M$ 表示纤维变形需要的外力较大，模量增高，主要是纤维中大分子间连接键的伸长变形，此阶段应力与应变的关系基本符合胡克定律给出的规律；Q 为屈服点，对应的应力为屈服应力；$Q \rightarrow S$ 表示自 Q 点开始，纤维中大分子的空间结构开始改变，同时原存在于大分子内或大分子间的氢键等次价力开始断裂，并使结晶区与非结晶区中的大分子逐渐产生错位滑移，所以这一阶段的变形比较显著，模量逐渐变小；$S \rightarrow A$ 表示这时错位滑移的大分子基本伸直平行，由于相邻大分子的互相靠拢，使大分子间的横向结合力有所增加，并可能形成新的结合键，这时如继续拉伸，产生的变形主要是氢键、盐式键的变形，所以，这一阶段的模量再次升高；A 为断裂点，当拉伸到上述结合键断裂时，纤维便断裂。

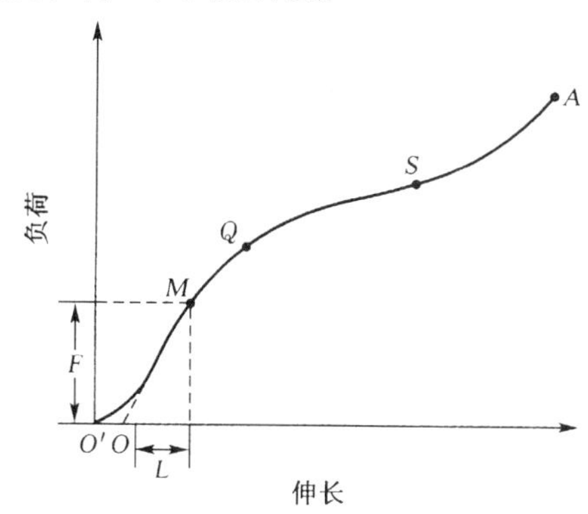

图 8－2　典型的纤维负荷－伸长曲线

8.1.2　纺织纤维的拉伸性能指标

纤维在拉伸外力的作用下常遭到破坏的形式是被拉断，表示纤维拉伸性能的指标可分为两类：与断裂点有关的指标和与拉伸曲线有关的指标。

1. 与断裂点有关的性能指标

（1）断裂强力。

断裂强力又称绝对强力（tensile load），是指纤维能够承受的最大拉伸外力，单位为“牛顿”（N）。纤维通常较细，单位常用“厘牛”（cN）。各种强力机测得的读数都是强力。例如，单纤维、束纤维强力分别为拉伸一根纤维、一束纤维至断裂时所需的力。强力与纤维的粗细有关，所以对不同粗细的纤维，强力没有可比性。

（2）强度。

拉伸强度（tensile strength）用于比较不同粗细纤维的拉伸断裂性质的指标。根据采用的线密度指标不同，强度指标有以下几种：

①断裂应力（breaking stress）（强度极限）。

指纤维单位截面积上能承受的最大拉力，单位为“N/mm^2”（即 MPa），计算式为：

$$\sigma = P/S \tag{8-1}$$

式中：σ——纤维的断裂应力（MPa）；

P——纤维的强力（N）；

S——纤维的截面积（mm^2）。

②断裂强度（breaking tenacity）（相对强度）。

指单位细度的纤维所能承受的最大拉力，单位为“N/tex”（或N/den），计算式为：

$$p_{tex}=P/N_{tex},\ p_{den}=P/N_{den} \tag{8-2}$$

式中：p_{tex}——特克斯制断裂强度（N/tex）；

p_{den}——旦尼尔制断裂强度（N/den）。

③断裂长度（bteaking length）。

设想将纤维连续地悬吊起来，直到它因本身重力而断裂时具有的长度，即重力等于强力时的纤维长度，为断裂长度。在生产实践中，断裂长度是按强力折算出来的，计算式为：

$$L_p=P\times Nm/g \tag{8-3}$$

式中：L_p——纤维的断裂长度（km）；

g——重力加速度。

纤维强度的三个指标之间的换算式为：

$$\sigma=\gamma\times p_{tex}=9\times\gamma\times p_{den},\ p_{tex}=9\times p_{den},\ p_{tex}=9\times p_{den},\ L_p=p_{tex}/g=9\times p_{den}/g$$

式中：y——纤维的密度（g/cm^3）；

p_{tex}——纤维的特克斯制断裂强度（mN/tex）；

p_{den}——纤维的旦尼尔制断裂强度（mN/tex）。

根据这些换算式可以看出，相同的断裂强度和断裂长度，其断裂应力还随纤维的密度而异，只有当纤维密度相同时，断裂强度和断裂长度才具有可比性。

（3）断裂伸长率。

纤维在拉伸时产生的伸长占原来长度的百分率称为伸长率。纤维拉伸至断裂时的伸长率称为断裂伸长率（extension at break）。它表示纤维承受拉伸变形的能力，计算式为：

$$\varepsilon(\%)=\frac{L-L_0}{L_0}\times 100,\varepsilon(\%)=\frac{L_a-L_0}{L_0}\times 100 \tag{8-4}$$

式中：L_0——纤维加预张力伸直后的长度（mm）；

L——纤维拉伸伸长后的长度（mm）；

L_a——纤维断裂时的长度（mm）；

ε——纤维的伸长率；

ε_p——纤维的断裂伸长率。

纤维的强力变异系数（不匀率）、伸长变异系数（不匀率）以小为好，否则对纱线和织物品质都有影响。

2. 与拉伸曲线有关的性能指标

强力、强度和断裂伸长率等指标，只能反映纤维一次拉伸至断裂时的性质。然而在纺织加工和纺织品使用过程中，大量遇到的却是远小于断裂强力和断裂伸长率的负荷和伸长。为此，还必须研究它们在拉伸全过程中的应力、应变情况，因此有必要引出与拉伸曲线有关的其他指标。

表示纤维在拉伸全过程中的指标是初始模量、屈服应力与屈服伸长率、断裂功、断裂比功和功系数以及纤维柔顺性系数。

（1）初始模量。

初始模量（initial modulus）是指纤维负荷－伸长曲线上起始段直线部分的应力和应变比值，如图 8－2 所示。在曲线起始部分的直线段上任取一点 α，根据这一点的负荷、伸长和该纤维的细度和试样长度，可求得它的初始模量，计算式为：

$$E = (P \times L) / \Delta L \times N_{tex} \tag{8-5}$$

式中：E——初始模量（N/tex）；

P——α 点的负荷（N）；

ΔL——α 点的伸长（mm）；

L——试样长度（即强力机上下夹持器间的距离，mm）；

N_{tex}——试样的线密度（tex）。

如果负荷－伸长曲线上起始段的直线不明显，可取伸长率为 1% 时的点作为 α 点。

在应力－应变曲线上，初始模量反映为曲线起始段的斜率，其大小表示纤维在小负荷作用下变形的难易程度，它反映了纤维的刚性。初始模量大，表示纤维在小负荷作用下不易变形，刚性较好，其制品比较挺括；反之，初始模量小，表示纤维在小负荷作用下容易变形，刚性较差，其制品比较软。涤纶的初始模量高，湿态时几乎与干态时相同，所以涤纶织物挺括且免烫性能好；富纤的初始模量干态时较高，但湿态时下降较多，所以免烫性能差；锦纶的初始模量低，所以织物较软，没有身骨；羊毛的初始模量比较低，故具有柔软的手感；棉的初始模量较高，而麻纤维更高，所以具有手感刚硬的特征。

（2）屈服应力与屈服伸长率。

当拉伸曲线的坡度由较大转向较小时，表示材料对于变形的抵抗能力逐渐减弱，这一转折点称为屈服点（yield point）。屈服点所对应的应力和伸长率为屈服应力（yield stress）和屈服伸长率（yield extension percentage）。

纺织纤维的拉伸曲线不像低碳钢材料那样有明显的屈服点，而是表现为一个区域，一般需用作图法求得屈服点。首先在纤维拉伸曲线上坡度较大的部分和坡度较小的部分分别作切线 1 和 2，然后按以下方法确定屈服点 Y，如图 8－3 所示：

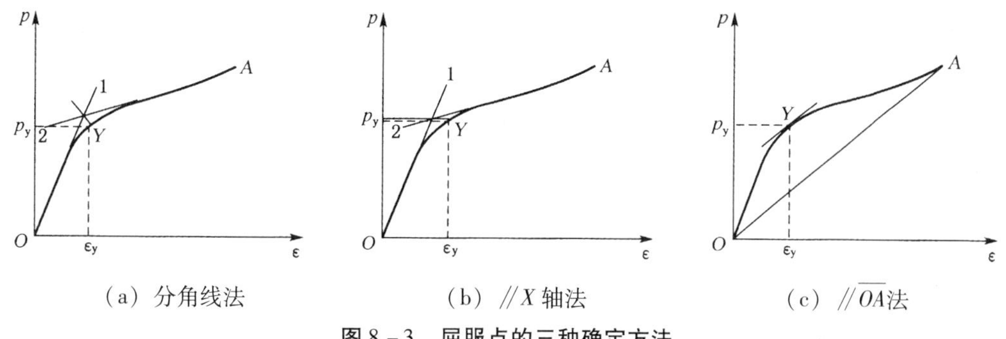

（a）分角线法　　（b）$/\!/X$ 轴法　　（c）$/\!/\overline{OA}$法

图 8－3　屈服点的三种确定方法

①作两切线 1 和 2 的交角的平分线，交拉伸曲线于 Y 点，即为屈服点，如图 8－3（a）。

②从两切线 1 和 2 的交点作横坐标的平行线，交拉伸曲线于 Y 点，即为屈服点，见图

8－3（b）。

③在拉伸曲线上，作坐标原点 O 和断裂点 A 的连线，再作 $\overline{OA}$ 的平行线与拉伸曲线转折区域相切于 Y 点，即为屈服点，如图 8－3（c）。

屈服点 Y 以前产生的伸长变形，大部分是可以回复的弹性变形，而屈服点 Y 以后的伸长变形，有相当一部分是不可回复的塑性变形。一般而言，屈服点高，即屈服应力和屈服伸长率大的纤维，不易产生塑性变形，拉伸弹性较好，其制品的尺寸稳定性较好。

（3）断裂功、断裂比功和功系数。

①断裂功（work of break）。

它是指拉断纤维所做的功，也就是纤维被拉伸到断裂时所吸收的能量。在负荷－伸长曲线上，断裂功就是拉伸曲线所包含的面积，其计算式为：

$$W = W = \int_0^{L_\alpha} P\mathrm{d}L \tag{8-6}$$

式中：P——纤维上的拉伸负荷（N）；

$P\mathrm{d}L$——P 力作用下伸长 $\mathrm{d}L$ 所需的微元功；

L_α——断裂点 A 的断裂伸长（cm）；

W——断裂功（N·cm）。

目前的电子强力测试仪可直接显示或通过打印输出断裂功的值，也可用求积仪根据拉伸曲线求取，或用匀质纸张将拉伸图剪下称量而求得。断裂功的值与试样粗细和试样长度有关，所以对不同粗细和不同长度的纤维，没有可比性。

②断裂比功。

它是指拉断单位线密度（1tex）、单位长度（1cm）的纤维材料所需的能量，计算式如下：

$$W_r = W/(N_{tex} \times L) \tag{8-7}$$

式中：W——纤维的断裂功（N·cm）；

W_r——断裂比功（N/tex）；

N_{tex}——试样线密度（tex）；

L——试样长度（cm）。

断裂比功在拉伸曲线中反映为应力－应变曲线下的面积，当纤维的密度相同时，对不同粗细和不同长度的纤维材料具有可比性。

③功系数。

它是指实际所做功（即断裂功）与假定功（即断裂强力×断裂伸长，相当于从断裂点 A 作纵横坐标的平行线所围成的矩形面积）之比，计算式为：

$$W_e = W/(P_a \times \Delta L) \tag{8-8}$$

式中：W_e——功系数；

W——纤维的断裂功（N·cm）；

P_a——纤维的断裂强力（N）；

ΔL——纤维的断裂伸长（cm）。

功系数 W_e 的值越大，对被拉伸的纤维所做的功越多，表明这种材料抵抗拉伸断裂的能力越强。各种纤维的功系数为 0.36 ~0.65。

（4）纤维柔顺性系数。

英国和美国经常使用“纤维柔顺性系数”这个指标，定义如下：

$$C = \frac{2}{\sigma_{10}} - \frac{1}{\sigma_5} \quad (8-9)$$

式中：C——纤维柔顺性系数；

σ_{10}——10% 应变时的应力；

σ_5——5% 应变时的应力（σ_{10} 和 σ_5 可根据纤维拉伸曲线求出）。

刚性纤维和低延性纤维（如玻璃纤维、韧皮纤维等），$C=0$；某些在一定伸长范围内具有弹性的纤维（如聚酰胺纤维），$C<0$。可塑性越大的纤维，C 值越高。

8.1.3　常用纺织纤维的拉伸曲线

对于具体的纤维来说，实际的负荷 - 伸长曲线并不完全符合典型曲线的形态。可以依据断裂强力与断裂伸长的对比关系，将纤维的负荷一拉伸曲线划分为三类。

（1）强力高而伸长率很小的负荷 - 伸长曲线。

棉、麻等天然纤维素纤维属于这一类型。它们的拉伸曲线近似于直线，斜率很大。这是由于这类纤维的聚合度、结晶度和取向度都比较高，其大分子链属刚性分子链。

（2）强力不高而伸长率很大的负荷 - 伸长曲线。

羊毛、醋脂纤维属于这一类型。它们在受力后表现为强力不高，屈服点低，模量较小而伸长率很大的特点。这些纤维的大分子聚合度虽然不低，但分子链柔曲性高，结晶度与取向度较低，分子间不能形成良好的排列，过长的分子反而增加了自身的卷曲，因此这类纤维的分子空间结构改变的过程比较长，分子间滑脱的比例比较大。

（3）强力与伸长介于上述两类之间的负荷 - 伸长曲线。

蚕丝、锦纶、涤纶等纤维属于这一类型。这类纤维的结晶度和取向度也介于上述两类之间。对属于这类负荷 - 伸长曲线的具体纤维来说，其差异也很大，如锦纶、涤纶的负荷 - 伸长曲线大多略呈反 S 形，但锦纶的分子链的柔曲性比较大，与刚性分子链的涤纶相比，后者的初始模量大，故其曲线在锦纶之上。

几种常见纤维的应力 - 应变曲线如图 8 - 4 和图 8 - 5 所示。常见纤维的有关拉伸性质指标参阅表 8 - 1。从拉伸图中可以看到上述三种类型的拉伸曲线：图 8 - 4 中，1、2 和 3 属于强力高伸长率很小的类型，10、11 和 12 属于强力不高而伸长率很大的类型，4、5、6、7、8 和 9 属于强力与伸长率居中的类型，其中 5 和 6 略呈 S 形。

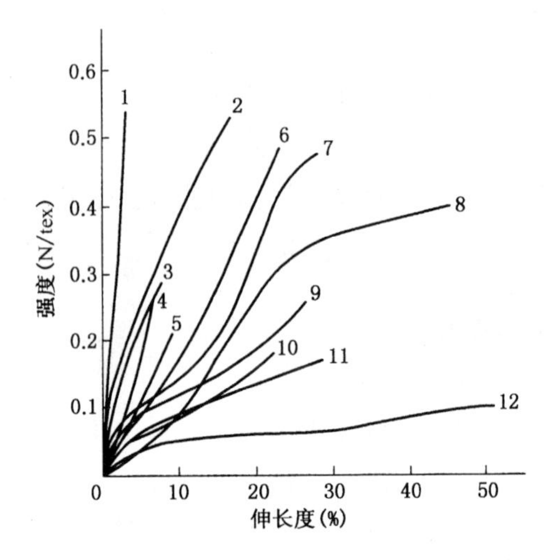

图 8－4　几种常见纤维的应力—应变曲线

1—苎麻　2—高强低伸棉型涤纶　3—棉型富纤　4—长绒棉　5—细绒棉　6—棉型维纶

7—普通棉型涤纶　8—毛型锦纶　9—腈纶　10—棉型黏胶纤维　11—毛型黏胶纤维

12—15.15tex（66 公支）新疆改良羊毛

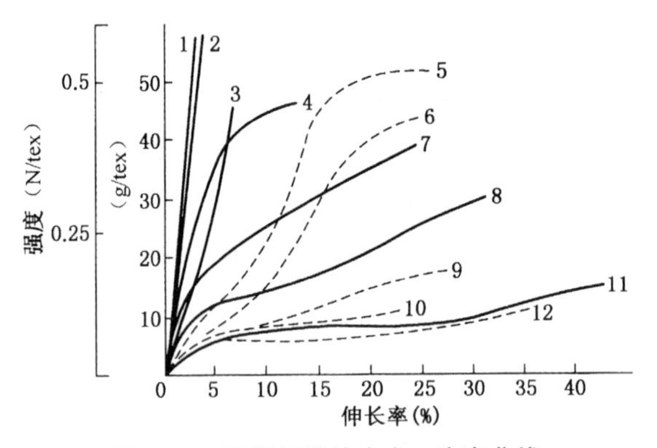

图 8－5　不同纤维的应力—应变曲线

1—亚麻　2—苎麻　3—棉　4—涤纶　5，6—锦纶　7—蚕　8—腈纶　9—黏纤

10，12—醋纤　11—羊毛

表 8－1　常见纤维的拉伸性质指标参考表

纤维种类		断裂强度(N/tex)		断裂伸长率(%)		初始模量(N/tex)	定伸长回弹率(%)(伸长3%)
		干态	湿态	干态	湿态		
涤纶	高强低伸型	0.53～0.62	0.53～0.62	18～28	18～28	6.17～7.94	97
	普通型	0.42～0.52	0.42～0.52	30～45	30～45	4.41～6.17	
锦纶6		0.38～0.62	0.33～0.53	25～55	27～58	0.71～2.65	100
腈纶		0.25～0.40	0.22～0.35	25～50	25～60	2.65～5.29	89～95
维纶		0.44～0.51	0.35～0.43	15～20	17～23	2.21～4.41	70～80

续表 8－1

纤维种类	断裂强度(N/tex)		断裂伸长率(%)		初始模量(N/tex)	定伸长回弹率(%)(伸长3%)
	干态	湿态	干态	湿态		
丙纶	0.40～0.62	0.40～0.62	30～60	30～60	1.76～4.85	96～100
氯纶	0.22～0.35	0.22～0.35	20～40	20～40	1.32～2.21	70～85
黏纤	0.18～0.26	0.11～0.16	16～22	21～29	3.53～5.29	55～80
富纤	0.31～0.40	0.25～0.29	9～10	11～13	7.06～7.94	60～85
醋纤	0.11～0.14	0.07～0.09	25～35	35～50	2.21～3.53	70～90
棉	0.18～0.31	0.22～0.40	7～12	—	6.00～8.20	74(伸长2%)
绵羊毛	0.09～0.15	0.07～0.14	25～35	25～50	2.12～3.00	86～93
桑蚕丝	0.26～0.35	0.19～0.25	15～25	27～33	4.41	54～55(伸长5%)
苎麻	0.49～0.57	0.51～0.68	1.5～2.3	2.0～2.4	17.64～22.05	48(伸长2%)
氨纶	0.04～0.09	0.03～0.09	450～800	—	—	95～99(伸长50%)

从上述图表中亦可推知这些纤维的有关基本特性。例如，亚麻、苎麻的断裂强度和初始模量大而断裂伸长率和断裂比功小，所以显得刚硬而带脆性；羊毛纤维的断裂强度较小，但伸长率大，断裂比功比棉和麻大，所以其韧性较好；蚕丝的断裂强度中等偏大，断裂伸长率和断裂比功较大，在天然纤维中属于强而韧的纤维；黏胶纤维的断裂强度、初始模量、断裂比功均较低而断裂伸长率中等，所以显得软而弱；锦纶的断裂强度、断裂伸长率和断裂功均较大，但初始模量较低，所以显得软而韧，由于它的断裂比功大，所以耐磨性和耐疲劳性优良；涤纶的断裂强度、断裂伸长率、初始模量和断裂比功均较大，所以涤纶显得硬挺而韧；但高强低伸型涤纶的断裂伸长率和断裂比功略低于普通型涤纶，故其韧性不及普通型，显得硬而脆。

8.1.4　纺织纤维拉伸断裂性质的测试

用于测定纤维拉倬断裂性质的仪器称为断裂强力仪，主要有三种类型：一种是仪器中产生拉伸作用的夹持器以恒定的速度运动，这时材料的受力和变形与材料性质有关，摆锤式强力仪、弹簧测力仪属于这一类型；第二种是仪器施加作用力的增长速度保持恒定，天平式强力仪、斜面式强力仪属于这一类型；第三种是仪器中试样变形的速度保持恒定，电子传感器（电容式、电感式）测力器、弹簧测力仪属于此一类型。

1. 摆锤式强力仪

目前纺织生产上广泛采用的 Y161 型单纤维强力仪和 Y162 型束纤维强力仪，都是摆锤式强力仪。工作时，下夹持器等速下降，属于等速牵引式强力仪。摆锤式强力仪由摆锤摆动而对试样逐渐施加负荷，摆锤则由下夹持器下降并通过试样拉动上夹持器而摆动，以摆锤的摆动角度或上夹持器的下降距离表示所测试样的强力，上、下夹持器的下降距离之差表示试样的伸长。一般伸长刻度尺与下夹持器相连，伸长指针与上夹持器相连，用下夹持器和上夹持器分别传动记录纸和笔尖，可以作得负荷－伸长曲线。带有自动积分仪的摆锤式强力仪可直接读得断裂功的值。

摆锤式强力仪的主要缺点是：拉伸的速度随材料的性质而改变；由于沉重摆锤的惯性，试样会受到增大负荷的冲击；没有足够的通用性，必须根据试样的强度选择重锤质量。尽管存在这些缺点，但由于这类仪器结构简单、性能可靠，仍然得到了广泛的使用。

2. 秤杆式强力仪

卜氏强力仪就是一种秤杆式强力仪，基本属于等加负荷式强力仪，其工作原理如图8－6所示。上、下夹持器1和2之间的距离，即试样长度。秤杆3的支点为0，秤杆的一端与上夹持器相连，另一端有滑块4。下夹持器装在机架上。将制好的小棉束5夹入上、下夹持器之间，切除两端伸出的纤维，以保持试样长度一定。将夹持器装上强力仪后，使滑块4左移。

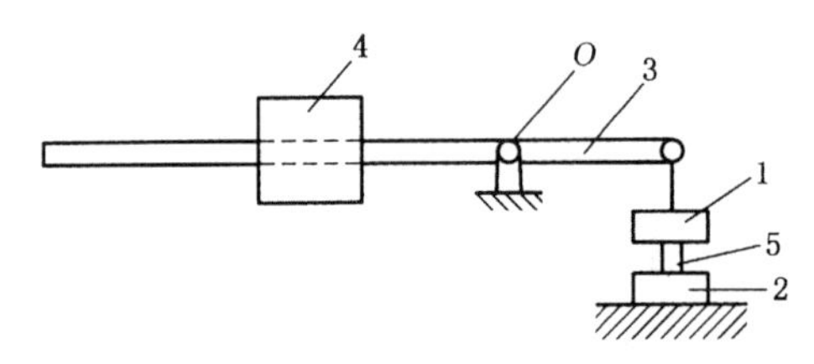

图8－6　卜氏强力仪的工作原理

由于杠杆作用，上夹持器被带动而上移，从而对试样施加负荷。随着滑块左移，它离支点O的距离增大，试样上的负荷逐渐加大，直到被拉断。此时，根据滑块离支点O的距离，就可读得试样的强力。

3. 电子强力仪

随着非电量电测技术的发展，出现了电子强力仪。INSTRON断裂强力仪的示意图如图8－7所示。电子强力仪的测力和测伸长机构不是机械式的，试样10被上夹持器12和下夹持器9握持。下夹持器9装在横梁7上，横梁借助螺母8安装在螺杆11上。螺杆旋转时，通过螺母8使横梁7连同下夹持器9一起等速下降并拉伸试样。上夹持器12与张力传感器的金属丝可变电阻13相连接。金属丝电阻连成电桥式线路。传感器测试作用力时几乎没有移动，故上夹持器12可视为固定不动。因此，拉伸过程中，试样伸长的速度恒定不变。

试样拉伸速度为0.0005～0.5m/min，是由电动机3经变速箱4和齿轮6与5传动螺杆11，装置1借自动同步机2控制电动机3，并供给电力来达到的。传感器13由发电机14供应电流，电流自传感器经两个串联的放大器15和16后输入滤波器17和自动记录器18，记录拉伸曲线。

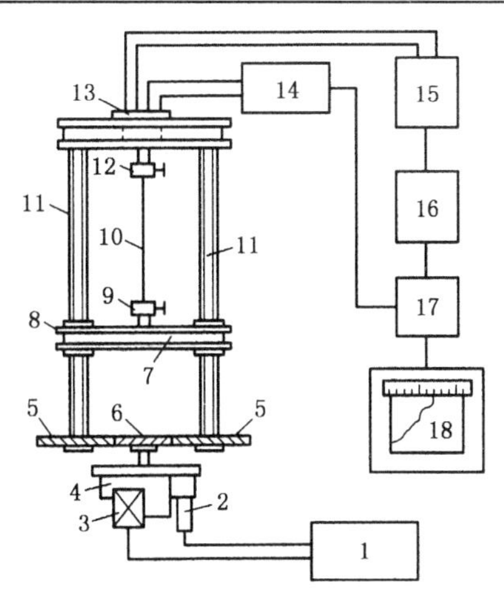

图 8－7　INSTRON 断裂强力仪示意图

仪器还可进行卸载过程的试验并记录滞后圈。传感器 13 可以更换，因此同一型号的仪器可测试各种负载。1101 型具有 4 个负荷测试范围（从 0～0.02N 至 0～1000N）；1102 型有 5 个负荷测试范围（从 0～0.02N 至 0～5000N）。

新型 INSTRON 断裂强力仪带计算处理程序，可以处理测定结果，记录并积累常规统计量指标（平均数、变异系数、试验误差等）。

8.2　纺织纤维的蠕变、松弛与疲劳

纺织纤维的力学性质除了用一次拉伸破坏试验检测外，还经常用长时间受力时的变形情况检测纺织纤维的蠕变与松弛性；用受力变形的回复情况检测纺织纤维的弹性；用小负荷长时间或反复作用下的受力破坏情况检测纺织纤维的耐疲劳性。

8.2.1　纤维的蠕变与松弛

1. 纤维的蠕变与松弛

纺织纤维的蠕变（creep）和应力松弛（relaxation of stress）是外力作用延续时间的影响。蠕变是指纤维在恒定拉伸外力作用下，变形随受力时间的延长而逐渐增加的现象；松弛是指纤维在拉伸变形恒定的条件下，应力随时间的延长而逐渐减小的现象。

纤维材料的蠕变和应力松弛是一个性质的两个方面，都是由于纤维中大分子重新排列引起的。蠕变是由于随着外力作用时间的延长，使大分子逐渐沿着外力方向伸展排列或产生相互滑移而导致伸长增加，增加的伸长基本上都是缓弹性和塑性变形。

应力松弛是由于纤维发生变形时具有的内应力使大分子逐渐重新排列，同时部分大分子链段间发生相对滑移，逐渐达到新的平衡位置，形成新的结合点，从而使内应力逐渐减小。纤维的蠕变和松弛曲线如图 8－8 所示。

根据纤维应力松弛现象可知，各种卷装（纱管、筒子、经轴）中的纱线都受到的一定拉伸伸长作用，如果储藏太久，就会出现松弛；织机上的经纱和织物受到一定的张紧力作

用，如果停台太久，经纱和织物就会松弛，经纱下垂，织口移动，再开车时由于开口不清、打纬不紧，就会产生跳花、停车档等织疵。

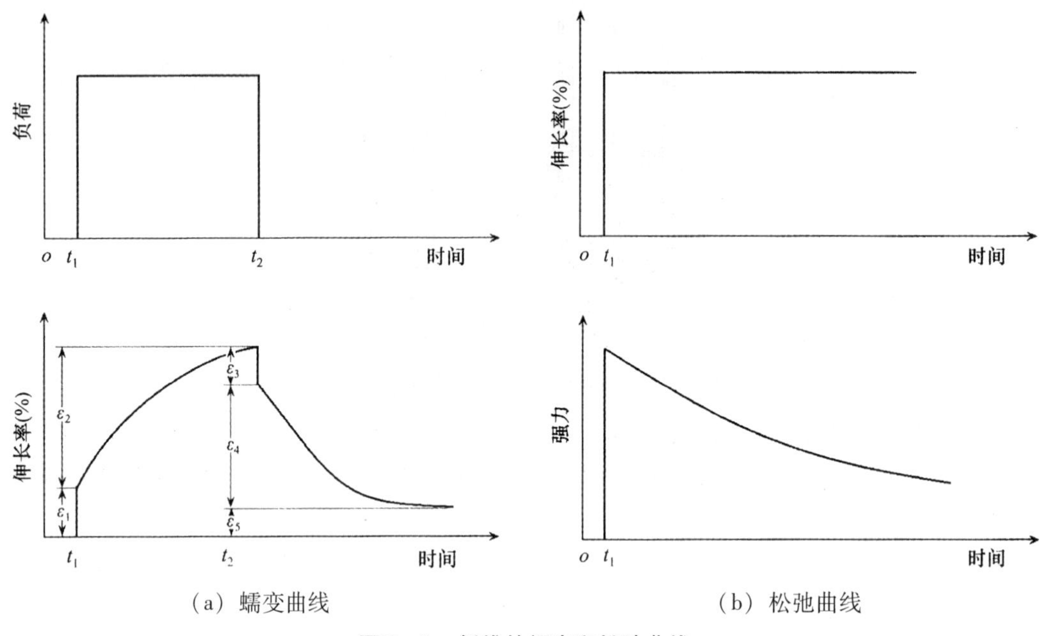

（a）蠕变曲线　　（b）松弛曲线

图 8－8　纤维的蠕变和松弛曲线

2. 纤维的拉伸变形

这里主要讨论纤维的弹性，之所以要提到变形，是因为变形与弹性有非常密切的关系。

纤维拉伸变形能力的大小可以用断裂伸长率来表示，但它无法反映变形的回复特征，这是纺织纤维力学性质的一个主要方面。依据纤维拉伸变形的回复情况及回复的快慢，可将纤维拉伸变形分成三类。

急弹性变形是指外力作用下能够立即响应的变形，即施加拉伸力几乎立即产生伸长变形，去除拉伸力几乎立即产生回缩的变形。

缓弹性变形是指在拉伸力不变的情况下，随时间的延续，产生的伸长与回缩变形。

塑性变形是指在拉伸力作用下能伸长，但拉伸力去除后不能回复的变形。

3. 纤维的弹性

纤维弹性是指纤维变形的回复能力，又称弹性回复性能或回弹性，分急弹性与缓弹性，对应急弹性变形与缓弹性变形。

表示纤维弹性大小的常用指标是弹性回复率或回弹性。它是指急弹性变形和一定时间内的缓弹性变形占总变形的百分率，也可以用急弹性回复率与缓弹性回复率分别表示。

除了用拉伸弹性回复率表示纤维的弹性，也可以用拉伸弹性曲线表示纤维的弹性，它是应力或应变与弹性回复率的关系曲线。部分纤维的拉伸弹性曲线如图 8－9 所示。

弹性回复率影响因素较多，一般是在一定条件下，如负荷大小、负荷作用时间、去负荷后变形回复时间等，测定并计算而得的。我国对化纤常采用 5% 定伸长弹性回复率，其指定条件是使纤维产生 5% 伸长后，保持一定时间（如 1min）测得的伸长长度，去负荷休息一定时间（如 3s）测得回缩长度，以回缩长度比伸长长度求得弹性回复率。

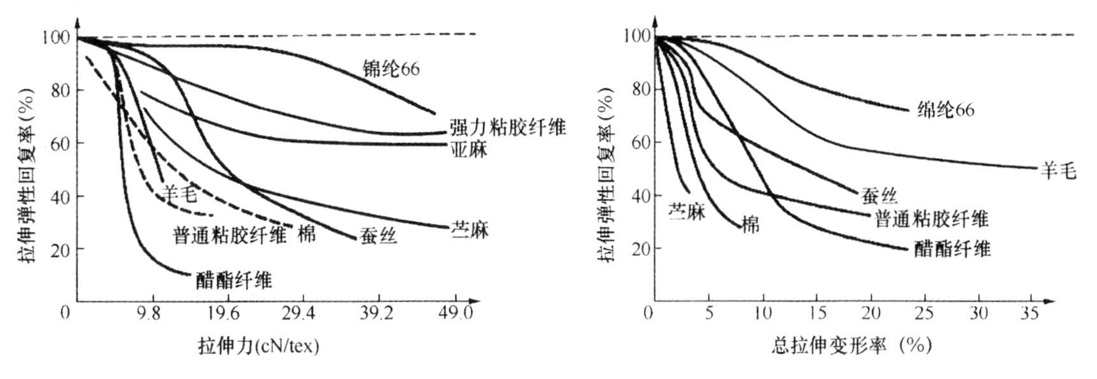

图 8－9 部分纤维的拉伸弹性曲线

8.2.2 纤维的疲劳

纤维的疲劳特性（fatigue property）是反映纤维在小负荷长时间作用或反复作用下，抵抗破坏能力的概念，它分为两种形式。

静态疲劳：也称蠕变疲劳，是指小负荷长时间作用，使纤维破坏的现象。纤维在小于断裂强力的恒定拉伸力作用下，开始时纤维材料迅速伸长，然后伸长逐步缓慢，最后趋于不明显，到达一定时间后，纤维会发生断裂。这是由于蠕变过程中，外力对材料不断做功，直至材料破坏的结果。

动态疲劳：也称多次拉伸疲劳，是指小负荷反复拉伸，使纤维破坏的现象。纤维经受多次加负荷、减负荷的反复循环作用，因为塑性变形的逐渐积累，纤维内部的局部损伤叠加，最后被破坏的现象。图 8－10 为纤维经受多次定负荷加负荷、减负荷反复循环作用的拉伸图。

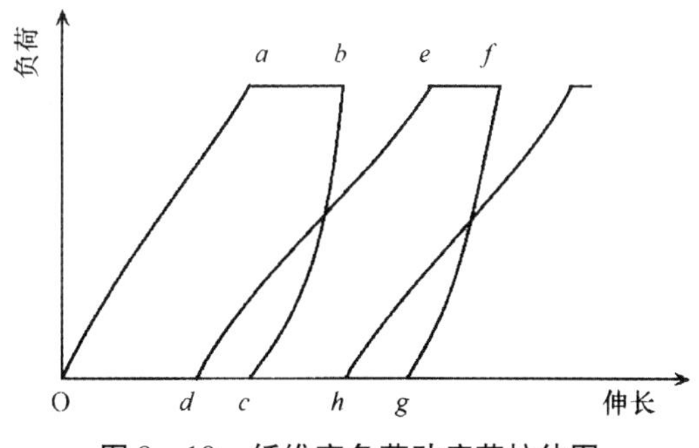

图 8－10 纤维定负荷动疲劳拉伸图

表示材料疲劳特征的指标常采用耐久度或疲劳寿命，它是指纤维材料能承受的加负荷、减负荷的反复循环的次数。

纤维的拉伸断裂功大，弹性回复性能好，耐疲劳性好。因为，纤维在反复循环负荷过程中的塑性变形不易积累，不易很快达到纤维的断裂伸长率，外力作功不易很快积累到纤维的断裂功。

8.3 纺织纤维的弯曲、扭转和压缩

8.3.1 纺织纤维的弯曲

纤维在纺织加工和使用过程中都会遇到弯曲。纤维抵抗弯曲作用的能力较小，具有非常突出的柔顺性。实际上，纤维极少发生弯曲破坏。

纤维弯曲时的情况如图 8－11 所示。弯曲时纤维各部位的变形不同，纤维轴线处的长度不变，称为中性层；外侧受拉而伸长，内侧受压而缩短，如图 8－11 中（a）。当外层因伸长出现裂缝时，如图 8－11 中（b），发生破坏的危险性最大。纤维外层伸长达到断裂伸长率时，便有破坏的危险。

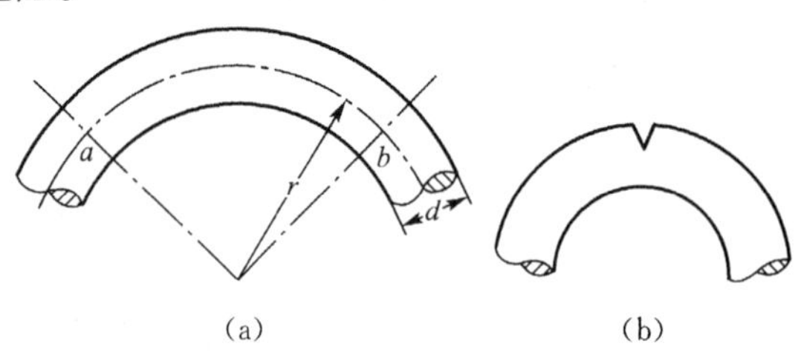

图 8－11 纤维的弯曲

同样粗细的纤维，当弯曲的曲率半径越小时，外层的拉伸变形越大；在相同的弯曲曲率半径条件下，纤维厚度越厚时外层的拉伸变形也越大。此时纤维就容易弯曲损坏。已知纤维的截面尺寸和断裂伸长率，可按下式求出达到弯曲破坏时的曲率半径：

$$r \leqslant d\ (1/\varepsilon_p - 1)\ /2 \tag{8-10}$$

式中：r——弯曲的曲率半径（mm）；

ε_p——纤维的断裂伸长率（%）；

d——纤维厚度（mm）。

纤维抵抗弯曲变形的能力，可用抗弯刚度来评定。鉴于纤维一般不是正圆形截面，因此计算纤维的抗弯刚度 R_f时，需引入截面形状系数 η_f：

$$R_f = \pi E r^4 \eta_f / 4 \tag{8-11}$$

式中：E——纤维的弯曲弹性模量（cN/cm^2）；

r——以纤维实际截面积折算成圆形时的半径（cm）；

η_f——弯曲截面形状系数。

几种纤维的截面形状系数和相对抗弯刚度的参考值见表 8－2。

表 8－2 几种纤维的抗弯性能

纤维种类	截面形状系数	密度（g/cm^3）	初始模量（cN/tex）	相对抗弯刚度（$cN \cdot cm^2$）
长绒棉	0.79	1.51	877.1	3.66×10^{-4}
细绒棉	0.70	1.50	653.7	2.46×10^{-4}
细羊毛	0.88	1.31	220.5	1.18×10^{-4}

续表8－2

纤维种类	截面形状系数	密度（g/cm^3）	初始模量（cN/tex）	相对抗弯刚度（$cN \cdot cm^2$）
粗羊毛	0.75	1.29	265.6	1.23×10^{-4}
桑蚕丝	0.59	1.32	741.9	2.65×10^{-4}
苎麻	0.80	1.52	2224.6	9.32×10^{-4}
亚麻	0.87	1.51	1166.2	4.96×10^{-4}
普通黏胶纤维	0.75	1.52	515.5	2.03×10^{-4}
涤纶	0.91	1.58	1107.4	5.82×10^{-4}
腈纶	0.80	1.17	670.3	3.65×10^{-4}
维纶	0.78	1.28	596.8	2.94×10^{-4}
锦纶6	0.92	1.14	205.8	1.32×10^{-4}
锦纶66	0.92	1.14	214.6	1.38×10^{-4}
玻璃纤维	1.00	2.52	2704.8	8.54×10^{-4}

要求纤维具有良好的弯曲性能，一方面要耐弯曲而不被破坏；另一方面要具有一定的抗弯刚度。抗弯刚度小的纤维制成的织物柔软贴身，软糯舒适，但容易起球，抗弯刚度大的纤维制成的织物比较挺爽。天然纤维中，羊毛最柔软，而麻纤维最刚硬。常用化学纤维中，锦纶最柔软，而涤纶刚硬。

纤维和纱线的耐弯性能常用勾接强度或打结（结节）强度来反映，如图8－12所示。勾接强度或打结强度大的纤维，耐弯曲性能好，不易弯折损坏。抗弯刚度高而断裂伸长率大的纤维，勾接强度或打结强度可能较大，因为抗弯刚度高的纤维和纱线达到断裂变形所需的力大，而断裂伸长率大的纤维或纱线弯曲时外层可耐较大的变形。

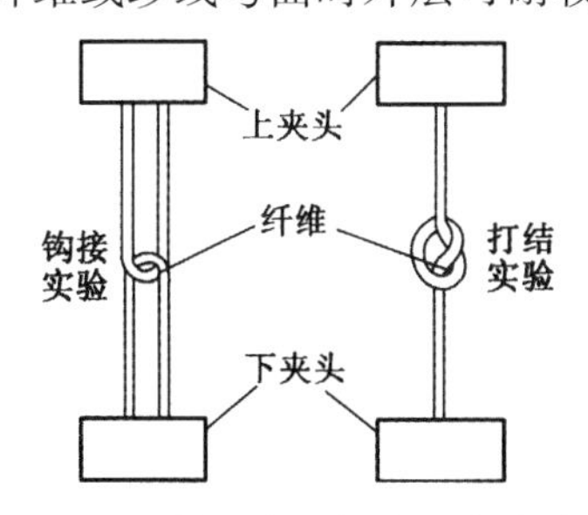

图8－12　勾接强度和打结强度试验方法

纤维或纱线弯曲时产生的变形也有急弹性变形、缓弹性变形和塑性变形三种，也会产生蠕变和松弛现象。

8.3.2　纺织纤维的扭转

纤维在垂直于其轴线的平面内受到外力矩的作用时就产生扭转变形和剪切应力。给长度为 l 的纤维施加扭矩 T，纤维截面将产生一扭转角 θ，表面母线将产生一螺旋角 α，如图8－13。当扭矩很大时，纤维中的大分子因剪切产生的滑移而被破坏。纤维的剪切强度较拉伸强度小得多。

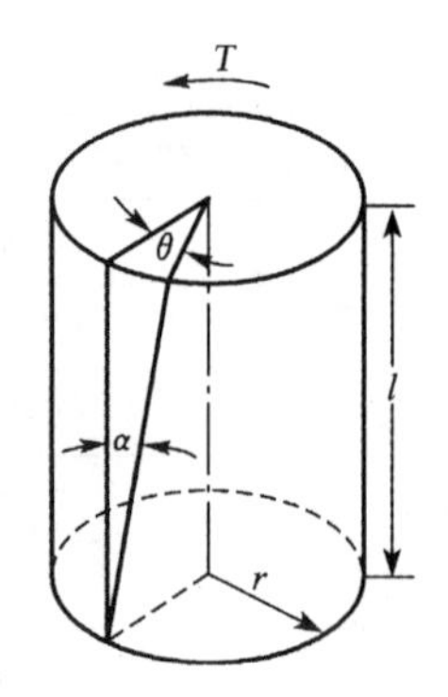

图 8－13 纤维的扭转

式中：T——扭矩（cN·cm）；

l——长度（cm）；

E_t——剪切弹性模量（cN/cm^2）；

I_p——极断面惯性矩（cm^4）。

在相同扭力条件下，纤维的扭转变形与其剪切弹性模量 E_t 与截面的极断面惯性矩 I_p 的乘积成反比，E_tI_p 越大，纤维越不易变形，表示纤维越刚硬，这个指标称作抗扭刚度 R_t。

$$R_t = \pi E_t r^4 \eta_t / 2 \tag{8-12}$$

式中：r——以纤维实际截面积折算成圆形时的半径（cm）；

η_t——扭转截面形状系数。

涤纶、锦纶和羊毛具有较大的断裂捻角，较耐扭转而不易扭断；麻的断裂捻角较小，较不耐扭；玻璃纤维的断裂捻角极小，极易扭断。

扭转变形也有急弹性、缓弹性和塑性之分，也有蠕变和应力松弛现象。弹性扭转变形有使纱线退捻的趋势，因此纱线捻度不稳定，在张力小的情况下就会缩短，甚至形成“小辫子”，所以对弹性好的纤维纺成的纱（如涤纶纱等），特别需要进行蒸纱或给湿处理，以消除其内应力，稳定捻回，防止织物中产生纬缩或小辫子而造成疵布。此外，纤维的抗扭刚度与纱线的加捻效率有关，工艺设计时应该予以考虑。

8.3.3 纺织纤维的压缩

为了便于运输和贮存，纤维集合体需要压缩其体积，而纤维在加工和使用过程中也会受到压缩作用。纤维集合体的压缩变形以材料层体积或高度的变化来表示。压缩变形的绝对值和相对值，可用下式表示：

$$b = V_0 - V_k, \varepsilon = \frac{V_0 - V_k}{V_0} = \frac{Sh_0 - Sh_k}{Sh_0} = 1 - \frac{h_k}{h_0} \tag{8-13}$$

式中：V_0——试样压缩前的原始体积（cm^3）；

V_k——试样达到规定压力时的体积（cm^3）；

S——试样的截面积（cm^2）；

h_0——试样压缩前的原始高度（cm）；

h_k——试样的最终高度（cm）；

b——压缩变形的绝对值（cm）；

ε——压缩变形的相釜对值（通常用百分数表示）。

各种纤维在小压力范围内其变形随压力变化的曲线如图 8－14 所示。起初压力较小，试样的压缩变形甚大，这主要是排除了试样中的一些空气，使纤维排列更加紧密，这时试样中纤维发生较大的弯曲变形。随着压力增大，变形量和平均密度增长趋于缓慢，纤维密度趋近于自身的平均密度。纤维集合体中在不同压力下含有的空气量与纤维种类有关，见表 8－3。

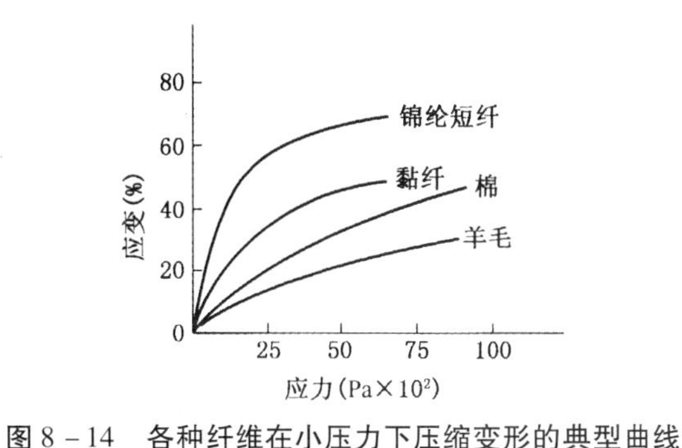

图 8－14 各种纤维在小压力下压缩变形的典型曲线

表 8－3 cm^3 随意排列的纤维集合体在不同压力下含有的空气量

纤维种类	在 2×10^7Pa 压力下	在 2×10^4Pa 压力下
玻璃纤维	含有 40cm^3空气	含有 17cm^3空气
棉纤维、丝纤维和聚酯纤维	含有 2.3cm^3空气	含有 8cm^3空气
羊毛、黏胶纤维和聚酰胺纤维	含有 12cm^3空气	含有 5cm^3空气

由此可见，当压力增至 10 倍时，纤维中的空气量减少 60%～70%。还须指出，当压力很大时，纤维将出现明显的压痕，以后还会形成裂缝、裂口甚至劈裂等，纤维的拉伸强度也必然降低。例如，棉纤维承受 2×10^7Pa 的压力作用后，其平均密度常达 1g/cm^3，显微镜下观察显示纵向有劈裂的条纹，拉伸强度则降低 5%～10%，因此棉包打包密度常为 0.40～0.65g/cm^3。絮制品希望抗压缩性优良，这样，它的密度稳定，能始终保持相当数量的空隙，从而具有优良的保暖性。

纤维集合体受压缩后其体积的变化也有急弹性、缓弹性和塑性之分。一般拉伸弹性回复率大的纤维，其集合体的压缩弹性也较好，如锦纶、羊毛等。纤维集合体压缩同样存在蠕变和应力松弛现象，提高温度和相对湿度能促使压缩变形的回复。打成包的纤维进厂后，拆包后放置一段时间再进行开清工序，打包越紧，拆包松解的时间应长些，以保证缓弹性压缩变形的回复。

第9章　纤维的热学、光学和电学性质

9.1　纤维的热学性质

纤维的热学性质是纤维物理性质的重要内容之一。在不同的温度下，纤维的内部结构和物理性质都将表现出相应的特征。这种与温度相关联的热物理性质，称纤维的热学性质。

9.1.1　比热容

1. 比热容的概念

单位质量的纤维，温度升高（或降低）1℃所需要吸收（或放出）的热量，叫纤维的比热容，简称比热。比热容的单位是J/（g·℃），曾用单位是cal/（g·℃）。

$$C = \frac{Q}{m \cdot \Delta T} \tag{9-1}$$

式中：C——比热容，单位为J/（g·℃）；

Q——纤维吸收（或放出）的热量，单位为J；

m——纤维的质量，单位为g；

ΔT——纤维升高（或降低）的温度，单位为℃。

比热容的大小，直接反映了纤维材料温度变化的难易程度。比热容较大的纤维，温度升高（或降低）1℃，所吸收（或放出）的热量较多，表明纤维的温度变化相对困难。而比热容较小的纤维材料，在温度升高（或降低）1℃时吸收（或放出）的热量较少，表明纤维温度变化相对容易。不同的纤维通常具有不同的比热容值，比热容的大小影响着纤维的加工和使用性能。

2. 常见纺织纤维的比热容

常见干燥纺织纤维的比热容如表9－1所示。可以看出各种纤维材料的比热容值不同，锦纶6和锦纶66的比热容较大，玻璃纤维和石棉的比热容较小。在自然界中，静止干空气的比热容为1.01J/（g·℃），与干燥纺织纤维比热容接近；水的比热容为4.18J/（g·℃），大约为一般干燥纺织纤维比热容的2～3倍。

表9-1 常见干燥纺织纤维的比热容（测定温度为20℃）

纤维种类	比热容值	纤维种类	比热容值	纤维种类	比热容值
棉	1.21～1.34	粘胶纤维	1.26～1.36	羽绒	
羊毛	1.36	锦纶6	1.84	芳香聚酰胺纤维	1.21
桑蚕丝	1.38～1.39	锦纶66	2.05	醋酯纤维	1.46
亚麻	1.34	涤纶	1.34	玻璃纤维	0.67
大麻	1.35	腈纶	1.51	石棉	1.05
黄麻	1.36	丙纶（50℃）	1.80	木棉	

3. 影响纺织纤维比热容的主要因素

由于纺织纤维大多属于吸湿性高分子材料，其结构和组成与外界作用（空气的湿度、温度等）有着十分密切的联系，其聚集态结构较易受热发生变化，而这种变化往往是不可逆的。因此，纤维结构的变化和水分的介入将直接影响纤维的比热容。

（1）水分的影响。

由于水的比热容大于干燥纤维的比热容，实际纤维的比热容与纤维的回潮率有关，并随回潮率的增加而增大。其相互关系可按下式计算：

$$C = C_0 + \frac{W}{1 + W}(C_W - C_0) \qquad (9-2)$$

式中：C——纺织纤维的比热容［J/（g·℃）］；

C_0——干燥纤维比热容［J/（g·℃）］；

C_W——水的比热容［J/（g.℃）］；

W——纤维的回潮率。

如式（9-2）所示，在常见的回潮率范围内，纺织纤维的比热容随回潮率的上升而增大。图9-1给出了羊毛纤维比热容随回潮率和温度变化的实测曲线。实测曲线的变化规律与理论计算值的变化规律相近。

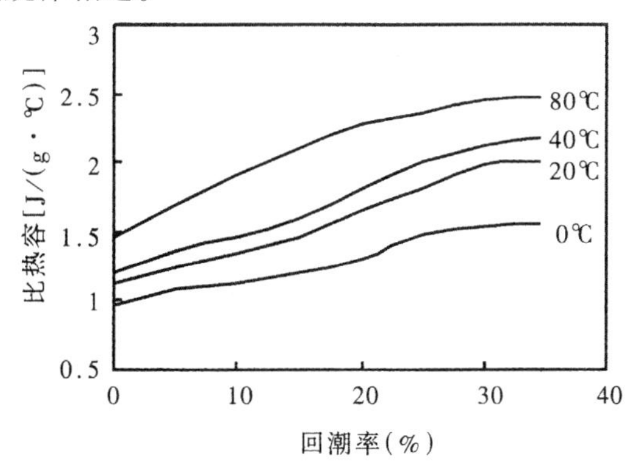

图9-1 羊毛纤维的比热容与回潮率和温度的关系

（2）温度的影响。

纤维的比热容不仅与回潮率大小有关，还受温度的影响。当纤维的回潮率一定时，温度愈高，纤维的比热容也愈大，如图9-1所示。一般认为，温度较高时，具有一定回潮率纤维的比热容增大的主要原因是纤维吸湿热随温度升高而增大。

（3）纤维结构的影响。

比热容是反映材料对温度变化所需或所释放的热量，这对应着材料的不同结构形式和热运动单元，其间的关系很复杂。纤维大分子的取向排列会导致其比热容的增大，并向高温偏移，图 9－2 所示为低取向和高取向聚乙烯纤维的 DSC 图谱。其中纵坐标 dQ/dt（单位时间的热交换量）与纤维容的比热容是一个正比例函数关系。

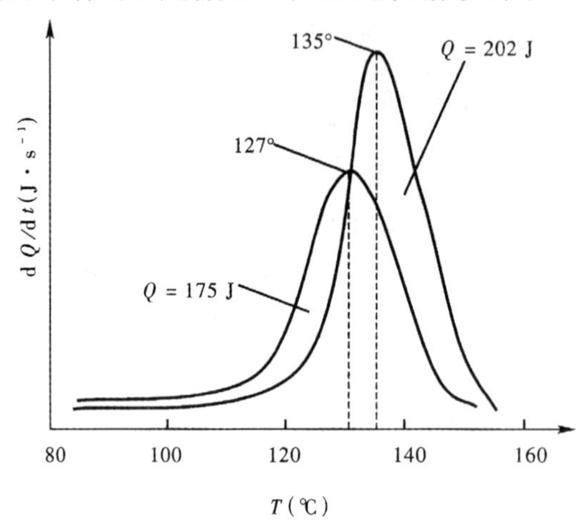

图 9－2　不同取向聚乙烯纤维的 DSC 图谱

纤维的结晶形式和结晶度也对比热容值产生影响。如果对热塑性涤纶进行热处理，经快速冷却淬火的 PET 熔体会获得完全无定形涤纶丝；经缓慢冷却退火可得到已经充分结晶的涤纶丝。前者为波动的曲线，在两者比热容随温度变化的规律有很大差异，如图 9－3 所示。前者为波动的曲线，在 70℃附近出现玻璃化转变，比热增大；在接近 80℃时开始结晶，到 125℃时结晶速度达到最大值，比热迅速减小；在 220℃附近，出现第二次熔前结晶，比热稍有下降。而后者为缓慢上升曲线，无再结晶的现象。

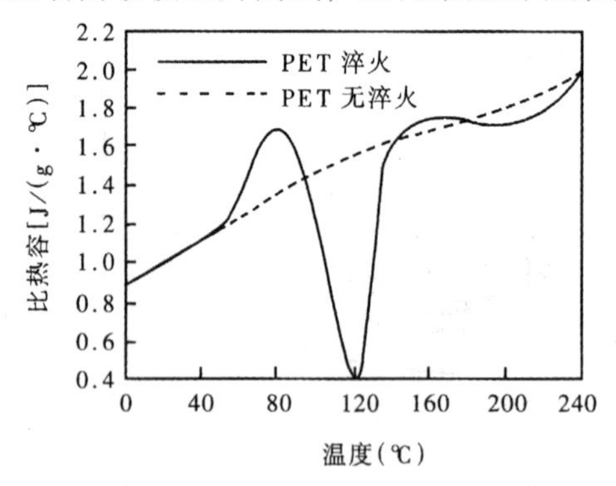

图 9－3　两种涤纶丝的比热容随温度变化的规律

由图 9－2 和图 9－3 可知，比热容对应的是分子运动所需的能量（材料吸收的热量），而分子的热运动受材料的结构及其分子排列的影响是显而易见的。

4. 比热容对纤维加工和使用的影响

纺织纤维比热容的大小及其变化规律，对其使用性能和加工工艺有着重要的意义。如锦纶具有较大的比热容值，反映其不易随温度变化，采用锦纶丝织造的面料在夏季穿着时，皮肤触感有明显的“冷感”。

对涉及快速热加工的纺织工艺，纤维的比热容对制订工艺参数意义更为重要，因为提供的热量太多会产生过冲，导致纤维材料的解体破坏；提供热量不足又会使温度不够，无法实现热定形。

具有较大比热容值的纤维可用于那些需要抵御温度骤变的场合。采用高绝热纤维材料与在特定温度时比热容值较大的固—固相变材料复合，不仅可以自适应地热防护，而且可以阻止红外辐射与干扰红外探测。

9.1.2　导热系数

1. 导热的概念与导热系数

导热主要通过热传导、热对流和热辐射三种方式来实现。单纤维的热传递测量是极困难的，一般是对纤维集合体测量。由于纤维集合体是纤维与空气共同构成的复合体，因此热传递的三种形式必然存在。而且纤维大多是吸湿材料，还存在水分的吸收与释放的潜热形式。

为表达方便，将纤维集合体（即无规排列的纤维团）看成一个均匀介质。采用傅里叶导热定律来讨论其导热性：

$$Q = \lambda \frac{\mathrm{dT}}{\mathrm{d}x} \cdot t \cdot S \tag{9-3}$$

式中：Q——热量，单位焦耳（J）；

$\mathrm{d}T/\mathrm{d}x$——温度梯度；

t——时间（s）；

S——传导截面积（m^2）；

λ——导热系数［W/（m · ℃）］。

热传递的本质性指标是导热系数，也称热导率，用 λ 表示。其含义是，当纤维材料的厚度为1m及两端间的温度差为1℃时，1秒钟内通过$1\mathrm{m}^2$纤维材料传导的热量焦耳数。定义式如式（9-4）所示，适用于均匀介质。图9-4给出了导热系数含义的示意图。

$$\lambda = \frac{Q \cdot d}{\Delta T \cdot t \cdot S} \tag{9-4}$$

式中：d——纤维制品厚度（m）；

ΔT——纤维材料两表面之间的温度差（$T_2 - T_1$）（℃）。

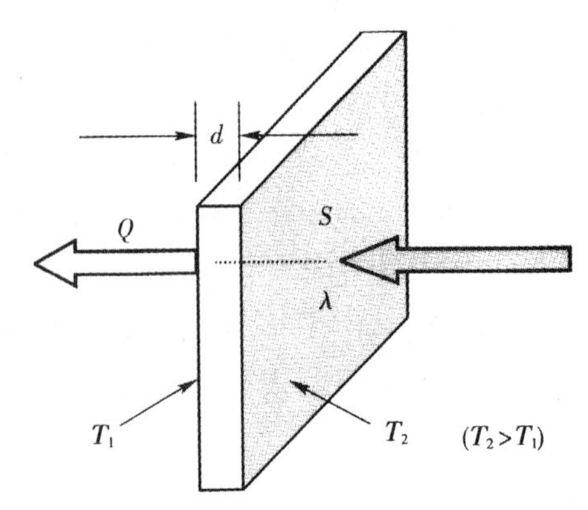

图 9-4 热传递示意图

室温 20℃时，常见纺织纤维以及空气、水的导热系数，如表 9-2 所示。

表 9-2 常见纺织纤维以及空气、水的导热系数

材料	λ [W/(m·℃)]	$\lambda_{//}$ [W/(m·℃)]	$\lambda_{\perp}$ [W/(m·℃)]
棉	0.071~0.073	1.1259	0.1598
羊毛	0.052~0.055	0.4789	0.1610
蚕丝	0.05~0.055	0.8302	0.1557
粘胶纤维	0.055~0.071	0.7180	0.1934
醋酯纤维	0.05		
羽绒	0.024		
木棉	0.032		
麻		1.6624	0.2062
涤纶	0.084	0.9745	0.1921
腈纶	0.051	0.7427	0.2175
腈纶	0.244~0.337	0.5934	0.2701
丙纶	0.221~0.302		
氯纶	0.042		
静止干空气	0.026	—	—
纯水	0.697	—	—

2. 影响纤维导热系数的因素

纤维实际是纤维、空气和水的混合物，故纤维的导热系数受纤维的结构与排列、空隙或空气的含量及空气流动性，水分含量等的影响。

(1) 纤维的结晶与取向。

纤维的结晶度越高，有序排列的部分越多，连续性越好，因为有序排列的晶格有利于热振动的传递，因此导热系数更大。

纤维中分子沿纤维轴的取向排列越高越多，越有利于热在此方向上的传递，分子的取向度越高，沿纤维轴向的导热系数越大。即纤维的热传导是各向异性的，平行纤维轴方向的导热系数 $\lambda_{//}$ 不等于垂直纤维轴方向的导热系数 $\lambda_{\perp}$。在纤维集合体中只要纤维有取向排列，同样存在此现象，$\lambda_{//} \neq \lambda_{\perp}$。

（2）纤维集合体密度。

由表9－2可知，静止干空气的导热系数最小。多孔结构的材料可以携带较多的空气，尤其是静止干空气，具有很好的绝热特征。纤维本身的空穴和纤维集合体的多孔结构，使其具有典型的低导热特征。而且，其导热系数取决于纤维中的孔隙量及孔隙中气体的流动性。

如图9－5所示，同样的纤维填充密度δ，当两端气压越大时，空隙中的气体流动性增大，导热系数增大。而填充密度变化，导热数λ先大后小，再增大。其原因是，δ小时，虽空隙大，但对流传导性增大；δ大时，虽对流传导因孔隙的变小而减少，但纤维的热传导作用增大。因此，纤维在纤维集合体的δ为0.03～0.06g/cm^3时导热系数λ为最小。实用中，通过控制纤维层的体积质量（密度），维持较多的静止空气是提高纤维制品保暖性的最主要方法。

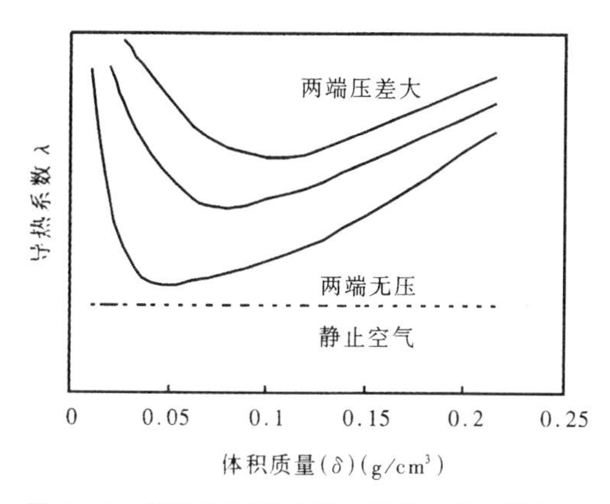

图9－5　纤维层体积质量和导热系数间的关系

（3）纤维排列方向。

纤维对热的传导与纤维在空间的排列特征有十分密切的联系。研究表明，当纤维平行于热辐射方向排列时，即纤维垂直于纤维层方向取向时，导热能力较强；当纤维垂直于热辐射方向，即纤维平行于纤维层排列时，导热能力较低。图9－6给出了纤维沿辐射方向排列的方向角α_f与导热系数λ的关系，其中纤维排列方向角α_f是指纤维统计平均取向与热辐射方向间的夹角。

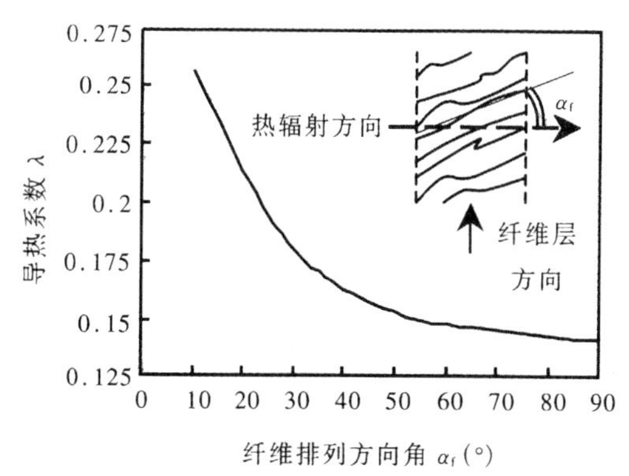

图9－6　纤维排列方向角α_f与导热系数λ的关系

（4）纤维细度和中空度。

当纤维排列特征相同时，纤维细度越细，纤维制品的热辐射穿透能力越弱。而且，在同样密度下相对的间隙越小，静止空气的作用越强，导热系数越小。纤维中的空腔量越大，在不压扁的状态下，所持有的静止空气及空间越多，纤维集合体的导热系数越小。木棉的大中腔结构就是典型的例子。

（5）环境温、湿度。

一般认为，温度升高后，纤维分子的热运动频率升高，小分子的自由程度增大，热量的传递能力增强，结果表现为纤维材料导热系数随温度升高而增大。表9－3给出了几种主要纤维的温度与导热系数之间的关系。

表9－3　温度与纤维导热系数间的关系

纤维	导热系数 λ［W/（m·℃）］		
	0℃	30℃	100℃
棉	0.058	0.063	0.069
羊毛	0.035	0.049	0.058
亚麻	0.046	0.053	0.062
蚕丝	0.046	0.052	0.059

湿度对导热系数的影响，主要是因为水的导热系数较大，约为干纤维的几倍到一个数量级，故随着纤维回潮率的增加，纤维导热系数增大。

3．导热系数对纤维加工和使用的影响

对纤维加工而言，导热系数较低，会影响热作用的传递和热处理的效果，造成处理对象的外热内冷和热作用时间的外长内短现象，引起处理效果的不均匀。因此，在均匀化的热处理中，应该注意纤维及其集合体的这一特征，采用逐渐升温的过程和保温措施，达到处理的均匀化。同时，也可利用这一特征，对外层需要热定形或热处理的材料实施快速升温处理，而回避对内层过多热作用，使易于受热损伤的纤维减少过热作用及破坏。

对纤维材料的使用，应该充分利用高导热系数的纤维来制作导热、散热性能良好的夏季织物，应该采用低导热系数的纤维或纤维集合体材料，来获得高保暖和绝热的材料。对于高温差环境的隔热材料来说，高隔热材料不仅需要高的热阻（低导热系数），而且需要高的耐热性和热稳定性，因为其面对的是高温隔绝。高保暖性材料，不仅需要导热系数小，而且要求在低温条件下材料本身的柔性和正常使用。

9.1.3　热作用时的纤维性状

热作用或在不同的温度下，纤维的力学性质和形状都会发生转变，甚至存在很大的差异。因此，了解这种性状的特征，对合理进行纤维加工和正确使用纤维具有实用意义。

1．两种转变和三种力学状态

纤维受热作用时，性状会发生变化。较低温时，纤维的性状比较稳定，具有较高的强度和较小的延伸度，初始模量较大。随着温度的升高，纤维强度下降，延伸性增大，模量降低。在较高温度时会发生软化、熔融的纤维称为热塑性纤维，如涤纶、锦纶、丙纶和醋酯纤维等。在较高温度时不出现熔融而直接发生分解、炭化的纤维称为非热塑性纤维，如棉、麻及再生纤维素纤维和羊毛、蚕丝及再生蛋白质纤维等。

热塑性纺织纤维，其内部存在结晶区和无定形区，纤维的宏观热性状与结晶度有关。当结晶度较低时，纤维的性质接近非晶态高聚物所特有的力学三态及其转变特征。若将非晶态纤维在不同的温度作用下，测量纤维的伸长变形和弹性模量随温度的变化，可以分别得到变形—温度曲线和模量—温度曲线，也称热机械曲线，如图9－7所示。

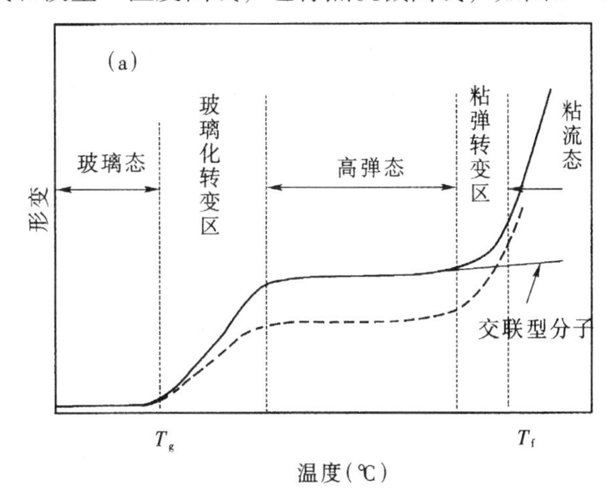

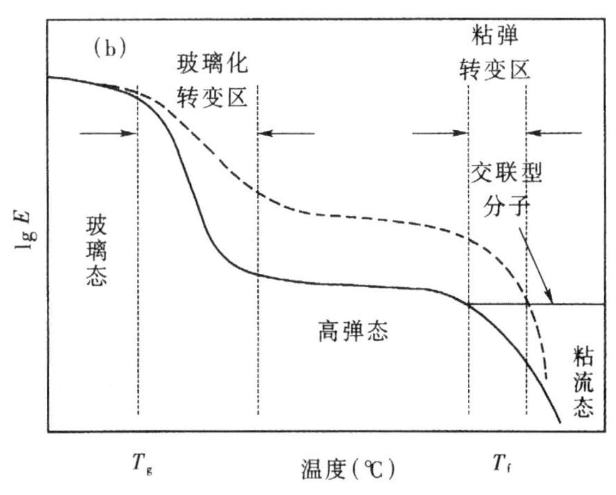

图9－7 非晶态材料的热机械性质

曲线上有两个斜率突变区，分别称为“玻璃化转变区”和“粘弹转变区”。在两个转变区之间和两侧，高聚物分别呈现三种不同的力学状态，依温度自低到高的顺序分别为：玻璃态、高弹态和粘流态。

完全结晶的高聚物，不存在玻璃化转变及高弹态。纤维材料几乎都是晶态和非晶态混合的两相结构。因此，纤维的“三态二转变”特征都存在，只是随结晶度的增大，玻璃化转变和高弹态的特征在减弱，如图9－7中虚线所示。

2. 三态及二转变的分子运动机理

（1）玻璃态。

在低温时，由于分子热运动能低，链段的热运动能不足以克服内旋转的势垒，链段处于被“冻结”状态，只有侧基、链节和短小支链等小运动单元的局部振动及键长、键角的变化。因此，纤维的弹性模量很高，变形能力很小，具有虎克体行为，纤维坚硬，类似玻璃，故称为玻璃态。

（2）玻璃化转变区。

这是一个对温度变化十分敏感的区域。在3～5℃范围内，几乎所有物理性质，如比热容、导热系数、热膨胀系数、模量、介电常数和双折射率等，均发生突变。在该转变区内，由于温度升高，分子链段开始“解冻”，其热运动能可以克服主链的内旋转位垒绕主链轴旋转，使分子的构象发生变化。我们将该转变温度称为玻璃化温度，用 T_g 表示。严格地说，T_g 是一个温度范围。

（3）高弹态。

高弹态是指大分子链段可以运动，但没有分子链的滑移的状态。温度升高，并达到一定范围后（$T_g < T < T_f$），分子链段可以通过主链上单键的内旋转来改变构象，但整个分子链虽仍处于被冻结状态。当纤维受到外力拉伸时，分子链可以通过主链上单键的内旋转和链段运动来改变构象，以适应外力的作用，分子链被拉直。解除外力后，被拉直的分子链又可以通过内旋转和链段的移动回复到原来的卷曲状态。因此纤维呈现出较高的弹性，故称为高弹态。

（4）粘弹转变区。

粘弹转变区也是一个对温度十分敏感的区域。由于温度升高，链段热运动逐渐加剧，链段可以沿作用力方向协同运动。这不仅使分子链的构象改变，而且导致大分子链段在长范围内甚至整体相对位移，纤维表现流动性，模量迅速下降，形变迅速增加，如图9－7高温段中所示。此转变温度称为流动温度，用 T_f 表示。实际上，高聚物的 T_f 也是一个温度范围。

（5）粘流态。

当温度高于 T_f 后，纤维大分子链段运动剧烈，各大分子链间可以发生相对位移，从而产生不可逆变形，纤维呈现出黏性液体状。纤维的分子量越高，分子间作用力越大，而且存在大分子间的缠结，故分子的相对位移也越困难，T_f 值亦越高。大分子间存在化学键交联的纤维，由于分子间不能发生相对位移，因此无粘弹转变区和粘流态。结晶熔融温度 T_m 或分子流动温度 T_f 高于分子的裂解温度 T_d 的纤维也不存在粘弹转变和粘流态。

3. 常见纺织纤维的三态转变温度

一些常见纺织纤维的热学性能，其参考数据，见表9－4。

表9-4 常见纺织纤维的热学性能

纤维	玻璃化温度 T_g（℃）	软化点 T_m（℃）	熔点 T_f（℃）	分解点 T_d（℃）	熨烫温度（℃）
棉	—	—	—	150	200
羊毛	60或80	—	—	135	180
蚕丝	—	—	—	150	160
麻	—	—	—	253	100
粘胶纤维				260~300	110
醋酯纤维	186	195~205	290~300	—	110
锦纶6	47，65	180	215	—	125~145
锦纶66	82	225	253	300	120~140
涤纶	80，67，90	235~240	256	—	160
腈纶	90	190~240	—	280~300	130~140
维纶	85	干：220~230 水：110	—	—	干：150
丙纶	-35	145~150	163~175	—	100~120
氯纶	82	90~100	200	—	30~40

4. 热定形与变形

热定形和变形是纤维加工和织物后整理中的重要步骤，是利用热作用下分子间运动机理的典型实例。热定形的目的是使纤维的内部结构或织物的形状在热作用下固定并获得一定的尺寸；而变形是使纤维材料获得卷曲和膨松效果。对不同的纤维，采用的热定形及变形作用机制是不同的。

（1）热定形及其机理。

对于合成纤维的热定形，一般采用高于玻璃化温度 T_g，低于晶体熔融温度 T_m 的热处理。主要是针对无定形区的大分子作用，使其分子链段产生内旋转运动，调整分子构象，消除纤维局部的内应力，产生或增加少量的结晶。当冷却后，这种结构被保留下来，并在温度不超过 T_g 时，仍保持这种定形的状态。热定形效果的稳定，在很大程度上依赖于 T_g 的高低，T_g 越高，热定形的效果及稳定性越好。

对于高结晶的棉麻类纤维的热定形，因类似合成纤维的热定形机制不存在或太少，都无法采用发生在无序区、温度范围在 $T_g \sim T_m$ 的热定形，需采用交联或其他的方法定形。对于羊毛类纤维的热定形，因为其无序区中的大分子间存在交联（—S—S—键），故其定形主要是采用热湿和张力作用打开部分二硫键，并在新的位置重建二硫键，达到分子间结构的稳定。因此，定形后的羊毛在低于定形条件下使用，形态是稳定的。丝类纤维属高结晶纤维，虽能通过热湿作用打开氢键，进行无序区分子的构象调整，但作用甚微，与棉、麻一样。尽管丝素外的丝胶层属无序结构，可以通过部分熔化调整丝胶的包覆状况，冷却后得到定形，但定形效果一般，只能获得半成品加工过程中短暂的尺寸稳定效果。

（2）热定形效果的持久性。

热定形效果的持久性一般可分为三类，即暂时性、半永久性和永久性。暂时性热定形效果是指纤维或其织物在热定形后的使用中会较快消失，如对普通纯棉布的一般热定形，其定形效果在遇到低热、湿或是在轻微的机械作用下就可能消失。半永久性热定形效果是指那些在平时使用中能抵御一般作用的热定形，但给以激烈的作用，其热定形效果也会消失，如毛织物的一般热定形。所谓永久性热定形效果是指纤维的 T_g 温度高于一般衣着使用的温度的热定形处理，如涤纶、锦纶的热定形。

（3）热定形的方法。

热定形的方法可以根据纤维发生收缩的程度和热定形的热媒介质加以划分。

热定形时纤维发生收缩的程度主要取决于热定形时施加张力的方式，分为张力定形（有张力）和松弛定形（自然状态）。张力定形可形成有伸长定形（1%）、无收缩定形、部分收缩定形。

按热定形时所采用的热媒介质或加热方式可有干热空气定形、接触加热定形、水蒸气湿热定形和浴液（如水、甘油）定形等。

（4）影响热定形效果的主要因素。

影响热定形效果的主要因素是温度、时间、张力和定形机制。热定形的温度要高于纤维的玻璃化温度或解分子间交联的温度，但低于软化点 T_m。温度太低，达不到热定形的目的；温度太高，会使纤维及其织物的颜色变黄，手感发硬，损伤纤维，损坏织物的风格。定形温度一般不允许超过 T_m，这样会使纺丝成形中所得的稳定结构（结晶）消失，纤维的基本力学性能丧失。同样，对天然纤维来说，也不可能超过 T_m，因为棉、麻、位置不能很快固定，引起纤维内部结构结晶颗粒丝、毛纤维的 $T_m > T_f > T_d$，纤维不可能通过部分软化来进行形态的调整与定形。

适当降低定形温度，可以减少染料升华，使织物手感柔软。变形丝织物在定形时应注意温度不宜过高，因施加的张力会减少纤维的卷曲，甚至使弹性变差，毛型感丧失，因此其定形温度应低于正常丝的定形温度。表 9－5 给出了几种纤维织物的常用热定形温度。

表 9－5　几种纤维织物的常用热定形温度

纤维品种	热定形温度（℃）		
	热水定形	蒸汽定形	干热定形
涤纶	120～130	120～130	190～210
羊毛	90～100	100～120	130～150
锦纶 66	100～120	110～120	170～190
腈纶	125～135	130～140	—
丙纶	100～120	120～130	130～140

在一定范围内，温度较高时，热定形时间可以缩短，反之则需较长时间。但合适的定形时间能使分子充分调整而达到结构稳定及均匀化。尽管时一温等效，但存在材料本身的热传导和吸收，存在温度能量提供和时间效益的平衡与最优。故热定形时间同样是一重要

的控制参数。

在热定形中，对纤维或其织物施加张力，不仅有利于纤维或其织物的舒展和平整，也有利于热定形效果的提高。对于需要施加张力的热定形，张力的大小要适当。张力过小，织物的褶皱未充分舒展就进行热处理，会使褶皱定形更难以除去；张力过大，织物薄而硬板，热水收缩率增大。对于轻薄织物，要求具有滑爽挺括风格，施加的张力应当相对大一些。厚而要求松软的织物，张力相对可小一些。

还要指出，合成纤维织物经过高温处理后，急速冷却，可以使纤维内部分子间的相互位置很快冻结而固定下来，形成较多的无定形区，使织物手感柔软和富有弹性，并便于染色。如果高温处理后长时间缓慢冷却，则纤维内部分子的相互位置不能很快固定，引起纤维内部结构结晶颗粒粗大，织物弹性下降和手感变硬。

（5）热变形加工。

热作用的变形加工主要是针对热塑性类纤维，在原理上和作用机理上与热定形基本一致。只是热变形加工的速度更快，变形的温度偏高、张力较大。其不仅利用 T_g 温度的构象转变，还可能利用 T_m 的结晶变化。如假捻法、刀边法、填塞箱法等，都是在有张力和热作用下实现纤维在不同部位的结构改变而形成的新的空间造型。这种结构的改变具有三类特征：①局部性，双边、外层或某段；②聚集态结构变化，结晶和取向改变，不同于原结构；③有空间形态，弯曲、螺旋、起圈，甚至有截面形态的改变。

膨体纱同属典型的热变形加工，但不同于常规的变形丝。它是利用不同收缩比的纤维（可以通过不同牵伸作用和暂定形获得）混合纺纱后，经热定形松弛高收缩纤维，使其收缩，由此导致不收缩或低收缩的纤维弯曲、起拱、成圈，而获得膨松效果。早期主要指腈纶膨体纱，但只要采用此原理，都可以获得膨体纱，如拉伸羊毛与普通羊毛混合的膨体羊毛纱，化纤异收缩丝等。

9.1.4　纤维的耐热性和热稳定性

纤维的耐热性，是指纤维经热作用后力学性能的保持性。纤维的热稳定性，一般指纤维在热作用下的结构形态和组成的稳定性。

1. 纤维的耐热性

依据纤维耐热性的定义，显然依赖于纤维分子热运动形式所对应的力学状态及转变温度 T_g、T_m 和 T_f 以及纤维分子的热降解温度（T_d）。纤维的耐热性有多种表达方法，一般说来，可以采用纤维受不同温度但一定时间作用后，纤维力学性能的保持率表示，如图9－8所示。也有采用纤维随温度升高而强度降低的程度来表示，见表9－6。当然，理论上比较各类纤维的耐热性，可以直接根据纤维的特征温度进行一一对立或综合性的对比，

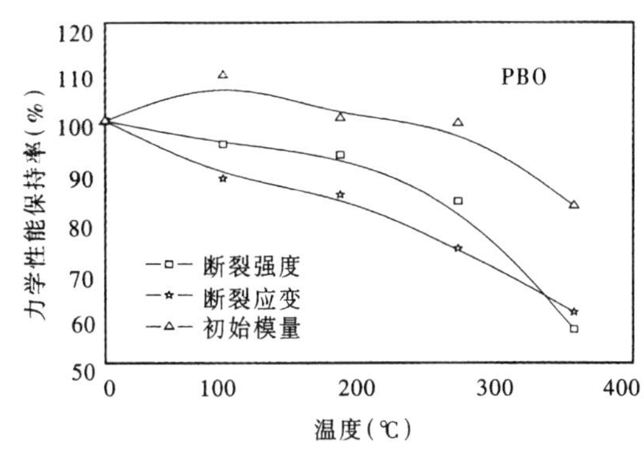

图9－8　PBO纤维的力学性能保持率

见表9－4。

表9－6　常见纺织纤维受热后的剩余强度（%）

纤维	在20℃下未加热	在100℃下经过20天	在100℃下经过80天	在130℃下经过20天	在130℃下经过80天
棉	100	92	68	38	10
亚麻	100	70	41	24	12
苎麻	100	62	26	12	6
蚕丝	100	73	39	—	—
粘胶纤维	100	90	62	44	32
锦纶	100	82	43	21	13
涤纶	100	100	96	95	75
腈纶	100	100	100	91	55
玻璃纤维	100	100	100	100	100

相比较而言，纤维素纤维的耐热性较好，合成纤维次之，蛋白质纤维较差。羊毛纤维的耐热性尚可，当加热到100～110℃时才开始变黄，强度下降，但没有蚕丝在此温度下纤维强度变化明显。普通合成纤维的综合比较，涤纶的耐热性最好，腈纶和锦纶相对较差，维纶的耐热性差，乙纶、氯纶容易熔融，耐热性差。

作为实测结果，常见的纺织纤维受热后的强度剩余率参见表9－6。

2. 纤维的热稳定性

（1）质量与组成的稳定性。

纤维在热作用下会发生热降解，而引起分子量的下降和组成的变化，尤其是有氧条件下会发生氧化降解。由于热降解会使纤维分子变为低分子物挥发，或炭化而质量（重量）减少，如图9－9所示超高分子量聚乙烯纤维（UHMW－PE）的热降解失重曲线（TG）和TG的微分曲线DTG。空气环境（有氧）的热降解起始温度 T_i 先于、失重高于氮气环境的热降解。

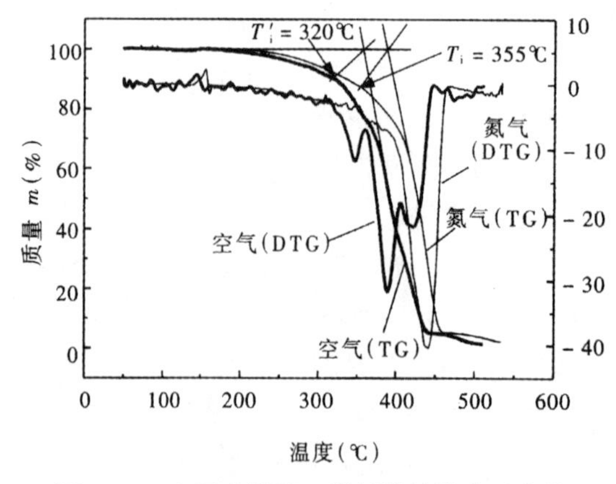

图9－9　高强高模聚乙烯纤维的热失重曲线

（2）结构的稳定性。

热作用下纤维的聚集态结构会发生改变，这是热稳定性中最主要的表达内容，也是耐热性高低的最主要机制。在热作用下，纤维的结晶会解体，取向会下降。表 9－7 所示为 Kevlar 纤维经热处理后的结晶与取向变化数据。

表 9－7　Kevlar 纤维的聚集态结构变化数据

纤维样品	结晶度（%）	双折射值
Kevlar129—未处理	67.8	0.736
Kevlar129—200℃	67.6	0.734
Kevlar129—300℃	67.3	0.731
Kevlar129—400℃	67.2	0.729

（3）形态的稳定性。

形态的热稳定性，指在温度作用下纤维外观形态的稳定，主要指纤维的热收缩性。由于纤维分子的取向排列及内应力的存在，在加热时会产生不可逆的热收缩，这完全不同于各向同性均匀介质的物质。固态物质表现出可逆热胀冷缩，但合成纤维受热后，却往往发生的是长度方向的热收缩。其本质是高牵伸形成的分子取向与伸直状态，在热作用下解序回缩所致。

热收缩的大小用热收缩率表示。它是指加热后纤维缩短的长度占原来长度的百分率。根据加热介质不同，有沸水收缩率、热空气收缩率和饱和蒸汽收缩率之分。不同纤维的热收缩率也不相同，氯纶和维纶的热收缩率比较大。氯纶在 70℃ 左右就开始收缩，至 100℃ 时的热收缩率可达 50% 以上。维纶在热水中的收缩率为 5% 以上。长丝的热收缩率要比短纤维大，这是因为纺丝成形时，长丝的拉伸倍数一般都大于短纤维的缘故。

合成纤维的热收缩率随着温度的提高而增大。当介质不同时，合成纤维的收缩率也不相同。锦纶 6、锦纶 66 和涤纶在不同介质作用下的热收缩率如图 9－10 所示。锦纶 6 和锦纶 66 在饱和蒸汽（125℃）中的收缩率最大，其次为在沸水（100℃）中的收缩率，而在热空气（190℃）中的收缩率最小。这是因为锦纶具有一定的吸湿性，水分子的进入也会减弱大分子之间的结合力，表现为湿热收缩大于干热收缩。涤纶的吸湿能力很小，因此它所表现出来的热收缩率主要与温度有关，在温度最高的热空气（190℃）中收缩率最大，而在温度最低的沸水（100℃）中收缩率最小。

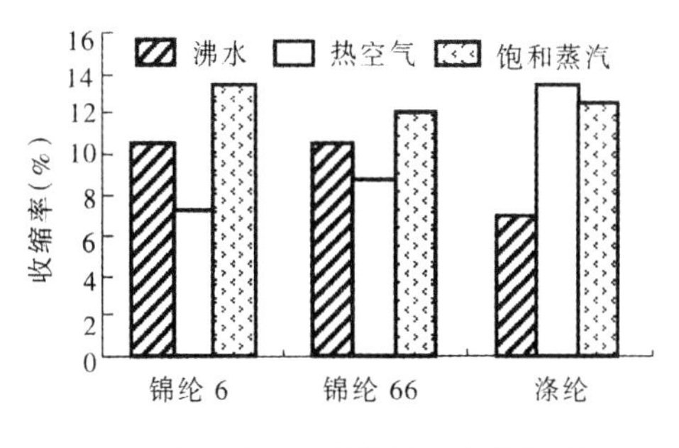

图 9－10　合成纤维的热收缩率

合成纤维的热收缩影响织物的服用性能。一般不希望产生热收缩，或者热收缩要小，而且要均匀。热收缩率大，会影响织物的尺寸稳定性。与热收缩不均匀的纤维混在一起织成织物，经印染加工受到高温处理时，会因收缩不均匀而产生吊经、吊纬、裙子皱等疵点。热收缩现象也可以合理地利用，有意识地利用合成纤维热收缩特性可以生产膨体纱。如利用腈纶纤维的准晶态结构，加热后牵伸形成较高的分子取向并定形，使之产生潜在的回缩。

9.1.5 纤维的燃烧性质

纤维的燃烧是纤维物质在遇明火高温时的快速热降解和剧烈化学反应的结果。其过程是纤维受热分解，产生可燃气体并与氧反应燃烧，所产生的热量反馈作用于纤维，导致纤维进一步的裂解、燃烧和炭化，直至全部烧尽或炭化。描述纤维燃烧性的指标有极限氧指数 *LOI*、着火点温度 T_1、燃烧时间 t、火焰温度 T_B 等指标。各种纤维的燃烧性能是不同的，大致可分为易燃、可燃、难燃和不燃四种。

1. 极限氧指数

表示纺织材料的可燃性，通常采用极限氧指数 *LOI*（Limiting Oxygen Index），来定量区分纤维的燃烧性，简称限氧指数或氧指数。所谓极限氧指数，是指试样在氧气和氮气的混合气中，维持完全燃烧状态所需的最低氧气体积分数。

$$LOI = \frac{V_{O_2}}{V_{O_2} + V_{N_2}} \times 100\% \tag{9-5}$$

式中：V_{O_2}，V_{N_2}——分别为氧气和氮气的体积。

LOI 数值愈大，说明燃烧时所需氧气的浓度愈高，常态下愈难燃烧。根据 *LOI* 数值的大小，可将纤维燃烧性能分为四类即：不燃、难燃、可燃、易燃。见表 9-8。

表 9-8 根据 *LOI* 值对纤维燃烧性能的分类

分类	*LOI*（%）	燃烧状态	纤维品种
不燃	≥35	常态环境及火源作用后短时间不燃烧	多数金属纤维、碳纤维、石棉、硼纤维、玻璃纤维及 PBO、氟纶 PBI、PPS 纤维等
难燃	26～34	接触火焰燃烧，离火自熄	芳纶、氯纶、酚醛、改性腈纶、改性涤纶、改性丙纶等
可燃	20～26	可点燃及续燃，但燃烧速度慢	涤纶、锦纶、维纶、羊毛、蚕丝、醋酯纤维等
易燃	≤20	易点燃，燃烧速度快	丙纶、腈纶、棉、麻、粘胶纤维等

2. 点燃温度和燃烧时间

点燃温度 T_1 是指纤维产生燃烧所需的最低点燃温度，其值愈高，纤维愈不易被点燃。

燃烧时间 t 是指纤维放入可燃环境（有氧、高温）中，观察纤维从放入到燃烧所需的时间。燃烧时间反应纤维被点燃的快慢程度，取决于纤维的导热系数 λ、比热容 C、热降解速率、点燃温度。纤维的燃烧时间愈短，愈易被快速点燃。由于 t 依赖于 A 和 C，即取决于纤维的质量，当纤维质量趋于无穷小或可燃环境趋于无穷大时的燃烧时间，称为本质燃烧时间 t_0。

3. 燃烧温度

燃烧温度 T_B 是指材料燃烧时的火焰区中的最高温度值，故又称火焰最高温度。T_B 反应纤维材料在燃烧过程中的反应速度及其热能的释放量。T_B 值愈高，说明纤维的燃烧性愈强，而且对纤维进一步燃烧的正反馈作用愈强，是表达材料着火后燃烧剧烈性的指标。显然，该指标取决于纤维的热裂解速度以及氧化反应速率、量和完善程度，并与燃烧时纤维质量的损失率直接相关。

4. 纤维阻燃的途径及形式

纤维的阻燃，一般通过阻止或减少纤维热分解、隔绝或稀释氧气和快速降温使其终止燃烧等原理实现。通常，将有阻燃功能的阻燃剂通过聚合、共混、共聚、复合纺丝、接枝改性等方法加入到纤维中去，或用后整理方法将阻燃剂涂覆在纤维表面或浸渍于纤维内，以此提高纤维的阻燃性。

目前阻燃纤维的获得主要分为两类。一类是在纺丝原液中加入阻燃剂，混合纺丝制成，如粘胶、腈纶、涤纶和丙纶改性阻燃纤维等。经过改性后，纤维的极限氧指数（*LOI*）可达到30%左右。另一类是由合成的难燃聚合物纺制而成，如聚间苯二甲酰间苯二胺纤维（芳纶 1313，或称 Nomex）、酚醛树脂纤维（Kynol）、聚酰亚胺纤维等。

9.2　纺织纤维的电学性质

9.2.1　纺织纤维的介电性质

1. 纤维的介电常数（dielectric constant）

常用纺织纤维传导电流的能力极低，故属电绝缘材料（电介质）。如将它置于电场中，它会被电场极化，如图 9 – 11 所示。

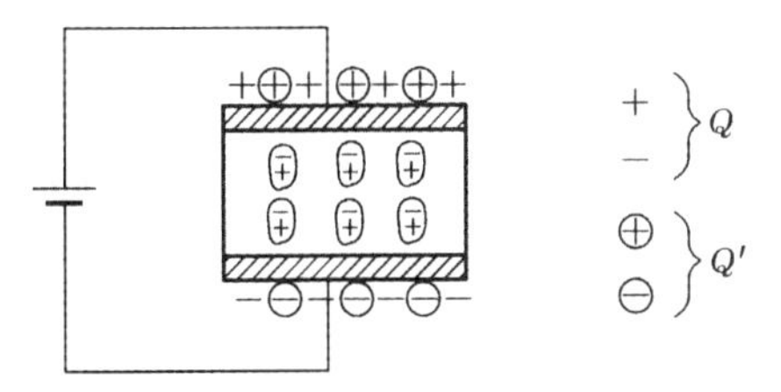

图 9 – 11　高聚物在电场中示意图

极化的程度可用介电常数 ε 表示，其计算公式如下：

$$\varepsilon = C_1/C_0 = 1 + Q'/Q_0 \tag{9-6}$$

式中：C_0——以真空为介质的电容量；

C_1——以纤维材料作介质的电容量；

Q_0——在一个以真空为介质、电压为 V 的平板电容器上聚集的电荷量；

Q'——由于纤维材料被极化而在两极板上产生的感应电荷量。

在工频（50Hz）条件下，真空的介电常数 $\varepsilon_0 = 1$，空气的介电常数接近于1，干纺织材料的介电常数为2～5，液态水的介电常数约等于20，固态水的介电常数约等于80。ε 越大，表示纤维贮存电能的能力越大。几种主要纺织纤维的介电常数列于表9－9中（测定条件：温度20～25℃，电场频率50Hz，相对湿度65%）。

表9－9 纺织纤维的介电常数

纤维种类	介电常数	纤维种类	介电常数
棉	6	醋纤	3.5～6.4
羊毛	6	涤纶	3.02
蚕丝	4.2	锦纶	4
黏纤	7.7	—	—

影响纤维介电常数的因素有纤维内部结构因素（主要是相对分子质量、密度和极化率）和外界因素（温度、回潮率、电场频率和纤维在平板电容器间的堆砌紧密程度）。表9－10列出了外界因素对纤维介电常数的影响。

表9－10 外界因素对纤维介电常数的影响

纤维种类	纤维的堆砌紧密程度（%）	相对湿度（%）	回潮率（%）	电场频率			
				100Hz	1kHz	10kHz	100kHz
黏胶短纤	43.7	0	0	3.8	3.6	3.6	3.5
	44.8	45	9	0.9	5.4	5.0	4.7
	44.3	65	11.5	17	6.0	6.0	5.3
醋酯短纤	44.4	0	0	2.6	2.6	2.5	2.5
	45.4	45	4	3.1	3.0	3.0	2.9
	47.1	65	0	3.7	3.5	3.4	3.3

2. 纤维的介电损耗（dielectric loss）

纺织材料中的极性水分子，在交变电场作用下，会发生极化现象而部分地沿着电场方向定向排列，并随电场方向的变换不断地做扭转交变取向运动，使分子间不断发生碰撞和摩擦。要克服摩擦，就要消耗能量，因而介质吸收的一部分电能转变为热能，引起介质的发热。介质在交变电场作用下发热而消耗的能量，称为介电损耗。单位时间内单位体积的介质析出的热能 P，可按下式计算：

$$P = 0.556 f E^2 \varepsilon \tan\delta \times 10^{-12} \quad (9-7)$$

式中：P——电场消耗的功率［W/（cm^3·s）］；

f——电场的频率（Hz）；

E——电场强度（V/cm）；

ε——介质的介电常数；

$\tan\delta$——介质损耗角的正切值。

乘积 $\varepsilon\tan\delta$ 称作介质的损耗因素，它不是一个常数，而是与电场频率有关。干纺织材料的 ε 一般为2~5，$\tan\delta$ 为0.001~0.05；水的 ε 为40~80，$\tan\delta$ 为0.15~1.2。用纺织材料作为电工绝缘材料时，介质损耗越小越好，以免发热而使材料性质恶化，甚至破坏。

利用介电损耗原理，可以对纺织材料进行加热烘干。在高频电场（1~100MHz）或微波（800~22250MHz）电场中，纺织材料吸收的能量少、温度较低，而水分子吸收绝大部分能量，使水分很快蒸发。纺织材料中含水越多，吸收的能量越多，水分蒸发越快。其加热原理是能量以电能形式传给纺织材料，在纺织材料中转变为热能，使纺织材料本身成为热源。热能在纺织材料内外同时产生，纺织材料的干燥过程也是内外同时进行，纺织材料表面的温度因热量向周围空气中的散失而低于内部的温度，因此纺织材料内部比表面干燥得更快，而不会造成表面过热的现象。

9.2.2　纺织纤维的电导性能

纤维电导性能（conductance property）的获得与传导途径，目前尚不十分清楚。现在已知许多纤维带有部分离子电流（纤维在形成过程中可能混入的各种杂质与添加剂在直流电场的作用下离解成离子）、位移电流（纤维中的原子与极性基团上的电荷在交变电场中会发生移动）与吸收电流（可能是偶极子的极化、空间电荷效应和界面极化等作用的结果），而不像流经导体时那样仅仅是传导电流。这些电能越多，纤维的电导性能越好。

电流在纤维中的传导途径主要取决于电流的载体。例如，对吸湿性好的纤维来说，由于有 H^+ 和 OH^- 离子能进入纤维内部，因此体积传导是主要的；对吸湿性差的合成纤维来说，由于纤维在后加工中的导电油剂主要分布在纤维的表面，因此表面传导是主要的。

1. 纤维的比电阻（specific electric resistance）

常用来表示纤维导电能力的指标是比电阻。比电阻有表面比电阻、体积比电阻和质量比电阻。

（1）表面比电阻 ρ_s（Ω）。

指电流通过宽度为1cm、长度为1cm的材料表面时的电阻。

（2）体积比电阻 ρ_v（Ω·cm）。

指电流通过截面积为 $1cm^2$、长度为1cm的材料内部时的电阻。

（3）质量比电阻 ρ_m（$Ω \cdot g/cm^2$）。

指电流通过长度为1cm、质量为1g的材料时的电阻。

它们的计算公式分别为：

$$\rho_s = R_s b/L,\ \rho_v = R_v s/L,\ \rho_m = R_m m/L^2 \tag{9-8}$$

式中：L——测试电极间的距离（cm）；

b——试样的宽度（cm）；

s——试样的截面积（cm^2）；

m——两极板间纤维材料的质量（g）；

R_s——电流通过试样表面时的电阻（Ω）；

R_v——电流通过试样内部时的电阻（Ω）；

R_m——电流通过纤维束时的电阻（Ω）。

用质量比电阻来表示纤维的导电性能比较方便，也较确切。质量比电阻与体积比电阻的关系为：

$$\rho_m = \rho_v \times \gamma \tag{9-9}$$

式中：γ——纤维的密度（g/cm^3）。

2. 影响纺织纤维比电阻的因素

纺织纤维的比电阻与纤维内部结构有关，由非极性分子组成的纤维（如丙纶等），导电性能差，比电阻大；聚合度大、结晶度大、取向度小的纤维，比电阻大。此外，纺织纤维的比电阻还与下列因素有关。

（1）吸湿。

吸湿对纺织纤维比电阻的影响很大。干燥的纺织纤维导电性能极差，比电阻很大，吸湿后导电性能有所改善，比电阻下降。由吸湿引起的纺织纤维比电阻的变化可达 4 ~6 个数量级。对大多数吸湿的纺织纤维来说，在相对湿度 30% ~90% 的范围内，质量比电阻与纤维含水率的近似相关方程如下：

$$\rho_m M^n = K,\ \log\rho_m = \log K - n\log M \tag{9-10}$$

式中：n 与 K 为实验常数。

（2）温度。

与大多数半导体材料一样，纺织纤维的比电阻随温度的升高而降低。因此，用电阻测湿仪测试纺织材料的含水率或回潮率时，需根据温度进行修正。

（3）纤维附着物。

棉纤维上的棉蜡、羊毛上的羊脂、蚕丝上的丝胶，都会降低纤维的比电阻，提高纤维的导电性能，使其可纺性良好。除去这些表面附着物后，纤维的导电性能降低，比电阻增高。

给化学纤维，特别是吸湿性差、比电阻高的合成纤维，加上适当的含有抗静电剂的油剂，能大大降低纤维的比电阻，提高导电性能，改善可纺性和使用性能。加油剂后纤维比电阻的大小与所加油剂种类和上油量有关。

（4）其他因素。

测试条件包括电压高低、测定时间长短和所用电极材料等，对纺织材料的比电阻有一定的影响。电压大时，测得的比电阻偏小，所以要规定测试电压；测试时间长时，比电阻读数会增高，所以读数要迅速，一般要求在几秒钟内完成；所用电极材料不同，也会影响比电阻的读数，目前一般采用不锈钢。

9.3 纺织纤维的光学性质

纺织纤维在光照射下表现出来的性质称为光学性质，包括色泽、双折射性、二向色性、耐光性和光致发光等。纤维的光学性质关系到纺织品的外观质量，也可用于纤维内部结构研究和质量检验。

9.3.1 纺织纤维的色泽

色泽是指颜色和光泽。纤维的颜色取决于纤维对不同波长色光的吸收和反射能力。纤维的光泽取决于光线在纤维表面的反射情况。

1. 纤维的颜色（color）

颜色是由光和人眼视网膜上的感色细胞共同形成的。人对光的明暗感觉取决于光的能量大小，人对光的颜色的感觉取决于光波的长短。人眼能感觉到的光波为380～780nm的电磁波，称为可见光。不同波长的可见光，在人眼中将产生不同的颜色感觉（表9－11）。

表9－11 各种颜色的波长与波长范围

颜色	标准波长（nm）	波长（nm）	颜色	标准波长（nm）	波长（nm）
红色	700	620～780	绿色	510	480～575
橙色	610	595～620	蓝色	470	450～480
黄色	580	575～595	紫色	420	380～450

天然纤维的颜色，一方面取决于品种（即天然色素），另一方面取决于生长过程中的外界因素。例如细绒棉大多为乳白色，有些非洲长绒棉则为奶黄色。在棉花生长期中，如果光照不足，雨水太多，会使纤维发灰或呆白，霜期会使纤维发黄等。桑蚕丝的颜色有多种，其中白色茧最多，欧洲茧多为黄色，日本的青白种以绿色茧为代表。

黏胶纤维应该是乳白色的，但因为原料和后处理原因可使纤维颜色不同。例如，用木浆粕制成的黏胶纤维呈微黄色，漂白后为浅乳白色；用棉短绒制得的黏胶纤维呈微蓝色；后处理中，如果脱硫未净，残硫附着在纤维的表面，会使纤维呈黯淡的稻草色。

合成纤维的纺丝工艺不良，如温度、加热时间、原料中杂质含量、添加物性质等不适当时，均会使纤维发黄，影响纤维质量。近年来研究了着色纺丝法，可直接制得各种颜色的化学纤维，原液着色纤维具有高的耐光性和耐水牢度且耐洗搓性和耐溶剂牢度好等特性，大批生产时，最适用于制作单一色的工作服、军服、学生服。

2. 纤维的光泽（luster，glaze，brilliance）

（1）纤维光泽的形成。

一束平行光照射到纤维上时，除一部分被吸收外，它将分成几个部分在纤维和空气的界面进行反射和折射，如图9－12所示。

如果是平整的表面，所有的反射光均沿名义的正反射方向射出，形成正反射光。如果表面不平整，则反射光不按名义的正反射方向射出，而形成表面的散射反射光（亦称表面漫反射光）。折射光进入纤维内部后，其中相当一部分从纤维另一界面折射出去形成透射光，还有一部分从纤维的内部或另一界面又反射出纤维的表面，成为来自纤维内部的散射反射光，它可能和正反射光同向，也可能不在正反射光方向。

这三部分反射光，由于各自的绝对数值不同、相互间配比不同以及方向和位置间的差异，给人的感觉效果即光泽感的差异也是很大的。

纤维材料的光泽分为以下五级：无光泽（如粗绒棉花），弱光泽（亚麻、苎麻、细绒棉花），显著光泽（生丝、丝光棉），强光泽（精练丝、黏胶短纤维），最强光泽（未消光的黏胶丝）。丝绸工艺中常用到极光和肥光两种光泽感，极光是指反射光量很大，但分布不均匀，很强的反射光都集中在局部范围里；肥光是指反射光量很大且分布较均匀，不集中在局部范围里。

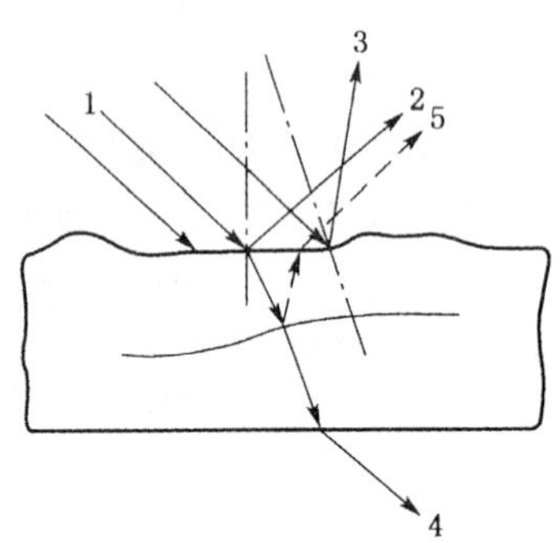

图 9－12　光线在纤维表面的

1—入射光（平行光）　2—表面正反射光　3—表面散射反射光　4—透射光　5—来自内部的散射反射光

（2）影响纤维光泽的因素。

①纤维纵面形态。主要由纤维纵向的表面凹凸情况和粗细均匀程度而定。如果沿纵向表面平滑、粗细均匀，则漫反射少，表现出较强的光泽。如化学纤维，特别是没有卷曲的长丝，其光泽较强。丝光处理后棉纤维的光泽变强的原因之一是膨胀使天然转曲消失从而纵向表面变得较平滑。

②纤维截面形状。纤维截面形状多种多样，现以圆形和三角形为例进行说明，其他截面形状可看做是圆形和三角形的组合。

圆形截面时，其正反射光属漫反射，光泽柔和，但纤维内部任一界面的入射角均与光线进入纤维后的折射角相同，故不能在纤维内部形成全反射，其透光能力较强，即使是平行光射入，透射光也不是平行光且相互汇聚有集中的趋势，光程轨迹重叠的可能性大而且内部反射光不能在正反射光的周围形成光泽过渡比较均匀的散射层。因此，圆形截面纤维的总反射光不一定最强，但观感明亮，容易形成极光的感觉。

三角形截面时，棱边的正反射光属镜面反射，光泽强，但可能在纤维内部的棱边上产生全反射，再从其他棱边反射出去，产生全反射的棱边的光泽弱，而其他棱边的光泽强；入射角改变时产生全反射的棱边也会改变，从而产生闪光效应；还可能产生与正反射光同向但形成散射层的内部反射光。因此，三角形截面纤维的光泽也较强。另外，由于三角形的棱镜作用，光线射出时发生色散效应. 使纤维具有更绚丽多彩的光泽效果。

③纤维层状结构。如图 9－13 所示，当纤维内部存在可供光线反射的平面层次时，光线 1 照射其表面，一部分光线从纤维表面（即一次镜界面上）反射，称为正反射光 2；另外一部分则折射入纤维的第一层，在二次镜面上反射和折射；依次类推。最后，所有从纤维内部各层次产生的反射光，有一部分仍然会回到纤维的表面而射向外界，这些光称为内部反射光 2′、2″、2‴等，它们的强度比正反射光弱。如果纤维内部层次是相互平行的，

则正反射光与内部反射光之间有一定的位移，形成一散射层。以平行光入射时，纤维各点的正反射光和内部反射光可以相互干涉，正反射光表达的是光源的色，内部反射光表达的是物体的色。这样，反射光中既有光色又有物色，虽然光泽较强，但并不耀眼。

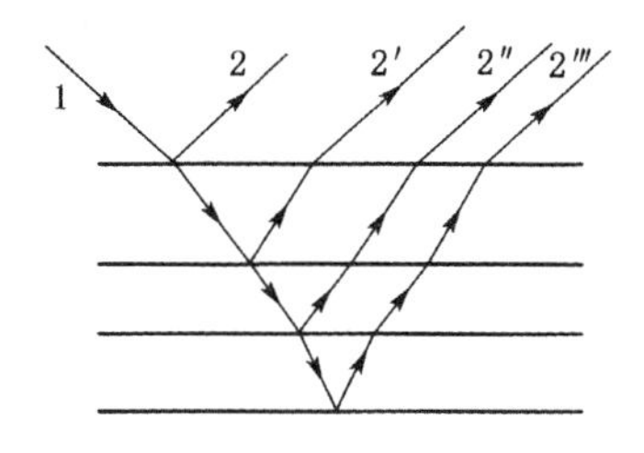

图9－13　层状结构纤维的光泽

1—入射光　2——一次镜界面上的反射光　2′，2″，2‴—二次、三次、四次镜界面的反射光

蚕丝是公认为光泽感最好的纤维，其形态结构具有以下特点：①纤维截面大多接近于三角形；②具有典型的原纤型构造，从纤维中平行排列的原纤到长丝中平行排列的纤维，都具有层状排列构造；③纤维中的原纤相互交络成网目状构造，网孔尺寸和可见光的波长相近；④特有的丝胶－丝素双组分结构，在纤维中大致平行的层状排列，并提供两种不同的折射率。因此，蚕丝的光泽具有以下特点：①整个反射光比较强，正反射光比较多，所以光泽感强；②内部反射光的比例高，并具有一定的色散和衍射反射效应，所以光泽感绚丽柔和；③透过光可能形成全反射，因此有闪灿的光泽效果；④沿纤维表面反射光强度的分布比较整齐，故光泽均匀。

粗羊毛的鳞片稀且紧贴在羊干上，表面比较平滑，反射光较强，故光泽强。细羊毛鳞片稠密、贴紧程度较差，因而光泽柔和。如果羊毛的鳞片受损伤，光泽就变得晦暗。棉纤维的色泽可以反映其成熟度和内在质量，色泽精亮、神态饱满时，纤维内在质量优良；色泽呆白、灰暗、神态虚弱时，纤维内在质量较差。

圆形截面、粗细均匀、表面光滑的化纤，光泽刺目。加入二氧化钛消光剂，利用二氧化钛粒子改变光线反射情况而达到消光作用。根据加入量的不同，消光作用也不同，可制得消光（无光）或半消光（半光）纤维。为了获得特殊的光泽效应，化纤生产中可制造各种异形纤维，如三角形、多角形、多叶形、Y形纤维等，它们有特殊的光泽效应，以一定比例与其他纤维混纺，织成的织物非常美观。

9.3.2　纺织纤维的双折射和二向色性

1. 双折射（double refraction）

光线投射到纺织纤维上时，除了在界面产生反射外，进入纤维的光线被分解成两条折射光，纺织纤维的这种光学性质称作双折射。

大部分纺织纤维属于单轴晶体，即一个光轴，光线沿此光轴方向射入时不发生双折射现象，纤维的光轴一般与纤维的几何轴相平行。在纤维内部分解而成的两条折射光都是偏振光，其振动面相互垂直。其中，一条折射光称为寻常光线（简称o光），它遵守折射定律，在不同方向的折射率是不变的，其振动面与光轴垂直，折射率（refraction index）以

$n_{\perp}$表示；另一条折射光称为非常光线（简称 e 光），它不遵守折射定律，折射率随方向而变，它的振动面与光轴平行，折射率以$n_{/\!/}$表示。

在非光轴方向，$n_{\perp}$和$n_{/\!/}$不同，光在纤维内部行进的速度$\boldsymbol{v}_o$和$\boldsymbol{v}_e$也不同，且光的折射率与光的速度成反比。大多数纺织纤维是正晶体，在不同方向，$n_{/\!/} > n_{\perp}$，或$\boldsymbol{v}_o > \boldsymbol{v}_e$，因此，o 光也称快光，e 光也称慢光。纤维的双折射能力用（$n_{/\!/}—n_{\perp}$）表示，称作双折射差变或双折射率。一些主要纺织纤维的折射率参见表 9－12。

表 9－12　纺织纤维的折射率

纤维种类	折射率			纤维种类	折射率		
	$n_{/\!/}$	$n_{\perp}$	$n_{/\!/}—n_{\perp}$		$n_{/\!/}$	$n_{\perp}$	$n_{/\!/}—n_{\perp}$
棉	1.573～1.581	1.524～1.534	0.041～0.051	桑蚕生丝	1.5778	1.5376	0.0402
苎麻	1.595～1.599	1.527～1.540	0.057～0.058	桑蚕精练丝	1.5848	1.5374	0.0474
亚麻	1.594	1.532	0.062	锦纶 6	1.568	1.515	0.053
黏胶	1.539～1.550	1.514～1.523	0.018～0.036	锦纶 66	1.570～1.580	1.520～1.530	0.040～0.060
二醋酯	1.476～1.478	1.470～1.473	0.005～0.006	涤纶	1.725	1.537	0.188
三醋酯	1.474	1.479	－0.005	腈纶	1.500～1.510	1.500～1.510	－0.005～0.000
羊毛	1.553～1.556	1.542～1.547	0.009～0.012	维纶	1.547	1.522	0.025

由表可知，纺织纤维的折射率一般为 1.5～1.6。醋酯纤维与涤纶是例外，醋酯纤维的折射率低于1.5，涤纶的$n_{/\!/}$大于1.6。三醋酯纤维的双折射率为－0.005，是最小的；涤纶为0.188，是最大的。纤维双折射率的大小，与分子的取向度和分子本身的不对称程度有关。当纤维中的大分子与纤维轴完全平行排列时双折射率最大，大分子完全紊乱排列时双折射率等于零。分子链的曲折及其侧基都会使双折射率减小。因此，经常利用双折射率的大小来反映和比较同一种化学纤维各批间的取向度的高低。另外，纤维大分子本身结构的非线性、极性方向、多侧基和非伸直构象，也会使双折射率减小，如羊毛大分子的多侧基和螺旋结构使其双折射率比蚕丝小得多；三醋酯纤维分子上的侧基数量多，故双折射率为负值。

2. 二向色性（dichroism）

当纤维用某种染料染色并沉淀金、铜、银等金属之后，偏振光通过时其振动面与纤维轴平行或垂直，会呈现不同的颜色，这种现象称为纤维的二向色性。

导致二向色性的原因有两个：①形态二向色性：当体积小于波长的棒状或板状粒子按一定方式排列而粒子的吸光率与粒子间介质的吸光率不同时，尽管粒子本身没有二向色性，但整体呈现出二向色性；②固有二向色性：本身具有二向色性的粒子排列时产生的二向色性。在用染料染色的场合，这两种原因同时存在，但与固有二向色性相比，形态二向色性几乎可以忽略。

通过二向色性的测定，可以定量地求得纤维的取向度，也可以明了染料配置状态。

第10章　纱线分类和构成

10.1　纱线分类

由纺织纤维制成的细而柔软，并具有一定力学性质的连续长条，统称为纱线（yarn）。由于纺织纤维组成、类型、成纱方法各自不同，成纱系统也各有区别。由长纤维形成的称为长丝纱线（ftlament yarn），由短纤维形成的称为短纤维纱线（staple fiber yarn）。经纺纱加工、纤维沿轴向排列并经加捻而成，退捻后分散成纤维的称为纱，也称单纱（single yarn）。由两根或两粮以上的单纱经合并加捻制成的称为线，也称股线（compound yarn）。由于长丝纱单根也可以成纱，所以长丝纱的纱与线的界限有时不太分明。

多数纱线用作制造织物、绳、带等纺织最终产品，少数纱线如缝纫线、绣花线、装饰用纱线等本身就是纺织最终产品。

根据不同的出发点，可对纱线进行各种分类。

10.1.1　按结构和外形分

1. 长丝纱

长丝纱按结构和外形分，可分成单丝纱、复丝纱、捻丝、复合捻丝和变形丝等：

①单丝纱（monofilament），指长度很长的连续单根纤维，如纺化纤时单孔喷丝所形成的一根长丝。

②复丝纱（multifilament），指两根或两根以上的单丝并合在一起的丝束，如纺化纤时由一个喷丝头的数个喷丝孔喷丝并合所形成的长丝或几根茧丝经缫丝并合得到的生丝。

③捻丝（twisted filament），复丝加捻即成捻丝。

④复合捻丝（compound twisted filament）。捻丝再经一次或多次并合、加捻即成复合捻丝。

⑤变形丝（textured yarn），化纤原丝经过变形加工后具有卷曲、螺旋、环圈等外观特性而呈现蓬松性、伸缩性的长丝纱，称为变形丝或变形纱。通过变形也可得到类似于短纤维纱的风格，称为短纤化长丝纱。

2. 短纤维纱

短纤维纱有单纱、股线、复捻股线等：

①单纱。由短纤维集束成条，依靠加捻即成为单纱。

②股线。两根或两根以上单纱合并加捻即成为股线。

③复捻股线。由两根或多根股线合并加捻即成为复捻股线，如缆绳。

3. 组合纱线

采用短纤纱、长丝纱复合而获得具有特殊的外观、手感、结构和质地的纱线。

（1）复合纱和结构纱。

复合纱和结构纱主要指在环锭纺纱机上通过增加喂入装置或喂入单元使短/短、短/长纤维加捻而成的复合纱和通过单须条分束或须条集聚方式得到的结构纱。复合纱和结构纱被认为是可以进行单纱织造的纱。相应的典型技术有赛络纺（Sirospun）、短/长复合纺（如赛络菲尔纺纱 Sirofil）、分束纺（Solospun）和集聚纺纱（Cornpact yam）。

赛络纺是由澳大利亚联邦科学与工业研究所（CSIRO）在1975—1976年发明的，是一种集纺纱、并线、捻线为二体的新型纺纱方法。其原理是将两根粗纱以一定间距平行引入细纱机牵伸区内，同时牵伸，并在集束三角区内汇合加捻形成单纱，须条和纱均有同向捻度。这种纱有线的特征，是表面较光洁、毛羽少、内松外紧的圆形纱，弹性好，耐磨性高。

作为加工短/长复合纱的赛络菲尔纺纱是在赛络纺基础上发展起来的纺纱方法，由一根经牵伸后的须条与一根不经牵伸，但具有一定张力的长丝束在加捻三角区复合加捻形成复合纱。两组分间基本上不发生转移，相互捻合包缠在一起，形成一种外形似单纱、结构似线的纱。短/长复合纱表面的毛羽较环锭纱少，且截面近似圆形。

分束纺是继赛络纺后澳大利亚 CSIRO 的又一新型结构纺纱技术。它是在传统的环锭细纱机上安装一对特制的沟槽前罗拉，可将纤维须条分劈成3～5小束，从而使纺纱的加捻和转移机理发生变化，分开的纤维小束在汇聚前被加捻并在汇聚处再次捻合。因此，分束纺纱的毛羽较少，表面光洁，强力高，耐磨性较好。

集聚纺也是在环锭纺机上改革的结果。它是在环锭细纱机的前罗拉输出须条处加装了一对集聚罗拉，其中，下罗拉有吸风集聚作用，使须条在气动集束区集束，须条较紧密地排列，大大减小了传统细纱机加捻三角区须条的宽度，有利于将须条中的纤维可靠地捻卷到纱条中，从而可较大幅度地减少毛羽；同时吸风也有利于纤维在加捻卷绕时有再次伸直的机会，从而提高成纱强度。集聚方式除负压气体吸聚外，还有沟槽集聚、假捻集聚或复合方式集聚。

（2）花式捻线（fancy twisted yarn）。

花式捻线由芯纱、饰纱和固纱捻合而成，芯纱构成花式捻线强力的主要成分；饰纱缠绕在芯线的周围形成起花效应（螺旋形、环圈形、结子形、纱辫形、粗纱效应形等）；固纱包绕在芯纱、饰纱外面起加固作用。有些花式捻线可以不加固纱。

（3）花式纱（novelty yam）。

花式纱主要有膨体纱和包芯纱。

①膨体纱（bulked yarn）。将两种不同收缩率的纤维按一定比例纺成纱线，放在蒸汽、热空气或沸水中进行松弛处理，高收缩率纤维遇热收缩形成纱芯，低收缩率纤维因收缩小而被挤压在表面形成圈形，整个纱线成膨松状，柔软、保暖性好，具有一定毛型感。

②包芯纱（core - spun yarn）。以长丝或短纤维纱为纱芯，外包其他纤维一起加捻而纺成的纱，兼有芯纱和外包纱的优良机械性能。如涤棉包芯纱以涤纶复丝为纱芯并外包棉纤维纱加捻纺制而成，可用来织制烂花的确良，供窗帘、台布等使用；以氨纶为芯纱，以棉、涤/棉、涤纶或腈纶等为外包纤维纺成包芯纱，芯纱具有优良的弹性，外包纤维则提供其他物理机械性能，织造高弹力织物，制作游泳衣、滑雪衣、劳动服等。

10.1.2　按组成纱线的纤维种类分

（1）纯纺纱线。

用一种纤维纺成的纱线称为纯纺纱线，前面冠以纤维名称来命名，如棉纱线、毛纱线、黏胶纤维纱线等。

（2）混纺纱线。

用两种或多种不同纤维混纺而成的纱线称为混纺纱线。混纺纱线的命名，按原料混纺比的大小依次排列，比例多的在前；如果比例相同，则按天然纤维、合成纤维、再生纤维的顺序排列。混纺所用原料之间用“/”隔开。如65%涤纶与35%棉的混纺纱命名为涤/棉纱，50%涤纶、17%锦纶和33%棉的混纺纱命名为涤/棉/锦纱；50%黏胶纤维与50%腈纶的混纺纱命名为腈/黏纱。

10.1.3　按纺纱工艺、纺纱方式分

1. 按纺纱工艺分

短纤维纱线依据纤维的不同性状，须在不同的纺纱系统上加工。常区分为以下几类：

（1）棉纺纱。

在棉纺系统上生产。棉纺纱又区分为精梳纱、普梳纱和废纺纱。精梳纱是经过精梳工程纺得的纱，它与普梳纱相比，短纤维和杂质含量小，纤维伸直平行，纱条条干均匀、表面光洁，多用于织制较高档的产品。

（2）毛纺纱。

在毛纺系统上生产。毛纺纱又区分为精梳毛纱、粗梳毛纱和废纺毛纱。精梳毛纺采用的纤维长而整齐，纺得的毛纱条干较细，表面较光洁，用来织制薄型高档的精细产品。粗梳毛纺采用的纤维短而粗，纺得的毛纱条干较粗，表面毛茸较多，手感松软而温暖，富于弹性，用以织制粗纺产品。

（3）麻纺纱。

在麻纺系统上生产。苎麻的生麻须经过前处理得到精干麻，单纤维长度在50mm以上，采用单纤维纺纱。亚麻的生麻须经过前处理得到打成麻（其长度一般为300～900mm，截面内一般含10～20根单纤维），由于单纤维平均长度仅10～26mm，一般只能用工艺纤维（即束纤维）纺纱。

（4）绢纺纱。

在绢纺系统上生产，原料为蚕丝下脚。桑蚕绢纺原料一般为丝吐（长吐、短吐、毛

丝)、滞头、干下脚茧类（双宫茧、黄斑茧、口类茧、汤茧、薄皮茧、血茧）和茧衣类。柞蚕绢纺原料一般为挽手类（大挽手、二挽手、机扯二挽手、扯挽手)、蛾口茧类和疵茧类。

由于绢纺原料中含有较多的丝胶和不同数量的油脂、蜡质以及其他污染物，所以它和一般短纤维的成纱过程不同，必须先对原料进行专门的处理。整个成纱过程分为原料精练、制棉和成纱三个阶段。用优质品位的绢纺原料纺成的绢丝，线密度可达 41.7 ~ 83.3dtex，外观清洁，条干均匀，光泽好，适于织造薄型的高档绢绸。

（5）䌷丝。

在䌷丝纺系统上生产。䌷丝的原料是绢纺圆梳制绵工艺末道落绵，其纤维细而短，长度整齐度差，绵粒和蛹屑杂质多。此外，䌷丝纺本身各工序生产的落绵及回绵也可回用为䌷丝纺的原料。䌷丝纺系统比较简单，原料经开清绵后即进行混合与给湿，然后用罗拉梳绵对纤维进行多次梳理及反复的混合，再将绵网分割成条并搓捻成粗纱，最后在细纺机上牵伸、加捻纺成䌷丝。䌷丝可纺线密度，一般桑蚕丝在 33.3tex 以上，柞蚕丝在 50tex 以上。

2. 按纺纱方法分

（1）环锭纱（ring - spun yarn）。

其指用一般环锭纺机纺得的纱。

（2）新型纺纱。

其包括自由端纺纱和非自由端纺纱。

①自由端纺纱（open - ended spun yarn）。其指纺纱过程中纱条的一端不被机械握持，将纤维分离为单根并汇聚于纱条的自由端经过加捻而成纱。例如，转杯（气流）纺纱、静电纺纱、涡流纺纱等。

转杯纺纱是利用转杯内负压气流输送纤维，通过转杯的高速回转凝聚纤维并加捻成纱的纺纱方法，简称转杯纺。早期我国称为气流纺。适纺 18 ~ 100tex 棉纱、毛纱、麻纱及其与化纤的混纺纱。

静电纺纱是利用高压静电场使纤维极化、取向凝聚成须条，由高速运转的空心管加捻的纺纱方法，简称静电纺。适于纺制 13 ~ 60tex 纯棉纱、纯麻纱和棉麻混纺纱。

涡流纺纱是利用涡流的旋转气流对须条加捻的纺纱方法，简称涡流纺。主要适纺 60 ~ 100tex 化纤纱或混纺纱。

摩擦纺纱是利用尘笼内的负压气流吸附纤维，通过尘笼回转对须条摩擦加捻的纺纱方法，简称尘笼纺或摩擦纺。适于纺制 10 ~ 100tex（或更粗）的纯纺、混纺甚至复合纺纱。特别是可加工棉、毛、丝、麻、各种化纤及其下脚料以及其他纺纱方法难以加工的短纤维，还可以加工陶瓷、碳素等刚性纤维。

②非自由端纺纱。其目前主要是自捻纱（self - twisting yarn）。它是指纤维须条（一般为两根）受到罗拉假捻作用而捻搓，形成正、反捻向周期性交替变换的纱。

新型纺纱线的结构不同于环锭纱，所以性能也有所不同。

10.1.4 按纱线中的短纤维长度分

（1）棉型纱线。

其指用原棉或用长度、线密度类似于棉纤维的短纤维在棉纺设备上加工而成的纱线。

（2）毛型纱线。

其指用羊毛或用长度、线密度类似于羊毛的纤维在毛纺设备上加工而成的纱线。

（3）中长纤维型纱线。

其指用长度、线密度介于毛、棉之间（51 ~65mm，2.78 ~3.33dtex）的纤维，在棉纺设备或中长纤维专用设备上加工而成的具有一定毛型感的纱线。

10.1.5 按纱的用途和粗细分

1. 按纱的用途分

（1）机织用纱。

其指供织制机织物用的纱，分为经纱和纬纱。经纱用于机织物纵向，即织物上沿长度方向排列的纱。纬纱用于机织物横向，即织物上沿宽度方向排列的纱。

（2）针织用纱。

其指供织制针织物用的纱，一般要求粗细均匀，结头和粗细节少。

（3）起绒用纱。

其指供织入绒类织物以形成绒层或毛层的纱。

（4）特种用纱。

其指供工业上用的纱，如轮胎帘子线等；有特种要求，如手术缝合线、缝纫和绣花用纱线等。

2. 按纱的粗细分

（1）特低线密度纱（特细特纱）。

其指线密度在 10tex 及以下的很细的纱。

（2）低线密度纱（细特纱）。

其指线密度为 11 ~20tex 的较细的纱。

（3）中线密度纱（中特纱）。

其指线密度为 21 ~31tex，介于粗特纱与细特纱之间的纱。

（4）高线密度纱（粗特纱）。

其指线密度在 32tex 以上的较粗的纱。

10.1.6 其他

按纺纱后处理方法的不同将纱分为原色纱、漂白纱、染色纱、烧毛纱、丝光纱等，按纱线的卷绕形式不同分为管纱、筒子纱、绞纱，按加捻方向不同分为顺手纱（S 捻）和反手纱（Z 捻），等等。

10.2 纱线的结构

纱线的结构是决定纱线内在性质和外观特征的主要因素。纱线的结构不仅受到构成纱线的纤维性状的影响，而且与纱线成形加工的方式有关。对成纱结构的研究开始于20世纪30年代，但到20世纪50年代后才有了明显的进展。

纤维及其成纱方式使纱线在结构上存在很大的差异，如纱线的结构松紧程度及均匀性、纤维在纱线中的排列形式、纤维在纱线中的移动轨迹、加捻在纱线的轴向和径向的均匀性、纱线的毛羽及外观形状等。纱线的结构与所用纤维性能、加工工艺和过程关系密切，其基本问题是纤维在纱中的排列状态，聚集复合形式，以及多组（或多轴）成形。

纱中纤维构成（混纺）和成形方式（复合）的多样性，造成了纱线结构上的复杂和多重性。因此，在分析纱线结构时，往往从纤维排列的理想状态入手，并借助于相关实验方法，如利用截面切片观察、示踪纤维法和图像处理技术等进行研究与表征。

10.2.1 纱线的基本结构特征

1. 纱线主要结构特征的要求

纱线结构的要求，是外观形态的均匀性、内在组成质量和分布的连续性以及纤维间相互作用的稳定性：尽管花式纱线、变形纱等在局部段落上不满足此“三性”的要求，但宏观整体特征仍必须满足此三性。而决定此三性的根本是纤维的排列状态、堆砌密度及纤维间的相互作用，前两者即为纱线的结构；后者是结构单元间的联系，取决于纤维表面的性状。

2. 纱线结构特征参数

描述上述结构特征的参数有五类。

（1）反映纤维堆砌特征的纱线的单位体积密度（包括纤维内部的空腔、孔隙及纤维之间的缝隙）。

（2）表达加捻纤维排列方向的捻回角，或变形纤维的空间构象及卷曲、蓬松、弹性伸长的参数。

（3）反映多股加捻和多重复捻纱线的根数、加捻方向等参数，或因张力、超喂及编织引起的纱线形态特征变化频率和超喂指标。

（4）反映纱线外观粗细和变化的线密度和线密度变异系数（条干不匀率），或直径和直径变异系数。

（5）表达纱线结构稳定性的纤维间的摩擦因数、缠结点或接触点数、作用片段或滑移长度等。

另外，短纤纱还必须考虑纱体表面的毛羽特征，包括毛羽量、长短、方向等指标。

10.2.2　理想纱线的加捻

1. 理想单纱的加捻

当平行纤维束集聚并形成圆柱体时，如图10－1所示，设想截取其一片段，并假设片段长度等于加捻后纱线中纤维一螺旋距的长度，如图10－1（a）所示。经加一个捻回后，设想此圆柱底端面固定，上端面自由，纤维不伸长也不缩短时，由于中心以外的纤维形成空间螺旋线而高度下降，成为图10－1（b），此时圆柱体上端面将不成平面而形成圆锥面。事实上纤维是连续体，其在连续体中的上端面不允许成为圆锥形，而必须仍成平面，此时必须使外层纤维拉伸伸长，迫使芯层纤维沿轴向压缩缩短，当四周沿轴向拉伸力与芯层沿轴向压缩力平衡时，纱线长度稳定，此段纱线长度比原纤维束长度缩短了一段，这就是捻缩，如图10－1（c）所示。因此一般纱线（无论短纤纱还是长丝纱），加捻后均是外层张紧，压实内层，而中心层皱缩。这些伸长张力产生的单纱轴向皱缩力也是纤维在纱中内外转移的力量来源。

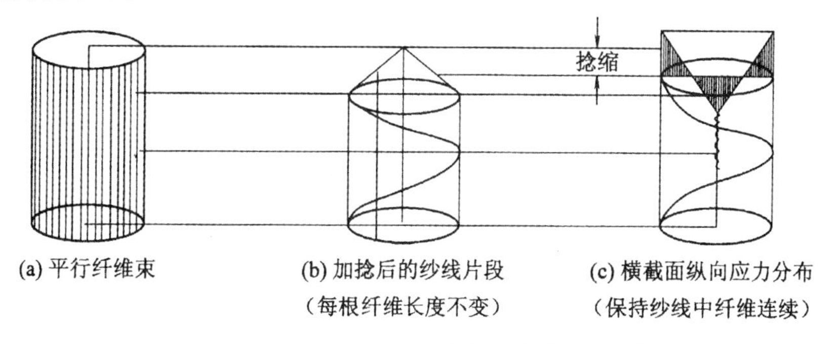

图10－1　传统纱线加捻后横截面的纵向应力分布

2. 理想合股线的加捻

（1）合股同向加捻。当合股线的加捻方向与单纱加捻方向相同时，外层的单纱纤维与股线中心轴倾角将增大，这不仅增加了纱线的剩余扭矩，而且纤维受力方向与股线轴偏离更远，纤维强度在股线轴向的分量更低；同时，股线中内外各层纤维张力差异更大，股线拉伸中逐次断裂概率更高，股线强度更低。

一般，单纱很少使用，在多次组合复捻中，如10tex×2×3二次并股时，单纱用Z捻，第一次二合股用Z捻，第二次三合股用S捻。

（2）合股反向加捻。如图10－2所示，股线表面纤维方向与股线中心轴趋向平行，不仅使股线剩余扭矩下降，趋向稳定，而且纤维受力方向与股线轴方向趋近，股线强度上升。

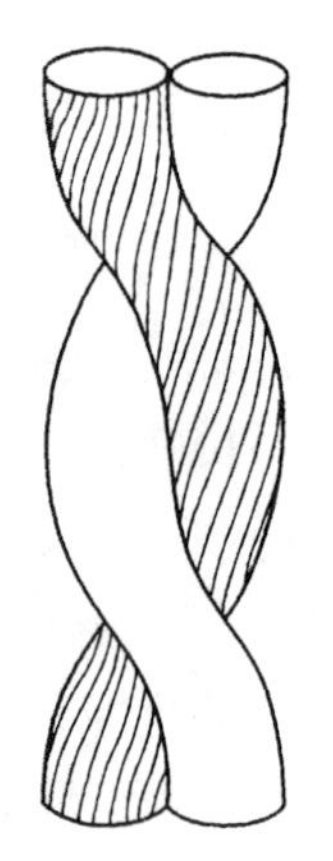

图 10－2　单纱 Z 捻、股线 S 捻

10.2.3　常用纱线与长丝纱的结构特征

1. 常用短纤纱和复合纱的结构特征

（1）环锭短纤纱（ring spinning yarn）对传统环锭短纤纱的结构研究较多，基本结构特征是加捻后纤维内外多次转移，每根纤维多次受到其他纤维包缠，又多次包缠其他纤维，导致纱体不会散解。纱中纤维端有折勾、弯曲，伸出纱表面。不同纤维进行混纺时，会因纤维的优先转移，产生径向分布的不匀，即某种纤维较多分布在外层，另一种纤维则较多地分布在内层。纱体外观存在粗细不匀，质量和结构也存在不匀。

（2）自由端纱（open－end spinning yarn）由于自由端纺纱与环锭纺纱在纤维握持、凝聚状态和加捻方式上不同，故纱线中纤维伸直度低，弯钩、打圈、对折的纤维数量多；纤维内外转移少，多为分层排列的圆柱螺旋线状。转杯纺纱内松外紧，外层多包缠纤维，内层纤维取向性高。静电纺纱纱尾为圆锥形，成纱为内外分层结构，外层捻度多，内层捻度少。摩擦纺为分层加捻堆砌，是典型的分层排列，且内外捻度差异不大。自由端纺纱的条干均匀度好，除涡流纺纱条干接近环锭纱外，一般都优于环锭纱。由于纤维分梳充分、凝聚有效，故疵点也较环锭纱少。自由端纺纱的毛羽较少、耐磨性好、染色和上浆性好，但纱线强度低、伸长较大，通常转杯纱比环锭纱低 10% ~20%，涡流纱比环锭纱低 15% ~40%，摩擦纺纱比环锭纱低 30% ~40%。

（3）自捻纱（self－twist spinning yarn）自捻纱是由两根假捻纱错位汇合自捻而成的纱，其捻向交替变化，呈“S 捻区—无捻区—Z 捻区—无捻区”的循环。当两根假捻纱条的 S 捻和 Z 捻完全对应时，整纱无捻，单束有捻，有一定强度；当 S 捻或 Z 捻与无捻段对应时，整纱呈弱的 Z 捻或 S 捻，纱也有一定强度，但较弱；当无捻段相对应时，整纱无捻，纱线强度最弱，称弱节；当两束纱 S 捻对 S 捻或 Z 捻对 Z 捻时，整纱有 Z 捻或 S 捻，纱线强度最强。回避弱节的有效方法是两束纱错位 90°；或采用自捻纱复捻，称复合或加强自捻纱，简称 STM 纱；或复合一丝束或单纱，称为包卷自捻纱，简称 STM 纱。还可由此三种方法派生出其他自捻纱。

自捻纱的捻度不匀，故纱的结构纵向周期不匀，但由于两束相并，条干均匀度优于环锭单纱，差于股线。自捻纱的结构特征决定了其强力稍低、伸长较大，耐磨性较好，手感柔软、丰满，光泽因捻向交替，比较特别。

（4）复合纱线（composite yarn，complex yarn，conjugate yarn）复合纱的结构特征由其长/短、短/短、长/长复合比例与张力所决定，其结构仅以长/短复合为例，如图 10 – 3 所示。该结构可有效提高纱线强度，增加纺纱的连续性。

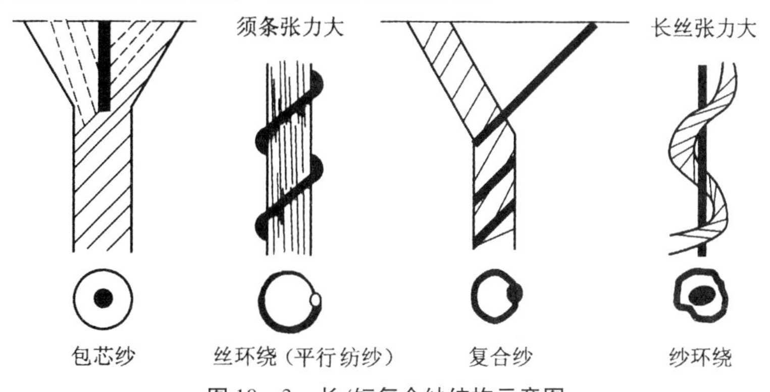

图 10 – 3　长/短复合纱结构示意图

2. 长丝纱的结构特征

（1）无捻长丝纱。对无捻长丝纱而言，它是由几根或几百根长丝组成。在无捻长丝纱中，各根长丝受力均匀，平行顺直地排列于纱中，但横向结构极不稳定，易于拉出、分离，丝集合体较为柔软。

（2）有捻长丝纱。有捻长丝纱的纵、横向都很稳定，而且加捻作用可使纤维各向的不均匀在整根长丝纱中得到改善，丝集合体较硬挺。

（3）变形纱。变形纱因其加工方法不同，整纱及其中单丝的卷曲形态不同，有螺旋形、波浪形、锯齿形、环圈形等；堆砌密度与排列及其分布也不同。

假捻法加工的弹力丝，卷曲形态主要为螺旋形，有正反两个方向的螺旋形圈，如图 10 – 4所示。一根单丝从纱的中心到表面来回转移，以不同的直径围绕纱轴呈螺旋形分布。单丝除呈螺旋形卷曲外，还有丝圈、丝辫，这主要由加捻张力不匀所致。整根纱的结构较均匀、蓬松，保暖性和柔软性好，但易勾丝和起毛、起球。

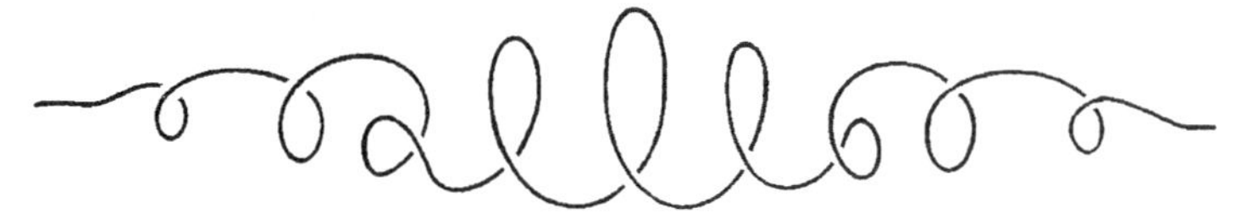

图 10 – 4　弹力丝正反两个方向的螺旋形圈

空气变形纱的单一丝、混纤丝和花式丝的形态如图 10 – 5 所示。外表有大小不同的丝圈，使其蓬松、手感好，有类似短纤纱的特征。起圈部分结构松软，伸直部分紧密。丝圈的大小与密度决定其结构的差异。

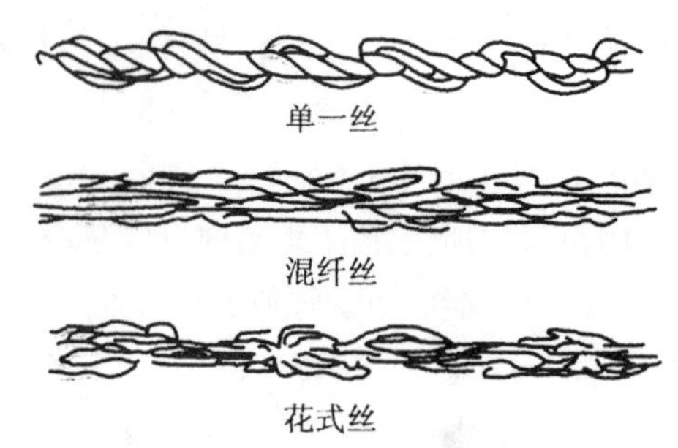

图 10－5　空气变形丝的形态

组合法加工的膨体纱，高收缩率纤维较多地位于纱芯层，紧密堆砌、取向排列；低收缩率纤维较多地位于纱外层，疏松堆砌，无规则排列，使纱具有蓬松性，如图 10－6 所示。

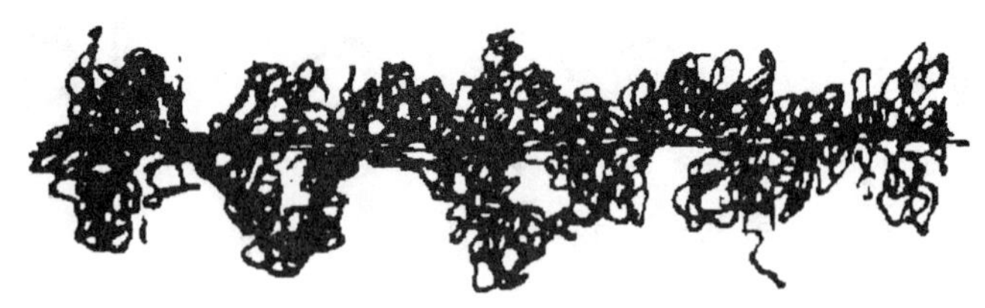

图 10－6　膨体纱的形态

填塞箱法加工的变形丝，纤维卷曲形态呈锯齿形，纱体结构蓬松、均匀［图 10－7（a）］；刀口变形法使长丝变成近螺旋形，纱体亦略成螺旋形集合［图 10－7（b）］；编结拆散法得到线圈形卷曲［图 10－7（c）］；齿轮卷曲法则使单丝形成永久的波纹［图 10－7（d）］。

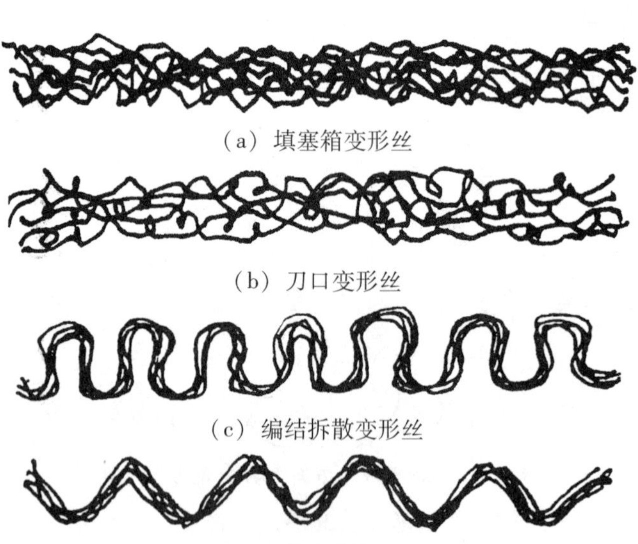

（a）填塞箱变形丝

（b）刀口变形丝

（c）编结拆散变形丝

（d）齿轮卷曲变形丝

图 10－7　各种变形纱的形态

10.3　常用纱线的规格与品质特征

线密度是纱线的主要规格指标。作为上一节知识的应用，本节介绍常见纱线的品种、规格、主要性状与用途，以便读者了解一些最基本的应用知识。棉型纱和化纤长丝纱在纱线总量中占有的比例最大，其次是毛型纱线。

10.3.1　纱线原料及混纺品种、比例的标志

纱线标志一般由纤维品种和线密度为主要标志。纤维品种用汉字缩写或字母代号表示。线密度以特克斯表示。纤维品种标志代号见表10－1。

表10－1　纱线常用纤维原料的标志代号

纤维原料品种	汉字符号	字母符号	纤维原料品种	汉字符号	字母符号
棉纤维	棉	C	黏胶纤维	黏	R
毛纤维	毛	W	涤纶	涤	T
山羊绒纤维	绒	Ca	锦纶	锦	P
苎麻纤维	苎	Ra	维纶	维	V
亚麻纤维	亚	L	腈纶	腈	PAN
黄麻纤维	黄	J	丙纶	丙	PP
无毒大麻（汉麻）纤维	汉	H			

纱线中纤维原料混纺比用斜杠分开，含量高者在前，含量低者在后。如涤纶65%、棉35%混纺纱为涤/棉（65/35）或T/C（65/35），涤纶50%、棉35%、黏胶纤维15%为涤/棉/黏（50/35/15）或T/C/R（50/35/15）。

10.3.2　棉型纱线的主要品种、规格和用途

棉型纱线按照粗细或线密度被分为粗特纱、中特纱、细特纱、特细特纱、超细特纱五类。

粗特纱又称粗支纱，是31tex及其以上的（19英支及以下）的棉型纱，适用于制织粗厚织物或起绒、起圈的棉型织物，如粗布、绒布、棉毯等。

中特纱又称中支纱，是22～31tex（19～27英支）范围的棉型纱，适用于中厚织物，如平布、斜纹布、贡锻等织物，应用较广泛。

细特纱又称细支纱，是10～21tex（28～59英支）的棉型纱，适用于细薄织物，如细布、府绸、针织汗布、T恤面料、棉毛布（针织内衣面料）等。

特细特纱又称高支纱，是5～10tex（60～120英支）的纱线，适用于高档精细面料，如高档衬衫用的高支府绸等。

超细特纱又称超高支纱，是5tex以下（英制120英支及以上）的纱线，2006年纯棉纱最细已纺到1.97tex（300英支），用于特精细面料。

英制支数在棉型纱中应用非常普遍，习惯用右上标“S”简略表示其单位，如21^{S}、45^{S}分别表示21英支和45英支。

普梳棉纱一般可纺纱特数为14tex以上，更高的细特纱和特细特纱要用精梳工艺纺制。

精梳和普梳工艺的选用不仅根据纱支，还与具体用途密切相关。普梳棉型纱的主要规格及用途见表 10－2，精梳棉型纱的主要规格及用途见表 10－3。普梳棉纱的标志符号用棉的代号 C 后加线密度（特克斯数或公制支数或英制支数）。精梳棉纱的标志符号用棉的代号 C 后加精梳代号 J 再续线密度，如精梳棉纱 14tex 记为 C14。中特棉纱多数是普梳棉纱。由于转杯纺纱经济效益的优势，近年来相当数量的粗特棉纱特别是机织用粗特棉纱采用转杯纺方法生产，而针织用的粗特棉纱部分开始用毛纺的半精纺工艺路线纺制。

表 10－2　普梳棉型纱的主要用途及品种规格

用途		tex(英支)
针织用纱		98.4(6),59.1(10),28.1(21),18.5(32),15.5(38),14.1(42)
机织用纱	毛巾被单用纱	42.2(14),36.9(16),32.8(18)
	中平布、纱卡,哔叽用纱	29.5(20),24.6(24)
	细平布、床品等用纱	18.5(32)
	纱府绸、手帕及麻纱织物用纱、线卡、华达呢用纱	14.8(40)
	巴厘纱织物用纱	10.0～14.8(10～59)
工业用纱	橡胶帆布用纱	29.5(20),28.1(21),59.1(10)多股线
	造纸帆布用纱	28.1(21)

表 10－3　精梳棉型纱的主要用途及品种规格

用途		tex(英支)
针织用纱		J18.5(J32),J4.8(J40),J12.8(J46),J9.8(J60),J7.0×2(J84/2),J5.9×2(J100/2)
高档卡其、细纺或府绸用纱		J1.9(J300),J2.4(J250),J3.0(J200),J3.9(J150),J4.9(J120),J5.9(J100),J7.4(J80),J14.8(J40),J9.8(J60),J9.8～14.8(J40～60)
羽绒布用纱		J7.4×2(J80/2),J5.9×2(J100/2),J4.9×2(J120/2),J3.9×2(J150/2)
缝线及编结线	绣花线及编结线	J98.4(J6),J29.5×2×2(J20/2×2),J14.1×4(J42/4),J29.5×2(J20/2),J65.6(J9),J11.8×4(J50/4)
	缝线	J14.8×3(J40/3),J11.8×3(J50/3),J9.8×3(J60/3),J7.4×3(J80/3)
工业用线	印刷胶版布用线	J24.6(J24),J24.6×2(J24/2),J16.4×2(J36/2),J16.4×4(J36/4)
	打字带用线	经:J7.7(J77)。纬:J6.2(J95)
	导带用线	J10.5×4(J56/4)
手帕用纱		J11.8(J50),J9.8(J60),J7.4×2(80/2)

10.3.3　毛型纱线的主要品种、规格和用途

按照纺纱加工系统，毛型纱线分为精梳毛纱、粗梳毛纱、半精梳毛纱三种。精梳毛纱是采用精梳毛纺生产线制成毛条再纺成纱线，使用细绵羊毛或超细绵羊毛及相应化学纤维生产细密轻薄毛织物。在纱线中纤维排列较为平直，抱合紧密，条干均匀度和纱线强度较高，产品外观较为光洁，线密度较小，弹性好，其织物称为精纺毛织品。粗梳毛纱采用粗梳毛纺生产线纺成，其中短纤维多、纤维排列不太整齐、茸毛较多、线密度大而不太光滑，条干均匀度和强度不及精梳毛纱。粗梳毛纱的织物一般较厚重，称为粗纺毛织物。半精梳毛纱的加工工艺比精梳纱简单，比粗梳纱精细，以细绵羊毛及相应化学纤维生产线密度较小的毛纱，工艺流程缩短、成本降低，其产品性状介于精梳和粗梳之间。近年也用棉型纤维、中长纤维纺制半精纺毛纱，所以产品风格多变。

精梳毛纱的规格一般在 5.6 ~ 27.8tex（36 ~ 180 公支），并以股线居多，近年在向小线密度（高支）方向发展。粗梳毛纱的一般规格为 50 ~ 250tex（4 ~ 20 公支）。机织用的精梳毛纱和粗梳毛纱一般不出售，都是企业的自用纱线，只销售织物成品。半精梳毛纱主要用于梭织和针织，其线密度一般在 10 ~ 33tex（30 ~ 100 公支）之间。

针编织用的毛型纱线叫绒线。绒线又称毛线、编织线，主要是指采用绵羊毛以及腈纶等毛型化纤纺制成的股线。其捻度较低，结构蓬松、手感柔软而有弹性，并具有较好的保暖性和舒适贴身性等。一般用于织制绒线衫、羊毛衫以及围巾、手套等，适宜做春、秋、冬三季的服装用品。按照生产工艺流程，绒线可分为精梳绒线、粗梳绒线和半精梳绒线。绒线按用途不同可分为供手工编结的手编绒线和供针织机编结的针织绒线两大类，具体规格和结构特征见表 10 -4，习惯上常把手工编织用的绒线称为手编绒线，而把针织机编制用的绒线称为针织绒线。

表 10 -4　绒线的主要品种与结构特征

大类	结构特征	小类	tex（公支）
手编绒线	三股或多股合捻而成的绞绒和团绒	粗绒线	400tex 以上（2.5 公支以下）
		细绒线	142.9 ~ 333.3tex（7 ~ 63 公支）
针织绒线	单股、两股、多股		33.3 ~ 125tex（8 ~ 30 公支），多为 50 ~ 100tex（10 ~ 20 公支）

10.3.4　化纤长丝主要品种、规格和用途

化纤长丝的主要品种是涤纶、锦纶、氨纶、黏胶丝、PTT 长丝等。氨纶长丝、涤纶和锦纶绞边丝及锦纶钓鱼线一般有单丝，其他长丝都是复丝。

化纤长丝的规格用总线密度［特克斯（tex）数或分特克斯（dtex）数］和组成复丝的单丝根数组合表征，如 165dtex/30f，表示复丝总线密度为 165dtex，单丝根数为 30 根。化纤长丝的总特克斯数和复丝根数都是标准化的系列数值，参见表 10 -5。一般，纤维生

产企业不生产系列以外的产品。但产业用化学纤维却有许多其他规格，例如复丝根数有1000、3000、6000、12000、24000等。

表10-5 常用化纤长丝的规格

线密度（dtex）	22.2、33.3、44.4、55.6、75、83.3、111.1、133.1、166.7、222.2、277.8、333.3、345、389等
复丝根数	2、3、12、24、36、48、72、96、144、196、248等

机织、针织面料用的绝大多数合成纤维、再生纤维长丝都按表8-8中规格生产，锦纶高弹丝有复丝根数为3的高档品种，主要用于透明女袜。另外，再生纤维一般只有牵伸丝，而热塑性的涤纶和锦纶等合纤长丝一般都有牵伸丝（full draw yarn，FDY）和弹力丝（draw textured yarn，DTY）两大系列，锦纶和丙纶还有用于地毯的BCF系列丝，国内只有极少部分化纤长丝有空气变形丝（air textured yarn，ATY）品种。

第 11 章　纱线的基本特征参数

纱线的基本特征，包括纱线的外观形态特征、加捻特征、纤维在纱线中的转移及分布特征，以及纱线表面的毛羽和内部膨松性等，是纱线结构的重要特征与表达，决定着纱线外观特征和内在质量。

纱中纤维构成和加工成形方式的多样性，导致了纱线基本特征参数的复杂性、多重性。

11.1　纱线的细度与细度不匀

纱线的细度是表示纱线相对粗细的。而纱线的粗细直接决定着织物的规格、品种、风格、用途和物理机械性能。不同细度的纱线，选用纤维的品质要求也就不同。纱线的粗细一般可用相对粗细或几何粗细的指标来表示。由于纱线截面形状的不规则和容易变形，短纤纱的毛羽较多，变形纱的膨松化使纱线的边界不清，再加上几何形态的测量繁琐不便，故纱线通常采用相对粗细的细度指标来描述，简称“细度”。细度的广义为粗细度，即包括相对粗细的“细度”和绝对粗细的几何形态尺寸（直径或截面积）。

11.1.1　纱线的细度

1. 纱线的细度指标

纱线的细度指标是描写纱线粗细的指标。分为定长制的线密度（特［克斯］，tex）、纤度（旦［尼尔］，d）和定重制的公制支数（公支）和英制支数（英支）。有关细度指标定义已在纤维部分作过介绍，这里给出一些标准表达和计算。

（1）线密度 N_t。

线密度是国际单位制采用的纤维或纱线的细度指标。其计量单位用特克斯（简称特，外文符号 tex）表示，它表示 1000m 长的纱线在公定回潮率时的重量克数。定义式为：

$$N_t = \frac{1000G_k}{L} \tag{11-1}$$

式中：N_t——纱线的线密度（tex）；

L——纱线长度（m）；

G_k——纱线在公定回潮率时的重量，即标准重量（g）。

试验室常采用绞纱称重法来测定纱线的特数，即在纱框测长器上摇出试验绞纱，绞纱周长为 1m，每缕绞纱为 100 圈，取 30 绞烘干后称总重量。将总重量除以 30，得到每绞纱

的平均干重 G_0，可计算出在公定回潮率时的标准重量 G_k。由此，纱线的线密度 N_t 为：

$$N_t = 10 \cdot G_k = 10 \cdot G_0 \ (1 + W_k) \qquad (11-2)$$

式中：G_k——纱线的公定回潮率，详见表 11-1。

表 11-1　各种纤维纱线的公定回潮率

纱线种类	公定回潮率 W_k（%）
棉纱	8.5（英制 9.89）
亚麻纱	12.0
苎麻纱	10.0
精梳毛纱	16.0
粗梳毛纱	15.0
涤纶纱及长丝	0.4
锦纶纱及长丝	4.5
粘胶纱及长丝	13.0
腈纶纱	2.0
涤 65/棉 35 纱	3.2

混纺纱线的公定回潮率 W_k 按各组分的纱线公定回潮率 W_{ki} 和混纺比 α_i 的加权平均来计算，四舍五入取一位小数，见式（11-3）：

$$W_k = \sum_{i=1}^{n} (\alpha_i W_{ki}) \qquad (11-3)$$

式中：$i = 1, 2, \cdots, n$，n——混纺纤维数；

α_i——混纺纱线各组分的干重比。

单纱线密度的表示，如 14 特单纱写作 14tex；股线线密度用单纱特数 × 合股数表示，如 14tex ×2（或 14 ×2）；复捻股线用单纱特数 × 初捻合股数 × 复捻合股数表示，如 14tex ×2 ×3（或 14 ×2 ×3）。不同线密度的纱合股，其线密度以单纱线密度相加来表示，如 18tex + 16tex（或 18 + 16）。

（2）公制支数 N_m。

公制支数是我国毛纺及毛型化纤纯纺或混纺纱线的细度习惯使用计量单位。国际上一些国家和地区仍习惯沿用传统的公制支数来表示。棉纺织厂表示纤维的粗细，也习用公制支数。公制支数属定重制，指在公定回潮率时，1g 重纱线（或纤维）所具有的长度米数。其数值越大，表示纱线越细，支数越高。

毛纺厂测定毛纱公制支数时，先将毛纱摇成若干个绞纱，每圈周长为 1m，绞纱长度 L（粗梳毛纱 $L = 20$m，每绞 20 圈；精梳毛纱 $L = 50$m，每绞 50 圈）。若干绞纱烘干后称总干重，求得每绞的平均干重，然后按公式（11-4）计算：

$$N_m = \frac{L}{G_k} \qquad (11-4)$$

式中：N_m——纱线公制支数（公支）；

L——纱长（m）；

G_k——纱线平均干重（g）。

公制支数（公支）与特克斯（tex）的关系为：

$$N_m = \frac{1000}{N_t}$$

合股纱线公制支数的表示：若组成股线的单纱支数相同，则以单纱的公称支数除以合股数来表示，如48/2公支、80/2公支等；若组成股线的单纱支数不同，股线的公制支数（不计捻缩）则按以下公式计算：

$$N_m = \frac{1}{\frac{1}{N_{m1}} + \frac{1}{N_{m2}} + \cdots + \frac{1}{N_{mn}}} \tag{11-5}$$

式中：N_{m1}，N_{m2}，…，N_{mn}——各单纱的公制支数。

（3）英制支数N_e。

英制支数是我国计量棉纱线及棉型纱线细麦的曾用指标。目前，有许多国家和地区仍在使用该细度指标。

英制支数是指在英制公定回潮率（表11－1）下，1磅（lb）重的棉纱线所具有多少个840码（yd）长度的倍数，即多少英支。计算式为：

$$N_e = \frac{L'}{840 \times G_k'}$$

式中：N_e——棉纱线的英制支数（英支）；

L'——纱线长度（yd）；

G_k'——棉纱线在英制公定回潮率9.89%时的重量（lb）。

英制支数与公制支数一样均属定重制，其数值越大，表示纱线越细，支数越高。

股线的英制支数以单纱支数除以合股数表示，如60/2英支、80/2英支等，习惯用$60^s/2$、$80^s/2$表示。其计算同公制支数计算。

英制支数（英支）与特克斯（tex）之间的指标换算应注意各自的公定回潮率的不同。换算式为：

$$N_e = \frac{(1 + W_k)}{(1 + W_e)} \cdot \frac{590.5}{N_t} = \frac{C}{N_t} \tag{11-6}$$

式中：W_e——英制公定回潮率；

C——换算常数。

对于纯纺棉纱来说，因为$W_e = 9.89\%$，故C值为583.1；对于纯化纤纱$W_e = W_k$时，C值为590.5。对于与棉混纺的纱来说，则按混合比计算其公、英制公定回潮率来折算其C值，如涤65/棉35纱的C值为587.5，维50/棉50纱的C值为586.9等。

（4）旦尼尔数N_D。

旦尼尔制较多地在天然丝和化学纤维中表示丝的细度（纤度），单位为旦。长丝纱的粗细表达仍有应用旦尼尔制表示的，其定义式为：

$$N_D = \frac{9000G_k}{L} \tag{11-7}$$

式中：N_D——长丝旦尼尔数（旦）；

G_k——长丝在公定回潮率时的重量（g）；

L——长丝被测长度（m）。

复丝的表达为：$$xD/yF \tag{11-8}$$

复捻丝的表达为：$$xD/yF \times n \tag{11-9}$$

或 $$x_1D/y_1F + x_2D/y_2F + \cdots \tag{11-10}$$

异粗细复合丝表达为：

$$(x_1 + x_2 + \cdots + x_n)\ D/\ (y_1 + y_2 + \cdots + y_n)\ F \tag{11-11}$$

式中：x 或 x_1，x_2，…——旦尼尔数；

y 或 y_1，y_2，…——长丝的根数；

$i = 1$，2，…，n；

D——旦尼尔（denier）；

F——长丝（filament）；

n——复捻长丝束的根数，其细度计算可参照特数的计算进行，因为

$$N_D = 9N_t \tag{11-12}$$

由于长丝的标注细度式（11－8）～式（11－11）是指无捻度的，考虑捻缩的影响，则：

$$N_D = x \cdot y\ (1-\mu)^{-1} \tag{11-13}$$

式中：μ——捻缩，因长丝捻度小，多被忽略。

2. 纱线的直径

一般纱线截面大多为圆形，不像纤维那样有许多变化。但纱线的边界因存在毛羽而不清楚。这里所说的直径只是表观不计毛羽的直径。可由直接测量和理论估计方法获得。

（1）直接测量。

纱线的直径（或称投影宽度）常用显微镜、投影仪、光学自动测量仪等测量。

显微镜测量是将纱线置于装有接目测微尺的100倍左右显微镜下或直接放在投影仪的载物台上，加预张力，随机地测量纱线的宽度。每个试样在不同片段测量300次以上，取平均值。

光学自动测量是采用CCD摄像获得纱线宽度的信号曲线经微分处理得到纱线的宽度，或直接成像进行图像处理获得纱线宽度，原理如图11－1所示，I 为透光光强，t 为扫描时间。

比较成熟的有Lawson－Hemphill公司的EIB（Electronic Inspection Board）系统和Uster公司的Uster Tester Ⅳ。不仅可以得到纱线的平均直径 d 和长度各点的宽度值，而且可以给出纱线毛羽、细度不匀、截面不圆整等参数，甚至可以计算和复原纱线黑板条干，预测织物的外观均匀性。

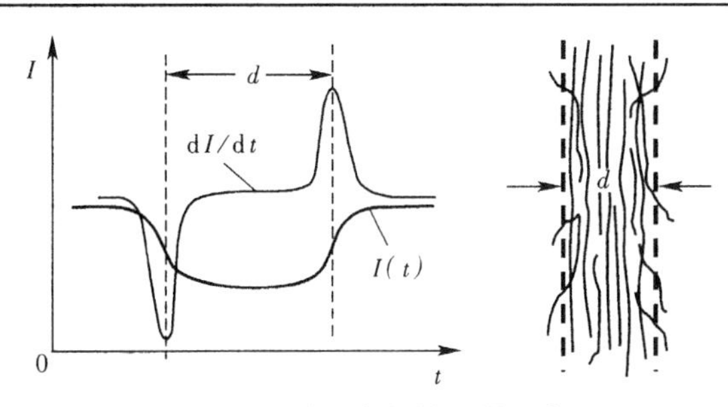

图 11－1　纱线直径的测量示意图

（2）理论估计平均值。

理论估计是直接采用纱线细度进行换算的。由上述细度指标的计算式可得：

$$d = 0.03568\sqrt{\frac{N_t}{\delta_y}} \tag{11-14}$$

$$d = \frac{1.1284}{\sqrt{N_m \cdot \delta_y}} \tag{11-15}$$

$$d = 0.01189\sqrt{\frac{N_D}{\delta_y}} \tag{11-16}$$

式中：δ_y——纱线的密度（g/cm^3）。已知的实测参考值见表 11－2。

表 11－2　部分纱线密度

纱线种类	密度 δ（g/cm^3）
棉纱	0.80～0.90
精梳毛纱	0.75～0.81
粗梳毛纱	0.65～0.72
亚麻纱	0.90～1.00
绢纺纱	0.73～0.78
粘胶纤维纱	0.80～0.90
涤棉纱（65/35）	0.80～0.95

3. 重量偏差

纺纱加工最后成品名义上的纱线特数称为公称特数，一般应符合国家标准中规定的公称特数系列。在纺织过程中，考虑到筒摇伸长、股线捻缩等因素，为使纱线成品符合公称特数而设定的细纱特数，称为设计特数。在实际纺纱生产中，因随机因素决定的实际纱线的特数，称为实际特数。

纱线实际特数和设计特数的偏差百分率称为重量偏差。在实际测量时，以百米重量偏差 D 来表示。

$$D = \frac{G_{oa} - G_{oN}}{G_{oN}} \times 100\% \tag{11-17}$$

式中：G_{oa}——试样实际干重；

G_{oN}——试样设计干重。

在纱线和化纤长丝的品质评定标准中，重量偏差都有一定的允许范围。在这个范围之内，纱线的重量偏差可以视为由抽样或测试误差所造成的。若重量偏差超出允许范围值时，则认为该纱线的定量偏重或偏轻，将影响该纱线品质评定的品等值。

4. 纱截面中的纤维根数

纱线截面中的纤维根数 n 是极为重要的可纺性指标，尤其在纺制细特纱时，要求保证纱截面中的纤维根数。有资料表明，一般棉纱截面中的纤维根数，环锭纱中不少于60根，转杯纱中不少于130根；毛纺高支纱截面中一般不少于35或42根纤维。实际这取决于纺纱技术与设备，以及对纱线使用的要求。现有技术可以再降低这些根数值，但纱线的均匀度会恶化。

纱线截面中的纤维根数 n_y 可以通过切片或切断分解点数获得。也可通过理论估计获得，即：

$$n_y = \frac{N_{ty}}{N_{tf}} = \frac{N_{Dy}}{N_{Df}} = \frac{N_{mf}}{N_{my}} \tag{11-18}$$

式中：下标 y 和 f 分别表示纱线和纤维。更为精确地表达应考虑捻缩 μ，即：

$$n_y = \frac{N_{ty}}{N_{tf}(1-\mu)} \tag{11-19}$$

5. 复合纱的细度计算

复合纱是由纱条与长丝束（短/长）、纱条与纱条（短/短）或长丝束与长丝束（长/长）复合纺纱而成。前者按式（11-19）估算，后两者如果是对称的可参照股线的计算，但如果是非对称的，即各自的螺旋半径不同（捻回角度不同），则须按前者方式估计。

$$N_{tC} = \frac{N_{tB}}{1-\mu_B} + \frac{N_D/9}{1-\mu_f+\mu_{ft}} \tag{11-20}$$

式中：N_{tC}——复合纱的线密度（tex）；

N_{tB}——纤维须条的线密度；

N_D——长丝束的纤度（旦）；

μ_B 和 μ_f——分别为纤维须条和长丝束的捻缩；

μ_{ft}——长丝束张力造成的伸长率（应变）。

复合纱可以是二组分以上，计算可以类推。

11.1.2 纱线的细度不匀

纱线的细度不匀，是指纱线沿长度方向上的粗细不匀性。纱线的细度不匀不仅会产生纱疵，影响纱线的外观和强度，而且会造成织造时的断头和停机。因此，纱线细度均匀度成为纱线质量评价的最重要的指标之一。

1. 细度不匀率指标

（1）平均差系数 U。

指各数据与平均数之差的绝对值的平均值对数据平均值的百分比：

$$U = \frac{\frac{1}{n}\sum_{i-1}^{n}|x_i - \bar{x}|}{\bar{x}} \times 100\% \quad (11-21)$$

式中：x_i——第 i 个数据值；

$\bar{x}$——测试数据的平均值；

n——数据总个数。

（2）变异系数 CV。

又称离散系数，指均方差 σ 对平均值 $\bar{x}$ 的百分比：

$$CV = \frac{\sigma}{\bar{x}} \times 100\% \quad (11-22)$$

当试样数 $n<50$ 时：

$$\sigma = \sqrt{\sum_{i}^{n}(x - \bar{x})^2/(n-1)} \quad (11-23)$$

（3）极差系数 r。

指数据中最大值与最小值之差（极差 R）对平均值的百分比，以 r 表示，为：

$$r = \frac{R}{\bar{x}} \times 100\% \quad (11-24)$$

式中：$R = x_{max} - x_{min}$；

x_{max}，x_{min}——分别为测试数据中的最大值和最小值。

2. 纱条理论不匀

纱条粗细（条干）度变异系数 CV 是表征纱条粗细不匀（条干不匀）的重要参数，为最多采用的指标。假设纱线为一理想的纤维均匀集合体，或称为理想均匀纱条，设纱条中全部纤维根数为 N，纱条某截面中纤维的平均根数为 n，则纤维在某截面中的出现概率 $p=n/N$；而不出现的概率 $q=1-p$，为典型的泊松（Poisson）分布，均方差 $\sigma_n = \sqrt{n}$，故纱截面中纤维根数分布的不匀率为：

$$C_n = \frac{\sigma_n}{n} = \frac{1}{\sqrt{n}} \quad (11-25)$$

这说明纱截面中的纤维根数越多，成纱条干越均匀。如纤维粗细不匀，设 A 为纤维平均截面积；σ_A 为纤维截面积的均方差，那么由截面积不同纤维排列引起的纱条的不匀率为：

$$CV = \frac{1}{\sqrt{n}} \times \sqrt{1 + C_A^2} \quad (11-26)$$

式中：$C_A = \sigma_A/A$。

这就是著名的马丁代尔（Martindale）纱条极限（理论）不匀率公式。

3. 细度不匀率的测试方法

（1）目测检验法。

其又称黑板条干检验法。即将纱线或生丝均匀地绕在一定规格的黑板上，然后在规定的距离和光照下，与标准样品（样照或实物）进行目光对比评定，并观察其纱线表观粗细均匀性，粗、细节及严重疵点等情况，判断其条干级别。这种方法具有简便易行、直观性强的优点，还可以将棉结杂质分类计数，目测结果较接近织物疵点规律。

（2）测长称重法。

其又称切断称重法。即取一定长度的纱线，分别称得各自的重量，然后按规定计算其平均差系数、重量变异系数或极差系数，来描述纱线的细度不匀。纤维条、粗纱和细纱均可采用此方法来测定细度不匀率，但片段长度（切取长度）设定不一样。例如，棉条取5m，粗纱取10m，细纱或捻线取100m；精梳毛纱长度取50m，粗梳毛纱取20m；生丝取450m等。测试的试样个数一般为30个。

（3）电子条干均匀度测试法。

该方法使用最广泛的电子条干均匀度仪是电容式条干均匀度仪，即国际上通用的乌斯特（Uster）条干均匀度仪。

Uster条干均匀度仪是主机上装有4～8组平行极板组成的电容器或称为测量槽，两极板间的槽宽由大渐小，以适应不同线密度纱条的测量。其基本原理是：电容极板感应的电容量C与极板间纤维介电常数ε和填充度γ有关，而此两者取决于纱条的质量和组成；在纤维组分不变时，电容量的变化$\Delta C = C - C_0$就与纱条的质量相关：

$$\frac{\Delta C}{C_0} = \frac{\varepsilon - 1}{1 + \varepsilon\left(\frac{1}{\lambda} - 1\right)} \tag{11-27}$$

式中：C_0——无纱条时的平行极板间的电容量；

$\lambda = d/L$——电容器的充满度，其中d为纱条的厚度，L为极板间距。

当$\varepsilon > 1$和$\lambda < 1$时可得：

$$\frac{\Delta C}{C_0} \approx \lambda \tag{11-28}$$

即电容量的相对变化量与纱条在极板中的体积或质量成正比。由此测得纱条的粗细（质量）的变化。虽然介电常数占依赖于测量条件，可采用固定的高频回避湿度的影响，但通常测量宜在标准大气条件下进行。且被测试样还须经过调湿平衡处理，以减小测试误差。

Uster条干均匀度仪包括主机、积分仪、纱疵仪、波谱仪和记录仪。可直接读出平均差系数U或变异系数CV；纱疵仪会按预先设定的要求，自动记录纱条上的粗节、细节和棉结数目；波谱仪能将纱条不匀率按长度变化频率或波长转换成波谱曲线，称为波长谱分布曲线，简称波谱图。可用于纱条不匀及纱疵特征的分析和不匀及纱疵产生源的诊断。

（4）光电子条干均匀度测量法。

1995年，由美国劳森－汉姆费尔公司（Lawson－Hemphill）制造的EIB－S光电子条干均匀度仪（电子检视板）由纱线输送系统、CCD视频采集图像系统和数据处理、记录、储存，以及屏幕显示等硬件组成。并有纱线轮廓模式（YAS）和模拟布面效果模式

(CYROS)两套软件，分别用于纱线外观显示、纱线不匀分析和纱线平均直径、直径不匀度及纱疵计算与统计；以及模拟纱线条干及疵点在布面上的效果，模拟纱条黑板效果，给出纱线疵点的分布直方图等。

EIB－S 的测量原理非常简单，就是利用 CCD 摄取纱条的投影宽度（见图 11－1），并可在 X、Y 两个正交方向上测量。因此，其结果更接近于黑板条干法，而且测量分辨率高，受环境温湿度影响小。但对较厚、较松，表面多毛羽的纱条，边界的划分存在误差。

11.1.3　纱条细度不匀的构成及测量影响

造成纱条细度不匀的本质是纱条中纤维排列的不匀。这种不匀不仅取决于纤维材料自身的原因和纱线成形中的影响，而且会受到测量长度和方法的影响。

1. 纱条细度不匀的构成波谱表达

（1）纱条细度不匀的构成。

纱条粗细不匀的经典说法包括三类：随机不匀、加工不匀和偶发不匀。

①随机不匀：纱条中纤维根数及分布不匀，称随机不匀或极限不匀。任何纤维的几何形状和力学性能不可能一致，组合成纱条时，纤维间排列也会产生重叠、折钩、弯曲和空隙，因此，必然有因纤维粗细和排列导致的纱条随机不匀。

②加工不匀：纺纱加工中因工艺或机械因素造成的不匀，一般称加工不匀或附加不匀。由机械转动件的偏心和振动导致的纱条不匀，为周期性不匀，称机械波不匀；由牵伸隔距不当，使浮游纤维变速失控导致的纱条不匀，为非周期性不匀，称牵伸波不匀。

③偶发不匀：人为和环境因素不良，如因接头、飞花附着、纤维纠缠颗粒、杂质、成纱机制上的偶发性，以及偶发机械故障等偶发因素造成的粗细节、竹节、纱疵、条干不匀等，统称为偶发不匀。其大多为纱疵。

（2）条干不匀的波谱图。

波谱图是一种以振幅对波长作图得到的曲线，又称波长谱图或波谱曲线。将纱条不匀的实测曲线用傅里叶级数分解成许多波长不同、振幅不同的正弦曲线，对应所在的频率叠加可得波谱曲线。

假设在理想条件下纺纱，即纤维是等长和等粗细的，纤维沿纱条长度方向完全伸直且随机分布，这样纱条截面内纤维根数分布符合泊松分布，即振幅与波长的关系为：

$$S(\log\lambda) = \frac{1}{\sqrt{\pi n}}\sin\frac{\pi}{\lambda} / \sqrt{\frac{\pi L}{\lambda}} \tag{11-29}$$

式中：S（$\log\lambda$）——$\log\lambda$ 的振幅；

λ——波长；

n——纱条截面内纤维的平均根数；

L——纤维长度。

理论波谱图为一光滑曲线，如图 11－2（a）所示。曲线最高峰的波长久一般在纤维平均长度 L 的 2.5～3 倍。理论不匀值为 11.5%。

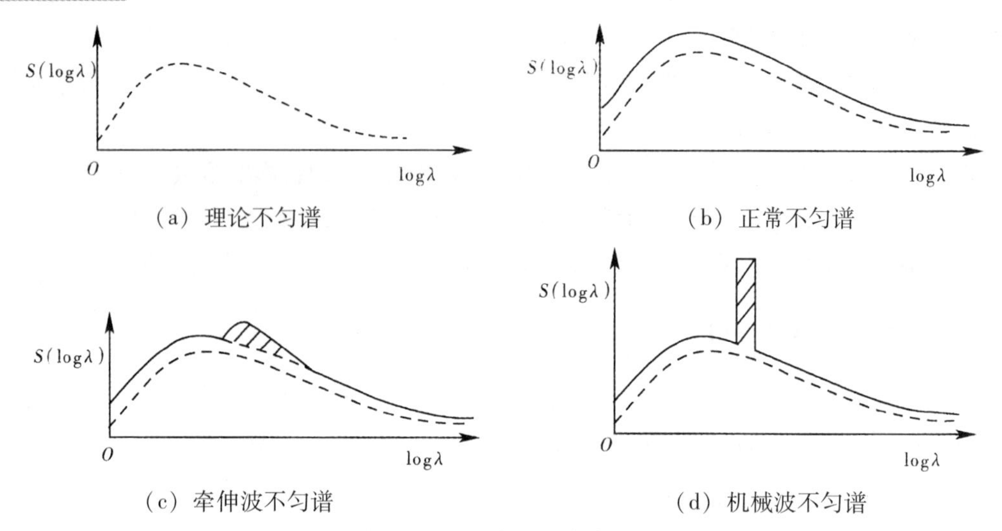

图 11-2 细度不匀的波谱图

正常状态下的细度不匀波谱图如图 11-2（b）所示，要明显高于理想曲线，这是因为在实际纺纱过程中，纤维不可能被完全分离成单纤维并相互平行伸直排列。纱条中会有纤维纠缠、集结成束或弯折；各道工序机械状态都正常，也不可能达到期望的理想状态；牵伸过程中纤维也不可能等加速移动。而优良的纺纱工艺技术可以将（b）与（a）的差异减小到最低，并逐渐逼近理论不匀（a）。

牵伸波不匀的波谱曲线如图 11-2（c）所示，为“山峰”形，系在牵伸区内，对纤维运动控制不良所致。如果牵伸区隔距太大，游离纤维增加，纤维的变速点无法控制，会造成纤维的窜动，而引起非周期性的不匀，但集中在某一波长范围内形成山峰。根据“山峰”所处的波长范围，可以找出存在问题的牵伸工序及部件，从而调整工艺，消除牵伸波不匀。

机械波不匀波谱图如图 11-2（d）所示，为突起“烟囱”，是由于牵伸机构或传动部件的缺陷，如罗拉、皮辊偏心，齿轮磨灭或缺陷，传动轴弯曲，机械振动等原因造成的纱条周期性的不匀。根据“烟囱”所在的波长位置，可以分析出造成机械性不匀的位置，从而进行机械调整或维修，以消除不匀原因，提高纱条的质量。

2. 细度不匀测量的影响

纱条细度不匀的测量方法和取样长短都会影响纱条细度不匀的正确表达。

（1）方法的影响。

前面已介绍了纱条不匀的测量有外观形态法（目测法、EIB-S 法等）和质量法（称重法、Uster 法等）。

依据外观形态的测量是不考虑纱条内的填充密度的，只要遮光或反光就是纱条的粗细了。虽外观形态表达较为确切，但内在质量差异无法表达，尤其是当纱条粗细变化较大时，加捻作用使细的部位因容易加捻而变得更紧、更细；而粗的段落因不易加捻变得较松、较粗。

依据质量或线密度的测量，也无法顾及纱条的填充密度，只要质量（线密度）变化，就认为纱条粗细变化。实际往往是不正确的。由于传统纺织较多地解决穿衣问题，故对外观均匀较为关注，且纱条大多为基本均匀密度体，故质量测量反映粗细的变化。但随着技术和功能用纺织材料的增加，质量和密度均匀的纱条变得更为重要。由此得出：测量原理的不同，纱条外观均匀的，并不一定质量（线密度）均匀；纱条质量（线密度）均匀的，外观也不一定均匀。甚至外观和质量都均匀的，纱条中纤维的组成比例也不会均匀。这些都是纱条细度不匀的重要方面，而在单一原理的测量中会被强化或淡化，甚至被忽略，这应该引起测量工作者的关注。

（2）取样长短的影响。

纱条细度不匀率与取样的长短（片段长度）密切相关。片段长度越长，则片段间的不匀率 $CV_B(l)$ 越小，而片段内的不匀率 $CV_I(l)$ 越大，其中 l 为片段长度。所以不同片段长度间的细度不匀率是没有可比性的。

理论上，纱条的总不匀 CV 是不随片段长度的改变而变的，应为定值。其与片段间细度不匀（简称外不匀）$CV_B(l)$ 和片段内不匀（简称内不匀）$CV_I(l)$ 的关系为：

$$CV^2 = CV_B(l)^2 + CV_I(l)^2 \tag{11-30}$$

当 $l=0$ 时，$CV_I(l)=0$，$CV=CV_B(0)$；当 $l\to\infty$ 时，$CV_B(\infty)=0$，$CV=CV_I(\infty)$。变异系数的平方称为变异，则令 $CV^2=V$；$CV_B(l)^2=B(l)$；$CV_I(l)^2=I(l)$，可得：

$$V=B(l)+I(l)=B(0)=I(\infty) \tag{11-31}$$

由变异对长度 l 作曲线，称为变异－长度曲线，如图 11－3 所示。

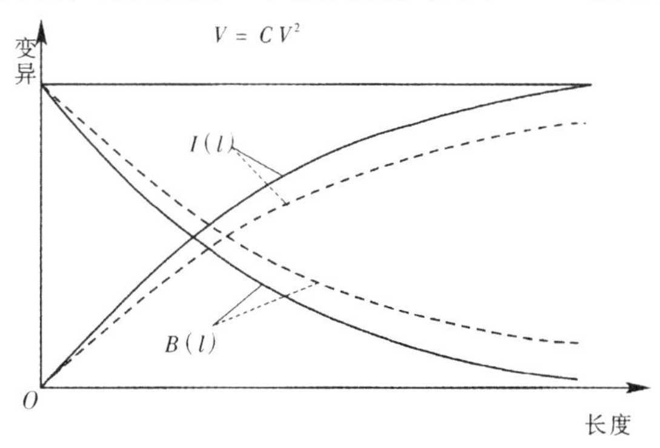

图 11－3　变异－长度曲线

理论上，可以测出纱条任意截面的粗细值，但实测中只能取一定长度的纱条测量其间的不匀率，即片段间的不匀 $CV_B(l)$。常规的切断称重法，因 l 偏大，故不能反映纱条的总不匀 CV；Uster 条干均匀度仪的测量，$l=8$mm，其外不匀 CV_B 值已大致接近纱条的总不匀率；光电投影取决于光带的宽度或 CCD 的感应宽度像素值，一般 $l<1$mm，故实测值基本上等于总不匀值，但属“外观”条干不匀值。

3. 细度不匀引起的其他不匀

纱线的细度不匀、结构不匀、混合不匀是影响成纱质量基本原因，而细度不匀取决于结构不匀和混合不匀。细度不匀会影响纱线的强力及强力不匀、捻度不匀、色差、密度不匀，产生粗细节等不匀性纱疵。因此，纱线的细度不匀更能反映纱线的实际内在质量，体现其可织造性。

细度不匀将产生细节或弱节，直接影响纱线的强力或平均强度。细度不匀将导致捻度在纱条粗细段落上的差异，尽管对纱线的强度有帮助，但会因在细处的多捻和在纱粗处的少捻改变纱线的色泽及均匀性，增加染色的不匀性。由于纱条细度不匀有加工成形的影响，故会引起纱条结构、密度和混合的不匀，由此导致纱线性质上的差异。

11.2 纱线的加捻指标与纤维的径向转移

11.2.1 纱线的加捻指标

加捻作用是影响纱线结构与性能的重要因素，对于纱线的力学性能和外观、织物手感、光泽、服装的形态风格等均有很大的影响。尤其对于短纤维，所以能形成具有一定强度的连续纱线，加捻起着决定性作用。

纱线的加捻程度和捻向是纱线加捻的两方面重要特征。

1. 纱线的捻度、捻系数

纱线的加捻程度用捻度、捻系数来表征。

捻度是指单位长度纱线上的捻回数，即单位长度纱线上纤维的螺旋圈数，其单位长度随纱线种类或者纱线线密度指标而取值不同，特克斯制捻度的单位长度为10cm，公制捻度的单位长度为1m，英制捻度的单位长度为1英寸。

粗细不同的纱线，单位长度上施加一个捻回所需的扭矩是不同的，纱的表层纤维对于纱轴线的倾斜角也不相同。因此，相同捻度对于纱线性质影响程度也不同。对于不同线密度的纱线，即便具有相同的捻度，其加捻程度并不相同，没有可比性。当需要比较时，需采用捻回角或捻系数。

加捻后纱线表层纤维与纱线轴向所构成的倾斜角，为捻回角，简称捻角。捻回角虽能表征纱线加捻紧程度，可用于比较不同粗细纱线的捻紧程度，但由于其测量、计算等都很不方便，实际中较少应用。

加捻会对纱线的物理力学性能、外观、手感等诸多方面都产生很大影响，纱线拉伸断裂强度随捻系数的变化呈现图11－4所示的曲线变化，这是因为加捻使纱线中纤维间摩擦力增大、纱线强度不匀率减小，使纱线强度增加；另一方面，加捻作用使纱线中纤维产生预应力，且减少纤维强度的轴向分力，使纱线强度降低。这两种因素的共同作用导致了纱线的强度随着捻度的增加呈现出先增加后减小的趋势。使纱线强度达到最大值的捻度，称临界捻度，相应的捻系数称临界捻系数 α_c，如图11－4所示。但织物强度达到最大的临界捻系数略小于纱线的临界捻系数，故生产中采用的纱线捻系数，一般略小于图11－4的临界捻系数。当纱线采用的原料种类和质量规格不同，其临界捻系数也不同。混纺纱线的临界捻系数，还与混纺比有关，如涤棉临界捻系数随着涤纶混纺比的增加而下降。

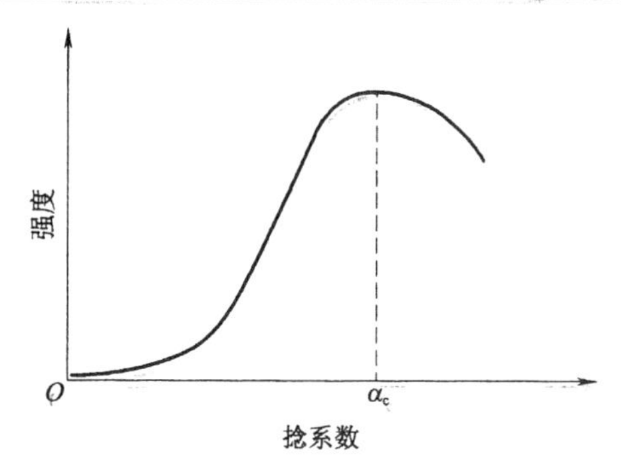

图11－4　捻系数与纱线强度的关系

加捻对于纱线的断裂伸长率也有较大影响。一般而言，纱线拉伸断裂所产生的伸长是由三部分构成的，第一部分是纱线中纤维之间相互滑移；第二部分则是纤维自身在外力作用下产生的伸长；最后一部分是因捻回角和直径变化产生的。随着捻度的增加，第一部分产生的伸长会逐渐减小，但是在临界捻度范围内，后两部分则呈增大趋势，而且这两部分所产生的伸长是主要的。所以，在常用捻系数范围内，随着捻度的增加，纱线的断裂伸长率增大。

加捻对于纱线的直径、长度的影响也很大。纱线直径起初随着捻度的增加而减小，当捻度超过一定的范围以后，纱线的直径一般变化很小，有时甚至会出现纱线直径随着捻度的增加而增加的现象。由于在加捻后，纱线中的纤维从平行于纱线轴线而逐渐转绕成一定升角的螺旋线，使得纱线长度相应缩短。纱线因加捻引起长度缩短的现象叫捻缩。此外，随着捻度的提高，纱线的光泽变暗，手感渐硬。

2. 捻向（twist direction）

纱线加捻时回转的方向称为捻向。单纱中的纤维或者股线中的单纱在加捻后，其捻回的方向由下而上、自右向左的称为S捻（顺手捻、正手捻）。自下而上、自左而右的称为Z捻（反手捻），如图11－5所示。生产中为了减少细纱的翻改和操作上的不便，单纱一般采用Z捻。对于股线而言，其捻向的表示方法，第一个字母表示单纱的捻向，第二个字母表示股线的初捻捻向，第三个字母表示复捻（股线进一步并捻）捻向，如单纱为Z捻，初捻为Z捻，复捻为S捻，则复捻股线的捻向以ZZS表示。

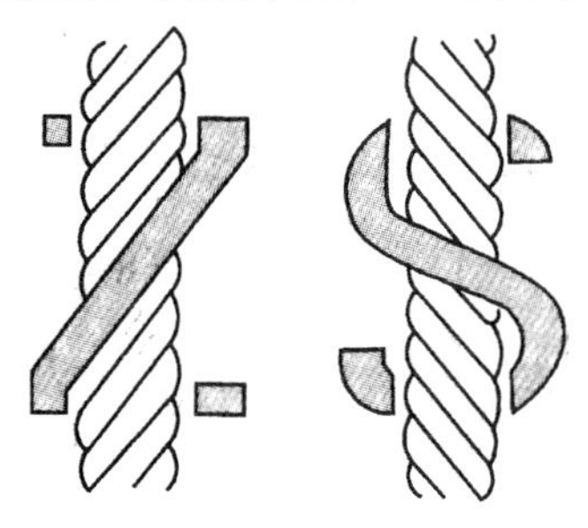

图11－5　捻向示意图

10.2.2 纱中纤维的径向转移

1. 基本概念

纤维在纱中的径向转移主要发生在环锭纱和走锭纱上，如图 11 –6 所示，纱线可以被看成近似圆柱体，加捻前须条中纤维平行排列，加捻使纤维由直线变成螺旋形。须条中原本长度相等的纤维，加捻后若处于纱线外层，螺旋线路径长，纤维受到拉伸被伸长张紧，所以外层纤维有向内层挤压或转移的趋势。外层纤维挤入内层的同时，内层纤维转移至外层。这种纤维由外向内、由内向外的转移被称作纱中纤维的径向转移或内外转移。前罗拉连续吐出须条、加捻、卷绕的过程中，加捻三角区（图 11 –6 由罗拉钳口平展须条至捻成细纱的区段）附近不停地发生着内外转移，一根 30mm 长的纤维往往要发生数十次内外转移，纤维一端或两端露出纱身成为毛羽。所以环锭纱中纤维的空间形态不是圆柱形螺旋线，而是螺旋直径变化的圆锥形螺旋线等形态，这使得环锭纱中每根纤维均有片段包缠在外层，裹压其他纤维；又有片段被包缠在内层，因此纱线不会散脱，不会解体，并能承受外界的拉伸力。

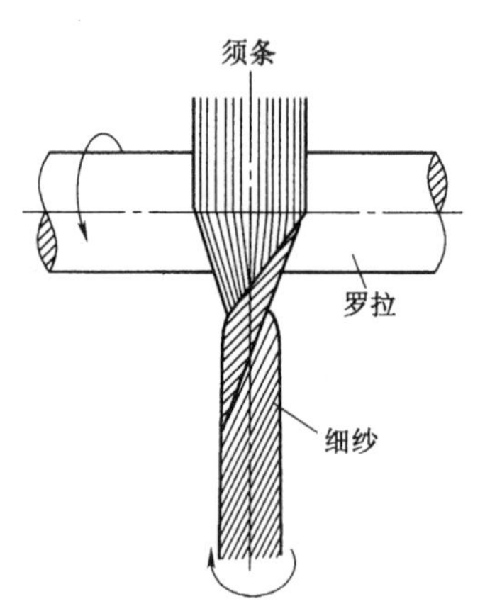

图 11 –6　环锭纱的加捻三角区

纤维在纱中的内外转移，是一种复杂的统计现象。由于构成纱线的纤维在长短、粗细、截面形状、初始模量及表面性状等方面有差异，同时加捻三角区中须条的紧密度也不尽相同，致使纤维在环锭纱中的实际排列形态呈现多样性。经过实验观察证实，环锭纱和走锭纱中形态接近于圆锥形螺旋线的纤维占大多数，一小部分纤维没有转移，呈圆柱形螺旋线，其余为弯钩、打圈、折叠纤维，还发现有极少量小纤维束。纱中纤维转移程度的不一致及各种形态纤维的存在，使纱轴向的结构不匀率增大，影响到纱的性质。

新型纺纱由于其加捻方式、纺纱张力和须条状态等因素与环锭纱不同，故纱中纤维的排列形态和分布也与环锭纱有所不同。

2. 纱中纤维径向分布与纤维性能的关系

在加捻过程中，纱条中的纤维因受力不均匀而发生内外转移现象，结果使纱中纤维呈圆锥形螺旋线配置。而纤维的这种内外转移现象的发生，必须克服纤维间的摩擦等阻力才能实现。纤维间阻力的大小，与纤维的力学性质、卷曲和捻度、纱的粗细、纺纱张力等工艺因素有关。工艺因素受很多条件制约，一般不能因纤维内外转移而变化。纤维性能是控制纤维在纱圆柱体的内外分布规律的有力手段，科学地应用该手段能够设计出物美价廉的纺织品。特别对于化纤混纺纱线，混纺纤维的性质差异较大，纤维性质对纤维转移规律的影响更加明显。不同性质的纤维在纱的横断面内分布不均匀，有分别集中到纱的外层和内层的趋势。从机织物和针织物的手感、光泽、外观风格和耐穿耐用性来看，研究纤维在纱的横断面内的径向分布，更具有实际意义。因为对于织物的上述性质，起决定作用的是位于纱线表层的纤维。若有较多的细而柔软的纤维分布在纱的表层，织物的手感必然柔软滑润；若粗而刚硬的纤维分布在纱的表层，织物的手感必然粗糙刚硬。如果较多的强度高和耐磨性能好的纤维分布在纱的表层，织物必然耐穿耐用等。下面介绍一些实用的研究结果。

（1）纤维长度不等时，较长纤维会优先向纱内转移，较短纤维倾向于转移至外层。

（2）纤维粗细不等时，一般粗纤维会较多地分布在纱的外层，而细的纤维则较多地分布于纱的内层，这是因为粗纤维一般较硬挺，空间位阻大，在细纱加捻区中不容易挤入纱中心部分，细软的纤维则相对容易嵌入纱的内层。

（3）初始模量较大的纤维会较多地趋向纱的内层，因为加捻时纤维的张力较大，故产生较大的向心压力。

（4）抗弯刚度大的纤维容易分布在纱的内层。

（5）圆形截面纤维因比表面积小，或体积小，则容易克服阻力挤入纱内层。

（6）除此以外，纤维的卷曲性、摩擦因数，纱的线密度和捻系数也是影响纤维转移的因素。

3. 纤维径向分布的转移指数 M

为了能够定量地说明混纺纱横截面内纤维的分布规律，通常引用汉密尔顿（Hamilton）提出的纤维转移指数 M（以百分数表示）。汉密尔顿指数以计算纤维在纱截面中的分布矩为基础，求出两种纤维中的一种向外（内）转移分布参数。其步骤为：

（1）细纱包埋切片，取得截面图像（当混纺纱中纤维截面形状和粗细相同时，应先用适当染料使一种纤维着色）。

（2）测细纱截面重心及覆盖圆面积，确定细纱截面最大半径。

（3）将最大半径等分5份绘成半径均分的同心圆环（如图11－7所示）。

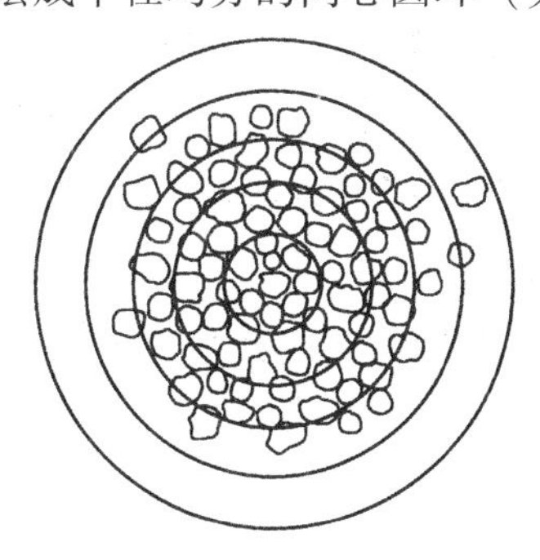

图11－7　汉密尔顿指数计算流程及等分同心圆

（4）点数各环中不同纤维的数量及纤维平均截面积，分别计算每环中两种纤维的总面积。

（5）计算参数及汉密尔顿指数。

下面仅以两种纤维混纺为例，说明转移指数 M 的意义：

当 $M=0$ 时，表示两种混纺纤维在纱的横截面内是均匀分布的。

当 $M>0$ 时，表示这种纤维向纱的外层转移；$M<0$ 时，表示这种纤维向纱的内层转移。M 的绝对值越大，表示纤维向外或向内转移的程度越大。

当 $M=100\%$ 时，表示两种纤维在纱的横截面内完全分离；$M=+100\%$ 的纤维集中分布在纱的外层，$M=-100\%$ 的纤维集中分布在纱的内层。

对于两种纤维的混纺纱来说，不论混纺比如何，两种纤维的 M 值必定是数值相等而符号相反。

11.3 纱线的疵点和毛羽

11.3.1 纱线的疵点

纱线上附着的影响纱线质量的物体称为疵点或纱疵。纱疵的存在严重影响着纱线和织物的质量，尤其是其外观质量，所以纱疵是纱线质量评定的一项重要内容。

纱线上疵点的种类很多，根据其危害和起因可分为三类：影响纱线粗细均匀度的疵点、影响纱线光洁度的疵点、杂质污物等疵点；根据纱疵在纱条上的出现规律，又可分为常发性纱疵与偶发性纱疵两大类。

1. 常发性纱疵

常发性纱疵通常分为细节、粗节、糙节三种，一般以每千米纱上出现的个数表示，有时以一定重量的纱线上存在的纱疵个数表示。粗节和细节是指纱条的粗细发生异常变化，超过一定范围，是纱线上短片段的过粗或过细的疵点，主要影响纱线的粗细均匀度。纱线的糙节是由数根、甚至数十根纤维互相缠绕形成的节瘤，节瘤上的游离纤维端在纺纱过程中与其他纤维一起形成纱线，使得节瘤非常牢固地附着在纱线上，纱线上的节瘤不仅影响纺织品的外观，还很容易在织造时引起断头。糙节是影响纱线光洁度的主要疵点，棉纱上的糙节被称为棉结，毛纱上的糙节被称为毛粒，麻纱上的称为麻粒，生丝上的称为颣结。

常发性纱疵目前用电容式条干均匀度仪进行检测，细节、粗节、糙节的计数界限可供选择或设定，按相对于平均线密度变粗或变细的程度纱疵的计数界限设定为四档，见表11-3，通常环锭纱的设定范围取细节 -50%，粗节 $+50\%$，棉结 $+200\%$，气流纺纱棉结取 $+280\%$。细节、粗节的长度上限统一为320mm，对于长度超过此范围的纱疵被视为条干不匀。

表11－3　电容式条干均匀度仪的细节、粗节、棉结上限

纱疵	粗细设限（%）				长度设限（mm）
细节	－30	－40	－50	－60	12～320
粗节	＋35	＋50	＋70	＋100	
棉结/毛粒	＋140	＋200	＋280	＋400	≤4

电容式条干均匀度仪检测到的各类纱疵指标的物理意义如下。

（1）细节：指长度为12～320mm的细节纱疵，以比正常纱线密度低30%为起点，可选择表11－3第一行中的任一档，各档的严重程度见表11－4。

表11－4　细节设限值与纱疵严重程度

设定值［%（挡）］	纱疵截面相当正常纱截面的大小（%）	纱疵严重程度
－60（1）	≤40	严重细节（距黑板几米远就能看出）
－50（2）	≤50	较严重细节（距黑板约1m能看出）
－40（3）	≤60	较轻微细节（距黑板很近才能看出）
－30（4）	≤70	很轻微细节（在黑板上看起来不明显）

（2）粗节：指长度为12～320mm的粗节纱疵。粗节的粗度以比正常纱线密度高出35%为起点，可选择表11－3第二行中的任一挡，各档的严重程度见表11－5。

表11－5　粗节设限值与纱疵严重程度

设定值［%（挡）］	纱疵截面相当正常纱截面的大小（%）	纱疵严重程度
＋100（1）	≥200	严重粗节
＋70（2）	≥170	较严重粗节（距黑板几米远就能看出）
＋50（3）	≥150	较轻微的粗节（距黑板较近能看出）
＋35（4）	≥135	很轻微的粗节（在黑板上看起来不明显）

（3）糙节：条干仪上检测的糙节纱疵是指长度小于4mm、并在前沿与后沿都达到一定陡度的疵点，粗度以比正常纱线密度高140%为起点，可选择表11－3第三行中的任一档，各档的严重程度见表11－6。仪器对于糙节是以参考长度为1 mm来评定其粗度。例如，粗度为＋100%、长度为4mm的棉结可等价为长度1mm、粗度＋400%的糙节。

表11－6　糙节设限值与纱疵严重程度

设定值［%（挡）］	纱疵截面相当正常纱截面的大小（%）	纱疵严重程度
＋400（1）	≥500	很大的棉结
＋280（2）	≥380	较大的棉结（距黑板几米远就能看出）
＋200（3）	≥300	较小的棉结（距黑板较近能看出）
＋140（4）	≥240	很小的棉结（靠近黑板才能看出）

2. 偶发性纱疵（10 万米纱疵）

电容式条干均匀度仪对细纱进行条干测定时的试验长度较短（100～1000m），对那些出现概率较低的偶发性纱疵不足以发现其纱疵规律。为了对各类偶发性纱疵进行定量分析，得出可靠的统计数据，一般以每 10 万米长度细纱中发现的各类疵点数来衡量偶发性纱疵。

偶发性纱疵采用电容式纱疵分级仪检测，先将纱疵信号变成电信号，再转换成数字信号，送到微处理机进行储存与运算，到试验结束时，能按纱疵的粗度和长度进行自动分级计数。打印出分级的纱疵数，并打印出折算成相当于 10 万米长细纱上的各级纱疵数。如果需要，可以自动将有纱疵的纱条剪断取样，与样照作对比。根据纱疵长度和粗细将偶发性纱疵分成短棒节、长粗节或双纱、细节 3 大类 23 小类。

短粗节纱疵共分 16 小类，按其线密度（粗细）大小分四挡，按纱疵的长度分四挡。

长粗节纱疵分 3 小类，分别表示一定的截面和长度范围。

细节纱疵共分 4 小类，按其线密度大小分两挡，按纱疵的长度分两挡。

3. 杂质、污物等疵点

杂质、污物等疵点是指附着在纱线上的有害纤维（如丙纶膜裂纤维，一般称异性纤维）和较细小的、非纤维性物质，主要是梳理等加工过程中清理不干净而引发的疵点。棉纱中常见杂质是带有纤维的籽屑及碎叶片、碎铃片等杂质；毛纱中的草刺、皮屑等及其他植物性夹杂物；麻纱中的表皮屑、秆芯屑等。纱线中的杂质影响着织物的外观质量和印染加工。在评定纱线质量时，一般也是以一定长度或者一定重量纱线内所含有的杂质粒数来表示。

纱线的污物主要是指纱线在生产和保管过程中因管理不善造成的各种污染，其中最为常见的是生产时被机油污染的油污纱、棉纤维中夹入的异性纤维（丙纶丝、头发等）、毛纤维中夹入的绵羊标记物料（沥青、油漆等），这些污物对于染整加工非常不利，不能用于织造高质量织物或者浅色织物。

11.3.2 纱线的毛羽

毛羽是指纱线表面露出的纤维头端或纤维圈。毛羽分布在纱线圆柱体 360°的各个方向，毛羽的长短和形态比较复杂，因纤维特性、纺纱方法、纺纱工艺参数、捻度、纱线的粗细而异。毛羽的作用有正负两方面，对于缝纫线、精梳棉型织物、精梳毛型织物，毛羽越少越好，因为其对纱线和织物的外观、手感、光泽等不利；而对于起绒织物、绒面织物等，一般纱线上的毛羽还不够，需要想方设法通过缩绒、拉毛等手段增加毛羽；毛羽对织造工艺的负面影响较大，毛羽多时织机开口不清，容易引起断头、停机等问题。

纱线毛羽的测量方法有投影计数法、烧毛法、光电检测法等。投影计数法等基础方法，计数不同长度毛羽的根数，直接而准确，但是费时费力，效率低下。烧毛法是利用烧毛工艺烧掉纱线表面的毛羽，测量烧毛后纱线的重量损失率；该方法简单易行，但适应范围有限，对于涤纶、锦纶等合成纤维的纱线，高温烧毛使这些纤维的毛羽熔融黏结，重量损失很小，其重量损失率不能表征毛羽多少。目前最常用的方法是光电检测法，利用光电原理，当纱线以恒定速度通过检测头时，凡大于设定长度的毛羽会遮挡光束，使光电传感器产生信号而计数。纱线四周都有毛羽，光电检测法只测量纱线一侧的毛羽，一般计数各种长度的累积根数，如图 11 –8 所示，分布一般呈负指数曲线，该数值与纱线的毛羽总量成正比。

常用“毛羽指数”来表征纱线毛羽量。它是每米长度纱线上的毛羽纤维的根数，实际是单位长度纱线单侧，毛羽伸出长度（垂直距离）超过某一定值（设定毛羽长度）的毛羽根数。由于纱线毛羽随机不匀，通常用毛羽指数平均值和毛羽指数 CV 值联合表征纱线毛羽量。

常见毛羽指数与设定毛羽长度关系如图 11 –8 所示的负指数关系。

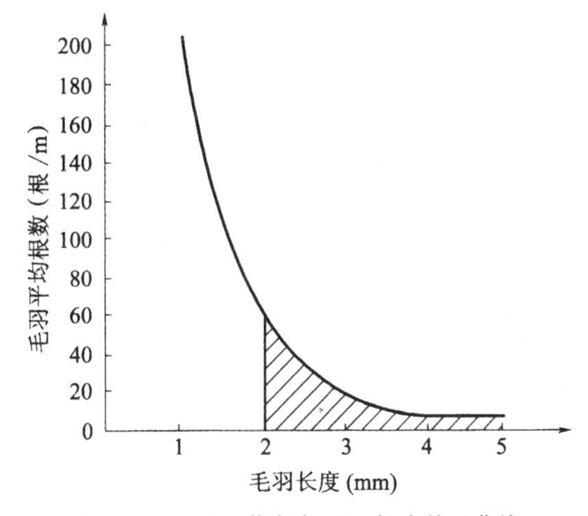

图 11 –8 毛羽指数与毛羽长度关系曲线

第12章　纱线的力学性质

和纤维一样，纱线在受到外力作用以后也会产生相应的变形和内应力与外力相平衡，并在达到一定程度以后发生破坏。纱线的机械性能除取决于组成纱线的纤维的性能外，同时也取决于成纱的结构。对混纺纱来说，还与混纺纤维的性质差异和混纺比密切相关。

12.1　纱线的拉伸性质

纱线具有细而长的特征，在外力作用下常常发生伸长变形，这是因为纤维在纱线中、纱线在织物和其他制品中多沿纵向排列的缘故。纤维和纱线发生弯曲时，横截面的中线以上部分也产生伸长，中线以下部分则产生压缩。此外，生产中一直广泛应用拉伸特性来检验机械性质，并积累了大量数据。因此，在纱线的力学性质中拉伸特性最为重要。

12.1.1　纱线一次拉伸断裂特性

测试纱线一次拉伸断裂特性指标时，有两种不同的方式。

（1）利用外力拉伸试样，以某种规律不停地增大外力，结果在较短的时间（正常在几分之一秒或几十秒之间）内试样内应力迅速增大，直到断裂。然后求出拉伸过程中更多的是断裂瞬间的特性指标（强力、伸长率等）。有时，可根据记录的拉伸过程的伸长－负荷曲线图，求出初始模量和一些不将试样拉断的其他特性指标，测得的数据与伸长时间的关系通常不予考虑。

（2）试样承受不变的作用力，观察长时间作用下（几小时甚至几昼夜）试样的伸长状况。有时，一直延续到试样断裂。在静载荷作用下，纱线强度和作用时间的关系通常称为静止疲劳特性。

我国单根纱线断裂强力和断裂伸长的测定属于第一种方法。该方法在测定断裂强力和伸长时，可采用下列几种类型的单纱强力试验机：①等速牵引强力试验机——下夹持器等速拉伸试样时，上夹持器位移较大且无确定的规律，加载方式既不是等加伸长率，也不是等加负荷，简称CRT型；②等速伸长强力试验机——在强力机启动2s之后，单位时间内夹头间距离的增加率应保持均匀，波动不超过±5%，简称CRE型；③等速加负荷强力试验机——在强力机启动2s之后，单位时间内负荷的增加率应保持均匀，波动不超过±10%，简称CRL型。各种类型的强力试验机都必须将试样断裂时间控制在20+3s。

采用第一种方法，试样伸长较快，导致试样内应力迅速增长。如拉伸复丝，拉伸过程中某些长丝被拉断，其余的长丝将受过度的负荷而迅速随之拉断；如拉短纤维纱线，其中一部分纤维之间的摩擦力及抱合力较小，这时便不会发生断裂而是导致纤维之间相互滑移，造成试样“脱散”。本方法不适用于伸长特别大的纱线（张力自 0.5cN/tex 增至 1.0cN/tex 时伸长大于 0.5% 的纱线）和线密度大于 2000tex 的纱线。对伸长特别大的纱线，可在由有关方面协议同意的特殊条件下进行试验。

1. 单根纱线强力试验机

可采用 Y361 型单纱强力试验机，有三种型号：Y361 - 1，型，强力范围为 9.8 ~ 980cN；Y361 - 3 型，强力范围为 117.6 ~ 2940cN；Y361 - 30 型，强力范围为 0 ~ 294N。以适应不同单纱强力的需要。

用强力试验机拉伸试样，直到断脱，并指示出断裂强力和伸长。单根纱线的断裂强力可由摆锤摆动的角度，即固定指针在扇形刻度盘上的读数读得，其工作原理如图 12 - 1。设扇形轮半径为 r，摆锤系统质量为 w，摆锤系统重心到转动中心 O 的距离为 h，摆杆与垂线夹角为 θ，下纱夹拖动上纱夹的力（即试样所受的力）为 P。根据静态力矩平衡方程：

$$\sum M_0 = Pr - wgh \times \sin\theta = 0$$

所以

$$P = \frac{wgh}{r}\sin\theta$$

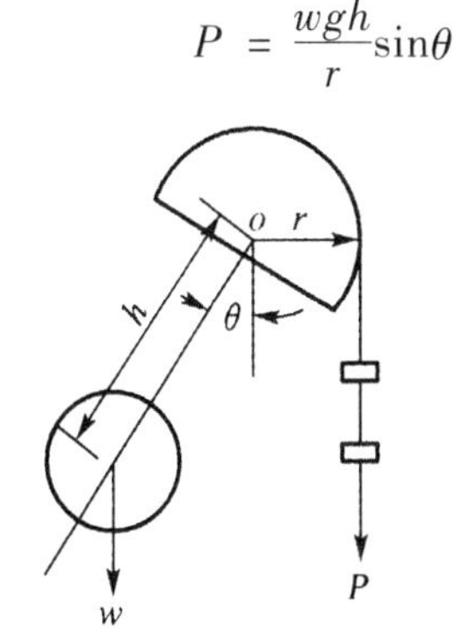

图 12 - 1　单纱强力机

在强力机上，w、h、r 均为固定值，g 为重力加速度，则单根纱线强力 P 与断裂时摆杆偏转角度 θ 的正弦成正比。

在强力试验机的使用范围中，任何一点的指示强力的最大误差不得超过 ±1%，指示的夹头隔距的误差不得超过 ±1mm。强力试验机的工作速度必须使试样的平均断裂时间落在指定的范围（20s ~ 3s）以内。

2. 结果的计算

断裂强力以“牛顿”（N）、“厘牛顿”（cN）或“克力”（gf）表示，观测的伸长以“毫米”（mm）记录，并计算对未应变试样的名义隔距长度的百分数。

（1）断裂强力（度）。

平均断裂强力 = 观测值总和/观测次数　　（12 - 1）

平均断裂强度的单位有“cN/tex”“gf/tex”“gf/den”和“N/m^2（Pa）”：

$$\begin{cases}\text{平均断裂强度（cN/tex）= 平均断裂强力（cN）/ 平均线密度（tex）} \\ \text{平均断裂强度（gf/tex）= 平均断裂强力（gf）/ 平均线密度（tex）} \\ \text{平均断裂强度（gf/den）= 平均断裂强力（gf）/ 平均线密度（den）}\end{cases} \quad (12-2)$$

$$\text{断裂长度 (km)} = \frac{\text{平均断裂强力(cN)}}{\text{平均线密度(tex)}} \times \frac{1}{0.98} = \frac{\text{平均断裂强力(gf)}}{\text{平均线密度(tex)}} \tag{12-3}$$

上述计算结果均保留四位有效数字，最后舍入到三位有效数字。

（2）伸长率。

$$\text{平均伸长率 (\%)} = \frac{\text{伸长观测值总和(mm)}}{\text{观测次数} \times \text{名义隔距长度(mm)}} \times 100\% \tag{12-4}$$

平均伸长率在10%以下时，舍入到最邻近的0.2%；平均伸长率在10%以上至50%以下时，舍入到最邻近的0.5%；平均伸长率等于或大于50%时，舍入到最邻近的1.0%。

3. 几种纱线一次拉伸断裂特性指标的典型数据

常见几种纱线一次拉伸断裂特性指标的典型数据，见表12－1。图12－2所示为几种纱线和长丝的拉伸曲线。

表12－1　几种纱线一次拉伸断裂特性指标的典型数据

纱线种类	线密度（tex）	断裂强力（cN）	断裂应力（$Pa \times 10^3$）	断裂伸长率（%）	断裂功（$J \times 10^{-7}$）
普梳棉纱	12～100	132～940	10～75	6～9	$600 \sim 8.45 \times 10^3$
精梳棉纱	5～84	64～1340	10～21	5～8	$320 \sim 1.07 \times 10^4$
亚麻干纺纱	56～1200	$7.7 \times 10^2 \sim 2.2 \times 10^4$	6～120	5～6	$3.85 \times 10 \sim 1.32 \times 10^2$
亚麻湿纺纱	24～200	$5.6 \times 10^2 \sim 3.9 \times 10^3$	14～20	4～5	$2.24 \times 10 \sim 1.95 \times 10$
大麻纱	280～5000	$4.0 \times 10^2 \sim 7.0 \times 10^2$	8～14	4～5	$1.6 \times 10^2 \sim 3.5 \times 10^2$
粗梳毛纱	60～200	$1.8 \times 10^2 \sim 7.8 \times 10$	8～20	2～12	$400 \sim 2.0 \times 10^3$
精梳毛纱	20～56	100～350	4～14	6～20	$600 \sim 7.0 \times 10^3$
生丝	1.5～4.7	440～1424	25～42	16～17	$7.04 \times 10^3 \sim 2.42 \times 10^3$
石棉纱	320～1250	660～2500	2.6～5.2	8～9	$5.28 \times 10^3 \sim 2.25 \times 10^4$
二醋酯复丝	11	155	18	18	1535
涤纶复丝	2.9	—	—	15	—
锦纶6复丝	5	200	46	25	3500
锦纶弹力丝	25	350	16	14	14000
玻璃长丝	68	220	80	1.5	—

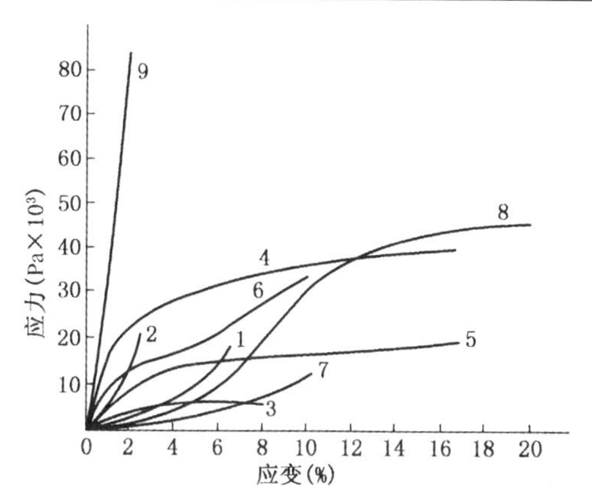

图12－2　几种纱线和长丝的拉伸曲线

1—25tex 普梳棉纱　2—70tex 干纺亚麻纱　3—40tex 精梳毛纱　4—2.5tex 生丝　5—25tex 普通黏胶长丝　6—9tex 强力黏胶长丝　7—25tex 黏胶短纤纱　8—5tex 锦纶6复丝　9—7tex 玻璃复丝

12.1.2 纱线一次拉伸断裂的机理

1. 长丝纱的拉伸断裂机理

纱中纤维伸长能力、强力不一致时，断裂不是同时发生的，一部分纤维断裂后，负荷分配到其余纤维上，各根纤维张力迅速增加，依次被拉断。除纤维性能不同外，纱线的结构原因也产生断裂不同时性。长丝纱受拉伸外力作用时，较伸直和紧张的纤维先承受外力而断裂，然后由其他纤维承受外力，直至断裂。一般在加捻情况下，由内至外，纤维的倾斜程度逐渐加大，预伸长和预应力都逐渐增大，纤维承受纱线轴向拉伸的能力逐渐降低。因此，当外力达到一定程度时，外层纤维先被拉断，然后由内层纤维承受的张力猛增，直至断裂。这种情况下被拉断纱线的端口比较整齐。

2. 短纤维纱的拉伸断裂机理

短纤维纱承受外力拉伸作用时，除存在上述情况外，还有一个纤维间相互滑移的问题。当纤维间摩擦阻力很小时，纱线可以由于纤维间滑脱而断裂，此时纤维本身并不一定断裂。由于加捻后纤维倾斜，纱线受拉后产生向心力，使纤维间有一定摩擦阻力。外层纤维不仅由于加捻形成的倾角大，张紧程度高，而且外层纤维受不到其他纤维的向心压力，摩擦阻力小，所以一般首先断裂，此时外层对内层的向心压力减小，纤维间摩擦阻力减小，更易滑脱而使纱线断裂。由此可见，一般纱线断裂既有纤维的断裂又有纤维的滑脱，两者同时存在，由于纱线结构的原因，纤维的断裂和滑脱是由外层逐渐发展到内层，纱线的断口是不整齐的毛笔尖形。只有当捻度很大时，纤维滑脱的可能性小，外层纤维先断裂然后迅速向内扩展而断裂，此时纱线的断口比较整齐。

纱线断裂时，断裂截面的纤维是断裂还是滑脱的，要视断裂点两端周围的纤维对这根纤维的摩擦阻力的大小而定。如图12－3所示，设断裂点两端的摩擦阻力各为F_1和F_2，纤维的强力为P，当F_1和F_2均大于P时，这根纤维就断裂。当F_1和F_2中有一个小于P时，这根纤维就滑脱。而F_1和F_2与纤维在纱线断裂面两端的伸出长度有关。摩擦阻力F

等于纤维强力 P 时的长度称为滑脱长度 L_c。当纤维伸出断裂截面一端的长度小于滑脱长度时，纤维即滑脱而不断裂。长度小于两倍滑脱长度的纤维，在纱线断裂时必定是滑脱而不会是断裂。因此，为了保证纱线的强力，应控制长度小于两倍滑脱长度的短纤维含量。

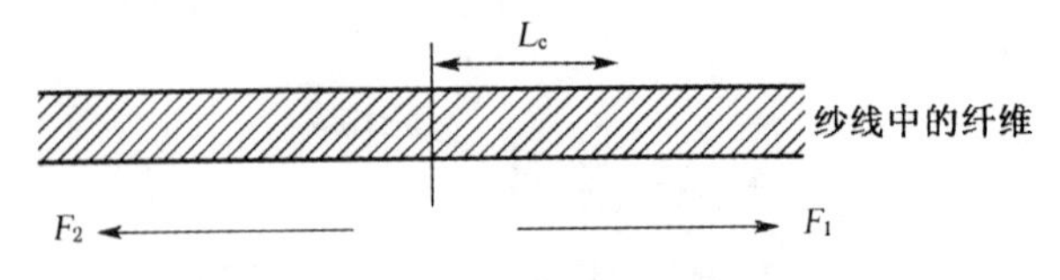

图 12－3　滑脱长度示意图

由于纱线在拉伸时纤维断裂不同时性的存在、加捻使纤维产生张力、伸长、纤维倾斜使纤维强力在纱轴方向的分力减小、短纤维纱纤维间的滑脱以及纱线条干不匀、结构不匀从而形成弱环等原因，纱线的强度远比纤维的总强度要小，即纱线中一部分纤维没有发挥其最大强力。纱线强度与组成该纱线的纤维总强度之比的百分率称为纤维在纱中的强力利用率。强力利用率的大小主要取决于纱线的结构以及组成纱线的纤维性质和它们的不匀情况。一般纯棉纱的强力利用率为 40% ~50%，精梳毛纱为 25% ~30%，黏胶短纤维纱为 65% ~70%；长丝纱的强力利用率比短纤维纱大，如锦纶丝的强力利用率为 80% ~90%。

$$\text{纤维在纱中的强力利用率（\%）} = \frac{\text{纱线强度}}{\sum \text{纱线中纤维强度}} \times 100\% \qquad (12-5)$$

纱线伸长的原因有几个方面：纤维的伸直、伸长；倾斜纤维拉伸后沿纱线轴向排列，增加了纱线长度；纤维间的滑移。捻丝的伸长一般大于组成纤维的伸长，如锦纶捻丝与锦纶单丝的断裂伸长率的比值一般为 1.1 ~1.2；而短纤维的伸长小于组成纤维的伸长，如棉纱的断裂伸长率与纤维断裂伸长率的比值一般为 0.85 ~0.95。

12.1.3　影响纱线一次拉伸断裂特性的因素

影响纱线强、伸度的因素主要是组成纱线的纤维性质和纱线结构。对混纺纱来说，它的强、伸度还与混纺纤维的性质差异和混纺比密切相关。至于温、湿度和强力机测试条件等外因对纱线强伸度的影响基本上与纤维相同。

1. 纤维性质

前已述及，当纤维长度较长、细度较细时，成纱中纤维间的摩擦阻力较大，不易滑脱，所以成纱强度较高。当纤维长度整齐度较好，纤维细而均匀时，成纱条干均匀，弱环少而不显著，有利于成纱强度的提高。纤维的强、伸度大，则成纱的强、伸度也较大；纤维强、伸度不匀率小，则成纱强度高。纤维的表面性质和卷曲性质对纤维间的摩擦阻力有直接影响，所以与成纱强度关系也很密切。

2. 纱线结构

短纤维纱结构对其强、伸度的影响，主要反映在加捻上。传统纺纱纱线加捻对断裂伸长率的影响如图 12－4 所示。当纱线条干不匀、结构不匀时会使纱线的强度下降。

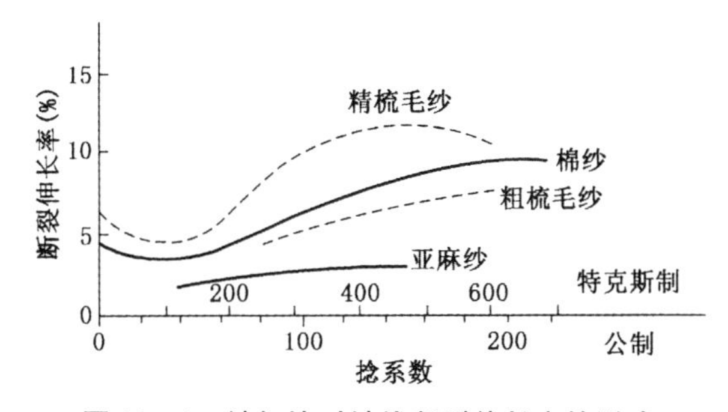

图12－4　纱加捻对纱线断裂伸长率的影响

股线捻向与单纱捻向相同时，股线加捻同单纱继续加捻相似。股线捻向与单纱捻向相反时，开始合股反向加捻使单纱退捻而结构变松，强度下降。但继续加捻时，纱线结构又扭紧；而且由于纤维在股线中的方向与股线轴线方向的夹角变小，提高了纤维张力在拉伸方向的有效分力；股线反向加捻后，单纱内外层张力差异减少，外层纤维的预应力下降，使承担外力的纤维根数增加；同时，单纱中的纤维，甚至是最外层的纤维，在股线中单纱之间被夹持，使纱线外层纤维不易滑脱而解体。因而股线强度增加，比合股单纱的强度之和还大，达到临界值时，甚至为单纱强度之和的1.4倍左右。

长丝纱加捻是为了在单丝间形成良好的抱合而稳定形态。这将使单丝断裂不同时l生得到改善，从而使长丝纱强力略有提高，但这仅发生在较低的捻度下。随着捻系数的增加，长丝纱强度很快便下降，因为长丝的有效分力减小，断裂不同时性增加，故长丝纱的临界捻系数比短纤纱小得多，如图12－5所示。

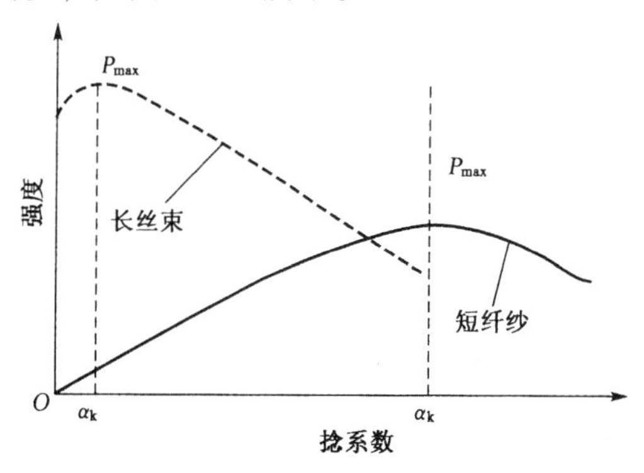

图12－5　捻系数与强度的关系

低捻长丝纱和高捻长丝纱的断裂破坏过程有很大的差别。低捻长丝纱断裂时，各根单丝之间的关联很小，它们分别在各自到达自身的断裂伸长值时断裂。由于各根单丝之间断裂伸长值的差别不会很大，所以长丝纱中单丝的断裂几乎是同时发生的。而高捻长丝纱不同，纱中单丝断裂不是同时发生的，整个断裂破坏过程是在一个较长的伸长区间中完成的。它的断裂强力随捻度的增加而下降，早于低捻长丝纱，并在开始断裂以后，它的拉伸曲线出现一个较长的延伸部分，如图12－6所示。这是由于高捻赋予了单丝间强大的横向约束力，这时虽然外层单丝断裂了，但断裂了的单丝仍然能通过摩擦抱合作用束缚住非断裂区中尚未断裂的单丝，而继续成为分担外力的有效部分。捻度越大，这种断裂的不同时性越显著。

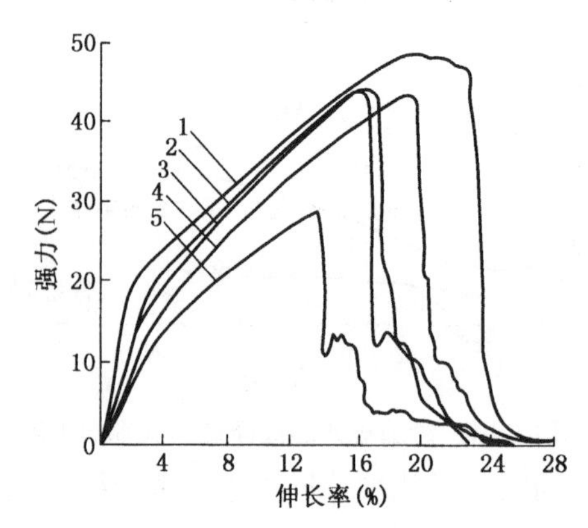

图 12-6　不同捻系数时强力黏胶长丝的负荷—伸长曲线捻系数

1—8.9　2—31.6　3—43.3　4—66.8　5—94.9

3. 混纺纱的混纺比

混纺纱的强度与混纺比有很大关系且较复杂。它与混纺纤维的性质差异，特别是伸长能力的差异，密切相关。

混纺纱的强度同纯纺纱的强度不同，不完全取决于纤维本身的强度。当用两种纤维进行混纺时，由于两种纤维的强度和伸长率不同，从而影响了混纺纱和织物的强度。因此，要生产一种特定强度要求的混纺纱和织物，就必须了解混用纤维的特性、混纺比与成纱强度的关系。

为了简化问题的分析，假定：①纱的断裂都是由于纤维断裂而引起的，即不考虑滑脱断裂；②混纺纤维粗细相同，混纺纱中纤维的混合是均匀的，即纤维各截面中各组分的含量等于混纺比。在此假设下，分析两组分混纺纱的两种典型情况如下：

（1）当混纺在一起的两种纤维的断裂伸长率接近时，两种纤维的断裂不同时性不明显，基本为同时断裂。此时，混纺纱的断裂强度 P 由下式计算：

$$P = \frac{X}{100}P_1 + \frac{100 - X}{100}P_2 \tag{12-6}$$

式中：P_1——由纤维 1 纯纺的细纱断裂强度；

P_2——由纤维 2 纯纺的细纱断裂强度；

X——混纺纱中纤维 1 的含量（按质量% 计算）。

如果纤维 1 和纤维 2，其纯纺纱的断裂伸长率 $\varepsilon_1 = \varepsilon_2$，断裂强度 $P_1 < P_2$。由公式及图 12-7 可知，当混纺比 $X = 100\%$ 时，$P = P_1$；当 $X = 0$ 时，$P = P_2$。混纺纱的强度就是两种纤维同时断裂时的强度，混纺纱的断裂强度 P 按 AB 直线变化。随着强度低的纤维 1 的含量的减少，即强度大的纤维的含量的增加，混纺纱的强度增大。

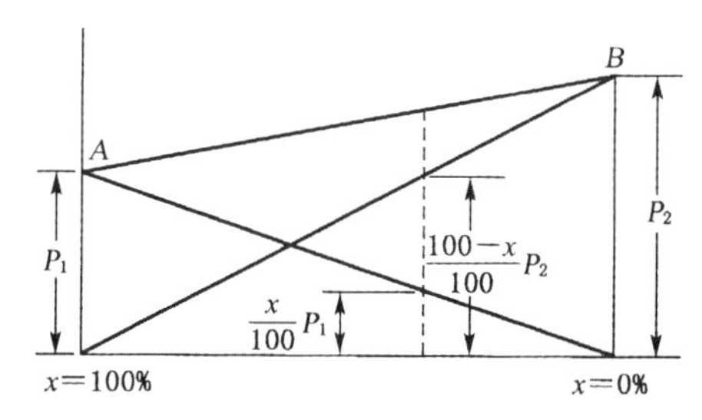

图12－7　两种组分纤维混纺的情况（$\varepsilon_1 \approx \varepsilon_2$）

以涤毛混纺纱为例，毛纱的强力低于涤纶纱，而两者伸长率接近，因此，当拉伸到伸长为涤、毛的断裂伸长时，两种纤维几乎同时断裂。在这种情况下，随着强度大的纤维（涤纶）混纺含量的增加，混纺纱的断裂强度增大。

（2）当混纺在一起的两种纤维的断裂伸长率差异大时，受拉伸后明显分为两个阶段断裂。第一阶段是伸长能力小的纤维先断；第二阶段是伸长能力大的纤维断裂。

设纤维1和纤维2，其纯纺纱的断裂伸长率 $\varepsilon_1 < \varepsilon_2$，断裂强度 $P_1 \sim P_2$。第一阶段，伸长率为 ε_1，此时纤维2承担的负荷为 P_{ε_1} 混纺纱的断裂强度 P_{I}由下式计算：

$$P_{\text{I}} = \frac{X}{100}P_1 + \frac{100 - X}{100}P_{\varepsilon_1} \qquad (12-7)$$

第二阶段，纤维1已经断裂，由纤维2单独承担负荷，混纺纱的断裂强度 P_{II} 由下式计算：

$$P_{\text{II}} = \frac{100 - X}{100}P_2 \qquad (12-8)$$

式中：P_1、P_2——分别为由纤维1或纤维2纯纺的细纱断裂强度；

X——混纺纱中纤维1的含量（按质量%计算）；

P_{I}——第一阶段混纺纱的断裂强度；

P_{II}——第二阶段混纺纱的断裂强度；

P_{ε_1}——第一阶段断裂时纤维2承担的负荷。

当两种纤维不同时断裂时，有以下两种情况：

（1）当用伸长小的纤维1纺成的细纱断裂强度 $P_1 \sim P_{\varepsilon_1}$ 时，若纤维1的含量 X 较高，$P_{\text{I}} > P_{\text{II}}$，即随着纤维1的断裂，混纺纱也随之断裂；若纤维1的含量 X 较低，$P_{\text{I}} < P_{\text{II}}$，纤维1断裂后，纤维2继续承担外力，直至断裂。混纺纱的断裂强度按公式 P_{I}构成的 AB 直线变化，如图12－8所示。图中可见，在一定范围内，随着断裂强度低的纤维1的含量 X 的减少，也就是强度高的组分的增加，混纺纱的强度反而下降。此范围 X 可从 $P_{\text{I}} = P_{\text{II}}$ 求得临界混纺比 X_B（见式12－9）。$X < X_B$时，随着其含量 X 的减少，也就是强度高的组分的增加，混纺纱的强度也增加，混纺纱的断裂长度按公式 P_{II} 构成的 BC 直线变化。这就是说，混纺纱的强力有可能出现强度小的纤维的纯纺纱还低的情况。从强度角度来选择混纺比时，应避免曲线最低点。

$$X_B = 100\ (P_2 - P_{\varepsilon_1})\ /\ (P_1 + P_2 - P_{\varepsilon_1}) \qquad (12-9)$$

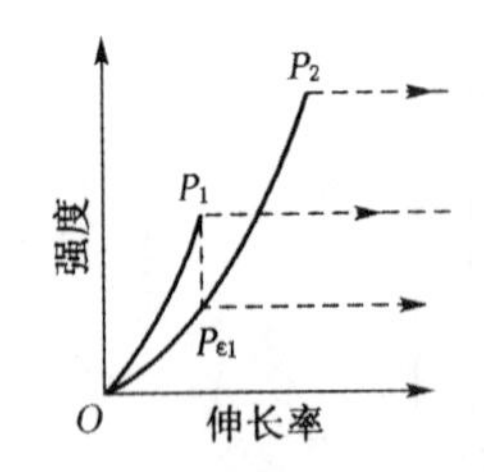

(a) 两种纤维纯纺纱的拉伸曲线

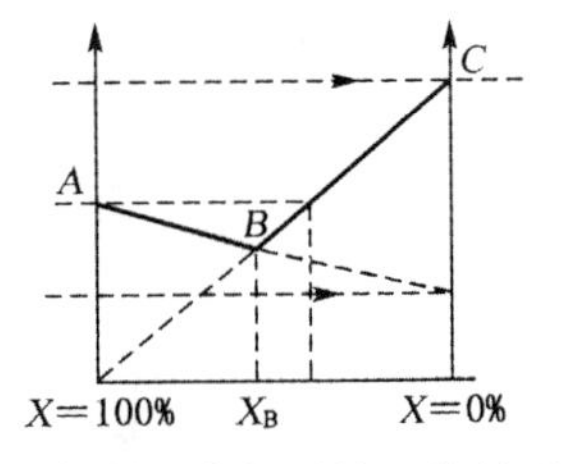

(b) 混纺纱的断裂强度与混纺比的关系曲线

图 12-8 混纺纱的断裂强度与混纺比的关系（$P_1 > P_{\varepsilon_1}$）

棉纤维的强度较高，但其断裂伸长率远比涤纶及锦纶低，当棉与少量这类合成纤维混纺时，P_1大于P_{ε_1}，故随着混纺纱中棉纤维含量的下降，混纺纱的强度也下降，直到其含量$X < X_B$时混纺纱的强度才逐渐增大。黏胶纤维与少量的涤纶或锦纶混纺时，混纺纱的强度也有类似的情况。

（2）当用伸长小的纤维纺成的细纱断裂强度$P_1 < P_{\varepsilon_1}$时，则不论强度低的纤维含量X是大于或是小于临界混纺比X_B，混纺纱的断裂强度都是随着强度低的纤维含量X的减小而增加。换言之，在这种情况下随着混纺纱中强度高的纤维含量的增加，混纺纱的断裂强度增大，如图 12-9 所示。

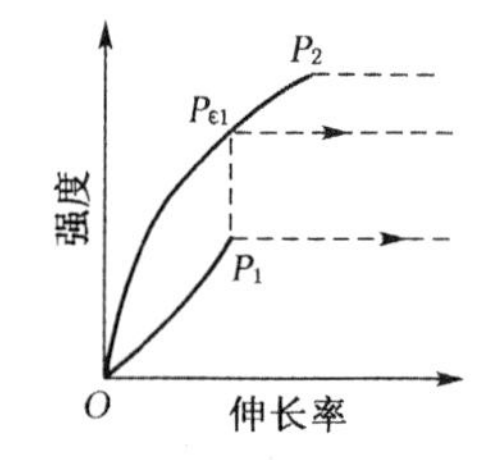

(a) 两种纤维纯纺纱的应力应变曲线

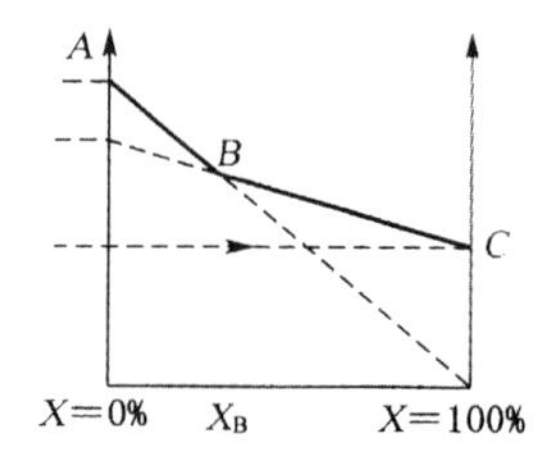

(b) 混纺纱的断裂强度与混纺比的关系曲线

图 12-9 混纺纱的断裂强度与混纺比的关系（$P_1 < P_{\varepsilon_1}$）

因此，计算混纺纱的断裂强度时需要：①在相同设备与参变数下，纺制同样线密度的纯纺纱，用标准试验方法求出每一种纯纺纱的断裂强度（即P_1和P_2）和断裂伸长率（即ε_1和ε_2）；②求出由伸长较大的纤维纺成的细纱的拉伸曲线，以确定P_{ε_1}；③按公式$P_{\mathrm{I}} = P_{\mathrm{II}}$的条件，求出临界混纺比$X_B$。如果伸长率较小的纤维含量大于$X_B$，可按公式$P_{\mathrm{I}}$计算混纺纱的断裂强度；如果伸长率较小的纤维含量小于X_B，则按公式P_{II}计算混纺纱的断裂强度。

混纺纱的断裂伸长率，则不像断裂强度那样复杂。就两种纤维混纺纱的断裂伸长率而言，它们一般都位于这两种纤维纯纺纱的断裂伸长率之间，而且比这两种纯纺纱的断裂伸长率的算术平均值略低一些。

涤纶与棉混纺时，混纺纱的强、伸度与混纺比的关系如图 12-10 所示。由图中曲线可以看出，混纺涤纶与棉混纺时，混纺纱的强度在涤纶含量为 50%~60% 时达到最低点。当涤纶含量低于 50% 时，混纺纱的断裂伸长率基本上无变化；当其含量超过 60% 时，断裂伸长率有很大的增加。

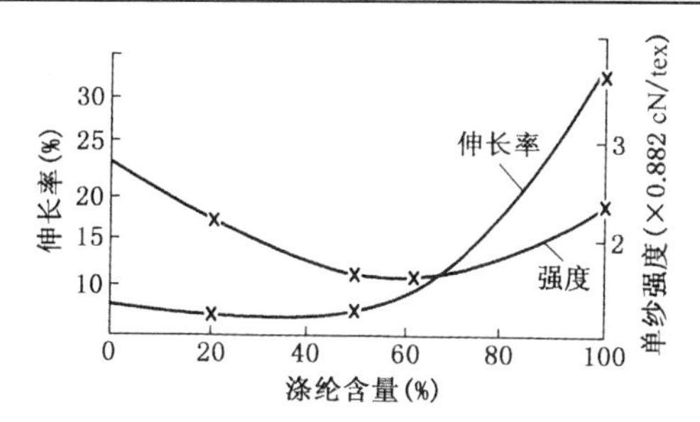

图12-10 涤棉混纺纱的强伸度特性

12.1.4 纱线未破坏的一次拉伸特性

纱线一次拉伸到断裂的性质反映了纱线的耐用性能。然而，在纺织加工和使用过程中大量遇到的却是远较断裂强度和断裂伸长小的负荷和伸长，为此，纺织材料研究实践中，有时还要应用未破坏的一次拉伸特性指标，研究拉伸过程中的应力、应变情况。测定方法有两种：①将材料拉伸到某一规定伸长，并记录所加的负荷，从而计算其应力；②测定在规定负荷或应力下试样的长度。工艺过程中利用这些指标，可以根据一个参数估算其他参数。例如，纱线在卷绕过程中承受的负荷可以根据伸长变形估算出来，而后者又与卷绕速度有关。这种估算有利于合理选用工艺参数。

1. 纱线的纵向弹性模量

高分子材料因结构特点所致，存在三种变形。除了不大的真正弹性变形，大部分的可逆变形是缓慢发展和缓慢消失的变形，此外还同时产生并且大量残存的不可逆变形。若纱线伸长不大（约1%～2%）且作用的时间很短（几秒钟），则变形的绝大部分为完全可逆变形，其中主要是弹性变形（约95%）。在这种条件下允许计算弹性模量。这一模量在拉伸的初期测定，通常称作初始模量。为了简化变形和应力间的关系，一般依据胡克定律近似计算初始模量：

$$E_n = P/\varepsilon S \tag{12-10}$$

式中：E_n——纱线的初始弹性模量（MPa）；

ε——纱线的伸长率（%）；

P——纱线承受的拉伸负荷（N）；

S——纱线的横截面积（mm^2）。

比值 P/ε 通常称作纱线的刚性。

几种纱线的纵向初始弹性模量参数值见表12-2。

表12-2 几种纱线的纵向初始弹性模量

纱线种类	线密度（tex）	初始弹性模量（$Pa \times 10^7$）
普梳棉纱	25	135
湿纺亚麻纱	45	1950
精梳毛纱	35	170
普通黏胶复丝	9	414

续表 12-2

纱线种类	线密度（tex）	初始弹性模量（Pa×10^7）
强力黏胶复丝	9	461
锦纶 6 复丝	30	260
涤纶复丝	50	1000

2. 纱线的完全变形中三种组分

纺织材料加工和使用过程中经受拉伸作用，但很少出现拉断的情况。许多研究表明，纱线的各种生产工序（卷绕、加捻、织造）中所承受的作用力和发生的变形，很少超过断裂负荷的 30%～35% 和断裂伸譬长率的 40%～45%。人们穿着缝制的服装时，织物中纵横（即经纬）两个方向纱线承受的力和产生的变形，很少超过断裂时相应数值的 10%～15%，而对角线方向的伸长也仅达到断裂伸长的 20%～25%。

纺织材料的全部变形可分为可逆变形（急弹性变形和缓弹性变形）和不可逆变形（塑性变形）两部分。其定义与性质已在前文纤维的力学性能章节中叙述。几种纱线拉伸变形组分的典型数据见表 12-3。几种纱线在恒定负荷作用下以及释去负荷以后休息期间的变形随时间而变化的特征如图 12-11 所示。

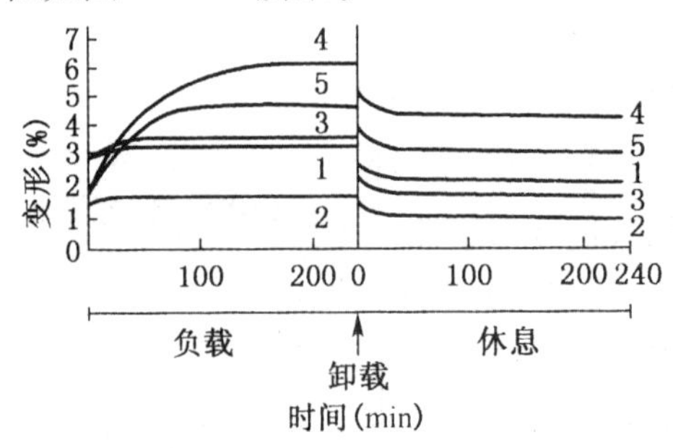

图 12-11　在恒定负荷加载→卸载→休息作用下纱线变形随时间的变化

1—25tex 棉纱　2—72tex 干纺亚麻纱　3—42tex 精梳毛纱　4—88tex 普通黏胶长丝

5—88tex 强力黏胶长丝

表 12-3　几种纱线拉伸变形组分的典型数据

纱线	线密度（tex）	施加负荷终了时完整变形占握持距离的百分比	各种变形组分占完整变形的比例		
			急弹性变形	缓弹性变形	塑性变形
普梳棉纱	25	3.7%	0.22	0.14	0.64
干纺亚麻纱	42	1.8%	0.22	0.11	0.67
精梳毛纱	42	3.7%	0.60	0.22	0.18
生丝	2.5	3.3%	0.30	0.31	0.39
普通黏胶复丝	9	6.4%	0.11	0.19	0.70
强力黏胶复丝	9	4.9%	0.12	0.20	0.68
锦纶 6 复丝	5	6.3%	0.76	0.21	0.03

续表 12－3

纱线	线密度（tex）	施加负荷终了时完整变形占握持距离的百分比	各种变形组分占完整变形的比例		
			急弹性变形	缓弹性变形	塑性变形
涤纶废纺纱	36	10%	0.29	0.22	0.49
锦纶6弹力丝	25	210%	0.79	0.05	0.16

测试条件：负荷—0.25×**断裂负荷；周期—负荷**4h，**卸负荷第一个读数**3s，**休息**4h；**温度**20℃，**相对湿度**65%。

急弹性变形率的绝对值最大的是羊毛、锦纶6、涤纶制成的纱线。亚麻纱的急弹性变形较高，但它的完全变形率却相当小，因此弹性变形率的绝对值不大，小于其他纤维纱线如棉纱、黏胶纱等。纱线与其中的纤维相比，弹性较低，塑性较高，因为纱线中纤维的滑移产生了不可逆变形。

为了全面评定纱线的品质，最好是既要观察应力在规定条件下的衰减，又要绘制变形随时间而变化的曲线。恒定负荷值可选择断裂负荷的10%，25%，50%或等于断裂负荷。超过断裂负荷50%时，达到平衡需要的时间很长，由于试样截面不匀，经常会被拉断，分析恒定负荷（断裂负荷的10%～50%）下变形量的变化表明，随着负荷的增大，各种纱线完整变形的增长不尽相同，例如亚麻纱增长缓慢而黏胶长丝增长迅速。各种相对拉伸变形与负荷的关系是，快速可逆变形与负荷值的变化接近正比；缓慢可回复变形在大多数情况下变化缓慢；塑性变形与纤维和纱线的结构有关。随着负荷的增大，完整变形中急弹性变形的比例减少，剩余变形的比例增大。

12.2　纱线的弯曲、扭转和压缩特性

12.2.1　纱线的弯曲特性

纱线抗弯曲作用的能力较小，具有非常突出的柔顺性。实际上，纱线极少发生一次弯曲破坏。

1. 纱线一次弯曲特性指标及其测定

纱线的抗弯刚度可用来表征纱线抵抗弯曲变形的能力，按材料力学可定义如下：

$$R_y = EI \qquad (12-11)$$

式中：E——纱线的弯曲弹性模量（cN/cm^2）；

I——纱线的断面惯性矩（cm^4）；

R_y——纱线的抗弯刚度（$cN \cdot cm^2$）。

纱线的抗弯刚度与纤维的抗弯刚度和纤维的线密度有一定的关系。在纱线纤度既定的条件下，改变纱线抗弯刚度的途径是调整所含纤维根数，纤维根数越多，纤维越细，则纤维的抗弯刚度越低；反之亦然。

纱线弯曲刚度可采用如图12－12所示的心形法测试。将长度为$2L$的纱线圈成心形并

夹持在夹头中，测得线圈在夹持点上端至下端的最大距离 l，由下式计算纱线的抗弯刚度 R_y：

$$R_y = \mu\rho L^3 \tag{12-12}$$

式中：ρ——单位长度纱线的自身质量。

μ 值可以由测得的 l 值按式（12－13）求得 c 后再用式（12－14）求出。

$$l = L\ (1/2 + 6c/5) \tag{12-13}$$

$$0.222c^4 + 0.260c^3 + 0.0322c^2 + (\pi + 0.0817)\ c + (2\mu/3 - 0.01693) = 0 \tag{12-14}$$

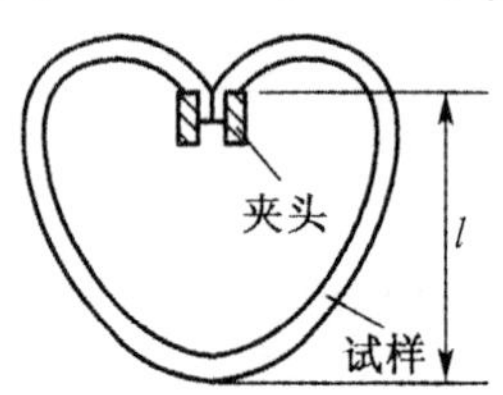

图 12－12　心形法

弯曲性能是拉伸和压缩两种性质的复合反映。纱线在弯曲过程中会引起内应力和变形。它在各部位的变形是不同的，在中性面以上部位受到拉伸，在中性面以下部位受到压缩。当弯曲曲率越大即曲率半径越小时，各层变形差异也越大。弯曲时纱线外层伸长达到断裂伸长率 ε_p时，由纤维弯曲变形一节可推知，纱线出现弯曲破坏时圆柱体半径 ρ_c 与纱线直径 d 之间的关系为：

$$\rho_c \leqslant d\ (1/\varepsilon_p - 1)\ /2 \tag{12-15}$$

式中：ε_p——纱线的断裂伸长率（%）；

d——纱线的截面直径（mm）；

ρ_c——圆柱体的半径（mm）。

依据上式，25tex 棉纱出现破坏的曲率半径约 1mm。但纱中纤维之间摩擦力产生的握持作用并不十分紧密，外力较大时纤维之间纵向将有位移，因此，出现破坏的危险半径还要小。

通常情况下，纱线互相勾接或打结的地方，最容易产生弯断。这时，弯曲曲率半径基本上等于纱线厚度（直径）的一半。针织物线圈中互相勾接承受拉伸，也属于这种状态。为了反映这方面的性能，许多纱线要进行勾接强度和结节强度试验。试验仍在拉伸强度试验机上进行，如图 12－13 所示。

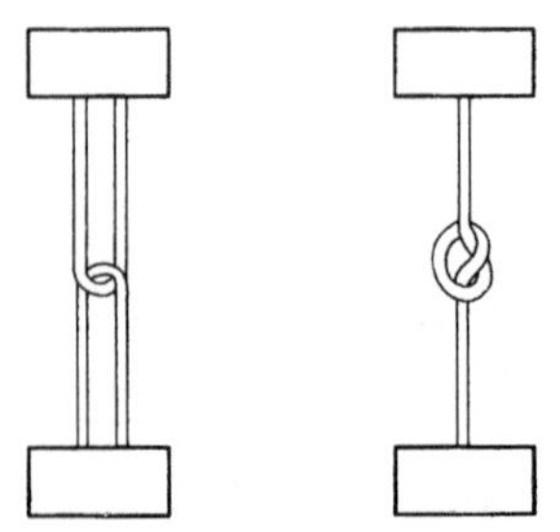

（a）勾接强度试验　（b）结节强度试验

图 12－13　勾接强度、结节强度试验

设勾接绝对强度为 P_g（cN），当纱线细度为 N_{den} 或 N_{tex} 时，则勾接相对强度 P_{0g} 为：

$$P_{0g}=P_g/2N_{den}\ (\text{cN/den})=P_g/2N_{tex}\ (\text{cN/tex}) \tag{12-16}$$

有时用勾接绝对强度 P_g（或勾接相对强度 P_{0g}）占拉伸绝对强度 P（或拉伸相对强度 P_0）的百分数——勾接强度率 K_g（%）来表示勾接强度：

$$K_g\ (\%)=\frac{P_g}{2P}\times 100=\frac{P_{0g}}{P_0}\times 100 \tag{12-17}$$

结节强度也有这些相应的关系：

$$P_{0j}=P_j/N_{den}\ (\text{cN/den})=P_j/N_{tex}\ (\text{cN/tex}) \tag{12-18}$$

$$K_j(\%)=\frac{P_j}{P}\times 100=\frac{P_{0j}}{P_0}\times 100 \tag{12-19}$$

根据以上分析，一般情况下，勾接强度和结节强度较拉伸断裂强度小，勾接强度率和结节强度率最高达到 100%。主要原因是纤维在勾接和打结处弯曲，当纱线拉伸力尚未达到拉伸断裂强度时，弯曲外边缘纤维的伸长率已超过断裂伸长率而使纤维受弯折断。但是，某些纱线由于结构较松，纤维断裂伸长率较大，在勾接或打结后，反而增强了纱线内纤维之间的抱合，减少了滑脱根数，故纱线的勾接强度和结节强度也可能大于 100%。

折皱性是纱线保持变形状态，即弯曲部位附近的片段形成一定的角度配置的能力。折皱现象是纱线弯曲剩余变形造成的，包括缓慢消失的缓弹性变形和塑性变形。

测定纱线折皱性的步骤如下：①取 50m 长的纱线有规则地缠绕在平滑的硬纸板上，中等粗细的纱线需施加 0.5N 的恒定张力；②将缠绕了纱线的硬纸板放置在两块玻璃板之间，施压若干小时（如 6h）；③去除压力，将纱线沿纸板一边切断后，休息若干小时（如 24h）；④用镊子小心地从纸板上取下纱线，利用量角器测定弯曲处纱线间夹角。

几种纱线的折皱性测试结果见表 12－4。其中，毛纱的测得角度最大，说明完整变形中急弹性变形和缓弹性变形组分最多，折皱性最小。由少量单丝构成的黏胶纤维复丝的折皱性很大，测得的角度很小。

表 12－4　几种纱线的折皱性

纱线种类	线密度（tex）	单丝根数	折皱角（°）		
			平均值	最小值	最大值
精梳棉纱	14	—	53	47	59
毛纱	14×2	—	118	112	124
黏胶复丝	16.5	90	62	53	71
黏胶复丝	16.5	40	40	32	58
醋酯复丝	16.5	60	67	64	70

2. 纱线多次弯曲特性指标及其测定

纱线在实际加工和使用中，经常发生多次弯曲循环变形，并因此引起疲劳。这种破坏作用往往产生在实际发生弯曲变形的小范围中，而且多次弯曲变形多为正负交替（振动）变形，疲劳现象发展得比较迅速。

多次弯曲作用通常采用下列三种方法进行试验：

（1）单面成圈弯曲，无拉伸作用。如图 12－14（a）所示，试样 1 被固定夹持器 2 和活动夹持器 3 握持。活动夹持器 3 在水平方向往复运动，时而接近夹持器 2（达到 3′位置），时而远离夹持器 2，试样承受单方面圈形弯曲作用，夹持器附近的微小双面弯曲作用可以忽略。（测试频率为 10～50Hz。）

（2）双面弯曲，有拉伸作用。如图 12－14（b）所示，试样被上、下夹持器 1、2 握持。下夹持器 2 同支架 3 相连，支架下面挂着重锤 4，使试样承受一定的拉伸作用。在测试过程中，夹持器 2 使试样得到一个拉伸静负荷。仪器开动后，上夹持器 1 以某一适当的角度 α（一般为 10°～90°）向左右摆动. 弯曲循环频率为 1～2Hz。转数计数器记下双面弯曲的次数（系正负交变弯曲作用），上夹持器 1 唇部为半径 r 的圆弧。

（3）双面弯曲，有拉伸作用和磨损作用。如图 13－20（c）所示，试样 1 的一端固定在夹持器 2 上，该夹持器插在转盘 3 上，可自由转动。试样 1 通过导辊 4 以及转子 5、6、7 后，另一端挂重锤 8，以产生拉伸作用。圆盘 3 旋转时，纱线弯曲，同时与辊 5、6、7 摩擦。试验一直继续到纱线断裂为止。

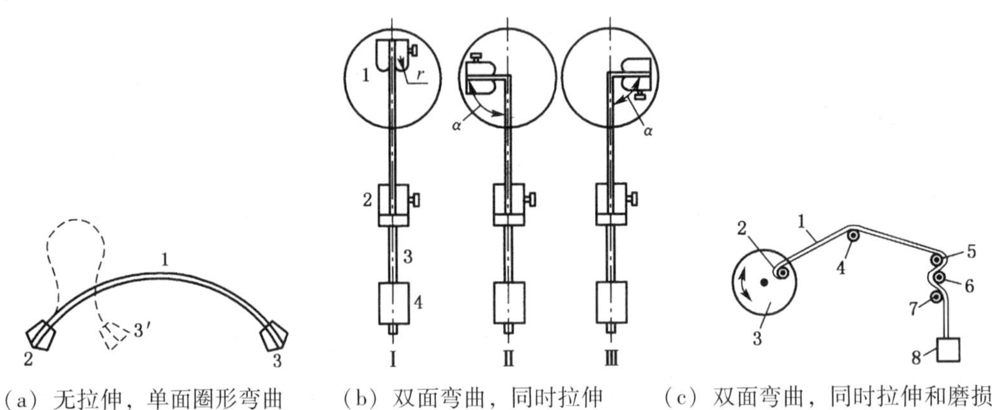

（a）无拉伸，单面圈形弯曲　（b）双面弯曲，同时拉伸　（c）双面弯曲，同时拉伸和磨损

图 12－14　多次弯曲变形试验方法

12.2.2　纱线的扭转特性

纱线在垂直于其轴线的平面内受到外力矩的作用时就产生扭转变形和剪切应力。纱线的加捻就是扭转。

1. 纱线扭转强度特性指标

扭转强度特性指标通常以具有初始捻度 T_0（捻/10cm）的纱线，再同向加捻到断裂时单位长度附加的捻回数 T 表示。据测试，各种纤维制成的 18tex 纱线，$T_0 = 50 \sim 55$ 捻/10cm，其附加捻回数分别为：棉纱 1824 捻/m，黏胶短纤维纱 1691 捻/m，普通黏胶长丝 1921 捻/m，强力黏胶长丝 1288 捻/m。

描述纱线加捻过程的另一特性指标是扭矩：

$$M_t = 2\pi R_t T \tag{12-20}$$

式中：M_t——给纱线施加的扭矩（cN · cm）；

R_t——纱线的抗扭刚度（相当于 1cm 长的纱线上产生一弧度扭转变形角时的扭矩值）；

T——捻度（捻/cm）。

纱线的扭转刚度越大，表示抵抗扭转变形的能力越大，加捻越困难；反之亦然。抗扭刚度 R_t取决于试样的剪切弹性模量 G（cN/cm^2）和截面的极断面惯性矩 I_p（cm^4）。它们的关系是：

$$R_t = GI_p = \pi r^4 \eta_t G/2 \tag{12-21}$$

式中：r——将实际截面积折换成正圆形时的半径（cm）；

η_t——截面形状系数（它等于实际断面的极断面惯性矩与圆形断面的极断面惯性矩之比）。

2. 测试纱线扭矩的方法及试验结果分析

测试纱线扭矩的方法，如图 12－15 所示。弹性钢丝 1 一端固定，另一端与指针 2 相连，3 为固定刻度盘，4 为支架，5 为阻尼器，6 为握持纱线的小钩，另一个小钩 8 同垫圈 10 相连接，该垫圈可以拆卸，并且有小孔以便同圆盘 11 上的定位销 9 相配合，当轮子 14 转动时，通过柔性轴 12 使圆盘 11 转动，转数由计数器 13 记录。测定时，用小钩 6 和 8 握持纱线试样 7。为此，须将小钩 8 连同垫圈 10 取出，握持试样后，重新装上。转动轮子 14，使试样得到必要的捻度。传递给纱线试样的扭矩越大，钢丝 1 转动的角度越大，刻度盘 3 上的指针 2 可指出这一读数。阻尼器 5 中的油剂能够消除支架 4 产生的振动。

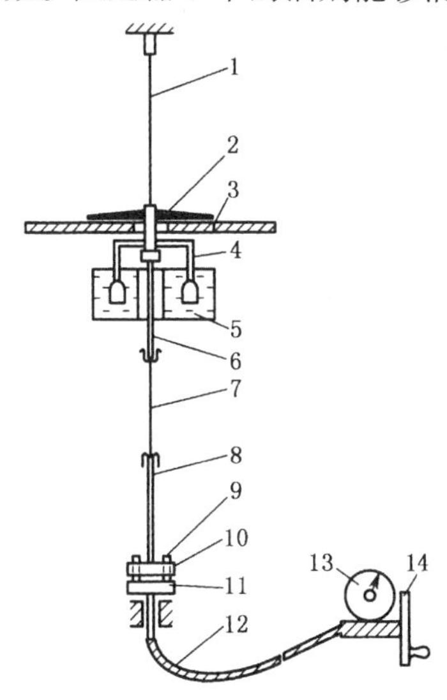

图 12－15　扭矩测定仪

几种纱线捻度与扭矩的关系曲线如图 12－16 所示。由图可知，纱线越粗，急弹性变形组分越大，则扭矩越明显。

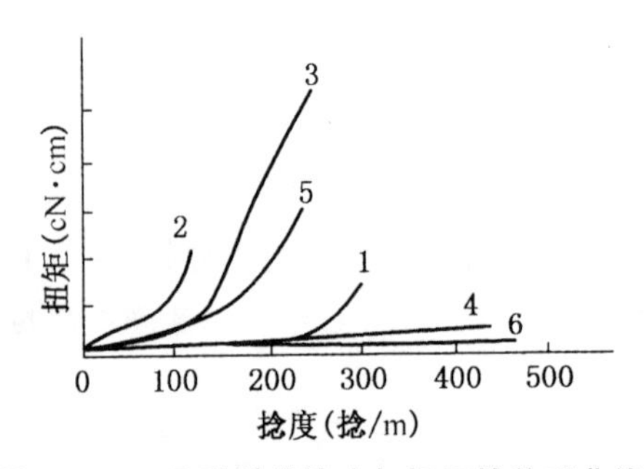

图 12－16　几种纱线捻度与扭矩的关系曲线

1—36tex 棉纱　2—100tex 亚麻纱　3—110tex 精梳毛纱

4—22tex 黏胶复丝　5—29tex 锦纶复丝　6—22tex 氯纶

扭转产生的剪切变形也包括急弹性变形、缓弹性变形和塑性变形三个组分。其中前两种组分是可逆的，使加捻的纱线具有解捻扭矩，产生解捻趋势。

例如 10tex 的生丝加捻 500 捻/m 时，退捻扭矩为 1.5×10^{-4}N·cm；2000 捻/m 时为 4.0×10^{-4}N·cm；3000 捻/m 时为 1.29×10^{-3}N·cm。而线密度与之相近的黏胶长丝加捻 2000 捻/m 时，退捻扭矩为 2.6×10^{-4}N·cm。这是由于生丝具有较多的可逆变形组分，所以在相同加捻条件下退捻扭矩较大。

3. 测试纱线抗扭刚度的方法及试验结果分析

测试纱线抗扭刚度的方法，如图 12－17 所示。纱线 1 一端固定在夹持器 2 处，中部通过固定在门型支架 5 横梁上的钩子 4，另一端挂在轻质盘 3 的钩子上。这一轻质圆盘便是旋转摆。在纱线的可逆变形组分作用下，旋转摆开始逆加捻方向旋转解捻，而后反复地加捻—解捻旋转，捻度逐渐减少。用秒表测出第二解捻周期持续的时间，用下式计算纱线的抗扭刚度：

$$R_t = GI_p = K/t^2 \tag{12-22}$$

式中：$K=0.4\pi^2 lD^4 h\gamma/g$，其中 g 为重力加速度，D 为圆盘直径（63cm），h 为圆盘厚度，γ 为圆盘物质密度，l 为摆长（15cm）。

测试纱线时 $K=72$。几种纱线的抗扭刚度列于表 12－5 中。纱线的抗扭刚度受湿度的影响甚大，湿度增大时，抗扭刚度显著降低。

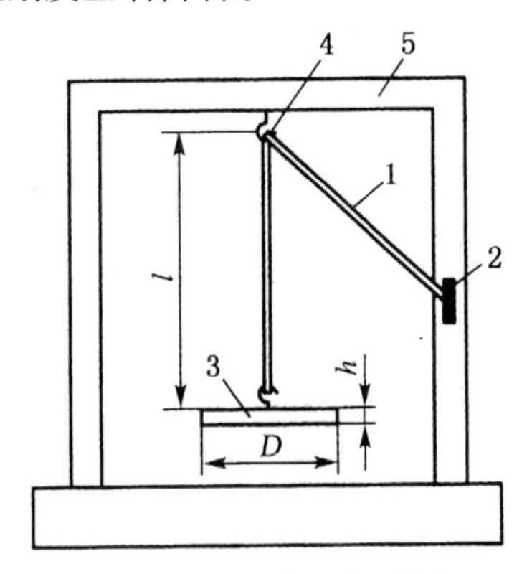

图 12－17　测定纱线的旋转摆仪

表 12－5　几种纱线的抗扭刚度

纱线种类	线密度（tex）	抗扭刚度	
		$g \cdot cm^2 \times 10^{-8}$	假定单位
普梳棉纱	25	2. 27	3. 15
干纺亚麻纱	72	12. 4	7. 22
精梳毛纱	42	6. 42	8. 25
生丝	2. 5	0. 05	0. 75
黏胶复丝	9	0. 07	0. 99

注：抗扭刚度用振动周期等于 100s 的纱线抗扭刚度作为假定单位，则 $R_t = 10\,000/t^2$。

在有些情况下，如加工针织产品时，力求纱线解捻扭矩为零或较小，以期达到平衡状态。因为这种纱线加工时不会产生纱辫而且断头较少。与此相反，在另一些情况下，如加工绉纱时，则希望具有较大的解捻扭矩。绉纱的解捻趋势，能够在织物表面产生波纹效应。

使纱线扭矩趋于平衡的方法，一是通过捻线的二次加捻捻向与一次加捻捻向相反，则扭矩可能平衡，以制成扭矩平衡的纱线；另一种方法是湿热处理，加速缓弹性变形的松弛过程，使纤维分子达到平衡状态，扭矩大大减少，以使纱线得到定捻。

12. 2. 3　纱线的压缩特性

纱线在纺织加工和使用过程中会受到压缩，例如纱线经过压辊、经轴与滚筒之间；纱线在卷装中；纱线在织物中相互交织时等等。

1. 纱线压缩特性的指标

纱线的压缩主要表现在径向受压。纱线在受压方向被压扁，在受力垂直方向变宽。纱线径向压缩特性的指标，是在各种加压下的直径变化率 A（%）和卸压后直径剩余变形率 B（%），即：

$$A(\%) = \frac{d_0 - d}{d_0} \times 100\%,\quad B(\%) = \frac{d_0 - d_n}{d_0} \times 100\% \qquad (12-23)$$

式中：d_0——纱线的原始直径；

d——压缩后直径；

d_n——压缩回复后直径。

2. 单根纱线径向压缩特性的测试

单根纱线的径向压缩特性的测试方法：在 100Pa 压力下测定其初始面积，再对纱线施加压力，测定其截面积。测得数据如图 12－18 所示，其截面积的变形 ε 随着负荷 P 的增大而增大，开始时增加迅速，之后逐渐平稳。在压缩量相同的情况下，施加在结构紧密的单根纤维上的压力较施加在结构蓬松的纱线上的压力大得多。例如，施加在羊毛纤维上的压力较毛纱上的大 8 倍。

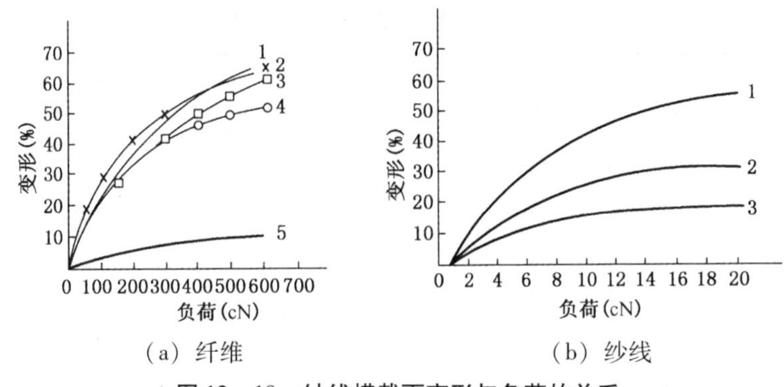

（a）纤维　　（b）纱线

图 12－18　纱线横截面变形与负荷的关系

3. 机织物内纱线的截面形态

机织物内纱线的截面形态，受到纤维原料、织物组织、织物密度等因素的影响，因此在讨论织物几何结构概念时，应充分考虑纱线在织物内被压扁的实际情况。不同学者提出的纱线截面形态模型如图 12－19 所示。

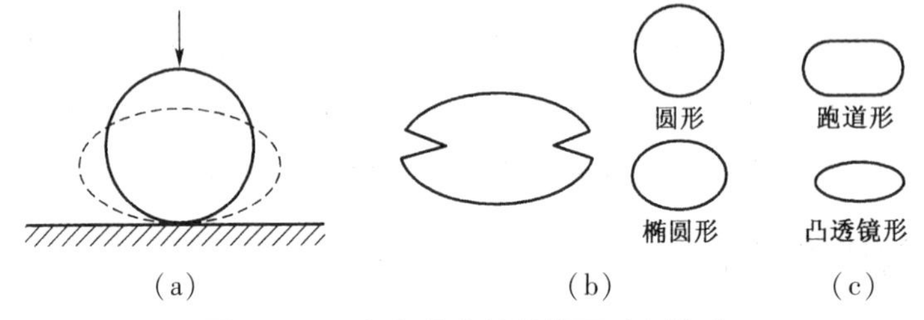

（a）　（b）　（c）

图 12－19　机织物中纱线截面形态模型

采用椭圆形截面时，纱线的压扁系数按下式计算：

$$\eta = d'/d \tag{12-24}$$

式中：d——纱线的计算直径（mm）；

d'——纱线在织物切面图上垂直布面方向的直径（mm）。

η 的大小与织物组织、密度、纱线原料、成纱结构、织造参数等因素有关，一般为 0.8 左右。采用跑道形截面时，其长短径分别为：

$$d_L = \lambda_L d,\ d_s = \lambda_s d \tag{12-25}$$

式中：d——纱线的计算直径（mm）；

d_L——跑道形的长径（mm）；

d_s——跑道形的短径（mm）；

λ_L——纱线的延宽系数；

λ_s——纱线的压扁系数。

根据府绸织物切片测定，府绸织物经纱的延宽系数为 1.19，压扁系数为 0.71；纬纱的延宽系数为 1.18，压扁系数为 0.81。

第 13 章　织物的组成、分类与结构

将纤维集合，制成一定尺寸规格的平板状的物体，称为织物，简称为布。它是纺织材料的组成部分之一，是纤维制品的重要种类，是纺织品的基本形式。织物也是纤维制品应用的主要单元。

13.1　织物的组成、形成方法及其分类

织物（fabrics）的种类极其繁多，原料、形态、花色、结构、形成方法等千变万化。

13.1.1　织物按组成分类

无论是哪种织物，按生产织物所用纤维和纱线种类进行分类是其最基本的分类方式之一。

按纤维原料分，包括纯纺织物、混纺织物和交织织物。纯纺织物是指由单一纤维原料纯纺纱线所构成的织物，如纯棉、纯毛、纯桑蚕丝、纯亚麻织物以及各种纯化纤织物等。混纺织物是指以单一混纺纱线形成的织物，如经、纬纱均用涤/棉（50/50）纱织成的涤棉混纺织物；经、纬纱均用毛/腈（70/30）纱织成的毛腈混纺织物。交织织物是指经纱与纬纱使用不同纤维原料的纱线织成的机织物；或是以两种或两种以上不同原料的纱线并合（或间隔）针织而成的针织物；或是以两种或两种以上不同原线并合（或间隔）而成的编结织物等。如经纱用棉纱线、纬纱用黏胶长丝或桑蚕丝的线；棉纱与锦纶长丝交织、低弹涤纶丝与高弹涤纶丝交织的针织物；柔性纱线绑定高性能纤的编结物等。此外，在织物中用金、银线进行装饰点缀，也可算作一种交织形式，是低比例的装饰交织织物。

按纱线的类别分，包括纱织物、线织物、半线织物、花式线织物、长丝织物等。纱织物，即完全采用单纱织成的机织物或针织物。线织物，即完全采用股线织成的机织物、针织物或编结织物。半线织物，是指经纬向分别采用股线和单纱织成的机织物及单纱和股线并合或间隔针织而成的针织物。花式线织物，即各种花式线织成的机织物或针织物。长丝织物，是指采用天然丝或化纤长丝织成的机织物或针织物。

13.1.2　织物按形成方法分类

织物按形成方法的分类，是最主要的分类方式之一。织物按形成方法可分为机（梭）织物、针织物、编结（织）物、非织造织物和复合织物。机织物、针织物和编结（织）物虽然有不同的组织结构特征，但从原料的构成、织物的规格、织物成形前后的加工等方面具有相同或相似的特征。非织造织物作为一种由纤维网构成的纺织品，其所用的纤维原

料一般较单一，较多地按纤网形成方式和固着方式来分类。

1. 机（梭）织物

机织物也称梭织物，是由互相垂直的一组（或多组）经纱和一组（或多组）纬纱在织机上按一定规律纵横交编织成的制品。有时机织物也可简称为织物。现代的多轴向加工，如三向织造、立体织造等，已突破机织物的这一定义的限制。

2. 针织物

一般针织物是由一组或多组纱线在针织机上按一定规律彼此、相互串套成圈连接而成的织物。线圈是针织物的基本结构单元，也是该织物有别于其他织物的标志。常见的针织物有纬编针织物和经编针织物。

（1）纬编针织物：纬编针织物是由一根（或几根）纱线沿针织物的纬向顺序地弯曲成圈，并由线圈依次串套而成的织物。

（2）经编针织物：经编针织物是由一组或几组平行的纱线同时沿织物经向顺序成圈并相互串套联结而成的织物。

3. 编结（织）物

编结（织）物一般是以两组或两组以上的线状物，相互错位、卡位或交编形成的产品，如席类、筐类等竹、藤制品；或者是以一根或多根纱线相互串套、扭辫、打结的编结产品，如渔网等；另外一类是由专用设备、多路进纱按一定空间交编串套规律编结成三维结构的复杂产品。产业用纤维增强复合材料产品中相当一部分用此法生产。

4. 非织造织物

非织造织物亦称非织造布，是指用机械、化学或物理的方法使由纤维、纱线或长丝黏结、套结、绞结而成的薄片状、毡状或絮状结构物，但不包含机织、针织、簇绒和传统的毡制、纸制产品。非织造织物过去曾简称为无纺布，我国1984年才产品的特性定名为“非织造织物"。近年来，产业用非织造织物出现了许多新品种，如无纬织，它是纱线或化纤长丝伸直平行均匀排列以胶黏膜为基底着固定的织物。由于纤维伸直平行无交织点，高模量充分体现，主要用于复合增强材料（如为防弹设备的重要材料）。

5. 复合织物

复合织物是由机织物、针织物、编结物、非织造织物或膜材料中的两种或两种以上材料通过交编、针刺、水刺、黏结、缝合、铆合等方法形成的多层织物。

13.2 机织物分类与结构

机织物也称梭织物，是由互相垂直的一组（或多组）经纱和一组（或多组）纬纱在织机上按一定规律纵横交织成的制品。有时机织物也可简称为织物。现代的多轴向加工，如三向织造、立体织造等，已突破机织物的这一定义的限制。

13.2.1 机织物分类

随着生产技术的发展，机织物的花色品种更加繁多，为了便于对机织物的品质和特性进行研究，将机织物进行科学合理的分类具有重要意义。常用的分类方法有以下几种。

1. 按原料分类

（1）纯纺织物。经、纬均为同一种原料织造的织物称为纯纺织物。例如，真丝织物中的乔其纱、双绉、电力纺，纯毛毛织物中的纯毛哔叽、凡立丁、麦尔登，棉织物中的府绸、卡其、华达呢等。

（2）混纺织物。由两种或两种以上不同种类的纤维混合纺成的经、纬纱织成的织物称为混纺织物。如涤棉纺、涤粘纺、毛涤纺等。

（3）交织织物。经纱和纬纱分别采用不同纤维纺制成的纱线（丝）织成的织物称为交织织物。例如，桑蚕丝经、粘胶丝纬交织而成的织锦缎、古香缎、软缎等提花织物；棉经、毛纬交织而成的毛毯等织物。

2. 按纱线的类别分类

（1）短纤维纱织物。

①纱织物：经纬纱均由单纱构成的织物称为纱织物。织物柔软、轻薄，强力低，易起毛起球。如各种棉平布。

②线织物：经纬纱均由股线构成的织物称为线织物（全线织物）。织物厚实、挺硬，强力高。如绝大多数的精纺呢绒、毛哔叽、毛华达呢等。

③半线织物：经纱是股线，纬纱是单纱织造加工而成的织物叫半线织物。织物股线方向强度高、挺实、悬垂性差。如纯棉或涤棉半线卡其等。

（2）长丝织物。长丝织物是指采用天然丝或化纤长丝织成的机织物。织物光亮，强力好，不易起毛起球。

（3）花式线织物。花式线织物即用各种花式线织成的机织物。织物丰富多彩的布面外观，但强力低，易起毛起球，易勾丝。

3. 按织物的组织结构分类

所谓织物组织是指机织物中经、纬纱线交织的规律与形式。按织物组织分类，梭织物可分为原组织织物、变化组织织物、联合组织织物、复杂组织织物和纹织物。

（1）原组织织物。原组织也称基本组织，包括平纹、斜纹和缎纹。平纹织物主要有细布、府绸、凡立丁等；斜纹织物有纱卡、斜纹布、毛哔叽等；缎纹织物有横贡、直贡、软缎、贡呢等。

（2）变化组织织物。变化组织是在原组织的基础上，变更原组织的循环数、浮点、飞数等参数，衍生或派生而成的织物组织，对应的有平纹、斜纹、缎纹变化组织。

（3）联合组织织物。联合组织是将两种或两种以上的组织联合（组合、搭配）构成的新组织，织物表面呈现几何图案或小花纹效应，如条格组织织物、绉组织织物、透孔组织织物等。

（4）复杂组织织物。复杂组织织物是由多组经纬纱构成，包括一组经纱与两组纬纱或两组经纱与一组纬纱或两组及两组以上经纱与两组及两组以上纬纱构成的，分为二重、双层、起毛、毛巾、纱罗组织织物，使织物表面致密、质地柔软、耐磨、较厚或能赋予织物一些特殊性能等。

（5）纹织物。纹织物又称大提花组织，可分为简单和复杂两大类。凡用一种经纱和一种纬纱，选用原组织及小花纹组织构成花纹图案的组织称为简单大提花组织。经纱或纬纱的种类在一种以上，配列在多重或多层之中的组织均称为复杂大提花组织。

4. 按染整加工分类

（1）本色织物。本色织物又称坯布，指由织布厂织成后，不经任何印染加工的织物。此品种大多数用于印染加工。

（2）漂白织物。坯布经退浆、煮炼等工艺后，再经漂白的织物，也称漂白布。

（3）染色织物。坯布经退浆、煮炼等工艺后，再经染色的织物，也称匹染织物、色布、染色织物。

（4）印花织。物坯布经退浆、煮炼、漂白等工艺后，再经印花加工的织物，也称印花布、花布。

（5）色织物。将纱线全部或部分染色，再织成各种不同色的条、格及小提花织物。这类织物的线条、图案清晰，色彩界面分明，并富有一定的立体感。

（6）色纺织物。先将部分纤维染色，再将其与原色（或浅色）纤维按一定比例混纺，或两种不同色的纱混纺，再织成织物。这样的织物具有混色效果，如烟灰色就可由黑色与白色纤维混纺而得。

（7）整理织物。通过物理或化学的方法整理加工的织物。如柔软或硬挺整理，防霉、防蛀整理，拒水、阻燃、防污、抗菌、抗静电整理等。

5. 按用途分类

机织物以其应用领域不同可分为三大类：服用织物、装饰用织物及产业用织物。

（1）服饰用织物。织物中以衣着用织物用量最大，包括春、夏、秋、冬的各式服装用布以及领带、鞋、帽、被面、围巾、伞、手帕等。

（2）装饰用织物。如窗帘、窗纱、靠垫、沙发套、床罩等。

（3）产业用织物。如绝缘布、过滤布、防水布、土工布、降落伞、人造血管等。

6. 按织物的风格分

由于纤维在细度、长度、刚性、弹性、光泽等性状方面存在的差异，构成的织物风格也因此产生较大的差异，现将织物按风格分类如下。

（1）棉型织物。全棉织物、棉型化纤织物和棉与棉型化纤混纺织物统称为棉型织物。棉型化学纤维的长度、细度均与棉纤维相接近，织物具有棉型感。常用的棉型化学纤维有涤纶、维纶、丙纶、粘胶纤维、Lyocell 等短纤维。

（2）毛型织物。全毛织物、毛型化纤织物和毛与毛型化纤的混纺织物统称为毛型织物。毛型化学纤维的长度、细度、卷曲度等方面均与毛纤维相接近，织物具有毛型感。常用的毛型化学纤维有涤纶、腈纶、粘胶纤维、Lyocell 等短纤维。

（3）丝型织物。蚕丝织物、化纤仿丝绸织物和蚕丝与化纤丝的交织物统称为丝型织物，具有丝绸感。其常用的化纤丝有涤纶、锦纶、粘胶纤维、Lyocell 等长丝。

（4）麻型织物。纯麻织物、化纤与麻的混纺织物和化纤丝仿麻织物统称为麻型织物。织物具有粗犷、透爽的麻型感。麻型化学纤维在细度、细度不匀、截面形状等方面与天然麻相似，常用的化学纤维主要是涤纶。

（5）中长纤维织物。中长纤维织物指长度和细度界于棉型与毛型之间的中长化学纤维的混纺织物。中长纤维织物为化纤织物，具有类似毛织物的风格，常见的品种如涤粘中长纤维织物、涤腈中长纤维织物等。

7. 按纺纱的工艺分类

按纺纱工艺的不同，棉织物可分为精梳织物、粗梳（普梳）棉织物和废纺织物；毛织物可分为精梳毛织物（精纺呢绒）和粗梳毛织物（粗纺呢绒）。

13.2.2　机织物的结构与组织

机织物是由平行于织物布边或与布边呈一定角度排列的经纱和垂直于织物布边排列的纬纱，按规律交织而成的片状纱线集合体。并由这种交叉排列和屈曲起伏的挤压接触形成稳定的交织结构。其中经、纬纱的起伏规律称为“织物组织”。织物组织只是织物结构的一部分，传统织物结构概念中较多关注织物组织，而忽略织物结构的基本概念。

1. 机织物规格与结构参数

（1）机织物规格参数。机织物作为几何体具有长度、宽度、厚度和重量等度量指标，通过测量这些指标不仅可以掌握织物的规格，还可以了解到织物的结构和相关性能。

①长度：机织物的长度指在零张力且无折叠和无褶皱的状态下，织物两端最外边完整的纬纱之间的距离，以米（m）来度量。工厂里通常进行织物匹长的检测，匹长是指一匹织物的长度。在国际贸易中有时采用英制的长度单位码（yd）。

织物长度一般根据织物的种类和用途确定，同时还要考虑织物的重量、厚度、卷装容量及后整理等因素。表13-1是部分机织物的匹长范围。

表13-1　机织物的匹长

织物	棉织物	精纺毛织物	粗纺毛织物	丝织物	麻类夏布
匹长（m）	27~70	50~70	30~40	20~50	16~35

②宽度：机织物的宽度指织物纬向两边最外缘经纱线间的距离，又称为幅宽，用厘米（cm）来度量，在国际贸易中有时采用英制的长度单位英寸（in）。织物的幅宽是根据织物种类、织物用途、生产设备条件、产量等因素确定的。随着装饰用织物的发展和服装裁剪的要求，宽幅织物的需求在逐年增加。表13-2为常用各种织物的幅宽范围。

表 13-2 机织物的幅宽

单位/cm

服装用织物		装饰用织物		产业用织物	
棉织物	80~120、127~168	床上用品、窗帘	130、160、195、210、254、300	压膜复合布	80~180
精梳毛织物	144、149				
粗梳毛织物	143~150	毛巾被	125、140、180	过滤布	90~160
丝织物	70~140	地毯	60、120、160、275、366、458	土工布	220~440

③厚度：机织物厚度指织物在承受规定压力下，织物两参考面之间的垂直距离，以毫米（mm）来度量。织物的厚度与纱线的粗细、捻度、经纬纱捻向的配置、织物组织结构及染整加工时的张力等有关，并且直接影响到织物的手感、耐用性能、保暖性、透气性、悬垂性、抗皱性和重量等，是织物规格的重要指标之一。一般根据织物厚度和织物类型，可以将织物分为轻薄型、中厚型和厚重型，见表 13-3。

表 13-3 机织物的厚度

单位/cm

织物类型	棉织物、棉型化纤维织物	毛织物、毛型化纤精梳织物	毛织物、毛型化纤粗梳织物	丝织物
轻薄型	0.24 以下	0.4 以下	1.10 以下	0.14 以下
中厚型	0.24~0.40	0.4~0.6	1.10~1.60	0.14~0.28
厚重型	0.40 以上	0.6 以上	1.60 以上	0.28 以上

④重量：机织物重量一般采用单位长度或单位面积重量来度量，以每米克重（g/m^2）或以每平方米克重（g/m^2）为计量单位，以每平方米克重（g/m^2）度量时称为织物平方米重。一般采用公定回潮率下平方米克重或平方米干重。

机织物重量不仅关系到织物的成本核算，还会影响织物的耐用性能、保暖性、悬垂性和服装舒适性，是服装设计者考虑服装造型和消费者购买服装时的重要参考指标。常见机织物平方米克重见表 13-4 和表 13-5。

表 13-4 机织物平方米克重

机织物	棉织物	精纺毛织物	粗纺毛织物	薄型丝织物
平方米克重（g/m^2）	70~250	130~350	300~600	40~100

表 13-5 毛织物平方米克重

交织物	轻薄型织物		中厚型织物		厚重型织物	
	精纺毛织物	粗纺毛织物	精纺毛织物	粗纺毛织物	精纺毛织物	粗纺毛织物
平方米克重（g/m^2）	180 以下	300 以下	180~270	300~450	270 以上	450 以上

织物的平方米重可以通过实测获得，也可以通过织物结构参数和纱线线密度直接估算。

$$W = \frac{T_{t_T} \cdot P_T}{1 - \alpha_T} + \frac{T_{t_W} \cdot P_W}{1 - \alpha_W} \tag{13-1}$$

式中：W——织物的平方米重，g/m^2；

P_T、P_W——经、纬纱排列密度，根/10cm；

T_{t_T}、T_{t_W}——经、纬纱线密度，tex；

α_T、α_W——经、纬纱织缩。当α_T和α_W很小（$<1\%$）时，可以忽略。

（2）机织物结构参数。

①经纬纱线的配置。机织物中经纬纱线的特数配置是织物结构的重要因素，它直接影响织物的纹理效果、手感、服用性能和织物的产量，也是织物设计的主要项目之一。织物的经纬纱线一般有三种配置状态：一是经纬纱特数相等；二是经纱特数小于纬纱特数；三是经纱特数大于纬纱特数。第一种配置方式便于生产管理，第二种配置方式可以提高织布机的产量，因此，前面两种配置方式是生产厂经常采用的。第三种配置方式一般很少使用，只是用于像轮胎帘子线、复合材料等具有特殊要求的产品。关于用纱或用线基本配置有三种：经纱纬纱、经线纬纱、经线纬线。主要考虑经向纱线受到较多的摩擦和较大的张力，故选用高品质的纱线，强伸性都优于纬纱。

②织物密度。织物密度是指机织物中经、纬纱的排列密度，经纱排列密度是指织物纬向10cm内排列的经纱根数，称作纬向密度；纬纱排列密度是指织物经向10cm内排列的纬纱根数，称作经向密度。织物经、纬密以“经向密度×纬向密度”表示，若将经纬纱线特数也列出来，则织物规格为“经纱特数×纬纱特数×经向密度×纬向密度”。例如“28×28×210×190”，表示织物经纬纱为28tex，经向密度为210根/10cm，纬向密度为190根/10cm。不同织物的密度，可在很大范围内变化，麻类织物约40根/10cm，丝织物约1000根/10cm，大多数棉、毛织物的密度为100～600根/10cm。

当纱线特数一定时，织物密度的大小直接影响到织物的手感、透气性、保暖性、悬垂性和织物重量。若改变织物经纬向密度，还会使织物经纬向强力和织物可成形性发生变化，因此，织物密度的配置是织物设计的重要项目。织物密度相同的织物，纱线特数大的织物比较紧密，而纱线特数小的织物则比较稀疏。因此，为了比较密度相同而纱线特数不同的织物紧密程度，必须同时考虑纱线直径和织物密度。

③织物紧度。机织物紧度亦称织物覆盖系数，包括织物总紧度和经、纬向紧度。织物总紧度是指织物中经纬纱线所覆盖的面积与织物面积之比。织物经、纬向紧度等于纬（经）纱直径与相邻两根纬（经）纱之间的中心距之比。计算织物紧度示意参考图13-1。

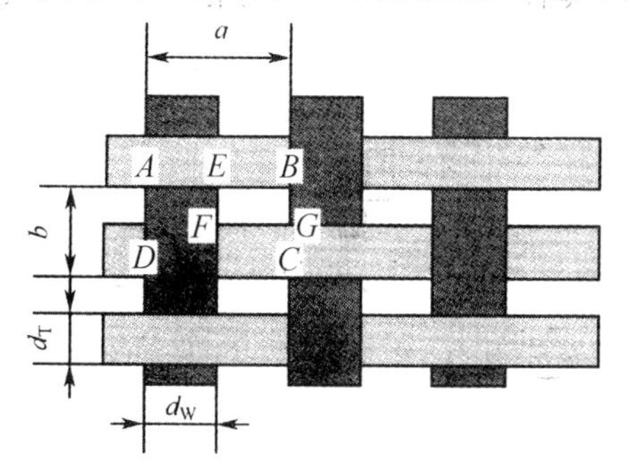

图13-1　计算织物紧度示意图

织物紧度计算式如下：

$$E_T = \frac{d_T}{\alpha} \times 100 = \frac{d_T}{100/P_T} 100 = d_T \cdot P_T \qquad (13-2)$$

$$E_W = \frac{d_W}{b} \times 100 = \frac{d_W}{100/P_W} \times 100 = \frac{d_W}{100/P_W} \times 100 \qquad (13-3)$$

$$E_Z = \frac{\text{面积}ABFGCD}{\text{面积}ABCD} \times 100 = \frac{d_T \cdot b + d_W(\alpha - d_T)}{\alpha b} \times 100 = E_T + E_W \frac{E_T \cdot E_W}{100} \qquad (13-4)$$

式中：E_T、E_W——织物经、纬向的紧度,%，

d_T、d_W——经、纬纱线直径，mm；

P_T、P_W——经、纬纱排列密度，根/10cm。

a、b——两根经、纬纱线间的平均中心距离，mm。

式（13－4）在满足 $E_T \leqslant 100\%$ 和 $E_W \leqslant 100\%$ 时是正确的，若 E_T 或 E_W 大于 100%，织物中的纱线有挤压或相互重叠的现象，则式（13－4）失效。常用棉织物的紧度配置见表 13－6。

表 13－6　常用棉织物的紧度配置

织物种类	平布	府绸	斜纹布	哔叽	华达呢	卡其	直贡	横贡
经纬紧度比	1:1	5:3	3:2	6:5	2:1	2:1	3:2	2:3
E_t（%）	35～60	61～80	60～80	55～70	75～95	80～110	65～100	45～55
E_w（%）	35～60	35～60	40～55	45～55	45～55	45～60	45～55	65～80
E_z（%）	60～80	75～90	75～90	≤85	85～95	≥90	≥80	≥80

④织造缩率。织造缩率也称织缩率，是指因织造纱线缩短的长度占纱线原长的百分率，分经纱缩率和纬纱缩率。

⑤织物体积重量和体积分数。织物体积重量是指织物单位体积的质量（g/cm^3）。织物体积分数是指构成织物的经纬纱总体积与织物体积之比。

⑥结构相。结构相是指梭织物中经、纬纱在织物中交织时的屈曲状态。梭织物中的纱线屈曲状态，随织物组织、经纬纱线密度、纱线特数、纤维原料及织造张力的不同而变化，纱线屈曲状态的变化会直接影响织物的力学性能和织物的外观。

织物中纱线屈曲状态示意图如图 13－2 所示。假设织物经纬纱线屈曲波的波峰与波谷（指横截面中心）之间的垂直距离为该系统纱线的屈曲波高，分别用 h_T/h_w 表示。经纬纱线直径为 d_T、d_w，经纬纱线直径之和为 L。通常以经纱屈曲波高和纬纱屈曲波高的比值 h_T/h_w 来描述经纬纱线在织物中的屈曲状态，即为织物结构相，按照经纬纱线屈曲波高的比值，可以将织物分成十个结构相，每个结构相之间的阶差为 $L/8$，其特征参数见表13－7。

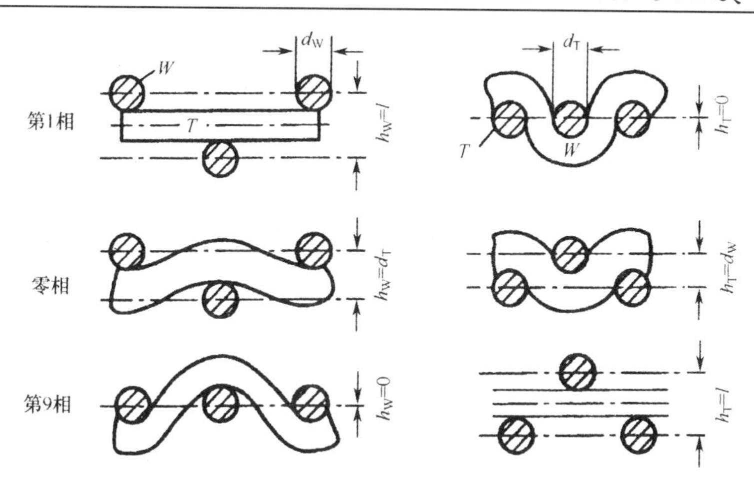

图 13-2 织物中纱线屈曲状态示意图

表 13-7 织物结构相的特征参数

结构相	1	2	3	4	5	6	7	8	9	0
h_T	0	1/8L	1/4L	3/8L	1/2L	5/8L	3/4L	7/8L	L	d_w
h_w	L	7/8L	3/4L	5/8L	1/2L	3/8L	1/4L	1/8L	0	d_t
h_T/h_w	0	1/7	1/3	3/5	1	5/3	3	7	∞	d_T/d_w

由表 13-7 可知：第一相和第九相是两种极端状态，第一相中经纱完全伸直，纬纱呈现最大屈曲；第九相中纬纱完全伸直，经纱呈现最大屈曲。第五相中经纬纱线的屈曲波高是相等的。将一系统纱线的屈曲波高等于另一系统纱线直径的结构状态称为零结构相，织物经纬纱线在同一平面上，织物的厚度最小。若经纬纱线直径相同时，织物零结构相与第五相是相同的。

2. 机织物组织

（1）组织结构参数。机织物中经纬纱线相互交织的规律和形式称为织物组织。织物组织变化时，织物结构、外观风格和织物性能也会随之改变。在织物组织中表示组织结构的参数有组织点、组织循环、纱线循环数和组织点飞数。

①组织点。组织点是指织物中经纬纱线的交织点。当经纱在纬纱之上时为经组织点，以方格“■”表示；当纬纱在经纱之上时为纬组织点，用方格“□”表示。

②组织循环。当经组织点和纬组织点的排列规律在织物中重复出现为一个组成单元时，该组成单元称为一个组织循环或一个完全组织。在一个组织循环中，经组织点多于纬组织点时为经面组织，纬组织点多于经组织点时为纬面组织，若经组织点和纬组织点数目相同，则为同面组织。

③纱线循环数。构成一个组织循环的经纱或纬纱根数称为纱线循环数。构成一个组织循环的经纱根数称为经纱循环数，用 R_j 表示；构成一个组织循环的纬纱根数称为纬纱循环数，用 R_w 表示。织物完全组织或组织循环的大小是由纱线循环数来决定的。如图 13-3 为平纹织物组织图，图中箭头所示为一个组织循环，纱线循环数 $R_j=R_w=2$。

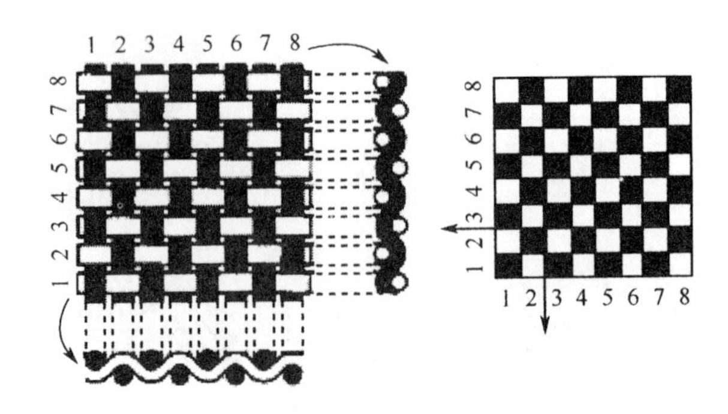

图 13－3　平纹织物组织图与结构图

④组织点飞数。在织物组织循环中，同一系统纱线中相邻两根纱线上相应的组织点之间间隔的纱线数，称为组织点飞数。在相邻两根经纱上相应组织点的位移数，是经向飞数，用 S_j 表示；在相邻两根纬纱上相应组织点的位移数，是纬向飞数，用 S_w 表示。如图 13－4 所示，组织点 B 相应于组织点 A 的飞数是 $S_j=3$，组织点 C 相应于组织点 A 的飞数是 $S_w=2$。织物是经面组织时，采用经向飞数，若是纬面组织时，则采用纬向飞数。组织点飞数一般用于表示缎纹织物组织。

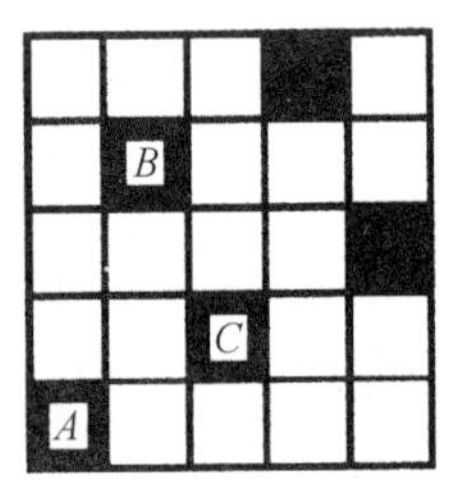

图 13－4　组织点飞数

（2）机织物基本组织。机织物基本组织（原组织）是各种机织物组织的基础，包括平纹组织、斜纹组织和缎纹组织，所以又称为三原组织。

①平纹组织。平纹组织是最简单的织物组织，经纱和纬纱每隔一根纱线就交错一次。

组织图及组织参数：平纹组织的组织图如图 13－3 所示。$R=R_w=2$。平纹组织在组织循环中，经组织点和纬组织点的数目相同，为同面组织。平纹组织可以用分式 $\frac{1}{1}$ 表示，读作一上一下平纹组织。分式中分子和分母分别表示织物组织循环中每根纱线上的经组织点数和纬组织点数。

织物特点：平纹组织是所有织物组织中交织次数最多的组织，交织点多，布面平整挺括，织物的断裂强度大，耐磨性较好。平纹织物手感较硬，花纹单调，光泽略显暗淡。

平纹组织在机织物中应用很广泛，如棉织物中塔夫绸和双绉；毛织物中的派力司、凡立丁和法兰绒；棉织物中的夏布、亚麻细布等都是平纹组织。

②斜纹组织。斜纹组织比平纹组织复杂，斜纹组织织物表面有经纱或纬纱浮长线组成的斜纹线，使织物表面有沿斜线方向形成的凸起的纹路，斜纹的方向有左有右。

组织图及组织参数：斜纹组织纱线循环数 $R_j=R_w\geqslant3$。斜纹组织的分式表达与平纹组织相似，并通常在斜纹分式右边加一个箭头表示斜纹的方向。斜纹组织的组织图如图

13 -5所示。

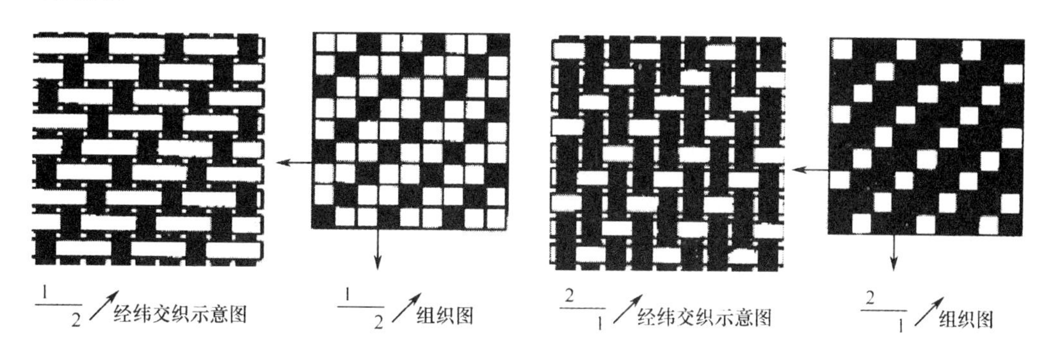

图 13 -5　斜纹组织图

织物特点：斜纹织物有正反面的区别，经纬纱线的交错次数少于平纹，织物的手感比较柔软，光泽和弹性较好。由于交织点少、浮线长，斜纹织物在同样密度和纱线特数的条件下，织物强力、耐磨性和挺括程度不如平纹织物。

斜纹组织在织物中应用广泛，如棉织物中的斜纹布、牛仔布、卡其；丝织物中的斜纹绸、美丽绸；毛织物中的全毛花呢和麦尔登等都是斜纹织物。

③缎纹组织。缎纹组织是基本组织中最复杂的组织，缎纹组织的经纬纱线形成一些单独的、互不相连的组织点，组织点分布均匀。织物表面呈现经或纬浮长线，质地平滑，富有光泽。

组织图及组织参数：缎纹组织纱线循环数 $R_j = R_w \geq 5$（6 除外），其组织点飞数 $1 < S < R-1$，并且 S 和 R 之间不能有公约数。图 13 -6 为八枚缎纹织物组织图，缎纹组织的分式表示与平纹和斜纹不同，分子表示缎纹组织的纱线循环数 R（读作枚数），分母表示组织点的飞数 S，飞数可由经面或纬面缎纹确定。如八枚三飞经面缎纹可以写成 8/3 缎纹。

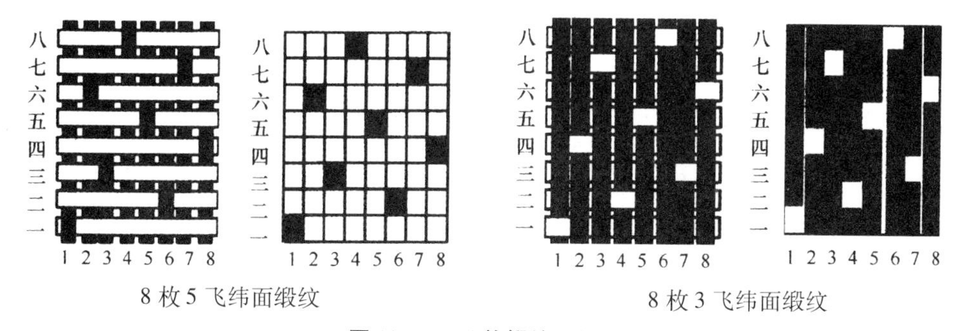

8 枚 5 飞纬面缎纹　　8 枚 3 飞纬面缎纹

图 13 -6　八枚缎纹组织图

织物特点：缎纹组织织物正反面有明显的区别，正面多为浮长线覆盖，因此织物正面平滑、光泽明亮。

在基本组织中，缎纹组织交织点最少，所以织物手感柔软、弹性好，但是在其他条件相同时，缎纹织物强力最低，易起毛起球和勾丝。

缎纹组织的应用较广，除用于衣料外还常用于被面、装饰品等。棉织物中的直贡缎、横贡缎等，毛织物中的贡呢、驼丝绵等，丝织物中的绉缎、软缎、织锦缎等，都属于缎纹织物，缎纹组织在丝织物中应用最多。

机织物变化组织是在三原组织的基础上，通过改变组织的纱线循环数、浮长、飞数、斜纹线的方向等条件，形成了各种变化组织。按组织结构的不同，可将变化组织分为平纹变化组织、斜纹变化组织和缎纹变化组织。

机织物联合组织是将两种或两种以上的组织（原组织或变化组织），按各种不同的方法联合而成的组织。其联合的方法呈多样化，如两种组织的简单并合、两种组织纱线的交互排列、在某一组织上按另一组织的规律增加或减少组织点等。联合组织中有绉组织、凸条组织、透孔组织、蜂巢组织和网目组织等，这些组织的外观各具特色。

机织物复杂组织经纬纱线系统中至少有一个系统是由两组或两组以上的纱线构成的。它包括重组织、双层或多层组织、起毛起绒组织、纱罗组织等。各种织物的风格特征如表13－8所示。

表13－8　各种织物的风格特性

项目	外观风格	手感
平纹织物	织物表面经纬浮长最短，外观细密、平整、光泽较差，表面不易起毛和起球	手感最硬挺，质地最紧密，但蓬松感较差
斜纹织物	表面浮长比平纹组织长，且形成有规律的斜纹纹路，外观变化较丰富，表面光泽较好，比平纹易起毛起球	手感比平纹蓬松柔软，质地较平纹疏松
缎纹织物	在原组织中其织物表面浮长最长，表面光泽特别好，一般没有明显的纹路，光滑、细腻；应用于丝织物中能给人带来高雅华贵的感觉，容易勾丝、拉毛和起毛、起球	在原组织中手感最为柔软，质地也最为疏松
变化组织织物	大多接近原组织风格，但外观更加富于变化	平均浮长越长，交织次数越少，织物的手感越蓬松、柔软
联合组织织物	外观富有立体感与艺术性，联合组织织物都有各自的特征：凹凸的颗粒、立体感很强的条形、纱线的扭曲变化、以小孔形成的图案、立体效应很强的凹凸蜂巢花纹	质地越稀松，则越缺乏身骨。平均浮长越短、变烈次数越多，织物的手感越硬挺
复杂组织织物	外观风格丰富多变，织物一般较厚，有单面和双面之分，质地丰厚但织纹细腻；其中提花组织就其表面或简单或复杂的图案而使织物的外观呈现各种不同的格调	虽然其经密度较大，但因是多组纱线织物，手感仍蓬松柔软；质地稀松而不软

13.3　针织物分类与结构

针织物由纱线弯曲成圈，纵向串套、横向连接的纱线集合体。针织物的基本构成单元是线圈，这种线圈结构体与纱线正交排列的机织物在外观和手感上存在明显的差异，使针织物质地柔软、弹性良好、易于变形。

13.3.1 针织物分类

针织物分类与机织物相似，只是成形方式和成品形式不同。

1. 按成形方法分类

(1) 纬编针织物。纬编针织物是由一根（或多根）纱线沿针织物的纬向顺序地弯曲成圈，并由线圈依次串套而成的织物，线圈横向连续的是纬编针织物的结构特征。

(2) 经编针织物。经编针织物是由一组或多组平行的纱线同时沿织物经向顺序成圈并相互串套联结而成的织物，线圈纵向连续的是经编针织物的结构特征。

2. 按织物成品形式分类

(1) 针织坯布。针织坯布需经过裁剪、缝制成为各种针织品，主要用在如衬衫、棉毛衫裤、毛衫、外套、裙子等内衣、外衣制品。

(2) 针织成形或半成形产品。针织成形产品是在机器上直接织制全成形或半成形产品，如帽子、袜类、手套、羊毛衫等。

13.3.2 针织物的结构与组织

1. 针织物规格与结构参数

(1) 针织物规格参数。

①匹长。针织物的匹长，由生产企业根据具体条件和要求而定，主要考虑织物的品种和染整工序加工因素，分定重（kg）和定长（m）两种方式。纬编针织物匹长多由匹重再根据幅宽和每米质量而定，经编针织物匹长以定重方式较多。针织物匹重一般为10～15kg。

②幅宽。针织物的幅宽主要与加工用的针织机规格、纱线线密度和织物组织结构等因素有关，分圆筒形织物和平幅织物，圆筒形织物幅宽为周长的1/2。

③厚度。针织物的厚度取决于它的组织结构、线圈长度和纱线线密度等因素。

④重量。针织物重量通常是指每平方米针织物的干燥重量（g/m^2）。针织物的平方米干重可以通过实测获得，也可以通过织物结构参数和纱线线密度直接估算。

$$\omega = \frac{4l \cdot P_T P_W Tt}{(1 + W_k) \times 10^4} \tag{13-5}$$

式中：ω——针织物平方米干重，g/m^2；

P_T、P_W——针织物横密与纵密，行（列）/5cm；

l——线圈长度，mm；

Tt——纱线线密度，tex；

W_k——针织物公定回潮率。

一般平方米干重在$100g/m^2$以下时属于低克重针织物，在$100～250g/m^2$时属于中克重针织物，在$250g/m^2$（也有规定在$300g/m^2$）以上时属于高克重针织物。平方米干重间接反映了针织物厚度和紧密程度，它不仅影响针织物的服用性能，也是控制针织物质量、进行经济核算的重要依据。

（2）针织物结构及参数。

①线圈结构。针织物的基本结构单元为线圈。纬编针织物的线圈呈三度弯曲的空间曲线，由针编弧、圈柱和沉降弧三部分组成。纬编针织物的线圈结构如图 13－7，线圈上部的圆弧 2—3—4 是针编弧，线圈中间的两个直线段 1—2、4—5 为圈柱；圈柱的延展线 5—6—7为沉降弧，由它来连接相邻两个线圈。线圈的圈柱覆盖于圈弧上面，为纬编针织物的正面，圈弧覆盖于圈柱的上面为纬编针织物的反面。

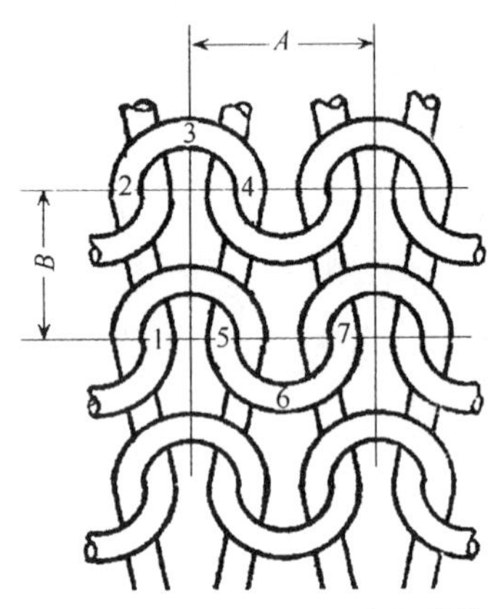

图 13－7　纬编针织物线圈结构

经编针织物的线圈也有类似的结构。在针织物中，线圈沿织物横向组成的一行称为线圈横列，沿纵向相互穿套而成的一列称为线圈纵行。在线圈横列方向上，两个相邻线圈对应点间的距离称为圈距，一般以 A 表示；在线圈纵行方向上，两个相邻线圈对应点间的距离称为圈高，一般以 B 表示，如图 13－7 所示。

②线圈长度。线圈长度是指构成一只线圈的纱线长度。线圈长度是针织物的一个重要的物理指标，不仅影响织物的密度，还直接关系到针织物的脱散性、延伸性、弹性、耐磨性、强度、抗起毛起球性和抗勾丝性能等。线圈长度长，针织物单位面积的线圈数越少，织物密度小，纱线之间的接触点少，受到外力作用时，织物容易变形，强度和弹性较差，且易脱散，织物起毛起球性、勾丝性、耐磨性差；但线圈长度长，针织物的透气性和柔软性好。

③织物密度。针织物密度是指针织物单位长度或单位面积内的线圈数，针织物的密度分为横密、纵密和总密度。横向密度用线圈横列方向 5cm 长度内的线圈纵行数表示；纵向密度用线圈纵列方向 5cm 长度内的线圈横列数表示；总密度则是针织物在 $25cm^2$ 规定面积内的线圈数，它等于横向密度和纵向密度的乘积。密度大的针织物厚实丰满，结实耐用，具有较好的保暖性和抗起毛起球性。针织物的密度可以测量，也可以根据圈距和圈高进行计算。

针织物横、纵向密度的比值称为密度对比系数 C，密度对比系数表示针织物线圈在稳定条件下，纵向尺寸与横向尺寸的关系，是针织物设计的重要参数。当 $C=1$ 时，线圈横密与纵密相等，线圈的圈距和圈高亦相等；若 $C>1$，即线圈的圈高大于圈距，线圈呈细长状态，可以突出针织物线圈纵行的外观效果，使布面纹路清晰。

④未充满系数。未充满系数是线圈长度与纱线直径的比值。针织物密度仅能反映在纱线粗细相同时针织物的紧密程度，若两种针织物的密度相同，而纱线的粗细有差异时，织物的紧密程度是不同的。因此，若要正确反映这样两种针织物的紧密程度，要采用未充满系数。织物的未充满系数越小，织物越紧密；未充满系数越大，说明织物中被纱线直径所覆盖的面积越小，即织物越稀疏。一般未充满系数大于 10。

2. 针织物组织

（1）纬编针织物基本组织。纬编针织物的种类很多，按组织结构分类，一般可分为基本组织（又称原组织），变化组织和花色组织三类。基本组织是所有针织物组织的基础；变化组织是由两个或两个以上的基本组织复合而成；花色组织是在基本组织或变化组织的基础上，利用线圈结构的改变，或者另外编入一些色纱、辅助纱线或其他纺织原料，以形成有显著花色效应和不同性能的花色针织物。针织物组织需通过相关的专业课程学习，这里仅简单介绍纬编针织物的基本组织。

纬编针织物的基本组织主要有单面的平针组织、双面的罗纹组织和双反面组织。

①纬平组织。纬平组织又称为平针组织，是针织物中最简单、最常用的单面组织。其正反面结构如图 13－8 所示。

图 13－8　纬平组织

纬平组织由于线圈在配置上的定向性，因而在针织物的两面具有不同的几何形态，正面的每一线圈具有两根与线圈纵行配置成一定角度的圈柱，反面的每一线圈具有与线圈横列同向配置的圈弧。由于圈弧比圈柱对光线有较大的漫反射作用，因而针织物的反面较正面阴暗。又由于在成圈过程中，新线圈是从旧线圈的反面穿向正面，因而纱线上的结头、棉结杂质容易被旧线圈所阻挡而停留在针织物的反面，所以正面一般较为光洁。

纬平针组织主要用于生产内衣、袜品、毛衫、手套、运动服以及一些服装的衬里等。

②罗纹组织。罗纹组织是由正面线圈纵行和反面线圈纵行，以一定的组合相间配置而形成的组织，如图 13－9 所示。

图 13－9 为由一个正面线圈纵行和一个反面线圈纵行相间配置而形成的 1＋1 罗纹组织。1＋1 罗纹织物的一个完全循环（最小循环单元）包含了一个正面线圈和一个反面线圈。罗纹组织的正反面线圈不在同一平面上；因而沉降弧需由前到后，再由后到前地把正反面线圈相连，造成沉降弧较大的弯曲和扭转。由于纱线的弹性沉降弧力图伸直，结果使得正反面线圈纵行相间配置的罗纹组织每一面上的线圈纵行相互靠近，彼此潜隐半个纵行。即横向不拉伸，织物的两面只能看到正面线圈纵行；织物横向拉伸后，每一面都能看

到正面线圈纵行与反面线圈纵行交替配置。

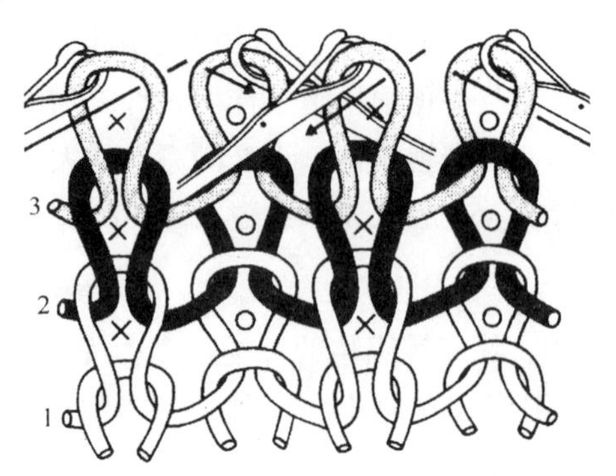

图 13－9　罗纹组织结构

罗纹组织因具有较好的横向弹性和延伸度，故适宜制作内衣、毛衫、袜品等的紧身收口部段，如领口、袖口、裤脚管口、下摆、袜口等。且由于罗纹组织顺编织方向不能沿边缘横列脱散，所以上述收口部段可直接织成光边，无需再缝边或拷边。罗纹织物还常用于生产贴身或紧身的弹力衫裤，特别是织物中织人或衬人氨纶丝等弹性纱线后，服装的贴身、弹性和延伸效果更佳。

③双反面组织。双反面组织是由正面线圈横列和反面线圈横列相互交替配置而成。图 13－10 所示为最简单的 1＋1 双反面组织，即由正面线圈横列和反面线圈横列交替配置构成。双反面组织由于弯曲纱线弹性力的关系导致线圈倾斜，使正面线圈横列针编弧向后倾斜，反面线圈横列针编弧向前倾斜，织物的两面都呈现出线圈的圈弧突出在前和圈柱凹陷在内，因而当织物不受外力作用时，在织物正反两面，看上去都像纬平针组织的反面，故称双反面组织。

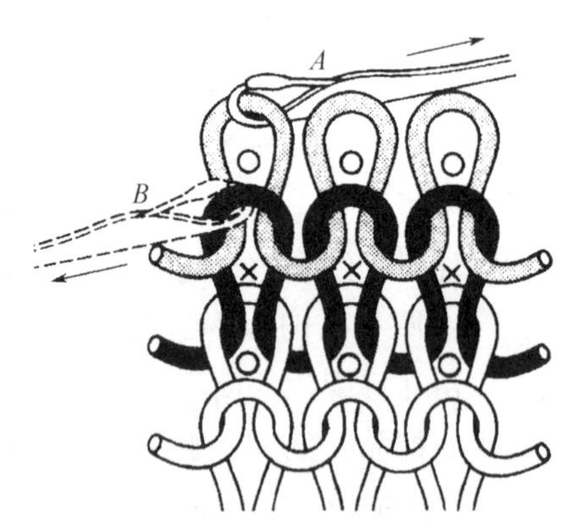

图 13－10　双反面组织结构

双反面组织只能在双反面机或具有双向移圈功能的双针床圆机和横机上编织。这些机器的编织机构较复杂，机号较低，生产效率也较低，所以该组织不如平针、罗纹和双罗纹组织应用广泛。双反面组织主要用于生产毛衫类产品。

（2）经编针织物基本组织。与纬编针织物一样，经编针织物一般分为基本组织、变化组织和花色组织三类，并有单面和双面两种。

经编基本组织是一切经编组织的基础，它包括单面的编链组织、经平组织、经缎组织、重经组织，双面的罗纹经平组织等。经编变化组织是由两个或两个以上的基本经编组织的纵行相间配置而成，即在一个经编基本组织相邻线圈纵行之间，配置着另一个或者另几个经编基本组织，以改变原来组织的结构与性能。经编花色组织是在经编基本组织或变化组织的基础上，利用线圈结构的改变，垫纱运动的变换，或者另外附加一些纱线或其他纺织原料，以形成具有显著花色效应和不同性能的花色经编针织物。这里简单介绍经编针织物的基本组织。

①编链组织。编链组织是由一根纱线始终在同一枚织针上垫纱成圈所形成的线圈纵行，如图13－11所示。

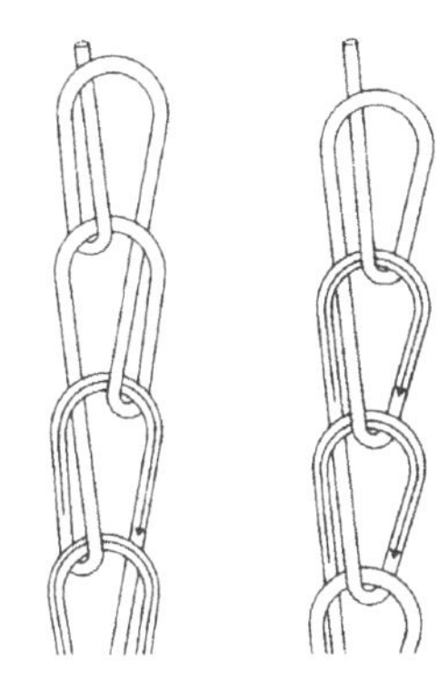

图13－11　编链组织

编链组织每根经纱单独形成一个线圈纵行，各线圈纵行之间没有联系，若有其他纱线连接时，可作为孔眼织物和衬纬织物的基础。编链组织结构紧密，纵向延伸性小，不易卷边，一般将编链组织与其他组织复合织成织物，可以限制织物纵向延伸性和提高尺寸稳定性，多用于外衣和衬衫类针织物。

②经平组织。经平组织是由同一根纱线所形成的线圈轮流排列在相邻两个线圈纵行，如图13－12所示。

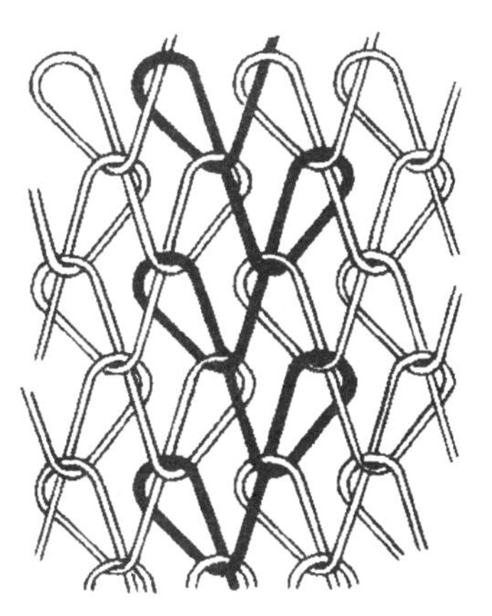

图13－12　经平组织

经平组织在纵向或横向受到拉伸时，由于线圈倾斜角的改变，以及线圈中纱线各部段的转移和纱线本身伸长，而具有一定的延伸性。经平组织经编织物在一个线圈断裂，并受到横向拉伸时，则由断纱处开始，线圈沿纵行在逆编织方向相继脱散，使坯布沿此纵行分成两片。

经平组织针织物的正反面都呈现菱形的网眼，由于线圈呈倾斜状态，织物纵、横向都具有一定的延伸性。线圈平衡时垂直于针织物的平面内，因此织物的正反面外观相似，织物卷边性不明显。它的最大缺点是逆编结方向容易脱散。经编平针组织织物适宜作 T 恤衫、衬衫和内衣。

③经缎组织。经缎组织是一种由每根纱线顺序地在三枚或三枚以上相邻的织针上形成线圈的经编组织。每根纱线先沿一个方向顺序地在一定针数的针上成圈，后又反向顺序地在同样针数的针上成圈，如图 13－13 所示。

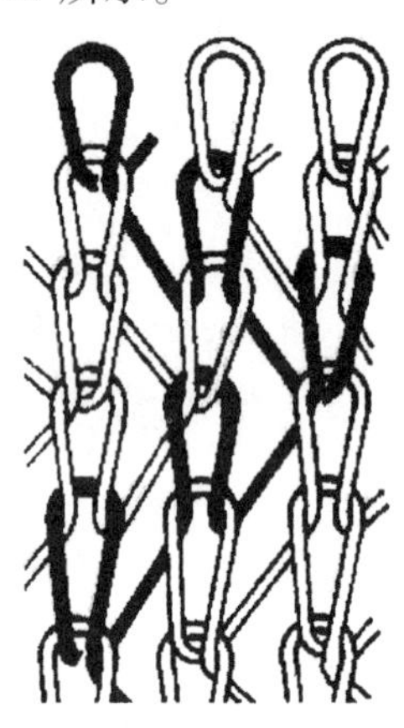

图 13－13　经缎组织

经缎组织的线圈形态接近于纬平组织，因此其卷边性及其他一些性能类似于纬平组织。在经缎组织中，因不同倾斜方向的线圈横列对光线反射不同，所以在织物表面会形成横向条纹。当织物中某一纱线断裂时，也有逆编织方向脱散的现象，但不会在织物纵向产生分离。经缎组织常用于外衣织物。

3. 针织物的性能

针织物和机织物形成织物的方法不同，所以在两种织物中纱线的配置及纱线受力状态都是的。机织物的经纬纱线在交织点处有屈曲，在外力作用时两个系统的纱线在交织点处互相挤压，并有较小的变形。针织物在外力作用时，会产生线圈的结构畸变和纱线的位移，而织物则较大的变形。

（1）伸缩性。针织物每个线圈是由一根纱线组成，在外力作用时，针织物的线圈形态会发生变化，针织物受纵向拉伸时，线圈的圈弧转移至圈柱；在受横向拉伸时，则圈柱转移到圈弧，线圈的大小、高低都随纱线的弯曲形状变化而变化。

（2）柔软性。针织物的线圈结构使织物中有很多的松软的气孔，在外力作用时，线圈的变形使纱线的可移动范围较大。为了便于线圈的弯曲，针织纱线的捻度配置较小，因此，针织物具有柔软温暖的感觉。

（3）多孔性。针织物的线圈结构使织物中有较多的空隙和孔洞，织物的透气性和吸湿排汗性好，夏季穿着舒适凉爽。若作为内衣或保暖服装，线圈结构形成无数隔离的空气袋，能够储存许多静止空气，可以提高服装的保暖效果。

（4）抗皱性。针织物在受到外力的弯曲和压缩作用时，由于线圈可以转移，被拉伸的线圈向两边移动以适应受力处的变形。当外力消失后，被转移的纱线在平衡力作用下可以迅速恢复，因此，针织物具有较好的抗皱性能。

（5）保形性和起拱性。织物单向拉伸时，沿拉伸方向伸长，而垂直拉伸方向缩短，织物的这种延展性和纵、横向不同的收缩性会直接影响织物的保形性能。针织物在反复的拉伸力作用下，会产生松懈变形，在服装的肘部和膝部反复弯曲时，也会产生拱状鼓起的变形。

（6）脱散性。当针织物纱线断裂或线圈失去穿套联系后，线圈与线圈发生分离现象。当纱线断裂后，线圈沿纵行从断裂纱线处脱散下来，就会使针织物的强力和外观受到影响。针织物的脱散性与它的组织结构、纱线摩擦系数与抗弯刚度和织物的未充满系数等因素有关。

（7）卷边性。针织物在自由状态下布边发生包卷现象，这是由线圈中弯曲线段所具有的内应力，力图使线段伸直所引起的。卷边性与针织物的组织结构、纱线弹性、线密度、捻度和线圈长度等因素有关。针织物的卷边性还会对裁剪和缝纫加工造成不利影响。

（8）成形性。成形性是针织物所特有的性能，因针编织物是由线圈串套连接起来的，这种线圈结构可以相对独立。因此，针织物可以根据体形尺寸，改变线圈的连接方法，通过放针、收针或连接，编织出成形织物。

（9）线圈歪斜。针织物在自由状态下，线圈发生纵行歪斜的现象称为线圈歪斜，这种线圈歪斜会影响织物的加工和针织物的外观。

（10）起毛及勾丝。为了织物有柔软的手感和线圈的稳定，针织用纱线取用的捻度都较低，并且松散的线圈结构使纱线易于移动和摩擦幅度较大，所以针织物在加工和使用过程中，纤维经常会因摩擦而起毛起球，或者被尖硬物勾出形成丝环，影响针织物的外观和耐用性能。

13.4 非织造织物

13.4.1 非织造织物的定义和分类

1. 非织造织物的定义

非织造织物，又称非织造布，过去曾称无纺布、不织布、无纺织物、非织物等，是一种在生产方法、结构上明显有别于传统的机织物、针织物或编结物等的纺织制品。

由于非织造技术的高速发展，新的产品和工艺不断出现，所以对于非织造织物的命名和定义在国际上还一直存在一些不同的看法和争议。我国国家标准 GB/T 5709—1997 赋予非织造织物的定义为：“定向或随机排列的纤维通过摩擦、抱合、黏合或者这些方法的组合而互相结合制成的片状物、纤网或絮垫。不包括纸、机织物、簇绒织物、带有缝编纱线的缝编织物以及湿法缩绒形成的毡制品。所用纤维可以是天然纤维或化学纤维，可以是短纤维、长丝或直接形成的纤维状物。”

为了把湿法非织造织物和纸区别开来，还规定其纤维成分中长径比大于300的纤维占全部质量的50%以上，或长径比大于300的纤维虽只占全部质量的20%以上，但其密度小于0.4g/cm^{3}时，这种材料就是非织造织物，反之为纸。

2. 非织造织物的分类

（1）按纤维原料和类型分类。按纤维原料可分为单一纤维品种纯纺非织造织物和多种纤维混纺非织造织物。按纤维类型分为天然纤维非织造织物和化学纤维非织造织物。在非织造织物的生产中，其纤维原料的选择是一个至关重要而又非常复杂的问题，涉及最终产品用途、成本和可加工性等因素。

（2）按产品厚度分类。可分为厚型非织造织物和薄型非织造织物（有时也细分为厚型、中型和薄型三种）。非织造织物的厚薄直接影响其产品性能和外观质量，不同品种和用途的非织造织物的厚度差异较大，常用非织造织物的厚度范围见表13－9。

表13－9 常用非织造织物的厚度 单位：mm

产品类别	厚度	产品类别	厚度
空气过滤材料	10，40，50	球革用基布	0.7
纺织滤尘材料	7～8	帽衬	0.18～0.3
药用滤毡	1.5	带用材料	1.5
帐篷保温布	6	土工布	2～6
针布毡	3，4，5	鞋用织物	0.75
贴墙布	0.18	鞋衬里织物	0.7
建筑保温材料	25，35，45，55，65	汽车隔热布	2.5～4.5

（3）按耐久性或使用寿命分类。可分为耐久型非织造织物和用即弃型非织造织物（使用一次或数次就抛弃的）。耐久型的非织造织物产品要求维持一段相对较长的重复使用时间，如服装衬里、地毯、土工布等；用即弃型非织造织物多见于医疗卫生用品。

（4）按用途分类。

①医用及卫生保健类非织造织物。医用非织造织物如手术服、手术帽、口罩、包扎材料、医用手帕、绷带、纱布，此外还包括病员床单、枕套、床垫等。卫生保健类非织造织物如卫生巾、卫生护垫、婴幼儿尿布、成人失禁用品、湿巾以及化妆卸妆用材料等。

②服装及鞋用非织造织物。其主要的用于衬基布、服装及一些垫衬类如黏合衬等，如衬里、衬绒、领底衬、胸衬、垫肩、保暖絮片、劳动服、防尘服、内衣、裤、童装以及鞋内衬、鞋中底革、鞋面合成革、布鞋底等。

③家用及装饰用非织造织物。其主要用于被胎、床垫、台布、沙发布、窗帘、地毯、墙布、家具布以及床罩及各类清洁布等。

④土木工程及建筑用非织造织物。其主要用于水利、铁路、公路、机场及球场等，包括加固、加筋、保护、排水、反渗滤、分离等用的土工布、屋顶防水材料、人造草坪和建筑保温材料等。

⑤工业用非织造织物。工业上用的各类过滤材料、绝缘材料、抛光材料、工业用毡、

吸附材料、篷盖材料以及造纸毛毯和汽车工业中的地毯、车顶、门饰、护壁等隔热、隔音材料、门窗密封条以及纤维增强复合材料中的增强材料等。

⑥农业及园艺用非织造织物。其用于地膜、保温、覆盖、遮光、防病虫害、无土栽培非织造织物等。

⑦其他非织造织物。其用于合成纸、包装袋、广告灯箱、地图布、书法毡、标签、人造假花以及钢琴呢、香烟滤嘴、一次性餐具、模型用材、舞台道具等。

（5）按加工方法分类。不同的非织造织物对应于不同的加工方法和工艺技术原理。除了根据产品用途、成本、可加工性等要求进行的原料选择外，其生产过程通常可分为纤维成网（简称成网）、纤网加固（成形有时也称为固结）和后整理三个基本步骤。对应于每个不同的生产步骤，又有许多不同的加工方法。

①纤维成网。纤维成网是指将纤维分梳后形成松散的纤维网结构。成网和加固构成了最为重要的加工过程。成网的好坏直接影响到外观和内在质量，同时成网工艺也会影响到生产速度，从而影响到成本和经济效益。

按照纤维成网的方式，可分为干法成网非织造织物、湿法成网非织造织物和聚合物直接成网（纺丝成网）非织造织物。

第一，干法成网非织造织物的成网过程是在纤维干燥的状态下，利用机械、气流、静电或者上述方式组合形成纤维网。一般又可进一步细分为机械成网、气流成网、静电成网和组合成网技术。

第二，湿法成网非织造织物的成网过程则是类似造纸的工艺原理，又称为水力成网或水流成网，是在以水为介质的条件下，使得短纤维均匀悬浮于水中，并借水流作用，使纤维沉积在透水的帘带或多孔滚筒上，形成湿的纤网。湿法成网又可进一步细分为圆网法和斜网法。

第三，聚合物直接成网非织造织物则是利用聚合物挤压纺丝的原理，首先采用高聚物的熔体或溶液通过熔融纺丝、干法纺丝、湿法纺丝或静电纺丝技术形成的。前三种方法是先通过喷丝孔形成长丝或短纤维，然后将这些所形成的纤维在移动的传送带上铺放形成连续的纤维网。静电纺丝成网主要是在静电场中使用液体或熔体拉伸成丝，然后收集纤维成网。此外还有一些不是很常用的成网方法，如膜裂法、闪蒸法等。

②加固。通过上述方式形成的纤维网，其强度很低，还不具备使用价值。由于不像传统的机织物或针织物等纱线之间依赖交织或相互串套而联系，所以加固也就成为使纤维网具有一定强度的重要工序。加固的方法主要有机械加固、化学黏合和热黏合三种。

第一，机械加固。机械加固指通过机械方法使纤维网中的纤维缠结或用线圈状的纤维束或纱线使纤维网加固，如针刺、水刺和缝编法等。

第二，化学黏合。化学黏合是指首先将黏合剂以乳液或溶液的形式沉积于纤维网内或周围，然后再通过热处理，使纤维网内纤维在黏合剂的作用下相互黏结加固。、通常黏合剂可通过喷洒、浸渍或印花、泡沫浸渍等方式施加于纤网表面或内部。不同方法所得非织造织物在柔软、蓬松、通透性等方面有较大的差别。

第三，热黏合。热黏合是指将纤网中的热熔纤维或热熔颗粒在交叉点或轧点受热熔融固化后使纤维网加固，又分为热熔法和热轧法。

③后整理。后整理的目的是为了改善或提高其最终产品的外观与使用性能，或者与其他类型的织物相似，赋予产品某种独特的功能。但并非所有的非织造织物都必须经过后整理，这取决于产品的最终用途。通常后整理方法可以分为以下三类。

第一，机械式后整理。机械式后整理主要是指应用机械设备或机械方法，改进非织造织物的外观、手感或悬垂性等方面的性能，如起绒、起皱、压光、轧花等。

第二，化学后整理。化学后整理主要是指利用化学试剂对非织造织物进行处理，赋予其产品某些特殊的功能，如阻燃、防水、防臭、抗静电、防辐射等，同时还包括染色及印花等。

第三，高能后整理。高能后整理是指利用一些热能、超声波能或辐射波能对非织造织物进行处理，主要包括烧毛、热缩、热轧凹凸花纹、热缝合等。

13.4.2 非织造织物的结构

非织造织物与传统的织物有较大的差异。非织造织物工艺的基本要求是力求避免或减少将纤维形成纱线这样的纤维集合体、再将纱线组合成一定的几何结构，而是让纤维呈单纤维分布状态后形成纤维网这样的集合体。典型的非织造织物都是由纤维组成的网络状结构形成的。同时为了进一步增加其强力，达到结构的稳定性，所形成的纤网还必须通过施加黏合剂、热黏合、纤维与纤维的缠结、外加纱线缠结等方法予以加固。因此，大多数非织造织物的结构就是由纤维网与加固系统所共同组成的基本结构。

1. 纤维网的典型结构

纤维网的结构指的是纤维排列、集合的结构，可称为非织造织物的主结构。通常取决于成网的方式。

一般纤维网的结构可分为有序排列结构和无序排列结构。有序排列结构中根据纤维排列的方式和方向可分为纤维沿纵向排列的纤维网、纤维沿横向排列的纤维网以及纤维交叉排列的纤维网。无序排列的结构就是纤维杂乱、随机排列形成的纤维网。纤维网结构如图13－14所示。但无论是有序还是无序排列，只是说明纤维网中大多数纤维在其结构中的取向趋势，而并非所有的纤维都是这样排列的。纤维网结构会影响到非织造织物的一些性能，如各向异性、强度、伸长等。

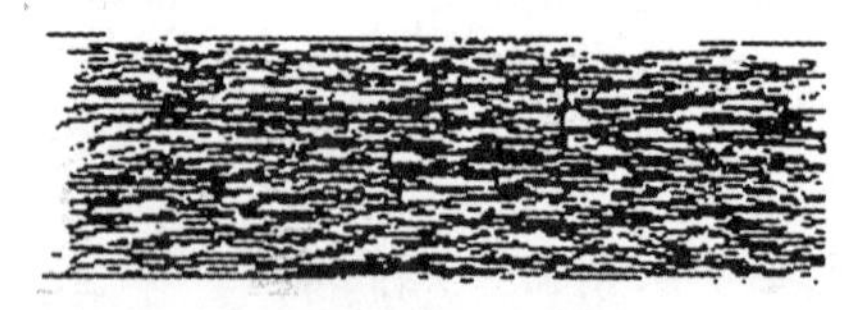

(a) 纤维平行排列

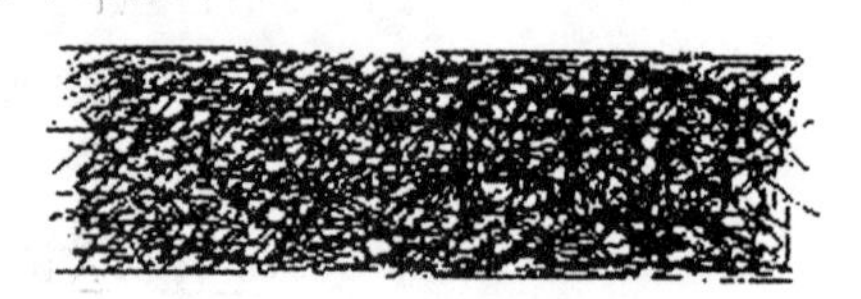

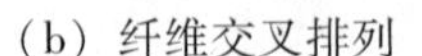

(b) 纤维交叉排列　　(c) 纤维无序排列

图13－14 纤维网结构示意图

2. 加固结构

加固结构，相对于纤网主结构，是一种辅助结构，其取决于纤维网固结的方法。典型的非织造织物加固结构可分为以下三类。

（1）纤维网由部分纤维得以加固的结构。由部分纤维加固的结构包括由纤维缠结加固的结构和由纤维形成线圈加固的结构两类。

①缠结加固：利用机械方法，如针刺和水刺等，使纤维网依靠自身内部纤维之间的相互缠结而达到固结和稳定。针刺和水刺是在一个个小的区域内，纤维网内的纤维产生垂直、水平方向的位移而缠结，使纤维网整体得以加固和稳定，如果改变刺针或水刺区数量、刺针排列密度、压力、托网帘输送速度等工艺参数，还可获得不同结构或表面特征、不同密度的非织造织物，如图 13－15 所示。

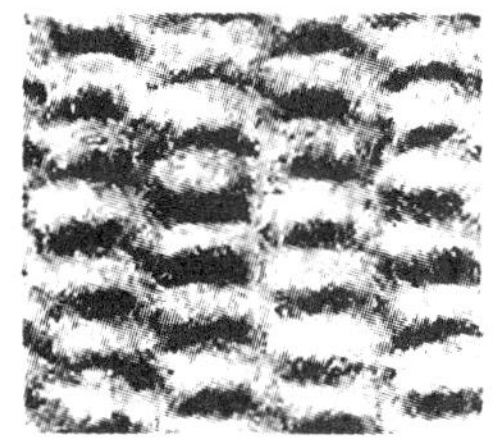
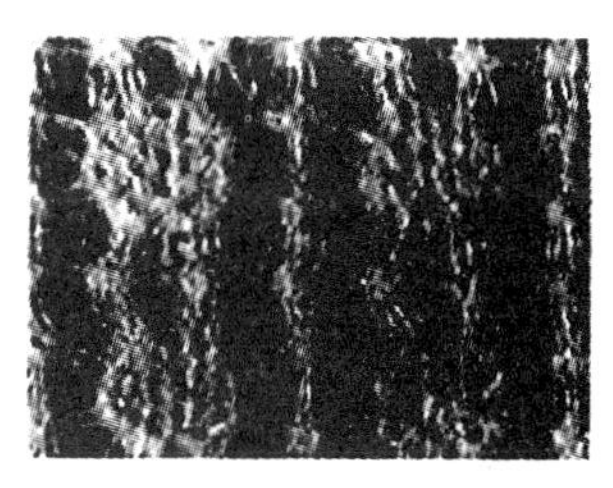

图 13－15 不同结构的花式水刺非织造织物

②缝编加固：利用槽针在缝编过程中从纤维网中抽取部分纤维束，用这些纤维束编结成规则的线圈状几何结构，使纤维网中未参加编结的那部分纤维被线圈结构所稳定，从而使纤维网得以加固，这种非织造织物正面外观非常类似于针织物，如图 13－16 所示。

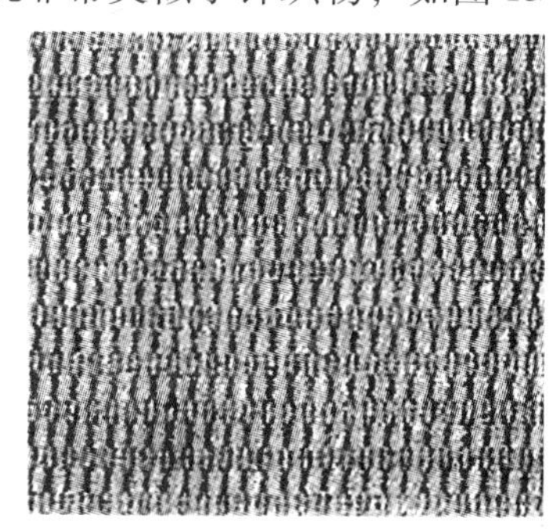

图 13－16 缝编非织造织物

（2）纤维网外加纱线得以加固的结构。由外加纱线加固的结构，除了在缝编机上使喂入的纤维网被另外喂入的纱线形成的经编线圈结构加固外，还可在纤维网中引入纱线沿经、纬方向交叉铺放，或经向平行铺放后再通过黏合剂使整体结构稳定。

（3）纤维网由黏合作用得以加固。纤维网由黏合作用加固的结构，通常包括两种情况，一种是纤维网由黏合剂加固，另一种是纤维网中纤维加热软化、熔融黏合而加固。

纤维网由黏合剂加固，是指以浸渍、喷洒、涂层等作用方式引入黏合剂而使纤维网得以加固。这种结构曾在非织造织物中占有相当的比例。根据黏合剂的类型、施加方式等，这种类型非织造织物的结构可分为点状黏合结构、膜状黏合结构和团块状黏合结构，其结构和模型如图 13－17 所示。

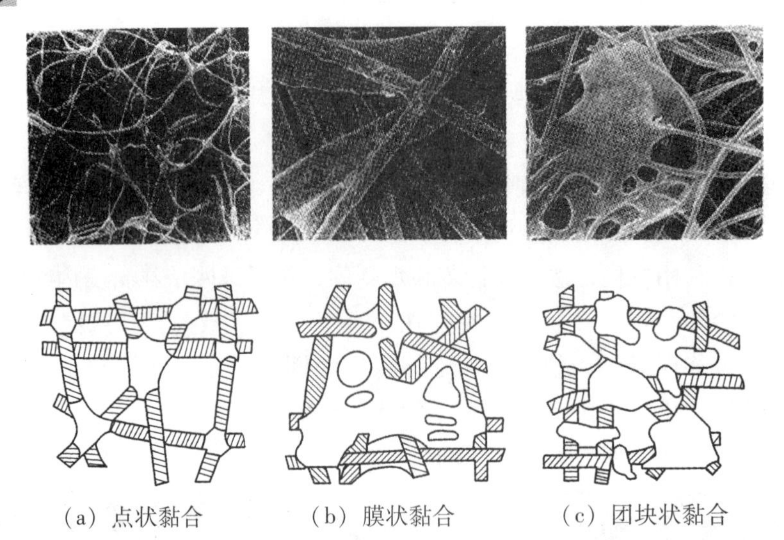

图 13－17　纤维网黏合加固结构及模型示意图

纤维网由热黏合作用而加固，是指利用热熔纤维或粉末受热熔融而黏结纤维加固成形的结构。其所得结构与前述的黏合剂加固所得结构相似，也可分为点状黏合、团块状黏合结构。图 13－18 是利用单组分和双组分热熔纤维（含量均为 20%）所形成的非织造织物，从该图中可知，利用热熔纤维较容易得到点黏合结构，黏合作用只发生在纤维交叉处。热熔纤维熔融时没有很强的流动性，没有膜状黏合结构。

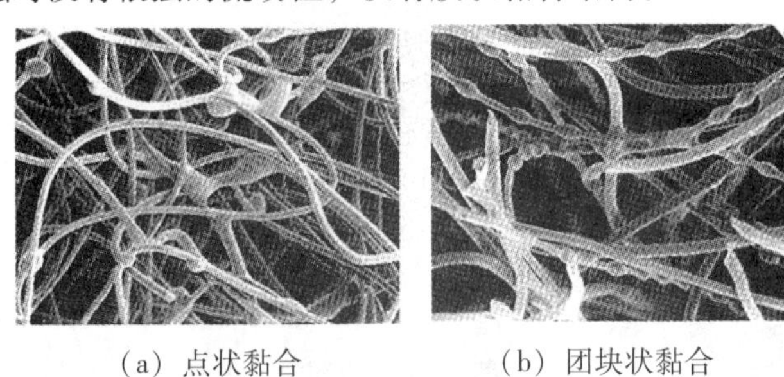

图 13－18　热熔纤维黏合非织造织物

热黏合还可以采用热轧的方式来加工含有热塑性纤维的纤维网。如图 13－19 所示，在这种结构中，黏合只发生在纤维网受到热和压力双重作用的局部区域，同时必须包含热塑性纤维。所形成的结构主要取决于热轧的温度、几何图案、纤维网厚度等因素。

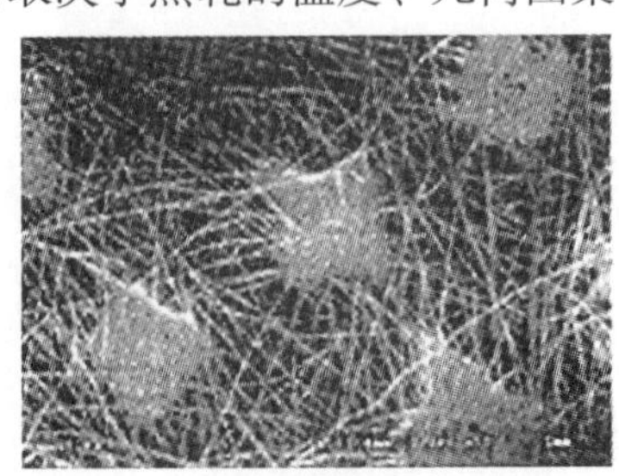

图 13－19　热轧黏合非织造织物结构

第 14 章　织物的力学性质

织物的基本力学性质包括拉伸、撕裂、顶破和弯曲等。织物的拉伸、撕裂和顶破性能直接影响织物的耐久性和坚牢度，是评定织物质量的重要内容；织物的弯曲性能与其手感关系密切。织物基本力学性质与所用的纤维、纱线结构和织物结构的特征及后整理加工方法有关，是多方面因素的综合。

14.1　织物的拉伸性质

14.1.1　织物的一次拉伸断裂性

它是指织物一次拉伸至断裂时的性质。

1. 拉伸曲线与有关指标

(1) 拉伸曲线。

织物的一次拉伸断裂曲线的形态与组成该织物的纤维、纱线的一次拉伸断裂曲线基本相似。图 14－1 (a) 为天然纤维织物的负荷－伸长曲线。棉织物与麻织物的拉伸曲线是直线而略向上弯曲，毛织物与蚕丝织物的拉伸曲线有向上凸的特征。混纺织物的拉伸曲线保持所保持所用混纺纤维的特性曲线形态，如图 14－1 (b) 所示，65% 高强低伸涤纶与 35% 棉混纺织物的拉伸曲线与低强高伸涤纶纤维的拉伸曲线相接近。织物拉伸曲线和经纬向织缩率有关，织缩率越大，在拉伸开始阶段伸长较大的现象越明显。

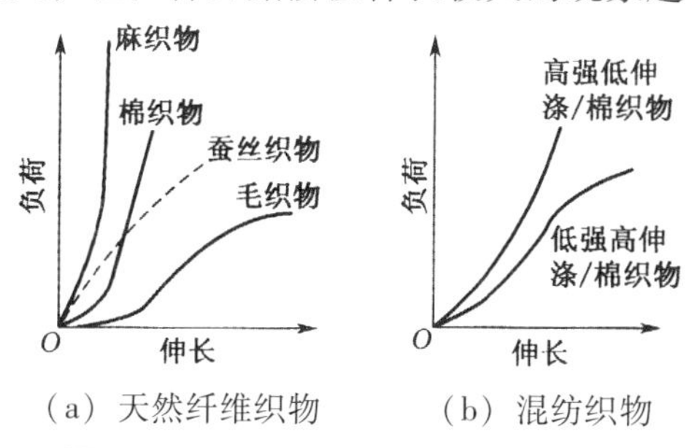

(a) 天然纤维织物　　(b) 混纺织物

图 14－1　几种机织物的典型拉伸曲线

针织物在被拉伸时由于线圈的变形、滑移，其伸长率比机织物大。几种针织物的拉伸曲线如图 14－2 所示，图中衬经、衬纬针织物的拉伸曲线还会出现两个断裂峰值，第一个峰值表示衬经或衬纬线的断裂，随着针织物的继续拉伸，伸长较大的针织物才开始断裂，出现第二个峰值。

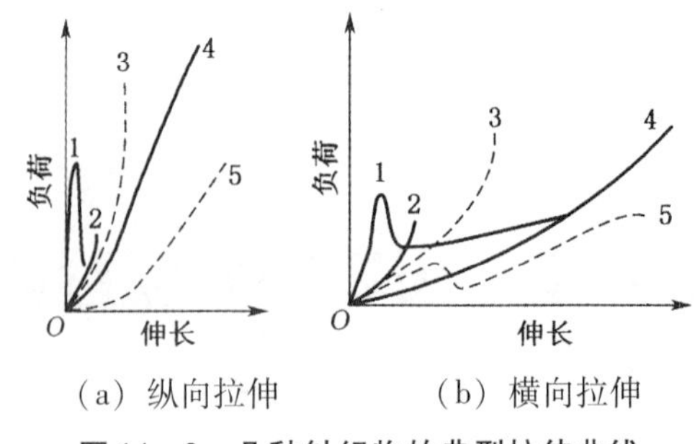

（a）纵向拉伸　　　　（b）横向拉伸

图 14－2　几种针织物的典型拉伸曲线

1—衬经衬纬针织物　2—棉汗布　3—棉毛布　4—低弹涤纶丝纬编针织物　5—衬纬针织物

非织造布的拉伸应力－应变曲线与其主结构的纤维排列方向密切相关，如图 14－3（a）。其中，纤维平行排列的纤维网沿纵向（纤维取向方向）强度高，伸长小；沿横向（垂直取向方向）强度低，伸长大。而交叉铺网结构的非织造布，因纤维取向排列的原因也存在类似现象，只是因交叉取向的缘故，差异变小。与机织物相比，非织造布的模量明显偏低，伸长偏大，如图 14－3（b），尤其是针刺非织造布，靠摩擦和纠缠，初始模量很低；热轧黏合非织造布则有黏合区的作用，模量稍高。

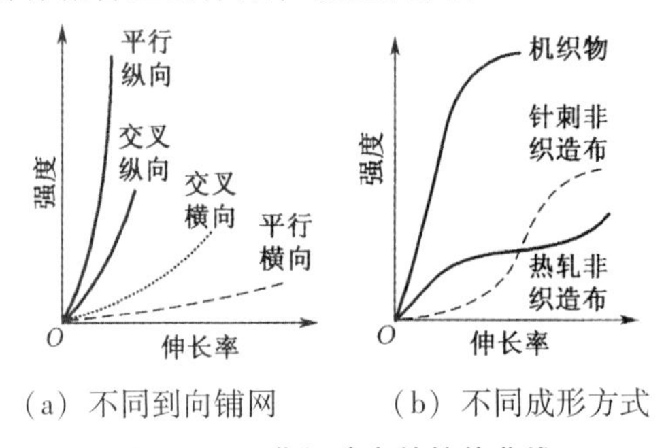

（a）不同到向铺网　　　（b）不同成形方式

图 14－3　非织造布的拉伸曲线

（2）拉伸性能指标。

织物拉伸断裂时所应用的主要力学性能指标有断裂强力、断裂强度、断裂伸长率、断裂功、断裂比功等。这些指标与纤维、纱线的拉伸断裂指标的意义相同，这里针对不同之处加以比较。

断裂强度是评定织物内在质量的主要指标之一，也常常用来评定织物经日照、洗涤、磨损以及各种后整理加工后对织物内在质量的影响。织物断裂强度指标单位常用“N/5cm”，即 5cm 宽度的织物的断裂强力。当不同规格的织物需要进行比较时，可与纤维和纱线一样采用相对断裂强度指标单位，如“N/m^2”“N/tex”等。

织物在外力作用下拉伸至断裂时，外力对织物所做的功称为断裂功，它反映了织物的坚牢程度。断裂比功是指拉断单位质量织物所需的功，实质上是质量断裂比功，用于比较不同结构织物的坚牢度，其计算式如下：

$$W_r = W/G \tag{14-1}$$

式中：W_r——织物的质量断裂比功（J/kg）；

W——织物的断裂功（J）；

G——织物的质量（kg）。

2. 拉伸性能的测试方法

由于织物平面有经、纬两个轴向，故其一次拉伸断裂性能的测试，应进行单轴拉伸和双轴拉伸两种试验。一般的织物强力仪都是单轴式的，故目前大多仍采用单轴拉伸。

机织物拉伸性能的测试方法，一般有条样法和抓样法两种，其中条样法又分扯边纱条样法和剪切条样法。

（1）扯边纱条样法。

将一定尺寸的织物试样扯去边纱到规定的宽度（一般为 5cm），并全部夹入织物拉伸试验机夹钳内，如图 14－4（a）。

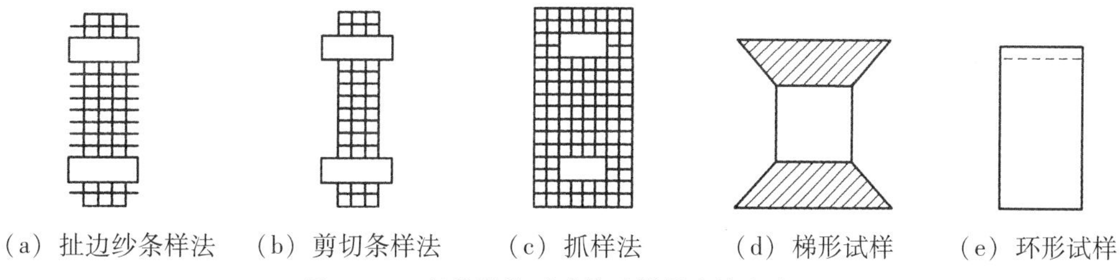

（a）扯边纱条样法　（b）剪切条样法　（c）抓样法　（d）梯形试样　（e）环形试样

图 14－4　织物拉伸试验的试样及夹持方式

（2）剪切条样法。

对部分针织品、缩绒制品、毡制品、非织造布、涂层织物及其他不易扯边纱的织物，则采用剪切条样法。此方法是将裁剪成规定尺寸的试样全部夹入夹钳内，如图 14－4（b）。但必须注意，裁剪时应尽可能与织物中的经向或纬向纱线相平行。

（3）抓样法。

将一规定尺寸的织物试样的一部分宽度夹入夹钳内，如图 14－4（c）。

与抓样法相比，扯边纱条样法所得试验结果的离散较小，所用试验材料比较节约。但抓样法的试样准备较容易和快速，并且试验状态较接近实际使用情况，所得试验强度与伸长的结果比条样法略高。

针织物拉伸试验不宜采用上述矩形试样。因为针织物裁成矩形试样拉伸时，会出现明显的横向收缩，使夹头钳口处产生的剪切应力特别集中，从而造成大多数试样在钳口附近断裂，影响试验结果的准确性。实验表明，以采用梯形或环形试样较好。梯形试样如图 14－4（d）所示，试验时两端的梯形部分被钳口夹持；环形试样如图 14－4（e）所示，试验时两端是缝合的（图中虚线处）。这两种试样能改善钳口处的应力集中现象，且伸长均匀性比矩形试样好。如果要同时测定强度和伸长率，以用梯形试样为宜。

非织造布可以采用机织或针织试样的测试方法进行拉伸试验，但大多采用宽条（一般为 10～50cm，甚至更宽）或片状试样。前者在一般强力仪上进行，后者在双轴向拉伸机上进行。

双轴向拉伸试验如图 14－5 所示，（a）为两向拉伸力均等的情况，（b）为两向拉伸力不等（或保持一端不动）的情况，（c）为非对称的平行四边形变形拉伸。双轴向织物强力机尚未普及，但由于织物在使用过程中同时受到来自多个方向的拉伸作用，所以很有必要研究织物的双轴拉伸性质，特别是对伸缩性较大的针织物和产业用非织造布，双轴拉伸有时比单轴拉伸更为重要。

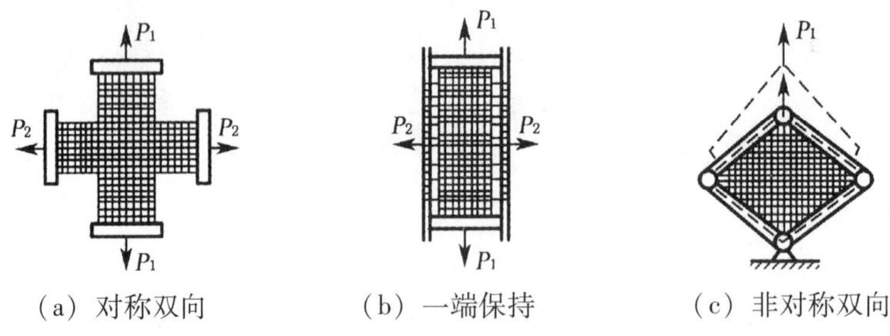

（a）对称双向　　（b）一端保持　　（c）非对称双向

图 14－5　双轴向拉伸试验

织物拉伸试验中，试样的工作尺寸和夹持方法会影响试验结果。有关标准对试样的宽度和长度均有规定。拉伸试验应在标准大气条件下进行，否则会影响试验结果。对于非标准大气条件下测得的断裂强力，应根据测试时试样的实际回潮率和环境温度，按下式进行修正：

$$P = KP_0 \tag{14-2}$$

式中：P——修正后的织物断裂强力（N）；

P_0——实测的织物断裂强力（N）；

K——织物强力修正系数（条样法在国家标准中有表可查）。

3. 一次拉伸断裂机理

（1）一次拉伸断裂过程。

在单轴拉伸试验中，当织物采用条样法拉伸时，其基本受力变形过程如图 14－6 所示。

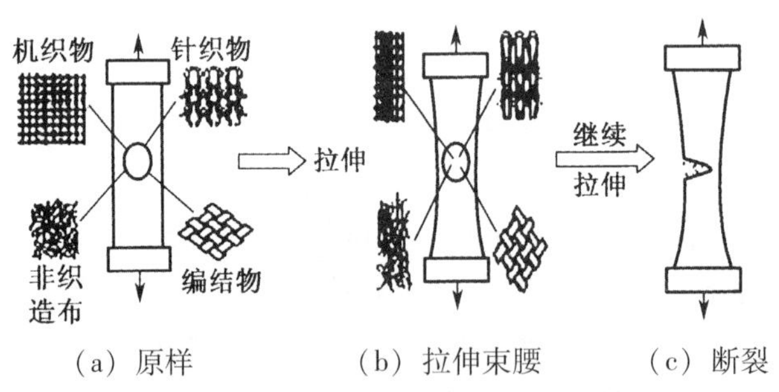

（a）原样　　（b）拉伸束腰　　（c）断裂

图 14－6　拉伸过程中的束腰现象与断裂

机织物受拉伸时，拉伸力作用于受拉系统纱线上，使该系统纱线由原先的屈曲状态逐渐伸直，并压迫非受拉系统纱线，使其更加屈曲。在拉伸初始阶段，随着拉伸力增加，试样产生的伸长变形主要是由受拉系统纱线屈曲转向伸直而引起的，并包含一部分由于纱线结构改变以及纤维伸直而引起的变形。到拉伸后阶段，由于受拉系统纱线已基本伸直，试样产生的伸长变形主要由纱线结构改变及纤维伸长所引起。此时，纱体显著变细，试样厚度明显变薄，拉伸方向的试样结构变稀疏。

针织物受拉伸时，拉伸力作用于受拉方向的圈柱或圈弧上，首先使圈柱转动、圈弧伸直，引起线圈取向变形，沿拉伸方向变长，垂直于拉伸方向变窄，纱线的接触点发生错位移动，使试样在较小受力下呈现较大的伸长。当这类转动和伸直完成后，纱线段和其中的纤维开始伸长，直接表现为试样的稀疏和垂直受力方向的收缩。

非织造布受拉伸时，拉伸力直接作用于纤维和固着点上，使其中的纤维以固着点为中心发生转动和伸直变形，并沿拉伸方向取向，表现为织物变薄，但密度增加，强度升高；随后，纤维伸长，固着点被剪切或滑脱。前者主导则非织造布强度增加，后者主导则强度增加减缓或下降。

因此，织物拉伸的初始模量通常均较低，随着织物中纱线、纤维的伸直和沿受力方向的调整，拉伸曲线陡增。机织物拉伸方向的纱体显著变细，纤维伸长，垂直于拉伸方向的纱线屈曲收缩；而针织物的纱线和非织造布的纤维相互靠拢，使织物逐渐横向收缩，呈束腰现象，如图 14 -6（b）所示。但机织物的束腰现象不如针织物和非织造布那样明显，这也是针织物、非织造布要求加大试样夹持宽度或双轴向拉伸的原因。此后继续拉伸，部分纱线或纤维达到断裂伸长，开始逐根断裂，直至大部分纤维和纱线断裂后，织物结构解体，试样断裂。织物的真实断裂不是同时发生的，而是织物最弱的纱线处首先断裂，形成应力集中进而纱线迅速逐根断裂，致使织物断裂，如图 14 -6（c）所示。

（2）纱线在织物中的强力利用系数。

织物中纱线强力利用程度，可用拉伸方向的纱线或束纤维在织物中的强力利用系数 K 表示。它是织物某一方向的断裂强力 P_F 与该向各根纱线的断裂强力 P_i 之和的比值，计算式如下：

$$K = \frac{P_F}{\sum P_i}$$

由于机织物拉伸过程中，经纬纱线在交织点处产生挤压，使交织点处经纬纱线间的切向滑动阻力增大，有助于织物强力增加，还有降低纱线强伸性能不匀的作用。因此，在一般情况下，条样法的断裂强力大于受拉系统的各根纱线强力之和，这时 $K>1$。特别是在短纤维纱线捻度较小的条件下，强力利用系数的提高比较明显。当织物组织相同时，在一定范围内，适当增大密度，有利于纱线在织物中的强力利用系数的提高。此外，在一定的织物紧度范围内，平纹织物的纱线强力利用系数大于斜纹织物。

针织物和非织造布不存在 $K>1$ 的情况，原因是上述交互作用和均匀化不存在。但针织物和非织造布随着各自的密度增加，K 也有增大的趋势，因为密度越大，提供交互作用的可能性增大。

如果机织物和针织物的密度或紧度过大或织物中各根纱线的强力不均匀或纱线在织造时承受过度的反复拉伸、弯曲、摩擦作用，尤其是纱线捻系数过大（接近甚至超过临界捻系数）时，交织点挤压的补偿作用已不能弥补纱线的强度损失或残余应力，此时 $K<1$。

4. 织物断裂强力的估算

机织物断裂强力 P_F（N）除进行实测外，还可根据织物密度 M（根/10cm）、纱线断裂强力 P_y（N）及纱线在织物中的强力利用系数 K 进行估算。机织物条样法的强力估算式如下：

$$P_F = MP_y K/2 \quad (14-3)$$

针织物断裂强力 P_F，可根据横密 P_A或纵密 P_B（个/5cm）、纱线勾接强力 P_L及纱线在织物中的强力利用系数 K 进行估算，估算式如下：

$$P_F = P_A P_L K/2 \quad 或 \quad P_F = P_B P_L K/2 \quad (14-4)$$

非织造布断裂强度 ρ_{F0}，可根据纤维束平均断裂强度 ρ_B（N/tex）和非织造布在零隔距拉伸时的强度利用系数 K 进行估算。若不考虑黏结和纠缠作用，估算式为：

$$\rho_{F0} = K\rho_B \quad (14-5)$$

若考虑黏结和纠缠作用，非织造布总强度 ρ_F实际为力学的串连勾接模量，而力值或模量值相当于电阻的并联，即：

$$1/\rho_F = 1/\rho_{F0} + 1/B \quad (14-6)$$

式中：B——黏结作用强度（往往 $B<\rho_{F0}$，即黏结作用弱于纤维的强度，所以非织造布要增强，一定要增加黏结作用强度）。

5. 影响织物一次拉伸断裂性的因素

（1）纤维性状。

当纤维品种不同时，织物的一次拉伸断裂性质也不相同。即使品种相同的纤维，当它们在性状上稍有差异时，织物的一次拉伸断裂性质亦会产生相应的变化。特别是化学纤维，由于制造工艺和用途上的不同，可使同品种的化学纤维在内部结构上发生变化，从而使纤维的拉伸性能有很大的差异。如同样是棉型涤纶纤维，但低强高伸型涤纶纤维和高强低伸型涤纶纤维在性质上就有很大差异。由低强高伸型涤纶纤维制得的织物，虽然断裂强力较低，但断裂伸长率较大，因此断裂功明显增大，织物的坚韧性较好。

（2）纱线结构。

纱线捻度对织物强力的作用与它对纱线强力的作用相仿，也包含着互相对立的两方面。当纱线捻度在临界捻度以下较多时，在一定范围内增加纱线的捻度，织物断裂强力有提高的趋势；但当纱线捻度接近临界捻度时，织物断裂强力就开始下降，这是由于纱线捻度还未达到临界捻度时，织物强力已达到了最高点。

纱线的捻向，通常从织物光泽的角度考虑较多，但也与织物的强力有关。在机织物中，当经纬纱同捻向配置时，在经纬纱交织点接触面上的纤维倾斜方向趋于平行，因而纤维能互相啮合和紧密接触，拉伸织物时，经纬两系统纱线间的切向滑动阻力较大，使织物断裂强力提高。反之，当经纬纱反捻向配置时，经纬纱交织点接触面上的纤维倾斜方向趋于垂直，经纬纱交叉处不能紧密啮合，故不能有效地提高织物断裂强力。

线织物的断裂强力高于同线密度纱织物的断裂强力，这是由于单纱并捻成股线后，股线的强力、条干及捻度不匀有所改善。

（3）织物结构。

在织物组织和密度相同的条件下，用粗特纱线织造的织物，其断裂强力大于细特纱线织物。这是由于粗特纱线的断裂强力较大，同时，由粗特纱线织成相同密度的织物时，织物紧度较大，经纬纱间接触面积增加，使纱线间切向滑动阻力增大，从而提高了织物断裂强力。

织物密度的改变对织物断裂强力有显著的影响。在机织物中，若纬密保持不变，仅增加经密，则不仅织物经向强力增加，纬向强力也有增加的趋势。这是因为经密的增加使经纬纱交织次数增加，经纬纱间的切向滑动阻力增加，使纬向强力也得以提高。若经密保持不变，仅增加纬密，则织物纬向强力增加，而经向强力有下降的趋势。这是因为随着纬密的增加，织造工艺上需配置较大的经纱上机张力，且纬密增加后，由于织造中开口次数增多，使经纱反复拉伸的次数增加，经纱间及经纱与机件间的摩擦作用也增加，这些都会加快经纱疲劳，引起织物经向断裂强力下降。在针织物中，线圈长度对针织物纵、横密的影响较大，线圈长度越长，针织物纵、横密越稀，纱线间接触点较少，纱线间的切向滑动阻力也较小，因此，针织物的断裂强力较差。应该指出，对各种不同品种的织物，织物密度有一个极限值，在此极限内，符合上述规律；若超过这一极限，由于密度增加后纱线所受张力、反复作用次数以及屈曲程度增加过多，将会给织物强力带来不利的影响。

织物组织对织物拉伸性能的影响也很大。就机织物的三原组织而言，在其他条件相同时，平纹织物的断裂强力和断裂伸长率大于斜纹，而斜纹又大于缎纹。这是由于织物内纱线的交织点越多，浮长越短，拉伸时织物中受拉系统纱线受到非受拉系统纱线的挤压力越大，经纬纱间切向滑动阻力越大，有助于织物强力提高。而交织点越多，浮长越短，纱线屈曲也增多，拉伸时织物中屈曲的纱线由弯曲而伸直所产生的织物伸长就越大，同时使织物的模量降低。三原组织中，平纹组织的交织点最多，浮长最短，纱线屈曲最多；缎纹组织的交织点最少，浮长最长，纱线屈曲最少；斜纹组织介于两者之间。

针织物的几种基本组织中，纬编针织物的横向伸长性较大，其中纬平组织针织物由于横向转移，横向伸长性约比纵向大两倍。又因为每个线圈由两个圈柱组成，当纵行数和横列数相同时，纬平组织针织物纵向的断裂强力比横向大。罗纹组织针织物与纬平组织针织物相比，其横向具有更大的伸长性。双反面组织针织物，由于其线圈纵行倾斜，使织物纵向缩短，因而增加了织物的纵密，受拉时线圈被拉直，故纵向伸长性增加，约比纬平组织针织物大两倍，其横向伸长性大致与纬平组织针织物相近，其纵、横向伸长性相接近。经编针织物的伸长性小于纬平组织针织物，其中编链组织由于只能形成相互没有联系的各自纵行，沿纵向拉伸时，一般较其他组织的伸长性小；经平组织针织物拉伸时，织物的纵向和横向都具有一定的伸长性，纵向断裂强力大于横向断裂强力。

（4）后整理。

棉、黏纤维制成的织物，为了防皱，常采用树脂整理，但织物的伸长性能却因此而下降。经树脂整理后，纤维内大分子间产生交键，大分子间的滑动受到阻碍，使纤维的伸长性能下降。

14.1.2　织物的拉伸弹性

它是指织物在小于其断裂强力的小负荷作用下拉伸变形的回复程度。织物在实际使用时所受的负荷大多远小于其断裂强力，所以，拉伸弹性对织物的耐用性有更实际的意义。织物拉伸弹性可分为定伸长弹性和定负荷弹性两种。

1. 定伸长弹性

将试样作定伸长拉伸（根据织物品种，选用适当数值）后，停顿一定时间（如1min），去负荷，再停顿一定时间（如3min）后，记录试样的伸长变化，计算定伸长弹性回复率，并由拉伸曲线计算定伸长弹性回复功及弹性功率。

2. 定负荷弹性

将试样作定负荷拉伸后，去负荷，再停顿一定时间后，记录试样的伸长变化，计算定负荷弹性回复率，并由拉伸曲线计算定负荷弹性回复功及弹性功率。

织物的弹性回复率、弹性回复功及弹性功率的计算与纤维、纱线相仿。

织物拉伸弹性主要取决于纤维、纱线的结构，由拉伸弹性好的纤维、结构良好而捻系数适中的纱线制成的织物，拉伸弹性较好。织物组织和紧度对织物拉伸弹性也有影响，交织点和紧度适中的织物，拉伸弹性较好。

14.2 织物的撕裂性能

织物在使用过程中经常会受到集中负荷的作用，使局部损坏而断裂。织物边缘在一集中负荷作用下被撕开的现象称为撕裂，亦称撕破。撕裂经常发生在军服、篷帆、降落伞、帐篷、篷布、膜结构建筑布、苫布、吊床布等织物的使用过程中。当衣服被锐物钩住或切割，使纱线受力断裂而形成裂缝，或织物局部被拉伸长，致使织物被撕开，等等，为典型的撕裂。抵抗这种撕裂破坏的能力为织物的撕破性能等于生产上广泛采用撕破性能来评定后整理产品的耐用性，如经过树脂、助剂或涂料整理的织物，采用撕破强力可比采用拉伸断裂强力更能反映织物整理后的坚牢度变化。许多工业用织物也将撕裂强力作为产品质量检验的重要项目之一。

14.2.1 撕裂强力的测试方法

为了测定织物抗撕裂破坏的能力，人们曾提出多种测试方法，经长期实验研究，下列几种方法是切实可行的，并分别成为各国采用的织物撕裂标准实验方法。这些方法有：舌形法（单舌法和双舌法）、梯形法、落锤法、翼形法等。

1. 舌形法

常见的为单缝法。试样为矩形，如图14－7（a）所示。实验时，先在试样短边正中沿纵向剪出一条规定长度的切口，使试样一端形成左右两瓣舌片，然后，切口方向对准夹头的中心标记线，将左、右两舌片，按夹持线分别夹入上下夹头内，如图14－7（b）所示。仪器启动后，下夹头逐渐下降，直至试样切口后方撕破长度达到规定长度为止。

舌形法中最形象的是双缝法或简称舌形法，试样也为矩形。实验时，将试样短边三等分，沿纵向剪出两条切口，使试样一端形成左、中、右三舌片，然后将中舌片夹入一个夹头内，左、右舌片一起夹入另一个夹头内进行撕裂试验，如图14－7（c）。

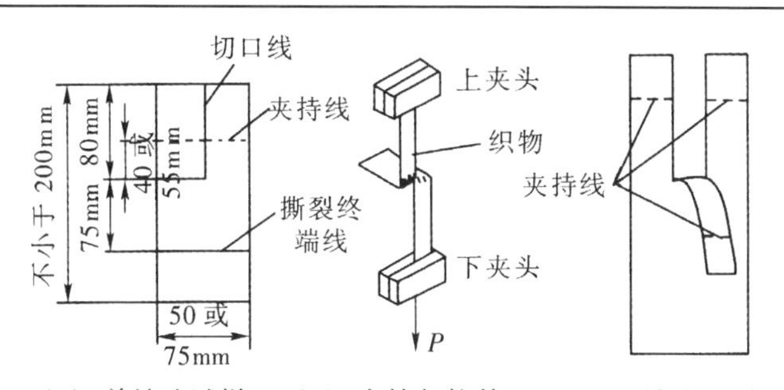

（a）单缝法试样　（b）夹持与拉伸　（c）双缝法（舌形法）

图 14－7　舌形法的试样与夹持方法

2. 梯形法

梯形法的试样为矩形，如图 14－8（a）所示。实验时，在试样短边正中剪出一条规定长度的切口。然后，试样按夹持线夹入上、下夹头内。这样上下夹头间的试样就成为梯形。试样有切口的一边呈紧张状态，为有效隔距部分，另一边成松弛的皱曲状态，如图 14－8（b）所示。仪器启动后，下夹头逐渐下降，直至试样全部撕破。

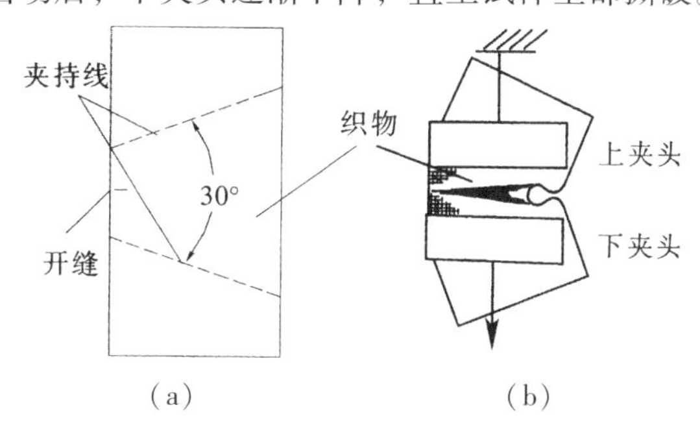

（a）　（b）

图 14－8　梯形法的试样与夹持方法

3. 落锤法

广义来看，落锤法也可归入单缝法中，采用的测量仪器如图 14－9（a）所示。该方法也称为“Elmendorf”法。试样如图 14－9（b）所示。

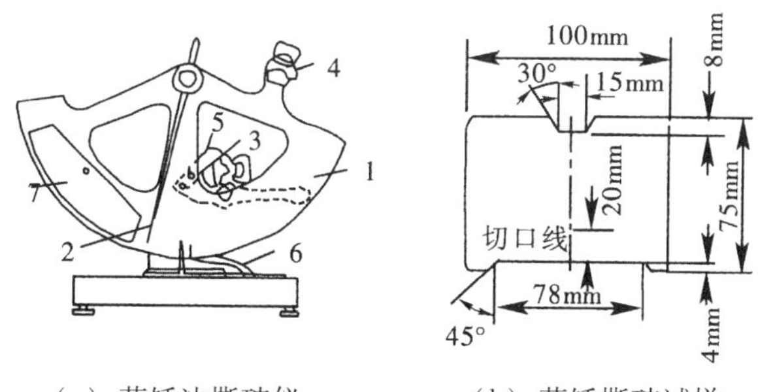

（a）落锤法撕破仪　（b）落锤撕破试样

图 14－9　落锤法的仪器和试样

先将扇形锤 1 沿顺时针方向转动，抬高到试验开始位置，并将指针 2 拨到指针挡板处。此时，定夹头 3 的工作平面与扇形锤上动夹头 4 的工作平面正好对齐。然后，将试样左右两边分别夹入两夹头内，并在长边正中用仪器上的开剪器 5 划出一条规定长度的切口。随后，松脱扇形挡板 6，动夹头 4 即随同扇形锤迅速沿逆时针方向摆落，与定夹头 3

分离，使试样对撕，直至全部撕破。由指针 2 指出强力读数标尺 7 上撕破强力值。此方法是一种快速的单缝撕裂破坏试验方法，因此测得的撕裂强力也称为冲击撕裂强力。

4. 翼形法

这是从单缝撕裂方法发展而来的撕裂方法。对有些稀疏的织物，在用单缝法撕裂时，因试样舌形尾部的拉伸断裂强力小于单缝撕裂强力，在试验过程中，试样经常在夹头夹住的试样尾部处发生拉伸断裂而破坏，所以无法得到织物的撕裂强力，而翼形法可避免这一缺陷。翼形法的试样也是矩形，如图 14－10（a）所示。在短边中心开一切口，上下夹头夹持线呈一定的角度（65°为澳大利亚标准，55°为英国标准）。试验时，将切口两边按夹持线分别夹入拉伸实验机的上下夹头内，且试样平面保持在上下夹头的同一边。如图 14－10（b）所示。

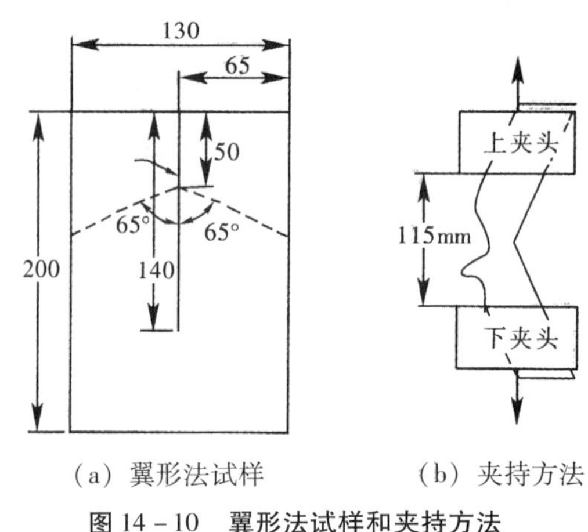

（a）翼形法试样　　（b）夹持方法

图 14－10　翼形法试样和夹持方法

14.2.2　撕裂破坏机理

撕裂破坏主要是靠撕裂三角形区域的局部应力场作用。对于变形能力较大的针织物和非织造布来说，由于撕裂应力集中区的扩大，撕裂的不同时性主作用明显减弱，从而转向大面积的拉伸，故撕裂的评价较少进行。

上述织物撕裂测试方法中，梯形撕裂和单缝撕裂是典型的两种不同破坏机理的实验方法，梯形法是拉伸作用，而单缝法宏观上是剪切作用。对于双缝法、落锤法和翼形法均与单缝法的作用机理相似。

单缝法撕裂破坏过程如图 14－11 所示。当试样被拉伸时，随着负荷增加，纵向受拉伸系统纱线上下分开，其屈曲逐渐消失而趋伸直，并在横向的非受拉伸系统纱线上滑动。滑动时经纬交织点处产生了切向滑动阻力并使纵向纱线逐渐靠拢，形成一个近似三角形的撕破口，称为受力三角形（区）。在滑动过程中横向非受拉伸系统纱线上的张力迅速增大，伸长变形也急剧增加，受力三角形随拉伸过程不断增大，受力三角形底边上的第一根横向纱线变形最大，承受张力也最大，其余纱线承受的张力随离第一根纱线距离的增大而逐渐减小。当撕拉到第一根横向纱线达到断裂伸长率时，即首告断裂，出现了撕破过程中的第一个负荷峰值，于是下一根横向纱线开始成为受力三角形的底边，撕拉到断裂时又出现第二个负荷峰值，依次，横向纱线由外向内逐根断裂，最后使织物撕破。

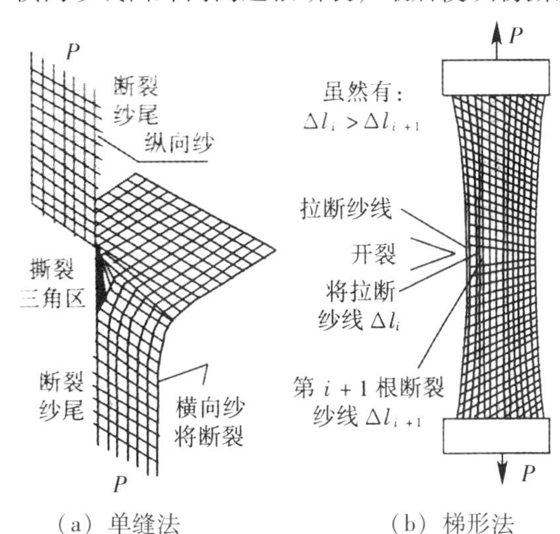

（a）单缝法　　（b）梯形法

图 14－11　单缝法撕裂破坏过程

由此可见，单缝法撕破时，断裂的纱线是非受拉伸系统的纱线，即试样沿经向拉伸时是纬纱断裂；纬向拉伸时是经纱断裂。

在梯形法撕裂中同样有一个纱线受力的三角形区，但这一受力三角形区是由受拉伸系统纱线的伸直和变形产生的。随着拉伸时负荷的增加，试样紧边的纱线首先受拉伸直，切口边沿的第一根纱线变形量最大，承受较大的外力，和它相邻一边的纱线承受部分的外力，且其承受力随着离开第一根纱线的距离增大而逐渐减小，直到受力三角形顶点处的纱线，它还未受到拉伸而变形，负担的外力为零。当第一根纱线到达断裂伸长率时，它就先告断裂，出现一个负荷峰值。于是下一根纱线变为切口处的第一根纱线，承受最大的变形，直至断裂，又出现另一个负荷峰值，受力三角形的顶点不断向前扩展，直至织物撕破，过程如图 14－11（b），相对单缝撕裂的力值波动较小。梯形法撕破时，断裂纱线是受拉伸系统的纱线，即沿织物经向拉伸时是经纱断裂，沿织物纬向拉伸时是纬纱断裂，拉伸力方向与断裂纱线的方向一致。

由上述两类典型的织物撕裂破坏机理可知：织物撕破过程是纱线的逐根断裂，即受力三角形中纱线的受力是不均匀的，受力三角形底边的纱线受力最大，受力三角形顶点处的纱线尚未受力。因此，织物的撕裂强力总是小于其拉伸断裂强力，撕裂强力的大小与撕破过程中的受力三角形的大小成正相关，与纱线断裂强力和断裂伸长率成正相关。据此，许多研究工作者进行了分析和讨论，导出了表达这两种典型撕裂破坏的撕裂强力计算式。计算式能充分显示出影响织物撕裂强力的各个主要因素。

14.2.3　织物的撕裂曲线及撕裂强力指标

1. 撕裂曲线

织物撕裂曲线表明了织物在撕裂中的行为，即负荷与伸长的变化曲线，图 14－12（a）为单缝撕裂曲线；图 14－12（b）为梯形法的撕裂曲线。

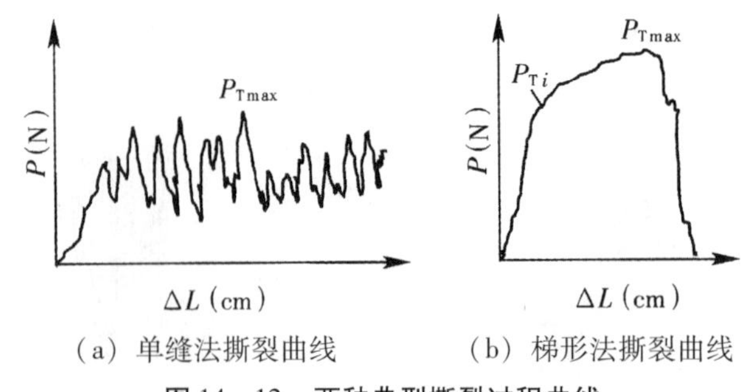

（a）单缝法撕裂曲线　　（b）梯形法撕裂曲线

图 14－12　两种典型撕裂过程曲线

2. 撕裂指标

表示撕裂的指标较多，但主要是撕裂强力 P_T或强度 p_T。不同撕裂破坏方法采用的指标也不完全相同，同一撕裂方法中各国所规定采用的指标也不一致，这里介绍几种常用的指标。

（1）最高撕裂强力 P_{Tmax}。

它是指撕破过程中出现的最高负荷峰值，单位为牛（N）。在没有绘图装置的强力机上，测试撕裂强力时，只能用此指标表示。

五个最高峰值平均值 $P_{T\bar{5}}$ ：在撕裂曲线图上（梯形法除外）出现第一个峰值后，每隔一规定撕破长度分为一个区，将连续五个区中的最高负荷峰值加以平均就得到五个最高峰值的平均值，单位为牛（N）。

（2）撕裂能 W_T。

它是指撕破一定长度织物时所需的能量，单位为焦（J）。

（3）平均撕裂强力 $\overline{P_T}$ 。

该指标为落锤法所采用。其物理意义是撕破过程中所做的功，除以 2 倍撕破长度，也就是从最初受力开始到织物连续不断地被撕破所需的平均值。单位为牛（N）。

（4）撕裂破坏点的强力 P_{Ti}

该指标为梯形法测量纱线开始断裂时的强力，如图 16－12（b）所示。

一般地，单缝法、双缝法和翼形法可以采用 P_{Tmax}和 P_{Ti}等指标；梯形法采用 P_{Tmax}和 P_{Ti}指标；落锤法采用 W_T 和$\overline{P_T}$指标。

14.2.4　影响织物撕裂强力的因素

织物撕裂强力的影响因素，可分织物本身性质（内因）和撕裂测量条件（外因）两个方面。

1. 影响织物撕裂强力的内在因素

（1）纱线性质。

织物撕裂强力与受力三角区的大小和纱线强度关系密切。织物的撕裂强力与纱线强力成近似正比关系。纱线的断裂伸长率越大、摩擦系数越小，受力三角区越大，同时受力的纱线根数越多，因此撕裂强力也就越大。纱线的结构、捻度、表面性状与纱线间摩擦、抱合作用有关，因而对织物的撕裂强力也有较大影响。化学纤维混纺织物的撕裂强力，在其他条件一定时，取决于混纺纤维的种类及混纺比，锦纶、涤纶等合成纤维与羊毛、棉、粘胶纤维混纺，一般可期望混纺织物的撕破强度得到提高，如图 14－13 所示。

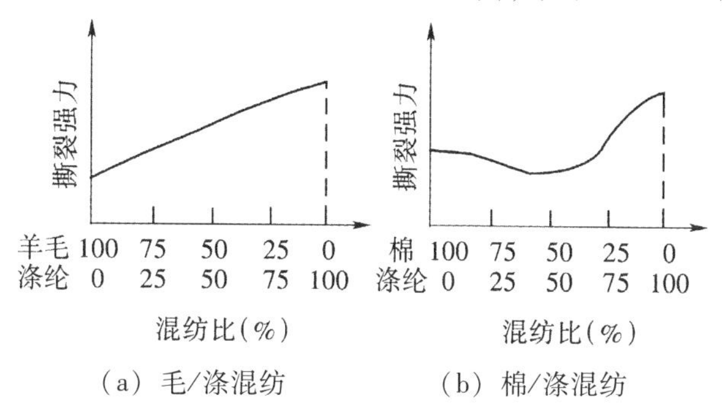

图 14－13　织物撕裂强度与涤纶混纺比的关系

（2）织物组织。

织物组织不同，经纬纱的交织点数不同，纱线能做相对移动的程度也不同。一般平纹组织织物的撕裂强力最小，方平组织织物的撕裂强力最大，缎纹组织和斜纹组织介于两者之间，且缎纹组织的撕裂强力大于斜纹组织。

（3）织物织缩。

织物织缩对撕裂强力的影响有以下两方面：一方面，织缩增大时，织物伸长增加，受力三角形增大，受力纱线的根数增多，使撕裂强力增加；另一方面，织缩增大时，纱线弯曲程度增加，使纱线间的相互挤压和摩擦增大，受力三角形变小又会使单缝法撕裂强度降低。但前者是主导因素。

（4）织物的经纬密。

织物经密、纬密对撕破强度的影响较为复杂。在一般密度条件下进行梯形法撕裂时，当密度增加，由于受力纱线根数的增加，而纱线间摩擦阻力变化影响不大，故可提高撕裂强度。织物密度对单缝法撕裂强力的影响则有两方面：一方面是由于密度增加，使受力三角形中纱线数增加，有利于提高撕裂强力；另一方面，密度增加，纱线间摩擦阻力的增加会使受力三角形变小，则不利于撕裂强力的提高。在纱线直径相同的条件下，经纬密均低的织物，撕破强力较大。因为经纬密低时，织物中经纬纱交织点少，经纬纱容易相对滑动，形成的受力三角形较大，三角形内同时受力的纱线根数较多，撕裂强力较大，如纱布，就不容易被撕破。经纬密都较大的织物，由于受力三角形变小，受力纱线根数少而撕裂强力降低。当经密比纬密大用梯形法测撕裂时，有助于提高经向撕破强力，而不利于纬向撕破强力。府绸织物由于经密比纬密大得多，因此，经纱的受力根数远超过纬纱受力根数，梯形法经向撕破强力远大于纬向撕破强力，而舌形法经向撕破强力远小于纬向撕破强力。实际穿着也表明，府绸织物在使用中撕破时，通常都是纬纱逐一断裂，沿经向撕开。此外，当经纬密相差过大时，在撕破实验中还会产生不沿着切口而沿受扯试样横向断裂的现象。

（5）织物的后整理。

织物经树脂整理后，织物的一些服用性能可以得到改善，但织物的撕裂强度会降低，因为树脂整理后，经、纬纱相互间的滑移阻力增大，撕裂三角形区域减小；同时纱线的断裂伸长率因涂层处理损伤而下降，故织物的撕裂强力减小。若织物在整理时采用柔软剂，则由于柔软剂上的树脂长链可在纤维问起润滑作用，使纱线间易于滑移，可改善织物撕裂强力的下降。

2. 试验条件对织物撕裂强力的影响

（1）试样尺寸的影响。

在梯形法撕裂试验中，受力三角形与切口处第一根断裂纱线的长度有关，其长度越大，受力三角区越大，受力纱线根数越多，撕裂强力也越大。由于撕裂过程中，纱线的断裂沿切口横向连续地一根一根断裂，使断口处的纱线长度变得越来越长，受力三角形也随着纱线的断裂而不断增大，因而撕裂强力也越来越大，这一情况在梯形法撕裂曲线图14－12（b）可以清楚地看到。因此，织物试样切口处第一根纱线长度越长，试样的宽度越宽，最大撕裂强度的测试值也越高。另外，梯形法试验时，断裂纱线系统是直接受到轴向拉伸的，受力纱线的根数与试样条和夹头水平线的夹角有密切关系。倾角越小，受力的纱线根数越多，撕裂强力越大。当倾角等于0°，梯形试样变成矩形时，织物的梯形撕裂变成轴向拉伸，实测撕裂强力等于拉伸强力。我国规定倾角为15°，故夹持撕裂试样的准确程度，对撕裂强力测试值影响很大。

对单缝法撕裂而言，受拉伸系统的纱线与断裂纱线系统不一致，当织物经纬密较低，纱线间摩擦阻力较小时，如果试样的宽度小于撕裂过程中两组纱线相互滑动影响的长度时，撕裂强力的测试值会减小。所以，对这类试样，在实验中要防止发生撕断的纱线头缩进试样边缘的现象。

（2）撕裂速度的影响。

织物是具有黏弹性能的纤维集合体，而且纱线间会产生滑移，都与作用时间有关，故其撕裂强力受撕裂速度的影响十分明显。织物的撕裂一般经验常识可知，撕裂织物时，作用速度越快，所用力越小，正好反于拉伸破坏试验。其本质原因是，受力三角区的减小，减少到几根纱，甚至只拉断一根纱。因此，通常梯形撕裂强力随撕裂速度增加而提高（因为是拉伸）；单缝撕裂强力则随撕裂速度增加而降低（因为是剪切三角区）。

（3）温、湿度条件。

温、湿度不同会影响纱线本身的断裂强度和断裂伸长率，并且严重影响到纱线的表面摩擦性能，从而影响织物的撕裂强力。

14.3 织物的顶破和胀破性

织物在一垂直于其平面的负荷作用下鼓起扩张而破裂的现象称为顶破或胀破。顶破与服装在人体肘部、膝部的受力以及手套、袜子、鞋面在手指或脚趾处的受力相似，降落伞、滤尘袋、消防水管带等则要考虑胀破性能。顶破试验可提供织物的多向强伸性能特征的信息，特别适用于针织物、三向织物、非织造布等织物的强力检验。

14.3.1　测试方法与指标

测试织物顶破性常采用弹子式顶破试验仪，测试织物胀破性常采用气压式或油压式顶破试验仪，较为常用的是气压式顶破试验仪。

1. 弹子式顶破试验

弹子式顶破试验仪是利用钢球球面来顶破织物的，如图 14 - 14（a）。其主要机构与织物拉伸强力仪相仿，但用一对支架 1 和 2 取代上下夹头，上支架 1 和下支架 2 可作相对移动。试验时，圆形试样 3 夹在一对规定尺寸的环形夹具 4 之间，环形夹具放在下支架的测试槽中。当下支架下降时，固定于上支架的顶杆 5 上的钢球 6 向上顶试样，直至将试样顶破。由仪器上的强力刻度盘读出顶破强力，它是弹子作用到织物上使之顶裂破坏的最大压力，单位为 N。还可计算顶破强度，即织物单位面积上所承受的顶破强力，单位为 N/cm^2，该指标常用于羊毛衫片。

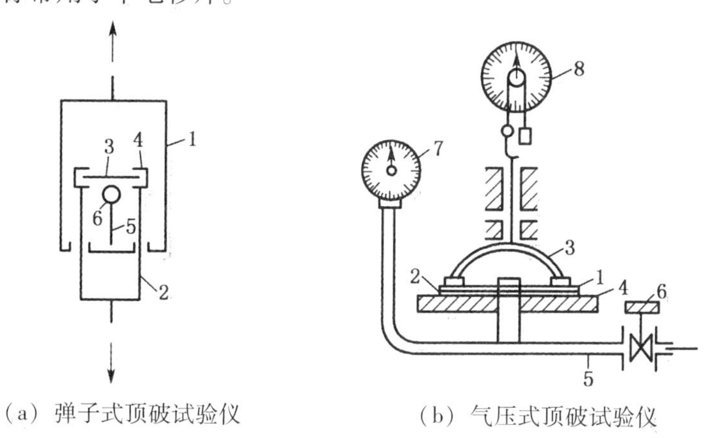

（a）弹子式顶破试验仪　　（b）气压式顶破试验仪

图 14 - 14　织物顶破试验仪原理

2. 气压式顶破试验

压式顶破试验仪是利用气体的压力来胀破织物的，如图 14 - 14（b）。试验时，圆形试样 1 覆在衬膜 2 上，两者同时夹持在半球罩 3 和底盘 4 之间。衬膜是用弹性较好的薄橡皮片制作的，衬膜的当中开有气口，在气口上方再覆盖一块橡皮膜。试验时，压缩空气经过阀门开关 6 进入仪器的空气管道 5，首先作用在衬膜 2 和其上方覆盖的橡皮膜上，由于衬膜和橡皮膜的弹性较好，受气流作用后拱起，从而使织物被顶起直至胀破。顶破伸长比单向断裂伸长更能反映织物本身的实际变形能力，因为它不像单向拉伸那样，由于某方向受拉伸而引起其他方向的收缩。

气压式顶破试验仪可测下述顶破性指标：

（1）胀破强度。指单位面积所受的力，即压强，单位为“N/m^2”或“kN/m^2”。

（2）顶破伸长。指胀破压力下织物膨胀的高度，即胀破时试样表面中心的最大高度，单位为“mm”。

（3）胀破时间。指织物从受力到胀破时所需的时间，单位为“s”。

气压式顶破试验仪与弹子式顶破试验仪相比，试验结果较为稳定，用于降落伞织物的顶破性能测试尤为合适。

14.3.2 顶破与胀破机理

织物是各向异性材料，当织物局部平面受一垂直集中负荷作用时，织物多个方向的变形能力是不同的。

一般来说，在非经纬纱方向的织物变形，是由经纬两组纱线相互剪切产生的，其伸长变形较经纬向大。在顶力作用下，沿织物各向作用的张力复合成一剪应力，首先在变形最大、强力最薄弱的一点使纱线断裂，导致织物破裂。

针织物中，各线圈相互勾接成一片，共同承受伸长变形，直至织物破裂。由此可见，织物顶破和胀破与一次拉伸断裂性不同，它是多向受力而不是单轴或双轴受力。

非织造布顶破或胀破，主要是纤维的断裂和纤维网的松散化，顶破口是一个隆起的松散纤维包，胀破是纤维网扯松开裂状。

14.3.3 影响织物顶破和胀破性的主要因素

织物中纱线的断裂强力和断裂伸长率大时，织物的顶破和胀破强力高，因为顶破和胀破的实质仍为织物中纱线产生伸长而断裂。

织物厚度对顶破和胀破强力有直接影响。通常，随织物厚度的增加，顶破和胀破强力明显提高。

机织物经纬两向结构和性质的差异程度对顶破或胀破强力有很大影响。实验表明，当经纬纱的断裂伸长率和经纬密相近时，经纬两系统纱线同时发挥分担负荷的最大作用，织物沿经纬两向同时开裂，裂口呈现L形或T形，顶破和胀破强力较大。反之，伸长能力差的那一系统纱线在顶破过程中首先断裂，织物沿经向或纬向单向开裂，裂口呈现线形，顶破和胀破强力较小。

在针织物中，纤维断裂伸长率大、抗弯刚度高的，不易受弯断裂，织物顶破强力高，纱线勾接强度大的，织物顶破强力也高。适当增加线圈密度也能使针织物顶破强力有所提高。

非织造布的纤维强度和纤维间固着点的强度是影响顶破的最关键因素。其次，纤维摩擦、卷曲和纠缠作用亦会影响顶破性能。

第 15 章　纺织品的服用性能

纱线和织物应用的重要方面之一是作为服装穿着。纺织品在服用中的要求不断地发生变化，由远古的防寒、蔽体（遮羞）、坚牢、耐用，发展到冬暖夏凉、装饰美化、显示身份地位、防护伤害及各种功能要求。

15.1　纺织品的外观性能

纺织品的外观性能包括了相当宽泛的内容，如颜色、光泽、遮蔽、花纹、组织、平挺、折皱、褶裥、起球、勾丝、悬垂、飘逸、起拱和折叠、存放、悬挂、穿着中的变化等；它还包括了几何学、力学、光学、热学、心理学、美学、艺术学等许多学科的内容。

15.1.1　光泽

纺织品的光泽（luster）是纺织材料光学性质的一部分，但由于纺织材料的特点和人类心理感应发展，而出现了进一步的内容。

纱线和纺织品一方面是由 10μm 数量级直径的纤维组成。另一方面它由纱线编织或编结，其表面是由 100μm 级圆柱形曲面编织而成，再者绝大多数纺织品都经过染色、印花，加上了许多种颜色，同时纺织纤维的折射率又比较高，这些因素影响到织物表面的反射光包含了多种内容。

1. 织物的光泽度

织物表面纱线曲面和纤维曲面使平行入射光的反射方向形成了宽泛的分布。在过入射光线及织物表面法线的平面上，反射光的分布如图所示，可以近似地分解成两种余弦函数的叠加，而反射角 α' 近似等于入射角 α，但是由于纱线捻度的存在及织物中纱线的空间螺旋卷曲，以及织纹组织的不对称性等，实际上反射角一般不在过入射光线及织物面法线的平面上，有偏离，且偏离方向和程度与纱线捻度、织物组织等有关。

表示织物反射光光泽的常用指标主要有两种对比光泽度，即平面对比光泽度与旋转对比光泽度。

（1）平面对比光泽度。它是反射光的峰位光强与法向反射光强之比（通常情况下峰值反射光偏离入射光及织物法线平面不多，可以用此平面中的峰位反射光强计算：

$$L_p = \frac{I_\alpha}{I_0} \tag{15-1}$$

式中：L_p——平面对比光泽度；

I_0——法向（0°）反射光强；

$I_{\alpha'}$——反射光的峰位光强。

完全均匀反射（反射分布曲线呈半圆）时 $L_p = 1.00$。

（2）旋转对比光泽度（Jeffris 光泽度）。当织物以图 15－1 中绕 OZ 轴旋转时，测试反射光强变化，并作出相应曲线如图 15－2 所示，通常入射光方向在 $\alpha = -45°$，测光传感器方向在 $\alpha' = 45°$进行测试。旋转对比光泽度计算式如下。

$$L_j = \frac{I_{max}}{I_{min}} \tag{15-2}$$

式中：L_j——旋转对比光泽度；

I_{max}——最大反射光强度；

I_{min}——最小反射光强度。

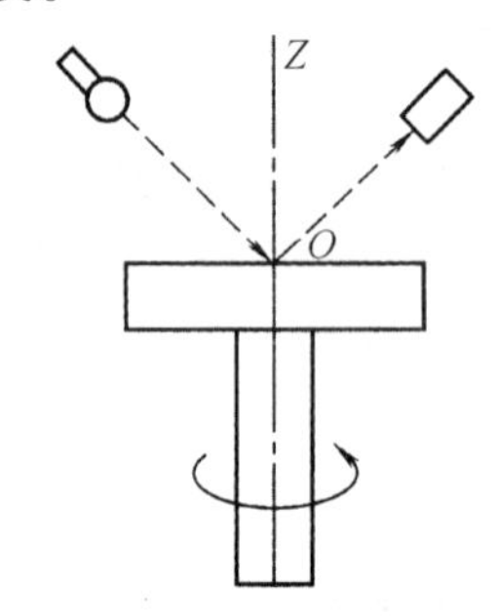

图 15－1　Jeffris 光泽度测试方法

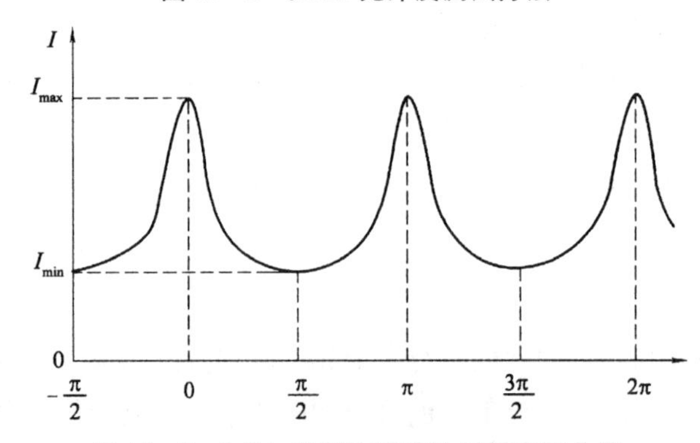

图 15－2　Jeffris 光泽度测试的反射光强曲线

2. 织物反射光的内容

织物的反射光包括两种来源，即纤维的表面反射光和内部反射光。

（1）纤维的表面反射光。它并不在几何光学定义的纤维与空气的界面上，而是在纤维表面之内深度大约与光波波长相当的区域内，因此这些反射光受纤维表层有色物质吸收的影响，称为表面反射光。

（2）纤维的内部反射光。入射光线进入纤维与空气的界面穿过纤维内部，在底层纤维与空气的界面上反射（甚至多次反射）后，再从入射表面折射出来，这些反射光受纤维内部有色物质吸收的影响，称为内部反射光。

当织物中纤维染色的染料在纤维截面中分布不均匀时，表面反射光和内部反射光被吸收的光谱与吸收率不同，因而表面反射光和内部反射光的光谱也不同。织物表面反射光对光泽和颜色的影响内容很复杂，目前尚未形成正式标准。

15.1.2　白度、色度与色牢度

物体的白度、色度虽然是人眼感光生理反应通过心理反应所呈现的主观判断，但近一百年来科学家的不懈工作，已经形成了比较完善的客观标准（虽然它的基础是以数十万人眼睛测试主观判断为基础的）。织物的白度、色度都是指在一定的光源（光谱分布）条件下（如 D_{65} 光源）按一定光谱分布的三原色（如 X、Y、Z）的量，通过标准方程计算得出的相应白度和色度的定量指标。目前，全世界在纺织品、印启 IJ 品等领域，已全部采用国际标准的 CIE（$L^*a^*b^*$ 指标），且这是由三原色 X、Y、Z 转换均匀色度空间后形成的指标。但是随着科技进步，国际色度学委员会不断提出了修正、补充和微调的许多补充方程式，并且这些方程式已通用于纤维、纱线、织物及最终产品的评价。

纺织品经穿着、使用、洗涤等色度会产生变化。染料的附着牢度因纺织纤维种类、染料种类及加工处理、使用条件的不同而改变。通过模拟各种使用条件，测试纺织品和服装色度变化的程度，来表达纺织品的染色牢度，且根据模拟的方式不同可区分为耐日晒色牢度、耐气候色牢度、耐水洗色牢度、耐皂洗色牢度、耐酸性汗渍色牢度、耐碱性汗渍色牢度、耐刷洗色牢度、耐干摩擦色牢度、耐湿摩擦色牢度、耐干热色牢度、耐常压汽蒸色牢度、耐升华色牢度、耐烟熏色牢度、耐直接蒸汽硫化色牢度、耐熨烫色牢度、耐丝光色牢度、耐臭氧色牢度、耐氧化氮色牢度、耐氯化硫色牢度等。采用测试处理前后纺织材料色度差的方法评价色牢度。色差可按式（15－3）计算：

$$\Delta E^* = [(L_1^* - L_0^*)^2 + (a_1^* - a_0^*)^2 + (b_1^* - b_0^*)^2]^{\frac{1}{2}} \tag{15-3}$$

式中：ΔE^*——色差值；

L_0^*、a_0^*、b_0^*——纺织品原样的色度值；

L_1^*、a_1^*、b_1^*——经色牢度测试处理后纺织品的色度值。

近十年来，国际色度学委员会组织研究并总结了 CIE（$L^*a^*b^*$）色度空间的不均匀性，进一步修订了计算方程式（见 CIE 142—2001《工业色差评估的比较》），有关具体内容可以参考有关文献。一般情况下，常将色差值转化成等级来评价，一般采用 0～5 级灰色样卡比照评级，或用色度仪器测定后计算色差值评级，其中 5 级最好，1 级最差，并设有半级值。评级数值见表 15－1。

表 15－1　色牢度级的色差值

色牢度级	变色色差值	沾色色差值	色牢度级	变色色差值	沾色色差值
5	0.0 +0.2	0.0 +0.2	2－3	4.8 ±0.5	12.8 ±0.7
4－5	0.8 ±0.2	2.3 ±0.3	2	6.8 ±0.6	18.1 ±1.0
4	1.7 ±0.3	4.5 ±0.3	1－2	9.6 ±0.7	25.6 ±1.5
3－4	2.5 ±0.35	6.8 ±0.4	1	13.6 ±1.0	36.0 ±2.0
3	3.4 ±0.4	9.0 ±0.5			

15.1.3　折皱回复性和褶裥保持性

1. 概念

折皱回复性是指服装在穿着、储放、使用时具有折皱回复的性能。在近 30 年来，提高服装在“可机洗”（洗衣机水洗）、“洗可穿”（易洗、快干、免烫）等方面的基本要求，就是提高织物在干态、湿态、凉态、热态环境下抗皱指标。褶裥保持性是指服装上的褶裥（如叠缝边、裤褶缝、领边、裙褶等）能保持长久，而不会自动变形的性能。

2. 原理

抗皱性的典型要求是织物折叠加压（图 15－3），并在折痕处弯曲时，此处中性面的曲率半径能达到织物厚度的一半以下。织物虽在长度、宽度方向上有良好弹性，但对于一般纺织纤维是无法承受中性面不伸长、不收缩，弯曲外表面伸长 100%，内表面压缩 100% 的变形，所以纱线在折皱中会产生减小内应力的位移和错位。以平纹机织物为例，如图 15－4 所示，纱线截面按典型简化椭圆，由左右两小半径圆弧［圆心在图 15－4（b）的 H 及其他对称点］和上下两大半径圆弧组成，它们的接点是图 15－4（a）小半径圆弧的半角 α 和大半径圆弧的半角 β 的分界线。图 15－4（a）和图 15－4（b）中的 H 角是平纹半个完全组织中相邻纱线上下凸点的连线对织物平面的倾角。图 15－4（b）中 HO_3 是折皱相邻纱圆弧中心线。由上面这些参数可以计算出折皱时纱线折曲产生的拉伸变形量。即使在纱线为进一步压缩，并减小原来的厚度，其截面变为椭圆形的情况下，外层纤维的伸长变形四个组织点平均仍将达到 22.8%（如果织物经纬向密度很大，且纱线不易压扁变薄，则其表面纤维的拉伸变形将更大）这种因压皱后弯曲，外层纤维的伸长变形已明显超过了其拉伸曲线的屈服点（甚至超过了第二阶屈服点），即使在缓弹性回复完成后也无法完全回复，从而折皱不能完全回复，形成皱痕。同时这也说明了织物的结构越挤紧，其折皱回复性能就越差。

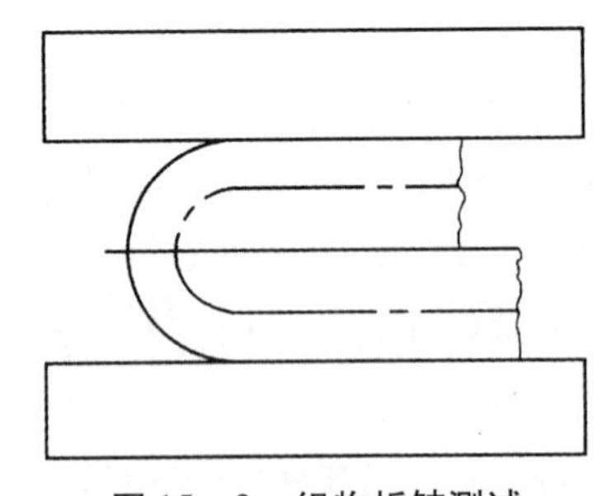

图 15－3　织物折皱测试

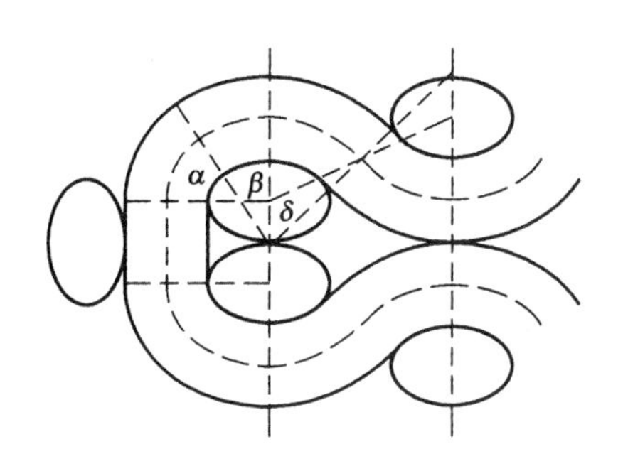

（a）奇数经纱与纬纱的排布图

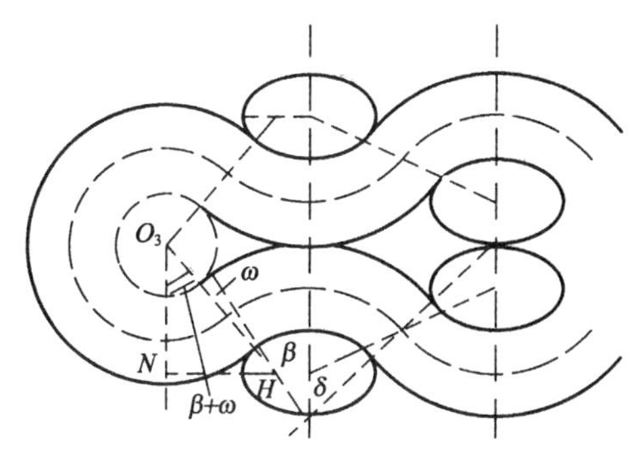

（b）偶数经纱与纬纱的排布图

图15－4 椭圆截面紧密织物折压时经纱与纬纱的排布图

3. 评价指标

基本指标是织物折叠加压（一定压力）一定时间后，释放外加压力，使之恢复一定时间，然后测试两折页间的夹角，当折皱能完全回复时，折页间夹角为180°；当释压后折页间夹角越大时，则表示织物的抗折皱性越好。测试织物抗折皱性的方法很多，其中大部分为折页水平加压，并且在释压后使折缝铅垂放置，使织物回复回弹，但对于刚度小的薄织物，此方法易产生折页三维弯曲变形，故有一类方法是将折页的活页铅垂向下（图15－5），使织物靠自身重力展平活页。

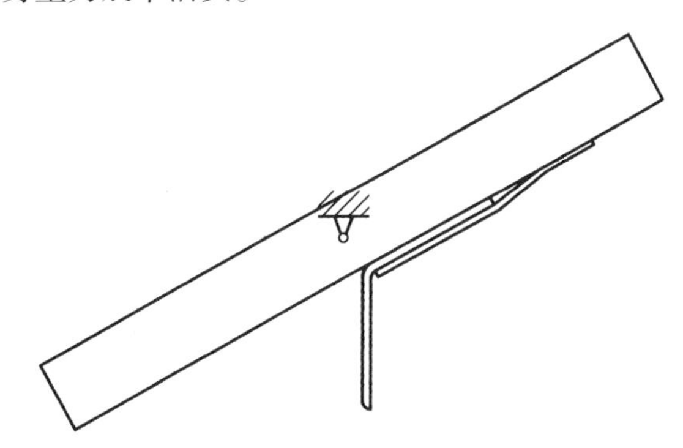

图15－5 倒重锤狮贝测试方法

测试条件不同折皱回复角也不同，其中20℃干态、20℃湿态、40℃干态、40℃湿态、100℃干态的折皱回复角分别称为干冷、湿冷、干热、湿热和压烫的折皱回复角。织物经纬向密度、纱线线密度、捻度不同，则其经纬向折皱回复性能也不同。在评价时，为简单方便，常将经向折皱回复角和纬向折皱回复角之和称为折皱回复角作为评价指标。几种织物折皱回复性能见表15－2，测试条件为试样折边长40mm，加压30N、30min，释压急弹性回复时间为15s，缓弹性恢复时间为30min。

表15－2 几种织物折皱回复性能举例

织物品种	干冷		干热	湿冷		湿热		压烫
	急	缓	急	急	缓	急	缓	
涤/平布棉	170	208	180	236	272	166	222	29.7
毛凡立丁	298	332	230	204	248	204	242	35.0

续表 15－2

织物品种	干冷		干热	湿冷		湿热		压烫
	急	缓	急	急	缓	急	缓	
涤纶长丝平纹布	302	330	260	288	324	250	292	89.3
涤纶长丝斜纹哔叽	320	338	290	306	334	298	326	110.0
涤纶长丝平纹府绸	286	306	246	256	292	254	286	—

除上面方法之外，还有热湿拧绞测试法，即先将织物放在40℃热水中再对其施加张力拧绞后，从热水中取出并干燥，然后通过与实物标准皱纹照片比对剩余皱纹的方法，来给织物评级。标准皱纹照片分为五级，其1～5级如图15－6所示。

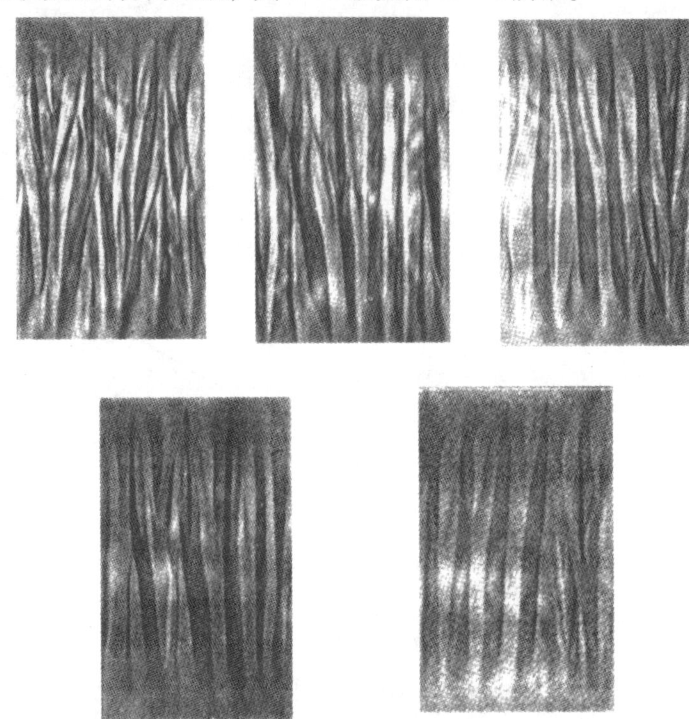

图15－6　织物热湿拧绞分级照片

褶裥保持性的原理与折皱回复性相似，但折皱回复性是使织物在平挺状态下通过整理加工（煮呢、蒸呢、热定形等）具有在折叠作用后还能回复到平挺的能力，而褶裥保持性是使在成衣过程中对织物折叠压烫形成的褶裥在穿着、使用、悬挂、洗涤中真有抵抗变形展平的能力。测试中试样要与分为5级的标准照片比对，且5级最优，1级最差。

15.1.4　抗起球性与抗勾丝性

1. 起球

织物在使用过程中，不断受到摩擦，使其表面的纤维端被牵、带、钩、挂拔出，并在织物表面形成毛羽的现象称为起毛。随毛羽逐渐被抽拔伸出，一般超过5mm以上时，再承受摩擦，这些纤维端会互相钩接、缠绕形成不规则球状的现象称为起球。织物随着使用中继续摩擦，纤维球逐渐紧密，并使连在织物上的纤维受到不同方向的反复折曲、疲劳以至断裂，纤维球便从织物表面脱落，但此后折断头端的纤维毛羽还会在使用中继续被抽拔伸出并再次形成纤维球。新织物在使用的开始阶段，纤维球数量会逐渐增加，并随摩擦时间的延长，最先形成的纤维球开始脱落，但这时纤维球的总量却在增加，当到达一定时间后，纤维球的脱落数量与新增数量逐渐持平，而后纤维球总量开始逐渐下降。当纤维刚硬不易弯曲缠绕时，织物表面不易起球；当织物内纤维相互缠结较紧密、纱线捻度较高、织物紧度较高且摩擦因数较大时，织物表面的纤维端不易被抽拔伸出，起毛起球较少；当纤维耐重复弯曲疲劳强度较低时，织物表面的纤维球较容易脱落，从而使纤维球总量较低。

织物起毛起球后，会改变其表面的光泽、平整度、织纹和花纹，并浮起大量颗粒，严重影响织物的外观和手感。

2. 起球的测试和评定

将被测试样固定在水平圆盘上，使其在一定压力下转动摩擦一定转数后，取下与起球标准样品照片比较纤维球数量、大小、松紧程度进行评级，共分五级，5级最优，1级最差。或者将被测试样固定在金属圆管外，置于方形滚箱中滚动，与滚箱内壁的材料（软木或橡胶粒）摩擦一定次数后取出，将试样展开与标准样照对比评级，5级最优，1级最差。过去美国标准规定，将织物试样置于内壁贴有砂布的金属筒内高速旋转翻滚一定时间后，取出与标准样照比照评级，但此方法目前已逐渐停止使用。

3. 勾丝

当织物中纱线比较光滑，编织紧度较低时，织物遇到尖锐物体刺挑，会出现织物表面纱线被抽拔、拱起等的现象称为“勾丝”。勾丝不仅在织物表面拱起纱线颗粒，并使其附近纱线抽直，从而改变织纹形状及屈曲波分布。

4. 勾丝的测试和评定

织物抗勾丝性测试一般采用带刺钉的钢球（钉锤）或带刺钉的钢辊（针筒）在织物试样面上无规滚动一定转数后，将试样与实物标准样品照片比对评级，或者将试样固定在样棍上或试样包覆在多粒钢球或玻璃球外，并置于滚箱（内壁面有斜形齿条）中滚转一定次数后取出，再把试样展平与实物标准样品照片比较评定，5级最优，1级最差。

15.2　织物的手感

服用织物在服用中接触皮肤，并以拉伸、压缩、弯曲、摩擦、刺扎等力学作用于皮肤，使人体皮肤中的各种感觉神经元受到刺激，并通过人体神经网络传递到大脑并作出综合性判断。人体皮肤中神经元分布密度最高的区域是手掌，所以用手摸来感觉及评价织物与皮肤接触的效果和特征，成为千余年来人类检测和评价织物的一种方法，即织物的手感(handle)。

长久以来，织物手感评价是依赖人群进行主观评定的。我国从20世纪50年代中期以后，由纺织工业部每年多次在全国范围内组织纺织工作者广泛进行用主观评价方法评定织物手感，形成了“一捏、二摸、三抓、四看”的手感评价方法，同时形成了一套专用术语，如硬挺、挺括、软糯、疲软、软烂、蓬松、紧密、细腻、粗糙、弹性、活络、刺痒、刺扎、戳扎、光滑、滑糯、爽脆、活泼、糙、涩、燥、板等。

1970年日本京都大学的川端季雄（Kawabata）教授、奈良女子大学的丹羽雅子（Niwa）教授及松尾达树先生等专家开始研究织物手感的客观评价方法，经过十多年的努力，培养出了一大批织物手感检测师，并且还研制出了川端型织物手感评价系统（Kawabata's evaluation system，缩写为KES）。其由4台电子式仪器和1台计算机组成，其中FB－1测试织物的拉伸和剪切性能，FB－2测试织物的正反向弯曲性能，FB－3测试织物法向压缩性能，FB－4测试织物表面凹凸波动量（平整度）及摩擦性能，计算机可计算织物单位面积质量等16种低应力下的基础指标。

在此基础上川端季雄教授和丹羽雅子教授又经过十多年的努力，分别对男式和女式夏季内衣、冬季内衣、夏季外衣、冬季外衣、女式袍裙装、服装用皮革等提出了织物的单项手感指标（hand value，HV）（如硬挺度、爽脆度、丰满度、平展度、滑糯度、柔软度等）和最终综合手感指标（total hand value，THV）。在经过大量客观仪器测试和检验师主观测试评价（每一小类都经过千种样品测试和评估）的基础上，用非线性回归方法求出经验评价方程式，结合仪器测试的16种基础指标和试样的用途，可以计算出被测试样的单项手感值（HV_1、HV_2、HV_3、HV_4等）和综合手感值（THV）。

当基础指标为X_i（16种指标中有，11种取对数值）时，基本手感值HV_j的计算式为：

$$HV_j = C_0 + \sum (A_{ji} \cdot X_i) \quad (15-4)$$

式中：A_{ji}——第j个单项手感值的第i个基础指标的权重系数；

C_0——常数项系数。

KES低应力条件下单项指标见表15－3，男夏季外衣裤的权重系数A_{ji}如表15－4所示，其中自变量X_i有的用原值，但大部分用对数值，它的结果是表达这些指标在计算方程中是乘除关系，而不是加减关系。

表15－3　KES－FB测试织物物理性能的指标

序号	符号	名称	概念内容	单位
1	L_T	拉伸线形度	经、纬拉伸曲线下面积对直线下面积之比	—
2	W_T	拉伸功	经、纬向拉伸曲线下的面积	$cN \cdot cm/cm^2$
3	R_T	拉伸弹性	经、纬向拉伸弹性恢复率	%
4	B	弯曲刚度	经、纬向弯曲刚度（曲率0.5～1.5）平均值	$cN \cdot cm^2/cm$
5	$2HB$	弯曲滞后矩	经、纬向正反弯力矩之差的平均值	$cN \cdot cm^2/cm$
6	G	剪切刚度	经、纬向剪切0.5°～5°斜率的平均值	cN/［cm·（°）］
7	$2HG$	剪切滞后矩	经、纬向剪切0.5°～0.5°斜率差的平均值	cN/cm
8	$2HG_5$	剪切滞后矩	经、纬向剪切5°～5°斜率差的平均值	cN/cm
9	L_C	压缩线性度	压缩曲线下面积对直线下面积之比	—

续表 15 - 3

序号	符号	名称	概念内容	单位
10	W_C	压缩功	压缩曲线下面积	cN · cm/cm^2
11	R_C	压缩弹性	压缩弹性恢复率	%
12	T_0	表观厚度	0. 5cN/cm^{2}压力下压缩厚度	mm
13	MIU	动摩擦因数	动程 2cm 中摩擦因数平均值	—
14	MMD	摩擦因数平均差	动程 2cm 中摩擦因数变异的平均值	—
15	SMD	表面粗糙度	0. 5mm 直径单丝位移上下平均波动的值	—
16	W	单付面积重量	—	mg/cm^2
17	E_T	拉伸伸长率	满负荷拉伸伸长率	%
18	T	稳定厚度	5cN/cm^{2}压力下的厚度	mm
19	E_C	压缩率	0. 5 ~5cN/cm^{2}压力下的厚度压缩度	%

表 15 - 4　KES - FB 手感计算的回归方程和权重系统 A_{ji}（男夏季外衣裤）

序号	符号	HV_1 硬挺度	HV_2 爽脆度	HV_3 丰满度	HV_4 平展度
1	L_T	-0. 0031	0. 2012	-0. 4652	0. 0156
2	$\lg W_T$	0. 1154	0. 1632	-0. 1793	-0. 1115
3	R_T	0. 0955	0. 1385	0. 0852	0. 0194
4	$\lg B$	0. 7727	0. 4260	-0. 0209	0. 8702
5	$\lg 2HB$	0. 0610	-0. 1917	0. 0201	0. 1494
6	$\lg G$	0. 2802	0. 0400	0. 0567	0. 0643
7	$\lg 2HG$	-0. 1172	-0. 0573	0. 0361	-0. 0938
8	$\lg 2HG_5$	0. 1110	0. 1237	-0. 0944	0. 2345
9	L_C	-0. 093	0. 0828	-0. 0388	-0. 1153
10	$\lg W_C$	-0. 1139	-0. 0486	0. 1411	-0. 0846
11	R_C	-0. 1164	-0. 2252	0. 0440	-0. 0506
12	$\lg T_0$	0. 0245	0. 0001	-0. 0591	0. 0067
13	MIU	-0. 2272	-0. 2712	-0. 1157	-0. 3662
14	$\lg MMD$	0. 0472	0. 1304	-0. 0635	0. 1592
15	$\lg SMD$	0. 1208	0. 9162	-0. 0560	0. 1347
16	$\lg W$	0. 0549	0. 0824	0. 2770	0. 0918
17	C_0	4. 6089	4. 7480	4. 9217	5. 3929

15.3 纺织品服用的耐用性

服用纺织品除了要具备一般的拉伸、压缩、剪切、摩擦性能之外，还要从实际应用角度出发具备某些力学性能。

15.3.1 抗纰裂强度

当织物的接缝处受力时，纱线可能滑移呈现透光缝隙，甚至有的纱线可能会滑移裂开，从而使织物丧失使用价值，织物抵抗这种滑移的能力可用抗纰裂强度来进行衡量。抗纰裂强度的测试方法可分为缝迹测试法和针排测试法。

1. 缝迹测试法

将织物条分经、纬（或直、横）向分别对折叠合用缝纫线缝合，再剪开展平（图15－7），缝边留 $\delta=6$mm，在织物拉伸测试仪上拉伸一定外力测缝合处裂缝宽度，或测交织纱线滑脱时的强力。

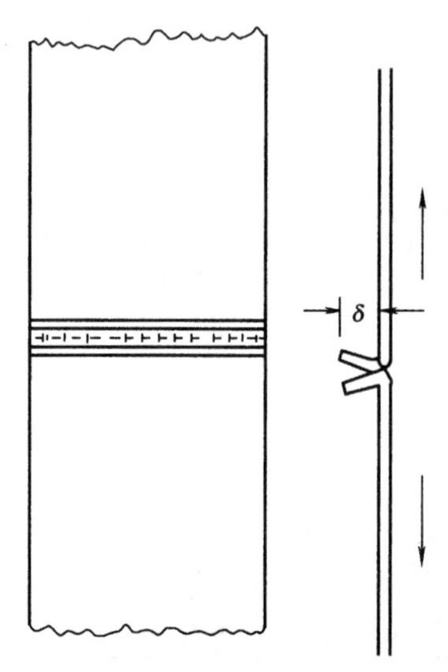

图15－7　织物缝迹纰裂测试示意图

2. 针排测试法

先在离织物剪切边缘6mm处插入针排（图15－8）$\delta=6$，再在织物拉伸测试仪上拉伸至一定大小的应力时，测试其纱线裂缝宽度，或拉伸至交织纱线全部滑脱时的最大拉伸力。

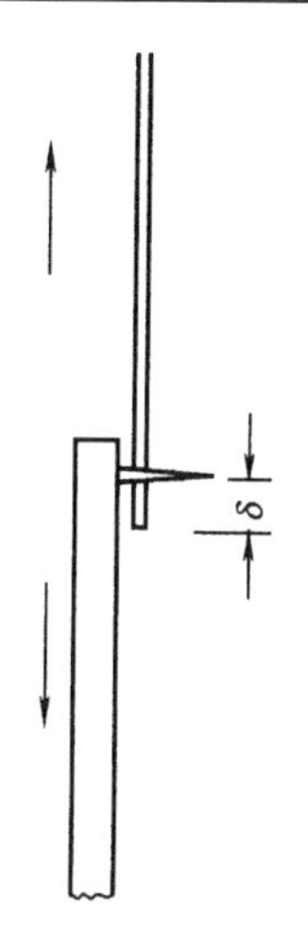

图 15－8 织物针排纰裂测试示意图

15. 3. 2 织物耐磨性

织物服用中受摩擦力产生纤维损伤、断裂、毛茸伸出、脱落及破坏是常见的破坏形式。织物耐磨性按模拟方式的不同主要有三类。

1. 平面往复磨损法

织物平展夹持于平台上，用磨料（如 400 号砂纸）往复磨损一定次数后，测量试样上破损的面积。

2. 平面旋转磨损法

圆形织物试样展平夹于圆形平台上，平台旋转，并与压于织物上面的砂轮在交叉方向摩擦一定转数后，测量织物表面磨损的面积。

3. 屈曲磨损法

织物试样绕过多个磨辊，反复正反方向弯曲、伸展并摩擦，一般测量在一定张力下试样条断裂的磨损次数。

15. 3. 3 织物的其他特种耐用性

织物服用中抵抗特种外力破坏的能力还有多种，下面简单介绍两种。

其中一种是抵抗匕首尖刺穿的能力，即防刺性，这在警服、安全服和防割手套中需要测试和评价。将尖刃刀具固定于跌落架下端，织物水平张紧安装于跌落架下方一定距离处的试样夹中，调整跌落架的高度及重量（即调整刺穿速度及刺穿所作的功），释放跌落架使之加速下落刺击织物，测量刺穿的功及破口的程度（刺入深度），等等。

另一种是抵抗子弹及子弹破片击穿的能力，即防弹性。将织物试样夹持于固定样品架中，一般在距试样 5m 处用适当型号的枪支和一定质量和结构的枪弹头，并要调整好子弹的炸药量（即调整子弹射击织物时的线速度）。当测量一半子弹（如五发子弹）击穿织物、另一半子弹（五发子弹）未击穿织物时，这五对子弹线速度的平均值（规定最高速的子弹与最低速的子弹线速度之差小于 30m/s)，可称为侵彻临界速度（未击穿及击穿概率各 50% 时的子弹线速度，v_{50}）。

15.4 织物的舒适性

15.4.1 织物舒适性简介

舒适性是一个很难下定义的复杂而模糊的概念。它指的是人与环境间生理、心理和物理协调的一种愉悦状态，是上述因素的综合良好反映。舒适性很难从正面描述，往往以人体对织物的不适感为评价。织物舒适性的感觉评价涉及织物的温度舒适性（隔热保暖、传热散热)、透湿透气性、接触舒适性（热、静电刺激、触觉、服装压）等。人体对织物舒适性的感觉过程如图 15 -9 所示。由于生理感觉的复杂性，人们以简单的物理作用或刺激来间接定量地描述这一特性。

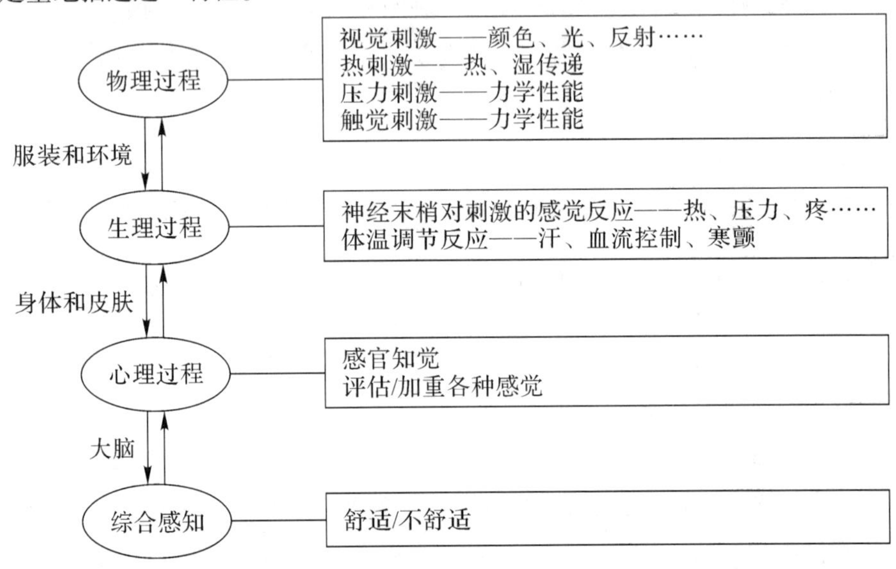

图 15 -9 舒适性的主观感觉流程图

15.4.2 织物透通性

1. 透通性简介

织物的透通性是反映织物对“粒子”导通传递的性能，粒子包括气体、湿汽、液体，甚至光子、电子等。人体 - 织物 - 环境的相互作用如图 15 -10。

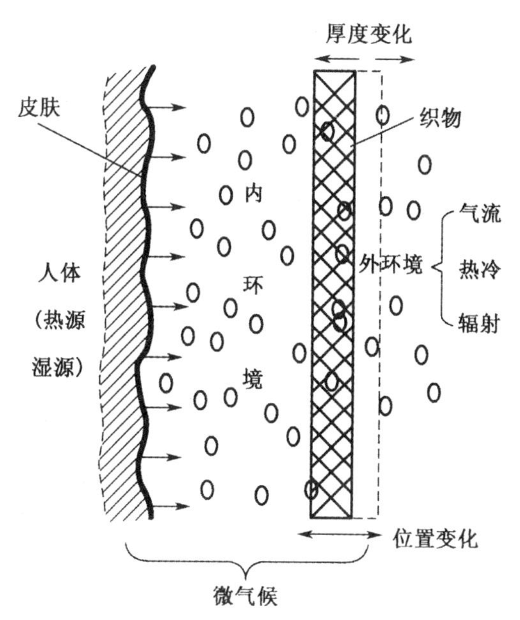

图 15-10　人体-织物-环境的相互作用

（1）透通性与人体舒适性的关系。

织物透通性主要影响人体-服装（织物）-环境间气、热、湿的能量、质量交换及其平衡状态。透通性主要涉及透气性、透湿汽性、透水性和直通孔的透光性等，直接影响着人的舒适感。服装或织物在人体与环境间能量、质量交换中起着调节作用，寒冷时，应降低织物透通性，减少人体散热；暑热或运动时，要加强透通性，增加人体散热和汗液蒸发；织物应保证一定的透湿汽性，以排放人体产生的汗液；织物应保证一定的透气性，以免因皮肤呼吸排出二氧化碳的浓度超过 0.08% 而产生不适。

（2）织物孔隙与织物透通性的关系。

织物具有透通性的根源在于织物的孔隙结构。织物的孔隙大小及联通性、通道的长短和排列及表面性状将影响织物的透通性，其中较为重要的是织物中孔隙大小的分布特征。织物中有许多孔洞缝隙，形态各异，种类繁多。根据孔洞是否直通织物的两面，分为直通孔洞和非直通孔洞；根据织物中孔洞的成因，可以分为：

①纤维内的空腔和原纤间的缝隙。

如棉、麻纤维的中腔、粗毛纤维的毛髓、中空纤维和各级原纤之间的孔洞缝隙。前者尺寸较大，横向尺寸为 0.05～0.6μm；后者尺寸较小，横向尺寸为 1～100μm。这些孔洞有些是与外界连接的，有些是封闭或半封闭的，而后者不能起到贯通粒子的作用。

②纱线内纤维间的缝隙孔洞。

横向尺寸一般为 0.2～200μm，大部分为 1～60μm，基本上是与外界连接的，一般情况下为非直通孔洞。

③纱线间的缝隙孔洞。

横向尺寸一般为 20～1000μm，大多数是直通孔洞，但一些具有挤紧态结构的织物中是非直通的。

汽、气、水、光等粒子的首要传递途径都是直通孔洞，易于形成穿透和对流，因此直通孔洞的数量和大小将会影响上述粒子的透通能力，如毛呢织物中的孔洞很多，但由于缩绒孔洞不能直通或被封闭，适合做冬季外衣类服装，既保暖又防风；而液态水分的传递主要依赖于纤维间的孔洞而进行，其传递能力的高低取决于毛细孔洞的数量；在高水压的情况下，纱线间的孔洞将起主要作用。可以通过封闭织物中的孔洞来降低透通性，比如采用涂层方法以达到防水、遮光的目的；利用气态分子和液态分子对孔洞直径的依赖程度不同，通过对织物孔洞的选择来达到既防水又透气的效果，如防水透湿织物。

2. 织物的透气性

气体分子通过织物的性能称为织物的透气性，是织物透通性中最基本的性能。透气性影响织物的穿着舒适性，如隔热、保暖、透通、凉快，是人体向外界传播热量、气态水分和二氧化碳等气体的重要方式。如果透气性不好，热量、CO_2和气态水分不能及时排出，人就会产生发闷的感觉，甚至造成织物内部水分凝结，产生湿冷感。透气性还影响织物的使用性，如降落伞、安全气囊、船帆、热气球、热气艇等的密闭与透气的有效性。

（1）织物透气性的表征方法。

织物的透气性常以透气率B_p表示。它是指在织物两边维持一定压力差的条件下，单位时间（t）内通过织物单位面积（A_F）的空气量，单位为“mL/（cm^2·s）”，本质上是气体的流动速度：

$$B_p = V/(A_F \cdot t) \tag{15-5}$$

织物透气性可用织物透气仪进行测试（如图15－11）。织物透气仪由室Ⅰ、室Ⅱ和排气风扇等组成。织物试样置于室Ⅰ的前面，当排气风扇转动时，空气即透过试样进入室Ⅰ和室Ⅱ。空气在通过气孔时，由于截面缩小，引起静压下降，其数值可由压差计2读得，由此可求织物的透气率。试样两面间的压力差由压差计1读得。根据流体的连续原理与伯努利定理以及考虑实际气体的黏滞性与可压缩性，可以得出透过试样的空气流量Q（kg/h）：

$$Q = c\mu d^2\delta\sqrt{h\gamma} \tag{15-6}$$

式中：c——仪器常数；

μ——流量系数；

δ——流体密度变化系数；

γ——压差计2内的液体密度（g/cm^3）；

d——气孔直径（mm）；

h——压差计2的压力差读数（mmH^2O）。

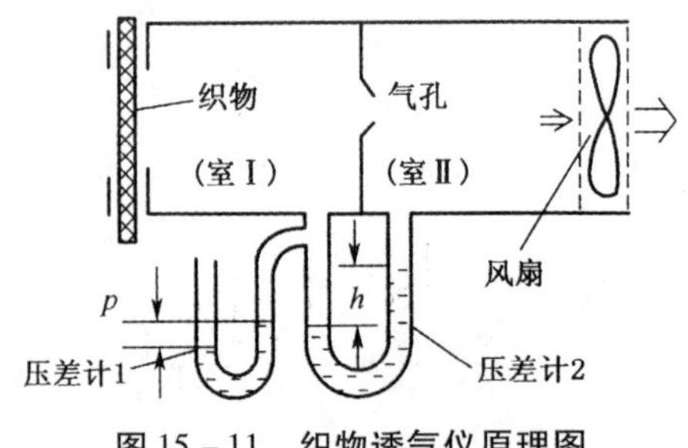

图15－11　织物透气仪原理图

由此可知，通过织物试样的流体流量与织物两面间的气压差呈正相关，与气孔直径的平方成正比：当已知气孔直径和压力差时，便可计算出通过织物的流体流量。实际测试中，气孔直径 d 是固定的几种，故已知 h 和 d 就可查表得到透过织物的空气流量 Q。为维持织物两面间压差在一定范围内，在实际测试中，还应根据织物的透气性选择合适的气孔直径。

（2）影响织物透气性的因素。

织物透气性的高低主要受织物自身因素和外界环境因素的影响，自身因素主要有纤维材料的性状、纱线的细度与结构、织物的结构、体积密度、厚度及表面状态和染整加工因素等，环境因素主要包括温度、湿度、气压差等。

3. 织物的透湿汽性

（1）透湿汽性的含义。

织物透湿汽性是指湿汽透过织物的性能，又称透水汽性，简称透湿性或透汽性。人体静止时的无感出汗量约为 15g/（m^2·h），在热环境中或剧烈运动时，出汗量可以超过10015g/（m^2·h）。织物透湿汽性直接影响微气候的相对湿度，如果气态汗液积聚在服装与皮肤间而不能及时扩散或传递到外环境，人体会感到发闷；如果产生大量积聚，就会在织物内表面形成凝结，黏附皮肤，人体会感到很不舒适。

（2）透湿汽性的测量。

织物透湿汽性可采用吸湿法和蒸发法来测量湿汽在织物中的传递量。

①吸湿法。

将织物试样覆盖在装有吸湿剂（如无水碳酸钙或五氧化二磷等）的密闭干燥器的瓶口上，并严格密封，放在规定的大气条件下（温度38℃，相对湿度90%，气流速度为0.3～0.5m/s）0.5～1h后，测定吸湿剂的增重以及试样的面积，计算织物透湿率 U，即：

$$U = \Delta m / (S \times t) \ [mg/(cm^2 \cdot h)] \tag{15-7}$$

式中：Δm——吸湿剂吸湿前后的质量差；

t——实验时间（h）；

S——试样实验面积（cm^2）。

②蒸发法。

将试样覆盖在盛有蒸馏水的容器上端，在规定大气条件（温度38℃，相对湿度2%，气流速度为0.5m/s）下放置一定时间（1h），其测量原理如图15－12所示。根据容器内蒸馏水的减少质量和试样的透湿面积，应用式（15－7），计算织物的透湿率。

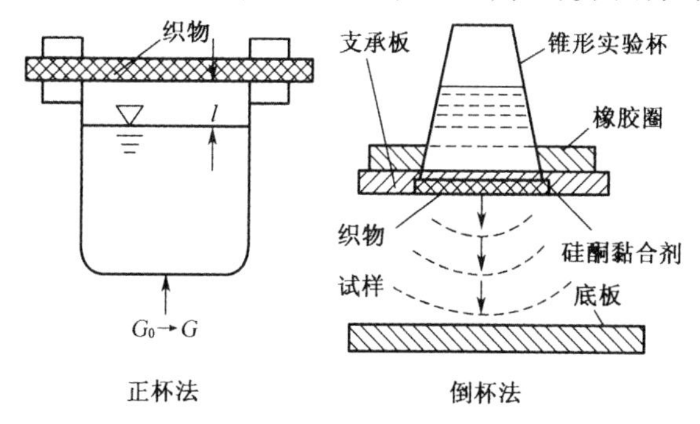

图15－12 蒸发法测量原理示意图

有时也用相对透湿量 B 来表示织物的透湿性能，其定义为通过织物试样的水量 G 与未覆盖试样的同一容器在相同条件和时间内所蒸发水量 G_0 的百分比，即：

$$B(\%) = (G/G_0) \times 100 \tag{15-8}$$

根据水汽扩散定律，透湿量直接受材料两边湿度差的影响。应用正杯法测定织物透湿性时，随水的表面到试样间距离的增大，U 值减少，因此应注明测量时水表面到试样间的距离 l。同时，蒸发法中水不断地透过织物向外扩散，液面下降，使被测织物两面的水蒸气压差发生变化，故要设法保持 l 不变。

对于高透湿量的织物或为消除因水蒸气压差的这种变化而引起实验的误差，可采用倒杯法。杯中的水直接和织物表面接触，使被测试样两面的水蒸气压差为一恒定值。用倒杯法测定不防水织物时，需用一层微孔聚四氟乙烯薄膜封在杯口上，再将被测织物盖在薄膜上，然后进行测试。

（3）影响透汽性的因素。

水汽通过织物主要有三条传递途径：一是气态水经织物中纱线间和纤维间缝隙孔洞扩散而转移到外层空间；二是气态水在织物内部的纤维表面及孔洞中凝结成液态水，经纤维内孔洞或纤维间孔隙的毛细作用运输到织物外表面，再蒸发成水汽扩散而转移到外层空间；三是大量的水汽分子会产生凝露，凝露通过直接接触，以液态水形式进入织物内表面，再通过织物中纱线间、纤维间缝隙孔洞的毛细作用运输到织物外表面，蒸发成水汽，扩散而转移到外层空间。根据上述三条传递途径，可以看到第一条途径与织物透气性有关，其影响因素和表达方式与透气性完全一致，但因为水汽会被吸附、吸湿、凝结而消耗，故透通性比空气低一些；第二条途径与纤维的吸湿量、纤维中的孔隙和通道有关；第三条途径与织物的透水性有关。

4. 织物的透水性

液态水从织物一面渗透到另一面的性能，称为织物的透水性。除液体过滤材料、防淤塞土工布和导湿织物外，大多场合中，尤其是衣着类织物，都是研究与透水性相反的性质，即防水性。从织物舒适性角度考虑，对织物（服装）透水性要求存在矛盾的两个方面，一方面要求人体表面产生的汗液（气态和液态）能够排散到外界环境中，另一方面又要求防止外界的水（如雨水）进入织物内部，影响织物舒适性能。

液态水透过织物的途径有：纤维表面浸润及毛细传递，这是导水的主要途径，取决于纤维表面性质和纤维间微孔隙的尺寸；织物中的孔隙，当水压超过一定的值后，就成为主要导水途径；而纤维内部的导水，则是次要的导水途径。

5. 织物的透光性

光线通过织物的性能称为织物的透光性，包括直接通过织物孔隙的透光光强和经过纤维（包括透射、反射和散射）的透光光强。织物的透光性与其遮光性能密切相关；织物的抗紫外线辐射和红外线透过性能属于织物透光性研究范畴。

（1）直接透光光强的影响因素。

直接透光光强与织物的直通性孔隙相关。织物的排列密度愈低、纱线直径愈细、毛羽愈少，织物的透孔愈多，透光性愈大。

（2）经过纤维的透光光强的影响因素。

纤维材料的组成不同，吸收、反射、散射光的性质不同，吸收、反射、散射系数愈高的纤维，其集合体的透光性愈弱。纤维的截面形态对透光性的影响较为复杂，同样粗细的纤维，非圆形的截面周长大，比表面积大，有利于光的反射和散射，但相对孔隙较大，又有利于光透射通过。故填充密度相近时，异形纤维的透光率稍低。纤维愈细，单位体积中的纤维根数愈多，界面也愈多，织物的透光性也愈小。织物愈厚、愈密实，毛羽愈多，织物的透光性也愈弱；同时，织物是多孔结构材料，其密度和紧度愈大，多孔的界面愈多，对光的反射、散射愈大，而且易于形成光死穴或多次反射、散射而吸收，故透光性愈差。

15.4.3　织物的热湿舒适性

织物的热湿舒适性是指织物在人体与环境的热湿传递间维持和调节人体体温稳定、微环境湿度适宜的性能。

1. 决定热湿舒适感觉的因素

热与湿对人体来说是很难分开的。人体通过织物与外界环境进行热湿交换的因素如图 15－13 所示。

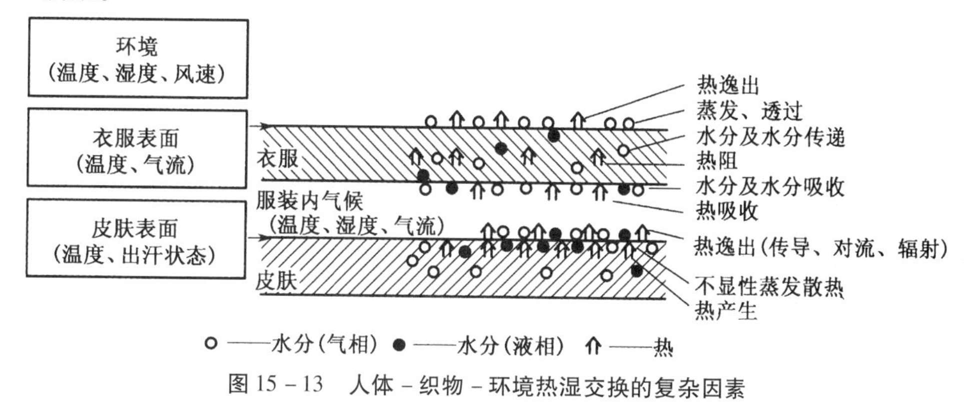

图 15－13　人体－织物－环境热湿交换的复杂因素

人体向外界传递热量的方式有传导、对流、热辐射以及无感和有感出汗引起的热量损失。人体体温调节机理如图 15－14 所示。人体通过各种生理反应进行热量调节，比如天热时，肌肉放松以减少热量产生，加快血液循环以加快体热发散，还可以出汗、水分蒸发而调节体表温度；当天冷时，肌肉收缩，血管收缩，减少供血，以降低体热散发，甚至不自觉发抖以产生热量。而当外部环境为高湿、高温时，人体的汗液无法适时、有效地蒸发而降温，人会感到闷热；低温、高湿时，又因为热量会更快地被导散，而使人感觉湿冷。

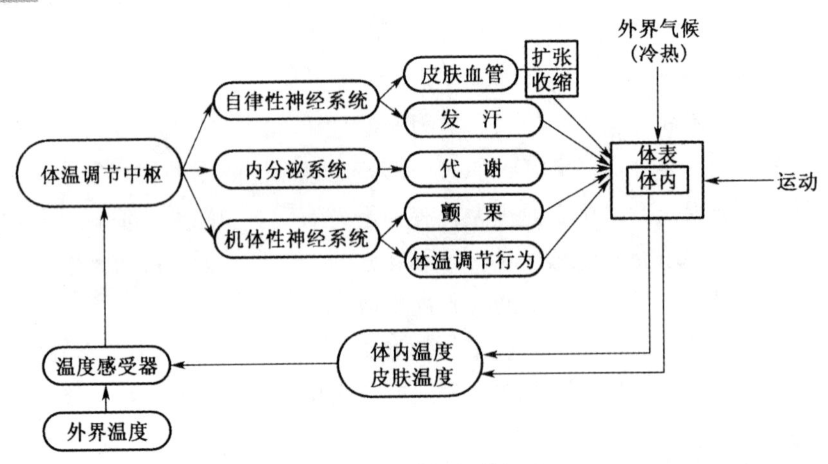

图 15－14 体温调节机理

人体的热湿舒适性取决于人体－织物－环境三者间所形成的微气候的环境，如温度、湿度、流速、气压等；微环境边界条件，如人体温度、汗液及其蒸发量，织物内外侧温差，环境温度、湿度、风速；微气候的边界尺寸，即空气层、织物层的厚度与连通面积；其他因素，如人的生理反应与变化，人的运动，织物的热、湿传递性能、透气性能和织物因环境条件变化产生的变化，等等。

2. 热湿舒适性的环境条件

一般认为人体在微环境温度 32 ± 1℃、相对湿度 50% ± 10%、气流速度 25 ± 15cm/s 的范围内感到舒适。微气候温湿度与热湿舒适性的关系如图 15－15 所示，织物能够形成舒适微气候的基本条件是：

(1) 寒冷时，能够抑制人体传导、对流和辐射传热，吸收外部的辐射热。

(2) 暑热时，能够促进人体传导、对流和辐射放热，遮挡外界的辐射热。

(3) 暑热时能积极促进蒸发；寒冷时能适当促进蒸发，以免因出汗或不感知蒸发产生闷热感。

(4) 微气候内空气应与外界环境适当交换，以免皮肤呼吸二氧化碳的浓度超过 0.08% 而产生不适。

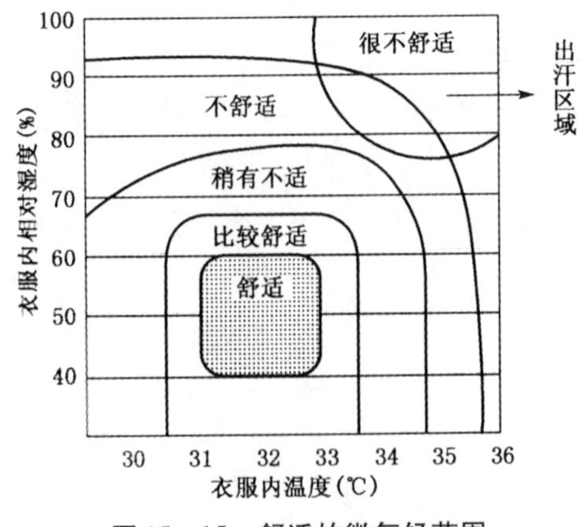

图 15－15 舒适的微气候范围

人体着装后的微气候如图 15－16 所示，由外向内，气温顺次上升，湿度渐低，最内层暖而干燥，有不感知程度的微气流。

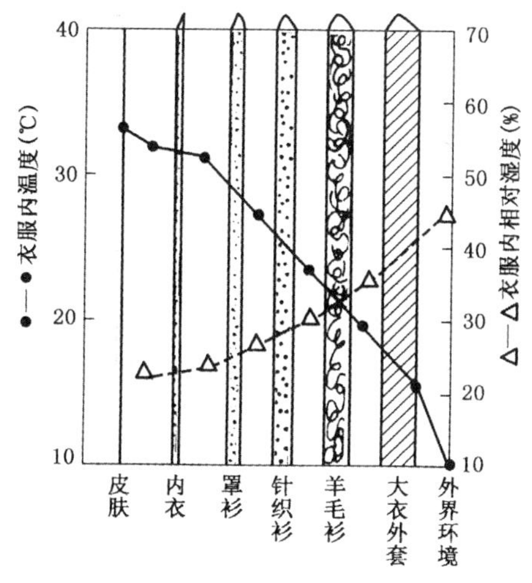

图 15－16　人体着装微气候图

3. 热湿舒适性的评价

根据研究对象的不同，试样可以是织物或服装。可以通过直接测量织物（服装）和人体间形成的微气候因素来表征，如物理指标评价法、微气候参数评价法、暖体假人法；可以通过测试人体的生理因素来表征，如生理学评价法；也可以采用人的心理感觉来表征，如心理学评价法。

（1）评价热湿舒适性的物理指标。

①评价热舒适性的物理指标。

常用的有绝热率、保暖率、导热系数、热阻及克罗（clo）值。

第一，绝热率。在等温热体的一面放置测试织物，热体其他各面均为良好的隔热材料，测定保持热体恒温时所需要的能量，又称保暖率。设 Q_0 为热体不包覆织物时单位时间内的散热量，Q_1 为热体包覆试样后单位时间内的散热量，则绝热率 i 为：

$$i\ (\%) = [\ (Q_0 - Q_1)\ /Q_0]\ \times 100\% \qquad (15-9)$$

第二，导热系数和热阻。织物的导热系数 λ 和热阻 R 是两个含义相反的织物隔热性指标，织物的热阻大或导热系数小，则织物的隔热性能好。热阻的单位为“℃ · m^2/W”（习惯称“热欧姆”，记作“T－Ω”），计算公式为：

$$R = \Delta T/q \qquad (15-10)$$

式中：q——单位时间内通过织物单位面积的导热量（W/m^2）；

ΔT——被测织物两面的温度差（℃）。

第三，克罗（clo）。1941 年，加吉和勃顿在研究服装隔热性能时，从人体生理卫生角度出发，提出热阻和隔热性的定量指标——克罗（clo），由此解决了服装热传递的定量测量和设计问题，为热舒适性的表达奠定了基础。它是这样规定的：一个静坐着或从事轻度劳动的人，其代谢作用产生的热量约为 210kJ/（m^2 · h），在室温为 20 ~ 21℃、相对湿度小于 50%、风速不超过 0.1m/s 的环境中感觉舒适，能将皮肤平均温度维持在 33℃左右时，所穿着服装的隔热值定义为1clo。克罗值与热阻的换算关系为：1clo = 0.155℃ · m^2/W，即1℃ · m^2/W = 6.45clo。

②评价湿舒适性的物理指标。

汗液或水汽的传递是织物湿舒适性的重要内容，评价湿、水传递性的指标有透湿率 U、相对透湿率 B、放湿干燥率 δ、保水率 M_F、毛细高度 h 等。

③热湿综合评价指标。

单纯的热传递和湿传递，只考虑织物两侧所形成的温差或水汽浓度差，而织物两侧的温差、湿差是同时存在的，即织物中热量和水汽是同时传递并相互作用的，其典型和有效的指标应是透湿指数 i_m。

1962年，伍德科克（A. H. Woodcock）首次将透湿和传热联系在一起进行分析，提出了"透湿指数"的概念。它被认为是克罗值之后用于表示织物热湿舒适性能的又一重要指标：

$$H = [(TS - T_a) + i_m s(p_s - p_a)] / R_F \tag{15-11}$$

式中：T_s——皮肤表面温度；

T_a——环境温度；

p_s——皮肤表面的水汽分压；

p_a——环境中的水汽分压；

R_F——织物的热阻。

在一个大气压条件下，$s = 0.01654$℃/Pa，这是一个转换系数，它把蒸汽压力差转换成有效温度差。

从理论上看，透湿指数 i_m 的变化范围在0~1之间，是一个无量纲量。$i_m = 0$，织物完全不透湿；$i_m = 1$，织物完全透湿。对实际织物，为 $0 < i_m < 1$。透湿指数的引入，使织物热湿舒适性的研究更接近于实际条件和要求。由图15-17可知，衣服的 i_m 值必须随着环境温度和湿度的升高而增大，才能维持人体热平衡。

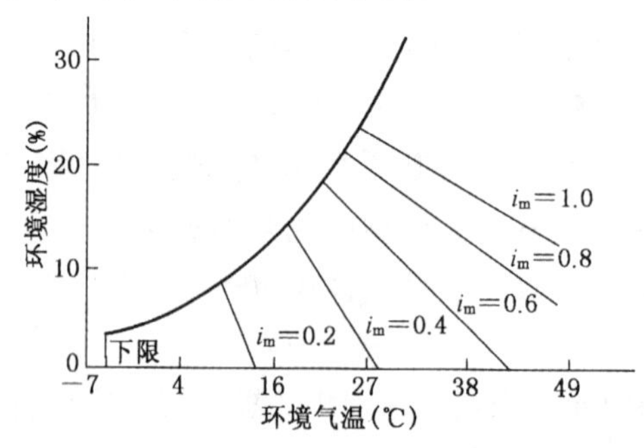

图15-17　不同温湿度下维持人体热平衡所需 i_m 值

（2）微气候参数评价。

微气候是指由环境—衣服—人体组成的微环境系统，与此对应的测量有体温、耗氧量、出汗量等生理学方面的指标。通过测量织物与模拟皮肤间微气候区的温度、湿度变化，来反映织物对人体舒适感的影响，其相应的微气候参数有微气候区内、外空气层的温度场和湿度场及织物的热阻和湿阻。微气候的综合测量分析，更接近于人体的生理感觉，能反映出织物热湿传递的瞬态与稳态特征。因此，能更有效地表达实际穿着情况。

（3）暖体假人法。

暖体假人是模拟真人与环境间热湿交换过程的实验设备，利用它可以测量服装在人体热湿舒适性调节中所起的作用。最早有美国纳蒂克军需工程中心于 1946 年发明的暖体假人，现在已有用聚四氟乙烯膜制作的新型出汗假人。不出汗暖体假人可以测量：散热量、假人皮温、环境温度、假人体表面积以及由此给出热阻、克罗值和绝热率等热学性能参数。出汗暖体假人可获得：织物两侧温湿度差及温湿度分布、显热流量、潜热流量、总热流量、试样两侧水汽压差和透湿指数等参数；它可以更真实地模拟人体发热、出汗的综合过程，并可方便地更换穿着物进行织物热、湿舒适性的测量，由于不受人的生理和心理因素及反应的影响，又可进行多次重复测量，试验结果稳定，误差小。

（4）生理学评价方法。

织物生理学评价方法，是通过人在特定的活动水平和环境下，以穿着不同种类服装时对生理参数的变化来评价服装舒适性的一种客观评价方法，也是服装功效评价的主要手段。生理学评价指标有：体核温度、平均皮肤温度、平均体温、代谢热量、热平衡差、热损失、出汗量、心率和血压等。尽管人体的生理指标因人而异，但其变化是有规律的。从统计学的观点来看，人体皮肤的表面温度（T_s）和出汗潮湿面积比（W_s）间的关系曲线需在生理舒适域内，如图 15－18 所示。人体可以通过生理调节使皮肤表面温度和出汗潮湿面积的比例满足产热和散热平衡的要求。人体舒适状态下有关生理指标的大致范围如下：代谢产热量为 81W；不显汗蒸发水分量为 45～65g/h；直肠温度为 37℃；平均皮肤温度为 33℃。生理学评价方法有很多现象还无法解释，结果的离散性也较大。

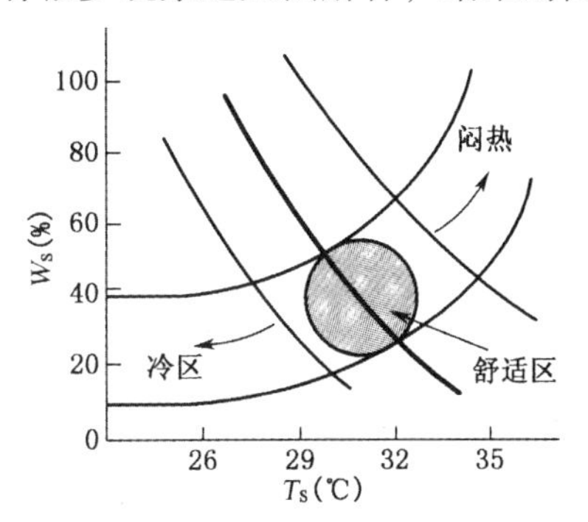

图 15－18　热舒适区域及 T_s-W_s 曲线

（5）心理学评价方法。

心理学评价方法即主观感觉评分法，是对客观评价方法的补充与检验。其方法是预先设计好无暗示、无干扰、本能反应的问卷调查表，让受试者通过穿着试验来表达自己的感觉，如闷热感、黏体感等，并进行舒适性感觉评分。由于一维刺激时，一般人能够清楚区分的感觉量的级数不超过 7 个，故心理学方法的标尺设计不应超过 7 个点。一般分为 3 点标尺、5 点标尺和 7 点标尺。语言表达是用成对相反意义的形容词和程度量词来表达物理刺激的强度。其分析评价过程为：物理刺激→感觉评定→综合分析→显著性检验→给出结果。

4. 影响织物热湿舒适性的因素

（1）人体热量传播途径。

人体与环境之间进行热传递的方式有四种：①通过织物的传导散热；②通过织物与人及环境之间的对流、辐射散热；③由于冷热不匀形成的热对流和外力作用下的强迫对流散热；④汗液由水变为水汽的蒸发散热。

与热量传播有关的因素有：纤维材料导热系数、纤维材料回潮率及含水性、纤维材料透气性、织物的厚度、织物的体积质量、织物表面的粗糙度、织物层数和层次等。

（2）人体水分传播途径。

人体水分向环境传播的途径有三种：①织物的透气作用，当接近皮肤的空气层的水蒸气压力大于周围环境中的水蒸气压力时，水蒸气能透过纤维材料间的空隙进行散播；②织物的吸湿放湿性，纺织纤维吸附水汽后，通过毛细传递，向周围环境放湿；③空气对流，在人体运动或强体力劳动时，对流去湿更加明显。湿传导通道如图 15－19 所示。

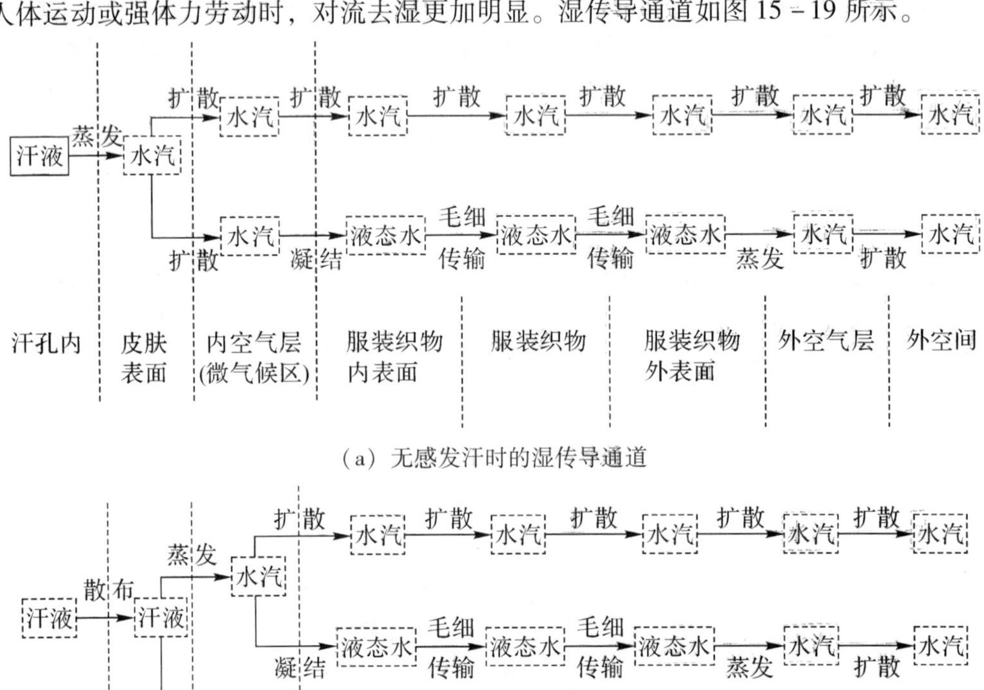

（a）无感发汗时的湿传导通道

（b）有感发汗时的湿传导通道

图 15－19　湿传导通道

与透湿性有关的因素有织物的透气性、织物的吸放湿性能、织物的体积质量和厚度等。

5. 织物热湿舒适性的应用

人体状态的改变或气候条件的变化，都会影响人体热湿平衡。可通过选择合适的织物，使人感觉舒适。根据人体热量和水分散播途径及影响因素的探讨，可以作为选择不同季节的服装面料的依据，从而得到令人满意的热湿舒适性。

（1）夏季服装面料的选择。

夏季，人体散热主要通过皮肤向外界传递热量或通过汗液蒸发吸热来进行热量调节。这就要求夏季服装面料轻薄而疏松，以减少热阻，提供良好透气性。织物的内表面最好比较粗糙，以减少对皮肤的黏附，防止皮肤潮湿而影响透气性。衣料透气性的优劣顺序为：长纤维织物 > 短纤维织物，强捻纱织物 > 弱捻纱织物，精梳毛纺织物 > 粗纺毛织物。巴厘纱、薄丝绸、乔其纱、细麻布等，都属于透气性良好的衣料。

夏天穿着的衣料，吸湿和放湿性能必须优良，尤其是贴身衣物。但吸湿性太大，易堵塞织物孔隙，使衣料丧失透气性，并引起织物紧贴皮肤，降低防暑效果。麻织物吸放湿性能均佳，热传导快，令人有爽滑透凉的感觉。真丝绸吸湿性能与棉差不多，但放湿性比棉约高 30%，夏季穿着真丝服装具有凉爽感。棉织物如果吸湿太多，就会因来不及挥发而产生不适感。化纤纤维一般放湿性好，但吸湿性差，可以采用与吸湿性好的纤维混纺以取长补短，提高舒适性，还可以使纤维截面异形化，以提高织物芯吸和放湿效应。在大量出汗的情况下，可以设计成多层复合结构，每层结构的毛细能力由内向外逐渐增强，以保持皮肤干爽。

在太阳光或有大辐射热源的地方，应选择白色或浅色衣服，因为有色布比白色布吸热量高，深色布比浅色布吸热量高，浓色布比淡色布吸热量高，如黑色布的吸热量比白色布约高 2 倍。还可以选择能够遮蔽紫外线、红外线的面料作为外衣，以减少外界热向人体传递。

（2）冬季服装面料的选择。

冬季服装要求降低织物热传导性，并防止对流发生。织物的热传导由织物中纤维的热传导系数和其包含的空气的导热系数共同决定。应选择合适的体积密度，使纤维集合体的导热系数尽可能低。为防止服装微环境与外界环境之间发生空气交换而降低保暖效果，应尽可能减少织物中的直通气孔，减少织物透气性。一般经过缩绒或缩呢整理的毛织物、起毛织物、绒毛织物等适合用作防寒衣料。可以通过内外服装配合来提高服装保暖性，内层衣料疏松多孔以提高保暖性，如羊毛针织套衫；外层衣料致密厚实或采用涂层结构以减少空气流通。冬季贴身内衣，为使水汽蒸发和不发生凝露，应选择吸湿性和透气性好且柔软膨松的纯棉织物等。

15.4.4　织物的刺痒感

刺痒感一般是指织物表面毛羽对皮肤的刺扎疼痛和轻扎、刮拉、摩擦使人产生“刺痒”的综合感觉，往往以“痒”为主。麻织物和粗纺毛织物所引起的刺痒或刺扎感，就是典型的刺痒感觉。碳纤维、玻璃纤维、金属纤维等刚性纤维，易直接扎入皮肤造成刺痛感。部分化纤织物或变形纱织物，易于勾挂汗毛，是典型的刮拉作用，会引起拔拉不适和疼痛感。而粗糙硬涩的化纤织物和低档麻织物会引起强烈的粗搓感觉，产生痒或不适的感觉。实际上，织物经染整加工产生的硬化、织物上浆料过多、服装标签、粗厚衣料的布纹等，都可能产生刺痒感。

1. 刺痒感产生机理

织物的刺痒感与通常说的织物表面的粗糙、软硬的概念无关。神经生理学认为，痒主要由痛觉和触觉感受器感受，其中痛觉神经末梢的感受是最主要的。低作用力的反复、持久作用极易引起皮肤痒的感觉，而强烈、局部的大变形的刺激将引起疼痛。痒觉是痛觉的先导，当纤维作用于皮肤上的力大于0.75mN时，将出现刺痒感。织物表面毛羽刺扎皮肤的示意图如图15－20所示。

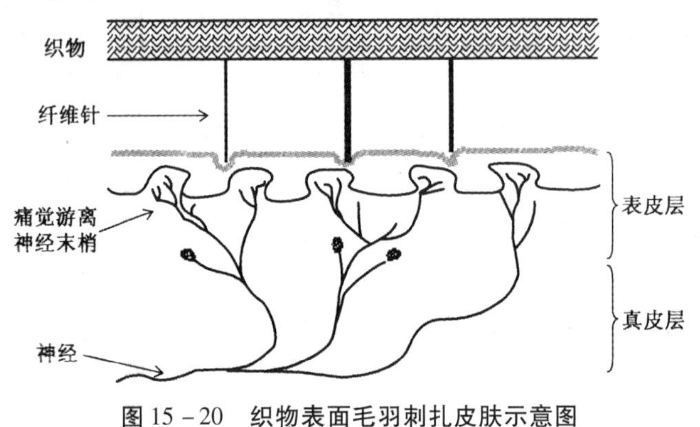

图15－20　织物表面毛羽刺扎皮肤示意图

2. 影响织物刺痒感的因素

织物刺痒感依赖于织物上突出毛羽及其力学性能、织物和纱线结构对毛羽的约束作用。

（1）纤维性状。

纤维性状，如直径、长度和抗弯刚度，是影响织物刺痒性的重要因素。纤维直径和长度影响织物表面毛羽的长度和密度，如传统苎麻产品——夏布，并不像机织麻织物那样产生刺痒感，这是由于它的原料是以手工劈细而形成的工艺纤维，纤维体较长，而机织麻纱采用精干麻（切断、打松），纤维较短，纱线表面毛羽较多。直径对天然纤维来说是极重要的，羊毛直径大于26μm就可能产生刺痒。羊毛的直径分布中一般有5%以上的30μm的羊毛，因而会产生刺痒。纤维弯曲刚度不仅影响成纱的表面光洁度，还直接决定纤维对皮肤表面的刺扎作用。

（2）毛羽长度、数量与形态。

毛羽数量是指织物单位体积中毛羽的根数，直接表示可发生刺痒作用的纤维的概率。纱线中短纤维含量越高，结构越松，越易产生毛羽，呢面、绒面织物和长浮点、交织少的织物，它们的毛羽含量较多。

毛羽长度太长，纤维整体柔软，不易发生刺痒；毛羽太短，因纤维的退让不足而引起刺扎。一般毛羽的长度在 1 ~ 5mm 范围内最易发生刺痒，尤其是长径比为 50 ~ 200 的毛羽。

毛羽突出的形态有伸直状和弯曲状，有垂直于和倾斜于布面。状态不同，刺扎和摩擦、刮拉的作用不同。如作用力方向与纤维轴一致，则为正压，刺扎作用明显。如呈一定角度，则皮肤与纤维末端形成自锁，同样会刺扎，但正向刺扎作用减少；若无法自锁，则会发生滑移而摩擦刮拉。如果作用方向与纤维轴垂直，则是摩擦和刮拉作用。基本作用形式如图 15 - 21 所示。

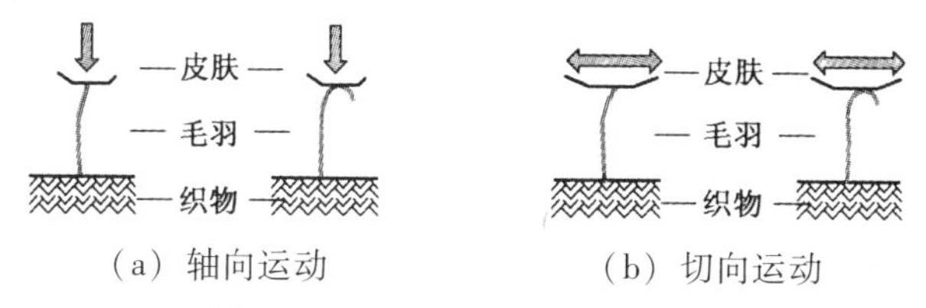

图 15 - 21　毛羽与皮肤间的作用

(3) 织物和纱线结构的影响。

结构的影响主要是指织物和纱线结构的紧密性，与织物的排列密度、紧度、组织相关，与纱线的加捻和加工方式有关。毛羽一端被织物中的纱线主体抱合握持，另一端伸展在外。如果织物结构松散，纱线捻度小，毛羽被握持一端的活动余地大。当毛羽受外力挤压时，毛羽容易向织物方向避让，减少毛羽与皮肤间的作用力，从而减轻毛羽对皮肤的刺激程度。松结构的织物，尤其是针织物，其刺痒感较轻。

3. 刺痒感的评价

由于织物刺痒性不仅与人体的神经感觉有密切关系，还与织物的表面毛羽形态密切相关，因此目前的评测方法大致有三类。

(1) 刺痒感评价。

由人对刺痒作用的直接感受做出的评价为刺痒感评价，有前臂实验和试穿实验。前臂实验是选取不同的织物试样，缝制成袖子，穿于被测试者的前臂，观测者戴上橡皮手套，在该织物上轻轻拍打或来回移动，被测试者针对不同织物给出刺痒感评价；或将织物裁成大小一致并固定于可调质量的压块上，置于被测者前臂，采取反复轻放、移动、摇摆等方式刺激被测者，并询问和记录被测者的反应，给出刺痒感及粗糙、冷、暖感的评价。

试穿实验是选择一定数量的评价员，在规定的时限范围内对衣物进行试穿，根据不同形容词的描述，给出评价等级，一般把刺痒感划分为 0 ~ 5 个等级。最后汇总评定结果，进行加权平均，得出织物总的刺痒感评定等级。

(2) 织物表面毛羽的评价。

这是针对主要刺痒源性能的评价，有纤维针法、薄膜法、点数毛羽法等。

①纤维针法。

用单纤维刺扎类皮肤膜，测量其刺扎曲线，获得最大刺扎力 P_{cr}，可用于毛羽是否产生刺痒作用的评价，如图 15 - 22 所示。$P_{cr} \geq 0.75$mN 的毛羽会发生刺痒。

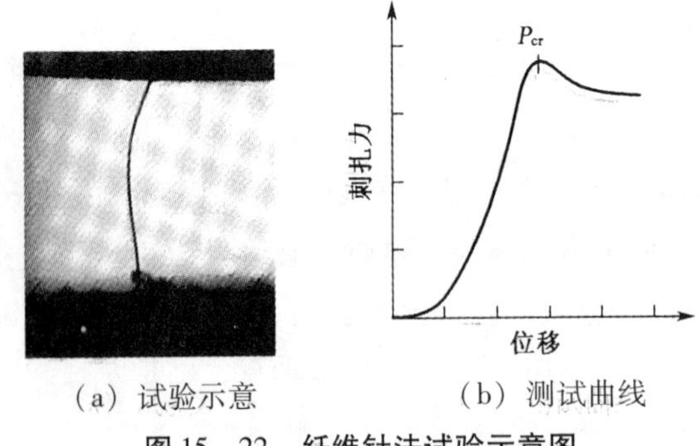

（a）试验示意　　（b）测试曲线

图 15－22　纤维针法试验示意图

②薄膜法。

薄膜法是将聚四氟乙烯膜压在织物表面，可在膜上留下压痕，根据压痕的深浅评价织物可能产生的刺痒程度。基本方式是测透光量，即压痕的深浅和密度不同，会使膜的透光量不同，根据膜的透光量可评价织物的刺痒程度；或人工点数每张薄膜上压痕的数目，以数目的多少作为刺痒评价依据。

4. 刺痒感的消除方法

刺痒感的主要成因是织物表面硬挺突出的毛羽，且是较短的突出硬纤维，因此改进织物刺痒感的方法有三种：

（1）减少毛羽数量或增加毛羽长度：去除或减少毛羽，如烧毛、剪毛处理；反之，增长毛羽，使毛羽倒伏，如拉毛、梳毛和压烫等处理。

（2）纤维的柔软化：如碱液、氨处理、砂洗和酶处理，使纤维柔软、变细或原纤化。

（3）选择较细的纤维进行加工。

上述方法能减少织物的刺痒感，但无法消除，有些效果不明显或对纤维损伤太大。

参考文献

[1] 陈国芬. 针织产品与设计 [M]. 2版. 上海: 东华大学出版社, 2010.

[2] 陈运能, 范雪荣, 高卫东. 新型纺织原料 [M]. 北京: 中国纺织出版社, 2003.

[3] 高绪珊, 吴大诚. 纤维应用物理学 [M]. 北京: 中国纺织出版社, 2001.

[4] 龚建培. 现代家用纺织品的设计与开发 [M]. 北京: 中国纺织出版社, 2004.

[5] 顾平. 织物结构与设计学 [M]. 上海: 东华大学出版社, 2004.

[6] 胡福增, 陈国荣, 杜永娟. 材料表界面 [M]. 2版. 上海: 华东理工大学出版社, 2007.

[7] 蒋耀兴, 郭雅琳. 纺织品检验学 [M]. 北京: 中国纺织出版社, 2001.

[8] 姜怀, 胡守忠, 刘晓霞, 等. 智能纺织品开发与应用 [M]. 北京: 化学工业出版社, 2013.

[9] 焦晓宁, 刘建勇. 非织造布后整理 [M]. 北京: 中国纺织出版社, 2008.

[10] 柯勤飞, 靳向煜. 非织造学 [M]. 2版. 上海: 东华大学出版社, 2010.

[11] 李栋高, 蒋惠钧. 纺织新材料 [M]. 北京: 中国纺织出版社, 2002.

[12] 李汝勤, 宋钧才. 纤维和纺织品测试技术 [M]. 3版. 上海: 东华大学出版社, 2009.

[13] 潘志娟. 纤维材料近代测试技术 [M]. 北京: 中国纺织出版社, 2005.

[14] 沈建明, 徐虹, 邬福麟, 等. 纺材实验 [M]. 北京: 中国纺织出版社, 1999.

[15] 宋心远. 新型纤维及织物染整 [M]. 上海: 东华大学出版社, 2006.

[16] 万融. 衣着纺织品质量分析与检验 [M]. 北京: 化学工业出版社, 2000.

[17] 王府梅. 服装面料的性能设计 [M]. 上海: 东华大学出版社, 2000.

[18] 邢声远, 孔丽萍. 纺织纤维鉴别方法 [M]. 北京: 中国纺织出版社, 2004.

[19] 晏雄. 产业用纺织品 [M]. 2版. 上海: 东华大学出版社, 2013.

[20] 颜肖慈, 罗明道. 界面化学 [M]. 北京: 化学工业出版社, 2005.

[21] 姚穆. 纺织材料学 [M]. 3版. 北京: 中国纺织出版社, 2009.

[22] 杨建忠. 新型纺织材料及应用 [M]. 2版. 上海: 东华大学出版社, 2011.

[23] 于伟东, 储才元. 纺织物理 [M]. 2版. 上海: 东华大学出版社, 2009.

[24] 余序芬, 鲍燕萍, 吴兆平, 等. 纺织材料实验技术 [M]. 北京: 中国纺织出版社, 2004.

[25] 赵书经. 纺织材料实验教程 [M]. 北京: 中国纺织出版社, 2004.

[26] 中国纺织工业协会产业部. 生态纺织品标准 [M]. 北京: 中国纺织出版社, 2003.

[27] 朱平. 功能纤维及功能纺织品 [M]. 北京: 中国纺织出版社, 2006.
[28] 朱松文, 刘静伟. 服装材料学 [M]. 4 版. 北京: 中国纺织出版社, 2001.
[29] 朱美芳, 许文菊. 绿色纤维和生物纺织新技术 [M]. 北京: 化学工业出版社, 2005.